普通高等学校“十三五”规划教材

地下工程施工

（第2版）

闫富有　主编

黄河水利出版社

·郑州·

内 容 提 要

本书按照最新的技术规范编写，系统深入地介绍了目前广泛使用的地下工程施工技术和方法以及施工技术要点。全书共分7章，主要内括包括明挖法、矿山法与新奥法、盾构法、岩石隧道掘进机（TBM）施工、顶管法、施工辅助作业及辅助工法、地下工程施工组织与管理等。

本书可作为城市地下空间工程、土木工程地下工程方向、市政工程、桥梁与隧道工程、道路工程等专业的本科生教材，也可供地下工程、岩土工程方面的研究生和技术人员阅读参考。

图书在版编目（CIP）数据

地下工程施工/闫富有主编. —2版. —郑州：黄河水利出版社，2018.6

普通高等学校“十三五”规划教材

ISBN 978－7－5509－2059－0

Ⅰ.①地… Ⅱ.①闫… Ⅲ.①地下工程－工程施工－高等学校－教材 Ⅳ.①TU94

中国版本图书馆CIP数据核字（2018）第130893号

策划编辑：王志宽　电话：0371－66024331　E-mail：wangzhikuan83@126.com

出 版 社：黄河水利出版社

地址：河南省郑州市顺河路黄委会综合楼14层　邮政编码：450003

发行单位：黄河水利出版社

发行部电话：0371－66026940、66020550、66028024、66022620（传真）

E-mail：hhslcbs@126.com

承印单位：河南承创印务有限公司

开本：787 mm×1 092 mm　1/16

印张：18.5

字数：427千字　印数：1—3 100

版次：2011年12月第1版　印次：2018年6月第1次印刷

2018年6月第2版

定价：38.00元

普通高等学校"十三五"规划教材

编审委员会

再版前言

《地下工程施工》(第1版)自2011年出版以来,得到了多所高校的支持与采用,学校师生在使用过程中也为本书提出了许多宝贵意见。高等教育改革与发展对教材建设提出了更高的要求,尤其是城市地下空间工程专业的设置和建设,为地下工程施工教学提出了新的要求,加之参考的相关规范、规程的修订与发布,使本书的修订成为当务之急。感谢黄河水利出版社提供了本次修订的机会。重新思考、认真领会地下工程施工课程的教学内容和教学目标,本着循序渐进地培养学生认知、领会和掌握地下工程施工与组织管理的基本概念、施工原理和施工工艺的基本内容,对本书进行修订。

本次修订,主要有以下几个方面:

(1)每章内容进行了较大篇幅的修改及调整,总体上每章内容与第1版相对应。

(2)增加了"明挖法"中基坑支护开挖基本概念方面的内容,对"盖挖法"内容进行了完善和补充,增加了"沉井法施工"一节。

(3)增加了岩体分级、公路和铁路隧道围岩分级的内容,补充完善了隧道爆破设计方面的内容。

(4)"盾构法"施工方面,加强了"进出洞段地层加固""盾构出洞""管片拼装"和"盾尾注浆"等方面的内容。

本书共分为七章。其中,绪论、第一章第七节、第二章、第三章由郑州大学闫富有编写,第一章第一~六节由郑州大学时刚编写,第一章第八节由中原工学院祝彦知和张志增编写,第四章由河南大学温森编写,第五章由郑州大学刘忠玉编写,第六章由郑州大学张景伟编写,第七章由郑州大学靳军伟编写。本书由闫富有担任主编。

在全书修订过程中,承蒙各方鼎力支持,在此谨致谢意。本书参考文献众多,主要列于书末,但仍有未注,对各位学者表示衷心感谢。限于作者水平有限,书中难免有不足之处,恳请读者批评指正。

编　者

2018年3月

前 言

地下工程施工是地下工程、城市空间工程、隧道工程等专业的主干课程之一。由于原先不同部门、从事不同行业施工的企业,如从事矿山、公路、铁路、市政等的企业,已逐渐打破了原有行业的限制,跨行业从事不同类型、不同领域的建设任务。而目前关于地下工程施工技术方面的教材在内容上多针对某一领域(如公路或铁路)编写,无法适应培养多领域、跨行业、不同方向人才的需要,或者教材内容偏多,在教学内容和课时安排上很难适应当前土木工程或岩土工程等专业有限学时的教学需要。基于这一思路,结合郑州大学土木工程专业地下建筑工程方向的教学大纲,参考其他院校地下建筑工程及地下空间综合利用专业方向的教学内容和特点编写了本教材。本教材适用于岩土工程、地下建筑工程、城市空间与利用工程、市政工程、道路与桥梁及隧道工程等专业。

本书在内容编排上,围绕当前城市地下工程和隧道工程建设,对当前应用比较普遍的施工技术、施工原理进行讲述,既注意先进性与实用性的协调,又注重当前新的施工方法、新规范和新成果的应用。本教材在满足培养要求和符合学生认知特点的基础上,遵循如下原则:

(1)强调基本施工原理,重点讲授施工技术、施工工艺和施工方法。不同领域的地下工程施工,基本施工原理和施工方法是相通的,在讲授基本施工方法的过程中,适当淡化行业特征,打破行业限制,在强调基本施工技术和原理的同时,重点讲授地下工程的施工方法及新技术的发展。

(2)尽量反映当前地下工程普遍应用的施工技术、施工方法和施工工艺。围绕当前城市地下工程建设所采用的新的施工方法和施工工艺,在对每种施工方法和施工技术讲授的过程中,适当安排一定的工程实例,在学习施工技术的过程中,加深对地下工程施工原理的理解。

(3)本书内容层次分明,适应多层次教学要求。在章节安排上,力求层次分明,使全书各部分内容既相互关联具有系统性,又具有相对独立性,以适应不同专业方向、不同学时、不同类别的教学需要。

本书共分为7章,其中绪论、第二章由郑州大学闫富有编写,第一章第一~六节由郑州大学时刚编写,第七节由中原工学院祝彦知和张志增编写,第三章由中原工学院张志增编写,第四章由河南大学温森编写,第五章由郑州大学刘忠玉编写,第六章由河南大学李斌编写,第七章由闫富有、张志增和李斌编写。本书由闫富有担任主编并编写大纲,第一章由刘忠玉统稿,第二~七章由闫富有统稿。

本书在编写过程中参考了许多书籍及资料,主要参考文献列于书末,特向各位学者表示衷心的感谢。

由于编者水平有限,书中疏漏之处在所难免,恳请读者批评指正。

编 者

2011年9月

目 录

绪　论

一、地下工程的概念和分类

地下工程是指深入地面以下为开发利用地下空间资源所修筑的地下建筑物和构筑物，包括地下房屋和地下构筑物、地下铁道、公路隧道、水下隧道、地下共同沟（地下城市管道综合走廊）和过街地下通道等。就用途而言，包括各种工业、交通、民用和军用等地下工程。就广义而言，尚应计入各种用途的地下构筑物，如房屋和桥梁的基础，矿山井巷，输水、输油和煤气管线，信息与通信管线，以及其他一些公用和服务性的地下设施。作为一门学科，地下工程是从事研究和建造各种地下工程的规划、勘察、设计、施工和维护的一门综合性应用科学和工程技术，是土木工程的一个分支。

地下工程按使用功能可分为：

(1)工业建筑。包括各种仓库和地下工厂及发电站的地下厂房等。

(2)民用建筑。包括各种民防（人防）工程，地下公共建筑，如地下街、车库、影剧院、餐厅、宾馆和物资储存仓库，以及地下住宅等。

(3)交通运输建筑。包括铁路与公路隧道、城市地下铁道、河流隧道和水底隧道等。

(4)水工建筑。包括水电站的地下厂房和附属硐室，各种水工隧洞、电缆洞及调压井等。

(5)矿山建筑。包括矿山的竖井、斜井、水平巷道和作业坑道等。

(6)军事建筑。包括各种野战工事、通信枢纽部、飞机和舰艇硐库、军用油库、导弹发射井，以及军火、炸药和各种军用物资仓库等。

(7)公用和服务性建筑。包括市政隧道、给排水管道、热力和电力管道、输油和煤气管道、信息通信电缆等。

地下工程按地质条件和建造方式可分为：

(1)土层中的地下建筑。包括采用明挖法施工的基坑工程、浅埋通道和地下室，采用盾构法施工的城市地铁隧道，采用暗挖法施工的深埋地下通道和硐室，采用顶管法施工的市政管道、公路穿越铁路所建造的隧道等。

(2)岩石中的地下建筑。包括在岩体中建造的各种隧道和人工硐室、为采掘矿产资源所建造的各种井巷等。这两类地下建筑在规划设计和施工技术方面，既具有相似的一面，又有显著区别。本书兼顾这两方面的内容，在不同的章节各有所偏重。

就城市地铁隧道建设而言，从地层特点分析，我国城市轨道交通地下工程的建设主要包括软弱地层、岩层、软弱地层与岩层的交变和砂卵层四种,其中软弱土层的地下车站和隧道的修建都是在软土层中进行的,如上海市;岩层以重庆和青岛地区为典型;软弱地层与岩层的交变的代表城市如大连、南京、广州等地;砂卵层地区主要有成都、北京等地。受地质条件的影响,不同地区的施工方法不尽相同,因此在地铁建设过程中,施工技术呈现出显著的多样性。

地下工程按空间形态可分为洞道式和厅房式两种。洞道式是指径向尺寸相对其长度较小的地下工程,隧道是其最常见的形式;厅房式是指长度相对较小、径向尺寸相对较大的地下工程,又称为硐室。二者在开挖方式上有一定的区别,在支护结构上有不同的要求。

二、城市地下空间工程的特点

随着大规模建设的要求和地下工程施工技术的发展,人类从最早为了生存和安全而利用地下空间、为防灾减灾而建造地下设施,到伴随城市的现代化和规模化的发展而利用地下空间,伴随科学技术的发展而利用地下空间,为大规模国土资源的有效利用而开发地下空间,地下空间的利用形态已渗透到了人类生活和经济建设的各个方面,尤其是城市地下空间的利用。地下空间是城市可持续发展的重要资源,地下工程是城市建设的主要工程。地下街、地下停车场、地下铁道、市政地下管线、能源地下供给设施、地下上下水道、地下废弃物处理设施和地下文化设施等与地面建筑的集合,构成了现代城市的立体空间网络。

与其他地下工程相比较,城市地下工程具有不同的特点:多数埋深较浅;地面建筑、交通设施密集,地下管线多,开挖造成的影响大,地质条件复杂,多以土体为主,常有膨胀土、砂层、地下水,尤其是沿海沿江城市,淤土、软土的开挖难度更大。因此,针对城市地下工程的特点或难点应主要研究以下技术:

(1)浅埋、超浅埋暗挖施工技术。城市地下工程一般埋深较浅,因为地下工程的埋深不仅直接影响工程造价,而且关系到工程使用的方便程度。在浅埋特别是超浅埋的条件下,地下工程需要穿越不同基础的建筑物、市政管线、街道,地面保护成为施工技术中的首要问题。

(2)复杂、恶劣环境下的开挖技术。诸如流砂层、膨胀土、高压缩性软土淤土、风化破碎岩层、高浓度瓦斯地层、大涌水、岩溶、高应力、地下管线、地面大车流量、建筑物密集等,都是地下工程施工中的技术难题。

(3)大断面隧道或硐室开挖、支护技术。主要是地铁车站、地下街、地下停车场、仓库等,其跨度尺寸多达10 m以上。

(4)开挖影响控制技术。随着工程埋深的减小,开挖对地面的影响越来越大。在超浅埋条件下,开挖影响的控制与开挖方式、施工工艺、支护方法等众多因素有关,是地下工程施工中最为复杂的问题。

目前,我国城市地下空间开发利用形态的主要特点是城市公共活动中心、地铁及轨道交通枢纽和城市建设等相结合,以地铁等快速地下交通网的建设为重点,建设综合型的地下物资流通仓储网，地下商贸、娱乐、文体、办公等现代服务网，以及地下共同沟等市政设施网。如成都的天府广场地下工程，主体为四层框架结构，规模巨大，结构复杂，工程埋深28 m。地下负一层为下沉式广场，负二层为站厅层和地下停车场，负三层为地铁1号线站台层，负四层为地铁2号线站台层。上海虹桥综合交通枢纽是集航空、城际铁路、高速铁路、轨道交通、长途客运、市内公交等多种换乘方式于一体的综合体。上海虹桥交通枢纽地上由两层组成，分别为铁路、磁悬浮列车进站厅、高架车道、公共交通层和磁悬浮列车到达换乘班机的廊道层，地面层为高铁和磁悬浮列车站台层；地下由三层组成，主要为到达换乘层和地铁站台层，并设置了两个夹层作为不同交通的换乘通道。

城市地下空间的总体开发规模是由城市发展对地下空间的需求所决定的，而具体地区的地下空间开发规模则受地区开发性质、功能、开发强度、地铁发展规划以及本地区的工程地质条件等因素的综合影响。地下空间开发应遵循分层开发、公共活动空间相互连通的原则。遵照地下空间的功能设置原则，目前城市地下空间的功能主要定位于：

(1)交通功能。包括快捷、安全的地下人行网络、巴士枢纽和停车场。

(2)商业、文化、娱乐等服务业功能。包括餐饮和商店、文化设施和休闲娱乐设施。

(3)市政设施。包括市政公共设施和综合管沟等。

(4)人防设施。

三、地下工程施工技术

地下工程施工技术是以在地层中构筑建筑物为目的，研究解决地下工程建造的技术方案和措施，包括在不同地质条件下的施工方法、手段、工艺和工程实施中的技术、计划、质量、经济和安全管理措施。地下工程的关键是施工技术，它作为地下工程施工的前期环节和主要组成部分，是决定地下工程成败的关键因素。

不同用途的地下工程又各有特点。如地下街或地下停车场以及公路或铁路隧道，其施工环境、作业方式差别较大。地下工程的服务年限不同，对其稳定性的要求也不同。要搞好地下工程的设计与施工，对其用途和特点必须有足够的认识。

地下工程施工主要有掘进、支护和出渣三大工序，作业内容包括基本作业、辅助作业、工程监测和施工管理等。在正常情况下，常规的开挖可较为顺利地完成掘进与衬砌工作；但在特殊地质条件下，如在饱和含水层、松软和破碎等不良地层中施工，则很难保证掘进施工的顺利进行。此时，就需要采取一些辅助施工措施(如冻结法、注浆法等)加固围岩，然后才能进行正常施工。

(一)基本作业

地下工程的基本作业包括开挖、支护和出渣三个方面。

对于开挖技术来说，非常重要的是开挖方法的选择，它直接决定地下工程的成败，是地下工程施工的关键问题。开挖方法应根据工程地质和水文地质条件、地形地貌、工程埋深、结构形状和规模、使用功能、环境条件、施工水平与施工机具、工期要求、技术和经济等因素，综合研究来确定。地下工程应选择安全、适用，技术上可行，经济上合理的施工方法。

地下工程开挖方法可简单划分为明挖法、盖挖法和暗挖法三大类。对于在不同类型的岩土中开挖的地下工程，其开挖方法分类如图0-1所示。

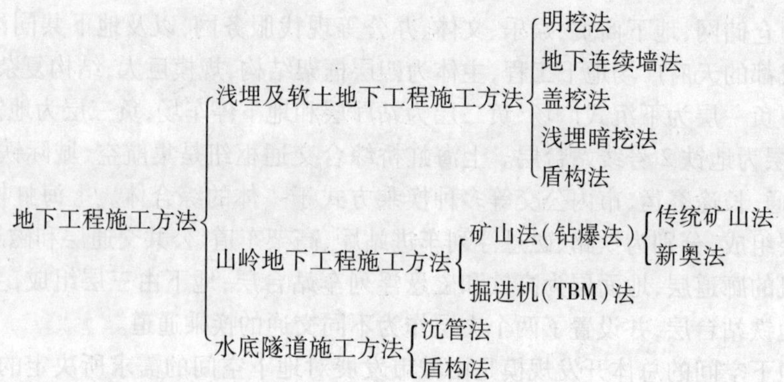

图 0-1　地下工程开挖方法分类

所谓明挖法,是指地下结构施工时,从地表向下分层、分段依次开挖,直至达到结构要求的尺寸和高程,然后在基坑中进行主体结构施工和辅助作业,最后恢复地面。一般基坑工程开挖方法属于明挖法,水下隧道沉管法施工也可简单地归为明挖法。

盖挖法又称盖挖逆筑法,即先修筑地下结构的维护墙和支撑柱及结构顶板,然后利用出入口、通风道或单独设置竖井,采用自上而下的逆筑法施工单层或多层地下空间结构。这种施工方法介于明挖、暗挖施工方法之间,除结构顶板明挖施工外,其他都为暗挖施工,在基坑工程、隧道工程、地铁工程尤其是结构复杂的地铁车站施工中更具有意义。

暗挖法包括传统矿山法、新奥法、掘进机(TBM)法、盾构法和顶管法等。

地下工程支护技术是为了确保开挖过程和周围环境的安全,所采用的必要的支挡、支撑、衬砌技术的总称。支护技术可划分为初期支护和二次衬砌两个方面。初期支护是开挖后即进行支护,形式上包括各种支撑结构、锚杆及土钉、支护桩、喷射混凝土、注浆等及其组合;衬砌支护又称二次衬砌,即在地下工程周边构筑的永久性的支护结构。对于不同的开挖方法,在支护技术的选择上也有差别。衬砌是为防止围岩变形或坍塌,沿隧道洞身周边用钢筋混凝土等材料修建的永久性支护结构,可分为现浇混凝土和预制混凝土两类,包括单层衬砌、复合衬砌和拼装衬砌。

(二)辅助作业

地下工程辅助作业是配合基本作业所必需的环节,包括风、水、电的设计安装和供给,除尘和排水,施工场地的规划和布置,设备配置等。统筹考虑这些辅助作业,可以改善施工人员的作业环境,为加快地下工程施工创造良好的条件。

(三)工程监测和施工管理

地下工程施工是在地层内部进行的,不可避免地引起土(岩)层的移动。因此,一方面需要对施工过程进行监测,如围岩的变形;另一方面需要对因施工引起周围环境的变化进行监测。一旦发现异常情况,及时采取加固措施或改善施工方案。

施工管理是通过有效的管理措施来保证工程质量和工期的,对施工过程中的各个环节进行科学的计划、组织和安排,保证施工安全,达到经济、高效和安全施工的目的。

同其他建筑工程一样,地下工程施工必须按照批准的相关设计文件、相应的规范或规程进行施工。如需变更,应按设计单位先行的设计变更处理办法执行。开工前应深入工地做好调查研究,核对设计文件,编制实施性施工组织设计,在时间顺序和工程项目上进行合理安排,对施工现场在平面和空间上进行合理布置,完成实测和定位工作。正确记录施工过程中出现的各种问题以及所揭示的地质现象,完善施工问题的组织上报制度。工程完工时编写工程施工技术报告,提供竣工文件,并按有关规定进行验收。

地下工程施工的特点是在地下作业,作业空间有限,作业条件恶劣,作业场所不断延伸,工作对象是被称为地质体的土体或岩体,不稳定因素很多。由于地质勘察的局限性、工程地质条件的复杂性和多变性,地下工程施工过程中经常会遇到突然变化的地质条件,一些对工程不利的地质现象通过施工才会暴露出来,一些意外情况,如涌水和塌方可能会突然出现,而且施工过程是一个技术难度不断增加、作业条件逐渐恶化的复杂过程,原先制订的施工方案、施工技术措施和施工计划也要随之调整。地下工程施工切忌不假思索地按图施工,要理解设计的根本意图,按照相关技术规范和设计原则进行施工,切勿有“按设计施工,后果由设计单位承担”这种极其幼稚的想法。这就要求地下工程技术人员加强学习,具有一定的理论基础和实践经验,才能发现设计中的不足,从而做到快速、安全施工。

四、地下工程施工技术的发展现状

随着我国城市建设和经济建设的发展,人口激增,许多城市面临着严峻的交通需求。城市轨道交通由于速度快、运量大、空间集约等特点,成为缓解交通压力的重要手段,地铁建设实现了重大跨越和加快发展,也逐渐成为塑造城市形象的一部分。

截至 2017 年末,中国内地(不含港澳台)共计 34 个城市开通城市轨道交通并投入运营,开通城轨交通线路 165 条,运营线路长度达到 5 033 km。其中,地铁 3 884 km,占比 77.2%;其他制式城轨交通运营线路长度约 1 149 km,占比 22.8%。2017 年新增运营线路 32 条,同比增长 24.1%;新增运营线路长度 880 km,同比增长 21.2%。2017 年的统计表明,中国内地城轨交通进入快速发展新时期,运营规模、客运量、在建线路长度、规划线路长度均创历史新高,可研批复投资额、投资完成额均为历年之最。城轨交通发展日渐网络化、差异化,制式结构多元化,网络化运营逐步实现。从 2017 年新增运营线路长度看,南京 131.9 km 居全国首位,广州、武汉次之,分别为 88.5 km、72.2 km;从运营场站看,投运车站 3 234 座,比上年增长 21.1%,其中换乘车站 286 座,投运车辆段和停车场 235 座,拥有换乘站的城轨交通城市达到 26 个,占已开通城轨交通城市的 76.5%,比上年提高 6.5%。

伴随着地铁建设的迅速发展,城市综合体被赋予了新的内涵,逐步形成地下城市综合体。地下城市综合体整合多重城市功能,不断扩大与城市的联结面,突破建筑自身的封闭状态而演变为一种多层次、多要素复合的动态开放系统,在更广泛的层次上与城市公共空间融合共生,成为城市公共空间系统的有机组成部分,成为市民消费、娱乐、休闲等社会生活的一种新的载体。地下城市综合体呈现建筑功能综合化、城市与建筑一体化、对外联系便捷化、地下步行系统网络化和建设主体多元化的特点,地下城市综合体与城市交通的整合如地铁站和交通枢纽的整合,又促进了城市综合体的发展。如广州的体育西路地铁站域地下城市综合体、时尚天河地下商业中心、宏城广场地下城市综合体、公园前地铁站域地下城市综合体、英雄广场区域地下城市综合体、沈阳市五爱立交地下空间综合体、杭州复兴国际商务广场地下城市综合体。上海市面对日益发展的城市地下综合体建设,制定了城市地下综合体设计规范。简单地说,这些城市设施多围绕地下轨道交通和交通枢纽建设,城市设施包括商业及服务设施,如商业、餐饮、娱乐、休闲等;市政设施如共同沟、管线、变电站、水处理设施等;停车设施;其他活动设施如体育馆、游泳池、网球馆、电影院等。

截至2017年底,我国投入运营的铁路隧道有14 547座,总长达15 326 km。仅2017年开通运营的长度超过15 km的双线单洞隧道就有兰渝铁路西秦岭隧道(28.236 km)、木寨岭隧道(19.095 km)、哈达铺隧道(16.590 km)、黑山隧道(15.757 km)和西成客运专线秦岭天华山隧道(15.988 km)、老安山隧道(15.161 km)。投入运营的高速铁路总长2.5万km,共建成高铁隧道2 835座,总长4 537 km。其中的石太客运专线长度为27.839 km的太行山隧道、云贵铁路长度为18.208 km的石林隧道等取得了很多施工技术的突破。2017年开通运营的高铁有6条,共有隧道198座,累计长度约604 km,其中特长隧道16座,总长210 km。在建的高铁隧道共40条,总长9 956 km,共有隧道1 456座,累计长度为3 057 km。其中特长隧道54座,长度超过15 km的特长隧道8座。

与铁路隧道相比,公路隧道的特点是断面尺寸大,多为双洞隧道,施工难度大。2007年我国自行设计施工的秦岭终南山公路隧道通车,是世界上第一座最长的双洞高速公路隧道。隧道单洞长18.02 km,双洞全长36.04 km。隧道共设置了三座通风竖井,最大竖井深661 m,最大竖井直径1.5 m,竖井下方均设大型地下风机厂房,通过竖井抽风和送风,保持隧道空气流畅。2011年建成的海棠山公路隧道左线长3 525 m,右线长3 508.89 m,设有4个车行通道、8个紧急停车带和5个人行通道。胶州湾海底隧道的建设,标志着我国海底隧道施工技术跻身于世界先进水平。隧道全长7 800 m,其中路域段3 850 m,海域段3 950 m。纵断面采用V字坡,设双向6车道。全断面帷幕、周边帷幕和局部注浆等3套超前预注浆方案成功应用于不同出水条件海域段断层,采用上、下断面法施工。为了确保施工安全,减少对拱顶围岩的扰动,爆破进尺采取严格限制措施,并采用减震控制爆破技术。京沪高铁最长的隧道——西渴马一号隧道采用新奥法施工,进口段明洞长30 m、缓冲式洞门27 m,出口段缓冲式洞门27 m,其余为暗洞。按围岩级别划分,Ⅲ级围岩长1 775 m,Ⅳ级围岩长630 m,Ⅴ级围岩长407 m。Ⅲ、Ⅳ级围岩采用台阶法开挖,Ⅴ级围岩采用双侧壁导坑法施工,隧道开挖断面面积为140~154 m^2,净空断面面积为100 m^2,隧道开挖量为439 037 m^3。

一些特殊的施工技术也获得了很大的发展,如人工冻结技术,用人工冻土帷幕来抵抗水土压力,以保证开挖的顺利进行。作为一种成熟的施工方法,冻结法在国际上已有100多年的历史,我国采用此法已有40多年的历史。SMW工法起源于美国而成熟于日本,在我国已得到了广泛应用。防水技术是地下工程施工中的重要内容和关键技术之一,尤其对于城市地下空间工程,不但关系到工程的施工、运营状况、使用功能及使用寿命等,而且与人类生存的大环境也息息相关。我国已制定了许多相关的防水工程技术规范和标准。据不完全统计,防水工程技术规范和标准共计105项,其中与地下防水工程有关的专项规范20项。

小半径曲线盾构掘进技术实现重大突破。上海地铁北横通道工程超大直径盾构完成了急曲线施工,掘进通过了 S 弯。北横通道主线盾构法隧道长达 6.4 km,采用直径 15.56 m的泥水平衡盾构掘进施工,隧道线路中多处连续急曲线是北横盾构隧道的显著特点,最小转弯半径仅 500 m,且转弯半径 500 m 的区段长度占到 34%。海域超大直径复合地层盾构隧道贯通。珠海横琴马骝洲交通隧道(横琴第三通道)全线贯通,工程全长 2 834.6 m,为双向 6 车道设计,采用直径为 14.93 m 泥水气压平衡盾构机掘进施工。大型地下工程深基坑工程施工技术取得了前所未有的发展。

大规模地下工程建设为地下工程施工技术的发展提供了客观条件,地下工程施工技术的进步为大规模建设地下工程奠定了基础。同国外发达国家相比,我们还存在着许多不足。如何获得更为接近实际的地质勘察信息、施工中的超前地质预报、隧道施工的机械化配套技术、高强度衬砌技术、预制拼装衬砌研究应用技术、信息化施工技术的研究和应用等,是我们要进一步解决的问题。

五、本课程的学习要求

在当前地下空间大规模开发利用的时代,作为一位合格的土木工程师,必须正确面对各种地下工程建设,因为许多中心城市的主要建筑工程、交通工程以及地下工程融为一体,组成了一个复杂的综合体。因此,除具备一般的土木工程知识外,对地下工程施工技术的了解也必不可少。对于岩土工程师或地下工程师来说,地下工程施工技术则是一门专业必修课程。作为一门技术性较强的综合课程,地下工程施工将结构力学、弹性力学、混凝土结构、土力学、岩石力学、地下建筑结构、施工管理等方面的知识综合在一起,来研究地下工程施工技术以及施工管理,解决地下工程施工过程所遇到的问题,研究在保证安全、经济的条件下,如何高效地建设地下工程,为国民经济建设服务。

对本课程的学习,除加强地下工程施工原理和各种施工技术要点的学习外,还需要深入理解各种施工方法、不同作业方式的优缺点和适用条件,注意细节,活学活用,才能逐步运用所学的知识解决实际问题。

第一章　明挖法

第一节　明挖法的基本概念

一、明挖法

(一)概念

所谓明挖法,是指地下结构工程施工时,从地面向下分层、分段依次开挖,直至达到结构要求的尺寸和高程,然后在基坑中进行主体结构施工以及防水作业,最后恢复地面的一种工法。明挖法施工简单、方便,地层表面附近(浅埋)的地下工程多采用明挖法进行修建,如房屋基础、地下商场、地下街、地下停车场、地铁车站、人防工程及地下工业建筑等。

明挖法通常分为放坡开挖和基坑支护开挖两种形式。放坡开挖的优点是不必设置支护结构,而且主体结构施工时场地较大,便于施工布置;缺点是开挖工程量相对较大,而且占用场地大,适合在旷野采用明挖法修建的地下工程。在场地条件受限的情况下,如城市地下工程施工,常采用基坑支护开挖方法。通常,为保证基坑侧壁稳定及邻近建筑物的安全,需采取基坑侧壁的支护加固措施,即设置基坑支护结构,包括支护桩墙、支撑系统、围檩、防渗帷幕、土钉及锚杆等。基坑支护结构安全与否,不仅直接关系到所建工程的成败,而且关系到邻近已建工程的安危。

施工时,采用放坡开挖还是基坑支护开挖,应根据工程地质条件、开挖工程规模、地面环境条件、交通状况等因素综合确定。

(二)适用条件

明挖法的应用与许多因素相关,如建筑周边的环境条件,工程地质、水文地质条件,结构物的埋深及技术经济指标等。因此,选用明挖法修建各种地下工程时,应全面、综合考虑各种因素。

(1)浅埋地下工程施工。常见的浅埋地下工程主要有地铁车站、地铁行车通道、城市地下人行通道、地下综合管网工程等。这些浅埋工程的覆土厚度(埋入土中的深度)多为5~10 m,一般都采用明挖法施工。在某些情况下,有的埋深达10多m甚至20多m的地下工程,也可采用明挖法施工。但是,明挖法施工明显受结构埋深的制约。当埋深较大时,由于施工技术难度大,同时往往因开挖和回填工程量很大,工程费用有可能比暗挖法高,此时从技术经济角度考虑,选用明挖法就不适宜了。

(2)平面尺寸较大的地下工程。某些地下工程埋深不大,但平面尺寸很大,如一些城市的地下广场、大规模地铁车站、地下商场等,其内部结构也多采用一般的梁板结构,这类工程适宜采用明挖法施工。对于这类大平面尺寸的地下工程,明挖法施工时通常采用分部开挖法或沟槽开挖法。先在周边开挖至设计标高,建造好外围结构,然后开挖中间部分,再进行内部结构施工及顶板施工和覆土回填。

(3)基坑工程。基坑工程是许多工程建设的辅助工程,并且基坑工程也只能采用明挖法施工。

(4)其他工程。与高层建筑深基坑工程类似,有些工程在施工中也需要深基坑作为施工辅助工程,如桥梁工程中的锚锭基坑工程,需要将锚锭板埋置于很深的地层中,这就需要开挖深基坑。此外,盾构法和顶管法施工的施工井也采用自地面垂直向下开挖的明挖法进行修建。

二、基坑工程

(一)基本概念

为进行建(构)筑物地下部分的施工,由地面向下开挖出的空间称为基坑,构成基坑围体的某一侧面为基坑侧壁,基坑开挖影响范围内包括既有建(构)筑物、道路、地下设施、地下管线、岩土体及地下水体等统称为基坑周边环境。建设单位应进行基坑环境调查,查明周边市政管线现状及渗漏情况;邻近建筑物基础形式、埋深、结构类型、使用状况;相邻区域内正在施工和使用的基坑工程情况;相邻建筑工程打桩振动及重载车辆通行等情况。

对于放坡开挖和支护开挖两种施工方式,当基坑开挖深度较大,基坑周边有重要的构筑物或地下管线时,通常不能采用无支护放坡开挖,这就需要设置支护结构(如围护墙、支撑系统、围檩、防渗帷幕等),进行基坑支护开挖施工。一般认为,基坑开挖深度超过7 m时,就需要考虑设置支护结构。为保护地下主体结构施工和基坑周边环境的安全,对基坑采用的临时性支挡、加固、保护与地下水控制的措施称为基坑支护,支挡或加固基坑侧壁的承受荷载的结构称为基坑支护结构。虽然绝大多数基坑支护结构为临时性结构,但根据工程进度,基坑仍存在一个设计使用年限,即设计规定的从基坑开挖到预定深度至完成基坑支护使用功能的时段。在设计使用年限,应保证基坑的稳定而不至于坍塌或破坏,为主体工程施工创造一个安全的施工环境。

为保证支护结构、基坑开挖、地下结构的正常施工,防止地下水变化对基坑周边环境产生影响所采用的截水、降水、排水、回灌等措施称为地下水控制。用以阻隔或减少地下水通过基坑侧壁与坑底流入基坑和防止基坑外地下水位下降的幕墙状竖向截水体称为截水帷幕,包括落底式帷幕(底端穿透含水层并进入下部隔水层一定深度的截水帷幕)和悬挂式帷幕(底端未穿透含水层的截水帷幕)两种形式。常用的截水帷幕是重力式水泥土墙,即水泥土桩相互搭接成格栅或实体的重力式支护结构。

根据支护结构的受力,基坑支护结构一般可分为悬臂式支挡结构、锚拉式支挡结构和内撑式支挡结构等形式。悬臂式支挡结构是以顶端自由的挡土构件为主要构件的支挡式结构,锚拉式支挡结构是以挡土构件和锚杆为主要构件的支挡式结构,内撑式支挡结构是以挡土构件和支撑为主要构件的支挡式结构。内支撑是指设置在基坑内的由钢筋混凝土或钢构件组成的用以支撑挡土构件的结构部件。按制作和施工方法,基坑支护结构的分类如图 1-1 所示。图 1-2 为常见基坑支护结构示意图。

根据《建筑地基基础设计规范》(GB 50007—2011) 规定的地基基础设计等级,结合基坑主体安全、工程桩基与地基施工安全、基坑侧壁土层与荷载条件、环境安全等,建筑深基坑工程施工安全等级划分为一级和二级,详见《建筑深基坑工程施工安全技术规范》(JGJ 311—2013)表 3.0.1。对施工安全等级为一级的基坑工程,应进行基坑安全监测方

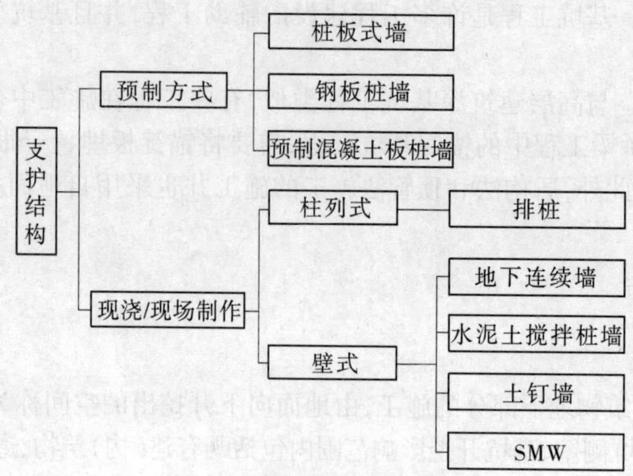

图1-1 基坑支护结构分类

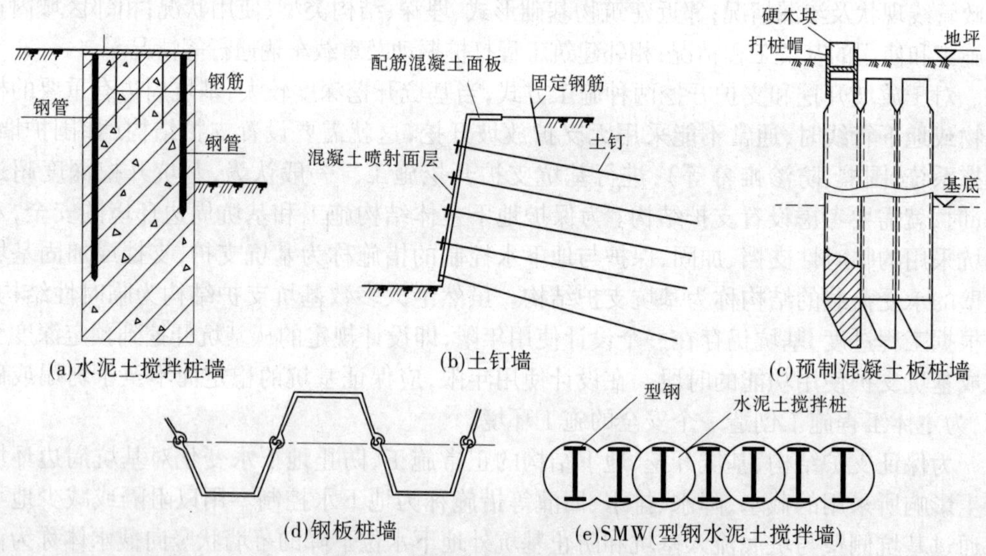

图1-2 常见基坑支护结构示意图

案的评审;对特别需要或特殊条件下的施工安全等级为一级的基坑工程宜进行基坑安全风险评估;对设计文件中明确提出变形控制要求的基坑工程,监测单位应将编制的监测方案经过基坑工程设计单位审查后实施。基坑工程施工安全监测,即对基坑施工过程中支护结构及周边市政工程内力、变形信息进行收集、汇总、分析和反馈的技术活动。

(二)深基坑施工

建设单位应组织土建设计、基坑工程设计、工程总承包及基坑工程施工单位与基坑安全监测单位进行图纸会审和技术交底,并应留存记录。施工单位在基坑工程实施前应进行下列工作:

(1)组织所有施工技术人员熟悉设计文件、工程地质与水文地质报告、安全监测方案和相关技术标准,并参与基坑工程图纸会审和技术交底。

(2)进行施工现场勘查和环境调查,进一步了解施工现场、基坑影响范围内地下管线、建筑物地基基础情况,必要时制订预先加固方案。

(3)掌握支护结构施工与地下水控制、土方开挖、安全监测的重点与难点，明确施工与设计和监测进行配合的义务与责任。

(4)按照评审通过的基坑工程设计施工图、基坑工程安全监测方案、施工勘查与环境调查报告等文件，编制基坑工程施工组织设计，并应按照有关规定组织施工开挖方案的专家论证。

基坑工程施工组织设计包含的内容有：①支护结构施工对环境的影响预测及控制措施；②降水与排水系统设计；③土石方开挖与支护结构、降水配合施工的流程、技术与要求；④雨、冬季期间开挖施工、地下管线渗漏等极端条件下的施工安全专项方案；⑤基坑工程安全应急预案；⑥基坑安全使用与维护要求与技术措施。

支护结构施工与基坑开挖期间，支护结构达到设计强度要求前，严禁在设计预计的滑裂面范围内堆载；临时土石方的堆放应进行包括自身稳定性、邻近建筑物地基和基坑稳定性验算。

基坑工程应在四周设置高度大于0.15 m的防水围挡，并应设置防护栏杆，防护栏杆埋深不应小于0.60 m，高度宜为1.00～1.20 m，栏杆柱距不得大于2.0 m，距离坑边水平距离不得小于0.50 m。基坑周边1.2 m范围内不得堆载，3 m以内限制堆载，坑边严禁重型车辆通行。当支护设计中已考虑堆载和车辆运行时，必须按设计要求进行，严禁超载。

(三)土石方开挖

深基坑土石方开挖前，应根据具体情况，确定深基坑土石方开挖安全施工方案。同时，复核设计条件，对已经施工的围护结构质量进行检验，检验合格后方可进行土方开挖。每个工序施工结束后，均应对该工序的施工质量进行检验；检验发现的质量问题应进行整改，整改合格后方可进入下道施工工序。

基坑开挖必须遵循先设计后施工的原则；应按照分层、分段、分块、对称、均衡、限时的方法，确定开挖顺序。土石方开挖应防止碰撞支护结构。基坑开挖前，支护结构、基坑土体加固、降水等应达到设计和施工要求。

基坑开挖施工准备：对建筑物位置的标准轴线、水平桩及其他控制尺寸进行复核后，确定挖土方案，包括开挖方法、挖土顺序、堆土弃土位置、运土方法及路线等。必要时，对障碍物和地下管道进行处理或迁移。排水或降水的设施准备就绪。

开挖工艺流程：放线→挖土、挖基坑周边地面截(排)水沟→修边坡→维护坡面→挖土至坑底面设计标高→挖基底周边排水沟、基底找平。

基坑开挖应符合下列安全要求：

(1)基坑周边、放坡平台的施工荷载应按照设计要求进行控制；基坑开挖的土方不应在邻近建筑及基坑周边影响范围内堆放，并应及时外运。

(2)基坑开挖应采用全面分层开挖或台阶式分层开挖的方式；分层厚度按土层确定，开挖过程中的临时边坡坡度按计算确定。

(3)机械挖土时，坑底以上200～300 mm范围内的土方应采用人工修底的方法挖除，放坡开挖的基坑边坡应采用人工修坡方法挖除，严禁超挖。基坑开挖至坑底标高应及时进行垫层施工，垫层应浇筑到基坑围护墙边或放坡开挖的基坑坡脚。

(4)邻近基坑边的局部深坑宜在大面积垫层完成后开挖。

(5)机械挖土应避免对工程桩产生不利影响，挖土机械不得直接在工程桩顶部行走；

挖土机械严禁碰撞工程桩、围护墙、支撑、立柱和立柱桩、降水井管、监测点等,其周边 200 ~ 300 mm范围内的土方应采用人工挖除。

(6)基坑开挖深度范围内有地下水时,应采取有效的降水与排水措施,确保地下水在每层土方开挖面以下 50 cm,严禁有水挖土作业。

(7)基坑周边必须安装防护栏杆。防护栏杆高度不应低于 1.2 m;防护栏杆应安装牢固,材料应有足够的强度;基坑内设置供施工人员上下的专用梯道。

(四)基坑检验与监测

基坑施工过程中,应对原材料质量、围护结构施工质量、现场施工场地布置、土方开挖及地下结构施工工况、降排水质量、回填土质量等内容进行检验。围护结构施工质量检验包括施工过程质量检验和施工完成后的质量检验两部分,围护结构施工过程主要检验施工机械的性能、施工工艺及施工参数的合理性。如排桩的混凝土强度、桩位偏差、桩身完整性,型钢水泥土搅拌墙的桩位偏差、桩长、水泥土强度、型钢长度及焊接质量,地下连续墙的混凝土强度、接头渗水情况,锚杆平面及竖向位置、锚杆与腰梁连接节点、腰梁与后靠结构之间的密合程度等,土钉墙支护结构的放坡坡度、土钉平面及竖向位置、土钉与喷射混凝土面层连接节点。

检验方法包括:混凝土或水泥土强度,查取芯报告;几何参数如桩径、桩距等,用直尺测量,标高由水准仪测量。

施工现场平面、竖向布置检验的主要内容包括:出土坡道、出土口位置;堆场位置及堆载大小;重车行驶区域;大型施工机械停靠点;塔吊位置。

土方开挖及地下结构施工工况检验的主要内容包括:各工况的基坑开挖深度;坑内各部位土方高差及过渡坡率;内支撑、土钉、锚索等有无及时施工,养护时间;土方开挖的竖向分层及平面分块;拆撑之前的换撑措施是否完成。

基坑施工监测采用仪器监测与巡视检查相结合的方法。监测内容包括:①基坑周边地面沉降;②周边重要建筑物沉降;③周边建筑物、地面裂缝;④支护结构裂缝;⑤坑内外地下水位。

对安全等级为一级的基坑工程,施工监测的内容尚应包括围护墙(边坡)顶部水平位移;围护墙(边坡)顶部竖向位移;坑底隆起;支护结构与主体结构相结合时,主体结构的相关监测。

基坑工程施工完毕,应在按规定的程序和内容组织验收合格后,方可使用,基坑工程的安全管理与维护工作应由下道工序施工单位承担。

第二节　排桩支护结构施工

在实际工程中,常用的排桩支护结构主要包括板桩、钻孔灌注桩、人工挖孔桩和深层搅拌桩等形式。下面分别介绍它们的施工技术和工艺。其中,钻孔灌注桩的施工方法在基础工程教材中已有所介绍。

一、钢板桩支护结构施工

钢板桩是一种带锁口或钳口的热轧(或冷弯)型钢,靠锁口或钳口相互连接咬合,形成连续的钢板桩墙，用来挡土和止水，具有高强、轻型、施工快捷、环保、可循环利用等优点。钢板桩支护结构在国内外的建筑、市政、港口、铁路等领域都有悠久的应用历史。在我国的沿海城市，如上海、天津等地，修建地铁时在地下水位较高的基坑中都有应用，北京地铁一期工程在木樨地过河段也曾采用钢板桩支护。

钢板桩断面形式很多，常用的截面形式有Z形、U形、直线形以及CAZ组合形等，如图1-3所示。

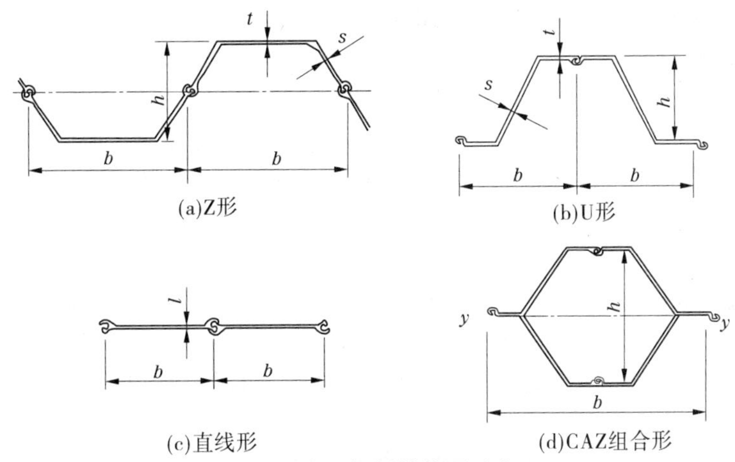

图1-3　常用钢板桩截面形式

（一）钢板桩的沉桩设备

钢板桩的沉桩设备主要有冲击式打桩机、振动打桩机和静力压桩机。振动打桩机可用于打桩及拔桩。沉桩机械及工艺的选择需综合考虑钢板桩的特性、工程地质条件、场地条件、桩锤能量、锤击数、是否需要拔桩等因素确定。

钢板桩施工过程中，常用的一些辅助设备主要有：

（1）桩架。桩架有履带式、步履式两种，前者可拆卸导杆；后者较为稳固，适用于场地较差的情况。桩架选择需综合考虑桩锤、作业空间、打桩顺序、施工管理水平等因素确定。

（2）导向架。确保钢板桩在沉桩时水平和竖直向对齐，通常有上层导向架、下层导向架。

（3）卸扣及穿引器。主要用于固定钢板桩桩头，有地面释放和棘轮释放两种方式，可以使桩头与吊车的连接在需要高度就可分开，更加快速、高效、安全。卸扣利用桩头上起吊孔剪切销来连接，避免了摩擦连接会突然滑落的安全隐患。钢板桩起吊后，通过穿引器完成桩的咬合。

（4）桩帽、桩垫。在使用冲击式沉桩设备时，需要设置桩垫、桩帽将锤击能量传给桩体且桩头不受损害，桩帽还能起到保证夯锤在锤击形心不对称或是组合形钢板桩时能均匀传力，避免偏心锤击，桩帽需要做到与板桩的接触面尽可能大，需能承受较大的锤击能量，其内部一般设定向块以保证板桩的位置。桩垫则起到缓冲作用，一般由塑料或木质、铁块等材料构成。

（5）加强靴。可用来加强桩尖强度，在穿越人工障碍物或卵石、砾石等自然障碍物时保持桩体形状、防止变形损伤，增加穿越能力。

(二)钢板桩的沉桩施工

1. 沉桩方法

钢板桩沉桩方法分为陆上沉桩和水上沉桩两种。陆上沉桩的导向装置设置方便,设备材料容易进场,打桩精度容易控制,有条件时应尽量采用这种施工方法。水中作业时,如水深较浅,也可回填后进行陆上施工;当水深很深时,回填经济上不合理,需用船施工,但其材料运输不方便、作业受风浪影响大,打桩精度不易控制。为解决该问题,可在水上设置打桩平台,用陆上的打桩架进行施工。

2. 沉桩的布置方式

钢板桩沉桩的布置方式一般有三种:插打式、屏风式及错列式。

(1)插打式沉桩法是将钢板桩一根根地打入土中。该方法施工速度快,桩架高度相对可低一些,一般适用于松软土质和短桩。由于锁口易松动,板桩容易倾斜,为解决该问题,可在一根桩打入后,把它与前一根焊牢,这样既能防止倾斜,又可避免前一根桩被后打的桩带入土中。

(2)屏风式沉桩法是将多根板桩插入土中一定深度,使桩机来回锤击,并使两端1~2根桩先打到要求深度再将中间部分的桩顺次打入。该施工方法可防止板桩的倾斜与转动,要求闭合的围护结构常采用此法,此外该方法还能很好地控制沉桩长度;缺点是施工速度比单桩施工法慢且桩架较高。

(3)错列式沉桩法是先每隔一根桩进行打入,然后打击中间的桩。这样可改善桩列的线形,避免了倾斜问题,其操作步骤如图1-4所示,这种施工方法一般采取①、③、⑤桩先打,②、④桩后打的方式。

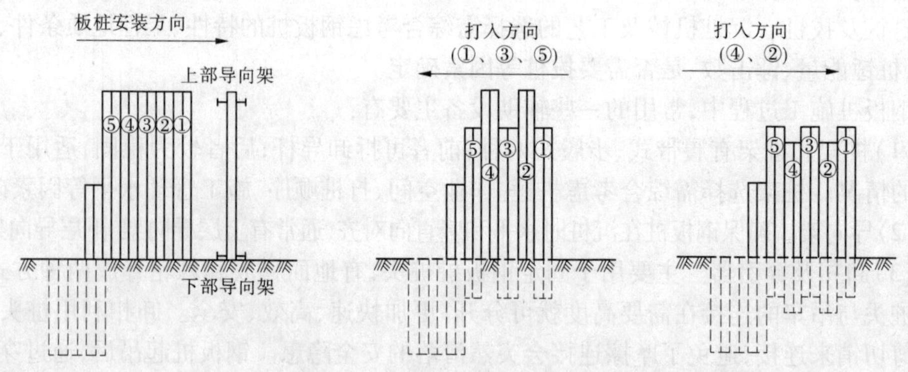

图1-4 错列式沉桩法操作步骤

在进行组合钢板桩沉桩时,常用错列式沉桩法,一般先沉截面模量较大的主桩,后沉中间较小截面的板桩。屏风式沉桩法有利于钢板桩的封闭,工程规模较小时可考虑将所有钢板桩安装成板桩墙后再进行沉桩。采用插打法沉桩时为了有利于钢板桩的封闭,一般需从离基坑角点约5对钢板桩的距离开始沉桩,然后在距角点约5对钢板桩距离的地方停止,封闭时通过墙体走向来保证尺寸要求,且在封闭前需要校正钢板桩的倾斜,有必要时补桩封闭。

钢板桩沉桩时,第一根桩的施工较为重要,应保证它在水平和竖直平面内的垂直度,同时需要注意后沉的钢板桩应与先沉入桩的锁口可靠连接。

3. 辅助沉桩措施

当采用上述方法沉桩困难时，需要采取一定的辅助沉桩措施，如水冲法、预钻孔法、爆破法等。其中，水冲法是通过在板桩底部设置喷射口，并通过管道连接至压力源，通过喷射高压水或空气来松散土体以利于沉桩。预钻孔法则是通过预钻孔降低土体的抵抗力以利于沉桩，但若钻孔太大需回填土体，钻孔直径一般为 150～250 mm，可用于硬岩层上的钢板桩沉桩，在没有土壤覆盖基岩的海洋环境中特别有效。爆破法主要应用于岩石地基的情况，分常规爆破和振动爆破两种。

4. 施工控制要点

(1)建筑深基坑工程板桩围护施工过程中，应加强周边地下水位以及超孔隙水压力的监测。插桩后，应及时校正桩的垂直度。桩入土 3 m 以上时，严禁用打桩机行走或回转动作来纠正桩的垂直度。

(2)钢板桩的规格、材质及排列方式应符合设计或施工工艺要求。钢板桩堆放场地应平整坚实，组合钢板桩堆高不宜超过 3 层。

(3)钢板桩打设前宜沿板桩两侧设置导向架。导向架应有一定的强度及刚度，不得随板桩打设而下沉或变形，施工时应经常观测导向架的位置及标高。

(4)钢板桩打入前应进行验收，桩体不应弯曲，锁口不应有缺损和变形。后续桩与先打桩间的钢板桩锁口使用前应通过套锁检查。桩锤在施打过程中，操作人员必须在距离桩锤中心 5 m 以外监视。

(5)钢板桩围护墙基坑邻近建(构)筑物及地下管线时，应采用静力压桩法施工，并应根据环境状况控制压桩施工速率。

(三)钢板桩的拔除作业

钢板桩拔出时的拔桩阻力由土对桩的吸附力与桩表面的摩擦阻力组成。拔桩方法有静力拔桩、振动拔桩和冲击拔桩三种。拔出时的难易程度在多数场合下取决于打入时顺利与否，如果在硬土或密实砂土中打入板桩，则拔出时相对困难。此外，若支撑不及时，导致桩的变形较大，拔出时也比较困难。

拔桩作业时应注意以下几点：

(1)拔桩起点和顺序。可根据沉桩时的情况确定拔桩起点，必要时间隔拔桩。拔桩顺序最好与打桩顺序相反。

(2)当拔出困难时，可用振动锤或柴油锤复打，以克服土的黏着力或将板桩上的铁锈等清除，以便顺利拔出。

(3)拔桩会带出土粒形成孔隙，并使土层受到扰动，特别是在软土地层中，会使基坑内已施工的结构或管道发生沉降，并引起地面沉降进而影响周围建筑物的安全，故需采取预防措施。可用中粗砂将空隙填实，或用膨润土浆液填充，必要时可采用跟踪注浆等填充方法。

二、人工挖孔桩施工

人工挖孔桩是工人用手持工具(如风镐)挖掘桩身土方成孔，并用手摇或电动绞车和吊桶出土，随着孔洞的下挖，逐段浇筑钢筋混凝土护壁，每挖一节桩身土方后，随即立模浇筑混凝土护壁，逐节交替，由上到下直至设计标高；当土层较好时，也可不做护壁，一次挖至设计标高;最后在护壁内一次浇筑完成混凝土桩身。另外,随着井深的加深,应及时安装通风、照明设备。

人工挖孔桩因具有应用灵活、无机械噪声和泥浆污染、容易调整纠偏和控制精度、对施工场地和机具设备要求不高、造价便宜等优点,被广泛用于基坑的围护结构和建筑物基础施工中。近年来,人工挖孔桩在我国地铁车站的围护结构施工中得到广泛应用,例如南京地铁 1 号线鼓楼站和南京站都使用挖孔桩作为围护结构,其中地铁南京站的挖孔桩在平面上呈咬合布置,直径为 1 200 mm,咬合 150 ~ 200 mm,采用厚度为 200 mm 的 C20 混凝土护壁,如图 1-5 所示。

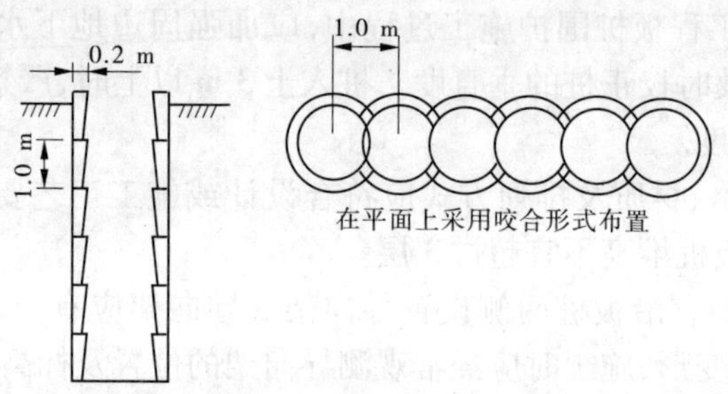

图 1-5　人工挖孔桩施工示意图

人工挖孔桩作为基坑支护结构时,桩径一般为 1 000 ~ 1 200 mm,为了防止挖孔坍塌、保证施工安全,每节开挖深度一般在 1. 0 m 左右,且在复杂地质条件下,每一节的开挖深度还应适当减小。挖孔桩的深度一般不超过 30 m。混凝土护壁厚度为 15 ~ 20 cm,配置一定数量的钢筋,混凝土强度等级为 C20,挖孔桩桩身混凝土的制备和灌注方法及技术要求与钻孔桩类似。

应当指出的是,人工挖孔桩作为支护结构,除对挖孔桩的施工工艺和技术要求有足够的经验外,还应注意在有流动性淤泥、流砂和地下水较为丰富的地区不宜采用。

三、深层搅拌桩的施工

深层搅拌桩是用搅拌机械将水泥、石灰等和地基土相拌和,从而达到加固地基的目的。搅拌桩一般采用连续搭接布置,作为挡土结构的搅拌桩应布置成格栅式。深层搅拌桩也可以形成止水帷幕。

(一)施工机械

深层搅拌桩的施工方法分喷浆和喷粉两种,目前国内有单轴和双轴两种机械。图 1-6为国内常用的 SJBF 45 型双轴水泥土搅拌机,它的主机主要由滑轮组、电动机、减速器、搅拌轴、搅拌头、输浆管、单向阀、保持架等组成。该机械每施工一次可形成一幅双联“8”字形的水泥土搅拌桩。

施工中,除水泥土搅拌机外,还需要如下配套设备:灰浆泵、灰浆搅拌机、灰浆集料斗以及桩架等。

(二)施工工艺

以双轴水泥土搅拌机为例,深层搅拌桩的施工顺序如图 1-7 所示。

(1)定位:用起重机(或桩架)悬吊搅拌机到达指定桩位,对中。

(2)预搅下沉:待水泥土搅拌及相关设备运行正常后,启动搅拌机,放松桩架钢丝绳,

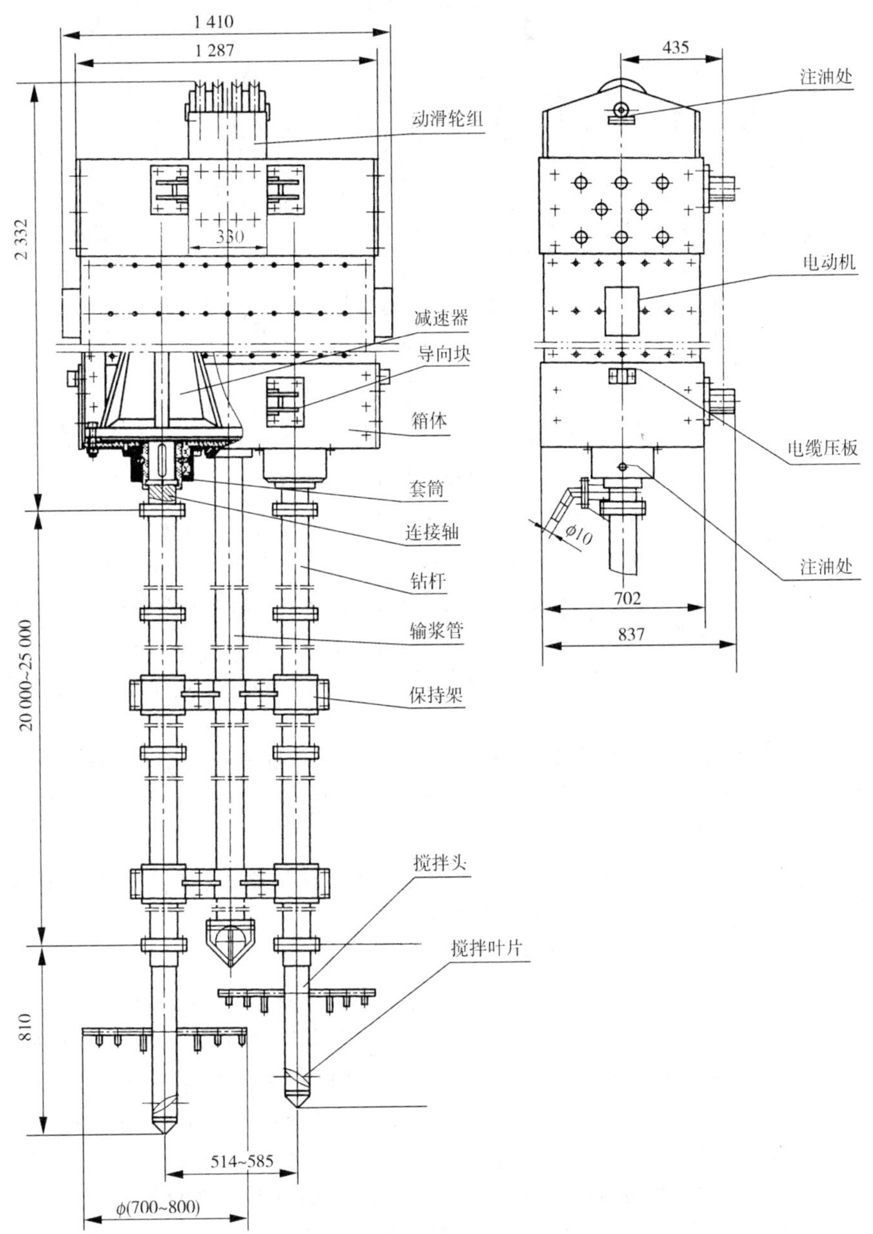

图 1-6 SJBF 45 型双轴水泥土搅拌机 （单位:mm）

使搅拌机沿导向架旋转切土下沉,钻进速度一般小于 1.0 m/min。

(3)制备水泥浆:待水泥土搅拌机下沉到一定深度后,即开始按设计确定的配合比拌制水泥浆。水泥浆采用普通硅酸盐水泥,P42.5 级,严禁使用快硬性水泥。制浆时,水泥浆拌和时间不得少于 5 ~ 10 min,制备好的水泥浆不得离析、沉淀,每个存浆池必须配备专门的搅拌机进行搅拌,以防止水泥离析、沉淀,已配置好的水泥浆在倒入存浆池时,应加筛过滤,以免浆内结块。水泥浆的存放时间不得超过 2 h,否则应予以废弃。单桩水泥用量严格按设计计算量,浆液配合比一般为水泥: 清水 =1:0.45 ~1:0.55。

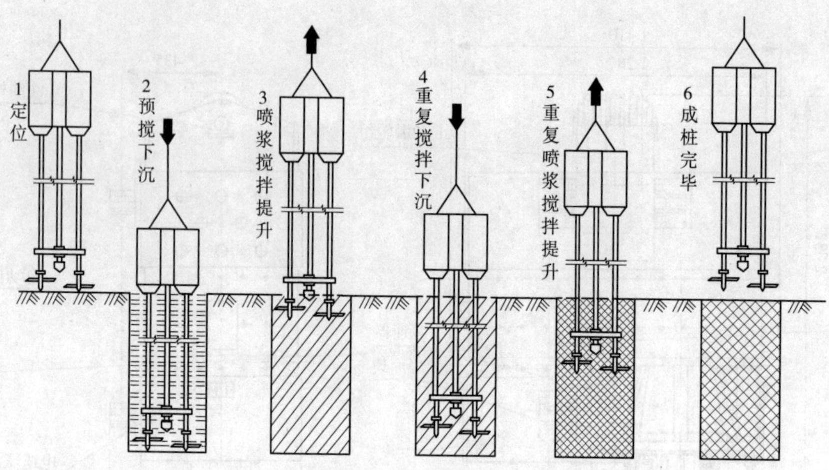

图 1-7　深层搅拌桩的施工顺序

(4)提升喷浆搅拌:待水泥土搅拌机下沉至设计深度后,开启灰浆泵,将水泥浆压入地基。确认水泥浆已到桩底后,边喷浆、边搅拌,同时按设计确定的提升速度提升搅拌机。为保证喷浆的均匀性,平均提升速度应不大于 0.5 m/min,以确保喷浆量,满足桩身强度要求。喷浆时,喷浆压力一般控制在 0.5 ~ 1.0 MPa,流量控制在 30 ~ 520 L/min。在水泥土搅拌成桩过程中,当遇到故障停止喷浆时,应在 12 h 内采取补喷措施,补喷重叠长度不小于 1.0 m。

(5)重复搅拌下沉和喷浆提升:当搅拌头提升至设计标高后,为使土和水泥浆搅拌均匀,再次重复搅拌至桩底,第二次喷浆搅拌并提升至地面停机,复搅时下沉速度不大于 1 m/min,提升速度不大于 0.5 m/min。

(6)清洗:向已经排空的集料斗注入适量清水,开启灰浆泵,清洗全部管路中残存的水泥浆,并将黏附在搅拌头上的软土清洗干净。

(7)移至下一根桩,重复上述步骤,进行下一根桩的施工。

上述施工工艺称为“四搅两喷”,即四次搅拌、两次喷浆。在施工中,需要注意的是,相邻桩施工时间间隔应保持在 16 h 以内,若超过 16 h,应在搭接部位采取加桩防渗措施。

深层搅拌桩作为围护结构时,亦称水泥土重力式围护墙。应根据土层地质条件及加固深度、水泥土维护墙设计要求,选择二轴或三轴搅拌桩机进行施工,对有机质含量较大及不易搅拌均匀的土层严禁采用单轴搅拌机施工水泥土桩墙。水泥土重力式围护墙应通过试验性施工,调整空压机输出压力和注浆压力,减小对周边环境的影响。

围护墙体应采用连续搭接的施工方法,且应控制桩位偏差和桩身垂直度,保证有足够的搭接长度满足设计要求。施工中因故停浆时,应将钻头下沉(抬高)至停浆点以下(以上)0.5 m 处,待恢复供浆时再喷浆搅拌提升(下沉)。按成桩施工期、基坑开挖前和基坑开挖期三个阶段进行质量检测。为了增大水泥土重力式围护墙的刚度,必要时,可用型材或钢筋插入围护墙体。插入时,应采取可靠的定位措施,并应在成桩后 16 h 内施工完毕。

第三节　桩锚支护结构施工

桩锚支护结构是采用锚杆来取代基坑支护内支撑,给支护排桩提供锚拉力,以减小支护排桩的位移和内力，并将基坑的变形控制在允许范围内，主要由支护桩、土层锚杆、围檩（腰梁）和冠梁四部分组成（见图1-8）。在基坑地下水位较高的地方，支护桩后通常还设有止水帷幕（如水泥土墙）。目前，桩锚支护结构可应用于从几米到几十米的深基坑中。

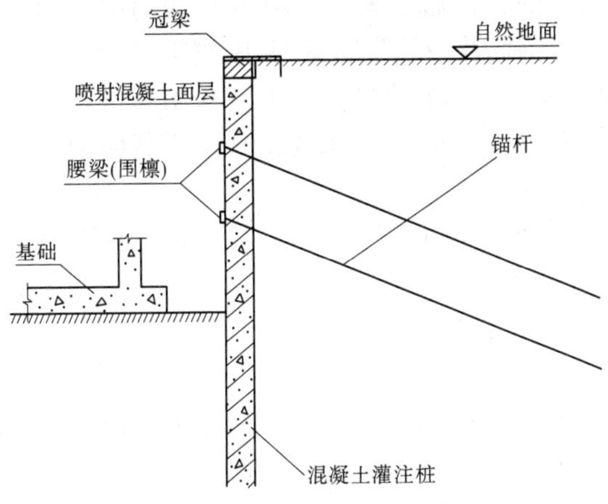

图1-8　桩锚支护结构示意图

桩锚支护结构的施工顺序为：①施工止水帷幕与支护排桩；②施工桩顶冠梁；③开挖土方至第一层锚杆标高以下的设计开挖深度，挂网喷射桩间混凝土；④逐根施工锚杆；⑤安装围檩与锚具，待锚杆达到设计龄期后逐根张拉至锚杆设计承载力的0.9～1.0倍后，再按设计锁定值进行锁定；⑥继续开挖下一层土方并施工下一排锚杆直至基坑开挖完毕。其中，排桩支护结构的施工在本章第二节已经详述，下面主要介绍锚杆支护体系的构造及土层锚杆的施工。

一、锚杆支护体系的构造

锚杆支护体系由挡土结构物与土层锚杆系统两部分组成，如图1-9所示。挡土结构物包括钻孔灌注桩、挖孔桩及各种类型的板桩等。土层锚杆由外露的锚头、拉杆和锚固体三个部分组成。

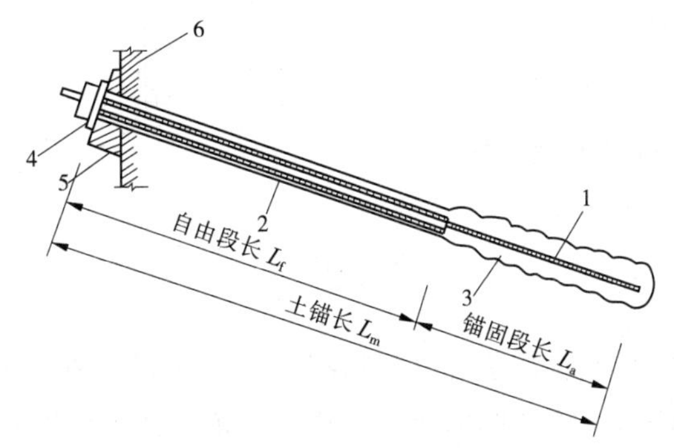

1—锚杆（索）；2—自由段；3—锚固段；4—锚头；5—垫块；6—挡土结构

图1-9　土层锚杆系统的构造示意图

(一)拉杆

拉杆是锚杆系统中的中心受拉构件,作用是把来自于锚杆端部的拉力传递给锚固体。

拉杆杆体材料类型较多,需要根据拉杆的预应力值、土层条件、施工等因素综合确定。预应力值较低或非预应力的锚杆通常采用普通钢筋,即 HRB335 级和 HRB400 级热轧钢筋、冷拉热轧钢筋、热处理钢筋及冷轧带肋钢筋、中空螺纹钢材等,多采用Φ22~Φ32,单根或2~3 根点焊成束。预应力值较大的锚杆通常采用高强钢丝和钢绞线,有时也采用精轧螺纹钢筋和中空螺纹钢材。此外,近年来还出现了等截面钢管、高强玻璃纤维锚杆等新型锚杆体系。

为保证拉杆周围具有足够的砂浆保护层,对于钢筋拉杆可沿拉杆长度每隔 1.5~2.0 m焊一个支架。拉杆插入钻孔时,一般需要将灌浆管同时插入,因此钻孔直径必须大于灌浆管与钢筋及支架高度之和。

(二)锚头

锚头的作用是将拉杆和挡土结构连接起来,对挡土结构起支点作用,将挡土结构的支撑力通过锚头传递给拉杆。锚头由锚具、台座和承压板三个部分组成。

(1)锚具。锚具将拉杆、承压板和挡土结构牢固地连接在一起,通过锚具可以对拉杆施加预应力并实施预应力锁定。如果拉杆采用粗钢筋,则用螺母或专用的连接器、焊接螺丝端杆等。当拉杆采用钢丝或钢绞线时,锚杆端部由锚盘及锚片组成,锚片的锚孔大小根据设计钢绞线的多少而定,也可采用公锥及锚销等零件,如图 1-10 所示。

(2)台座。当支护结构与拉杆方向不垂直时,需要用台座作为拉杆受力调整的构件,并能固定拉杆位置,防止其横向滑动与变位,台座可由钢板或混凝土做成,其设置通常有两种方式,如图 1-11 所示。

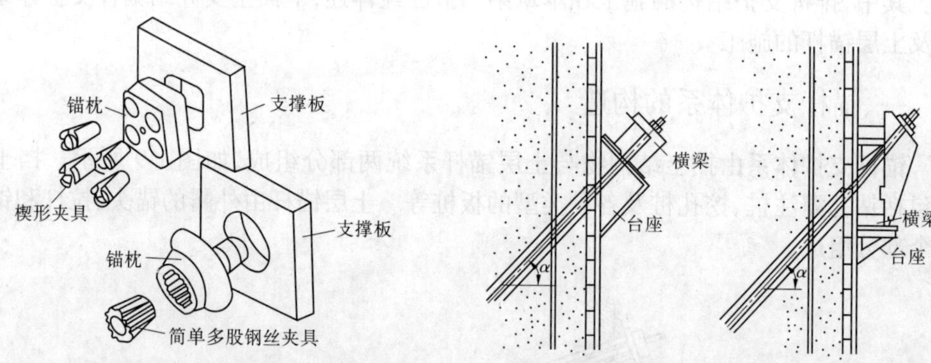

图 1-10 锚杆头处加固多股钢束锚索的方法　　**图 1-11 台座形式**

(3)承压板。为使拉杆的集中力分散传递,并使紧固器与台座的接触面保持平顺,钢筋必须与承压板正交,承压板一般多为 20~40 mm 厚的钢板。

(三)锚固体

锚固体是由水泥砂浆或水泥浆等材料将拉杆与土体黏结在一起形成的,其作用是将拉杆的拉力通过锚固体与土体之间的摩擦力传递到锚固体周围的土层中去。根据不同的施工工艺,锚固体有简易灌浆、预压灌浆、化学灌浆等施工方法。

锚固体的形状有圆柱形、扩大端部形及连续球形,如图 1-12 所示。对于拉力不大、临时性挡土结构,可采用圆柱形锚固体;锚固于砂性土、硬黏性土层并要求较高承载力的锚杆，可采用扩大端部形锚固体；锚固于淤泥质土层并要求较高承载力的锚杆，可采用连续球形锚固体。

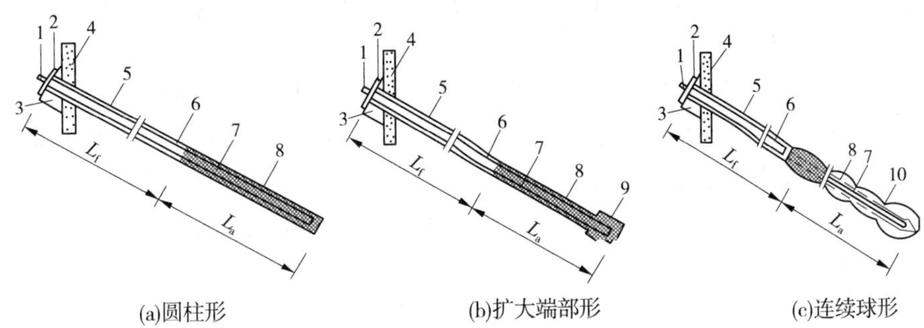

(a)圆柱形　(b)扩大端部形　(c)连续球形

1—锚具；2—承压板；3—台座；4—围护结构；5—钻孔；6—注浆防腐处理；7—预应力筋；8—圆柱形锚固体；9—端部扩大头；10—连续球体；L_f—自由段长度；L_a—锚固段长度

图 1-12　锚固体的形式

二、土层锚杆的施工

锚杆施工方法、机械设备的选择是锚杆施工中至关重要的环节。机械设备选用合适，施工工艺采用得当，才能有良好的施工质量，使锚杆的可靠性得到保证。

（一）施工前的准备工作

锚杆施工前的准备工作内容主要有：

（1）根据地质勘察报告，摸清工程区域内的工程地质和水文地质情况，同时查明锚杆设计位置处的地下障碍物、管线、邻近建筑物基础等情况，以及钻孔、排水对邻近建（构）筑物的影响，按设计要求选定施工方法、施工机械、材料等。

（2）制订施工方案或施工组织设计。

（3）将使用的水泥、砂按设计规定配合比做砂浆强度试验。锚杆对焊时应做焊接强度试验，以保证锚杆强度满足设计要求。

（二）施工工艺

锚杆的施工工艺流程如图 1-13 所示。

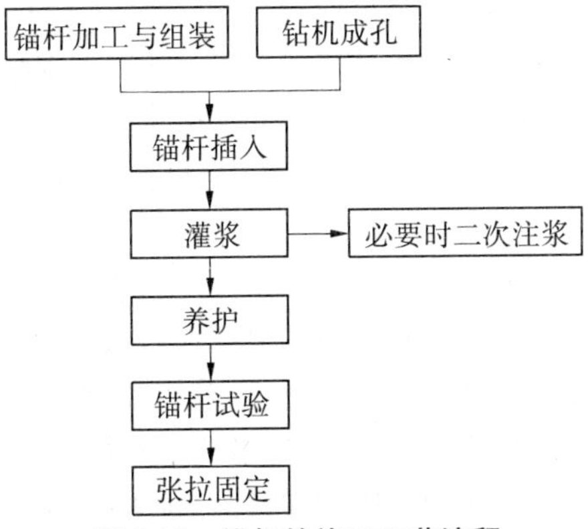

图 1-13　锚杆的施工工艺流程

1. 拉杆的制作要求

锚拉杆材料可用钢筋、钢管、钢丝束或钢绞线等,多用钢筋,拉杆材料选择如前所述。锚拉杆在使用前要检查其各项性能,检查有无油污、锈蚀、缺股断丝等情况,如有不合格的,应进行更换或处理。

钢筋拉杆的接头应采用焊接接头,搭接长度为10d(d为锚杆钢筋直径),且不小于50 mm。为将拉杆安置于钻孔的中心,在拉杆上每隔1.0~2.0 m应设一个定位器。

当采用钢绞线或高强钢丝作锚杆时,应按一定规律平直排列,下料时应留有足够的张拉夹持长度;沿杆体轴线方向每隔1.0~1.5 m设置一个隔离架,杆体的保护层厚度不宜小于20 mm,导气管应与杆体绑扎牢固;杆体自由段用塑料管包裹,与锚固段相交处的塑料管管口应密封并用铅丝绑紧;杆体前端应设置导向装置。

拉杆应由专人制作,要求顺直。钻孔完毕后应尽快安设拉杆,以防塌孔。拉杆使用前要除锈,钢绞线要清除油脂。孔口附近拉杆钢筋应涂防腐漆。为保证非锚固段拉杆可自由伸长,可采取在锚固段与非锚固段之间设置堵浆器,或在非锚固段的拉杆上涂以润滑油脂,以保证该段能自由变形。

2. 钻孔

锚杆钻孔机械有螺旋式钻孔机、旋转冲击式钻孔机或YQ-100型潜水钻机等,也可采用普通地质钻孔改装的HGY100型或ZT100型钻机,并带套管或钻头等。

锚杆钻孔,当地质条件较为复杂时,如容易产生涌水的松散地层,由于容易塌孔或缩颈,可采用长螺旋一次成孔的施工方法。当地层为砂砾石、卵石层及涌水地基时,钻孔施工可采用螺旋冲击钻机。该钻机可根据地层情况分别使用旋转、冲击等方式成孔,并打入套管,钻孔速度较快。

钻孔要保证位置正确,要随时注意调整好锚孔位置,防止高低参差不齐或相互交错。钻进后要反复提插孔内钻杆,并用清水冲洗孔底沉渣直至出清水,再接下节钻杆;当遇有粗砂、砂卵石层,在钻杆钻至最后一节时,应比要求深度多10~20 cm,以防止粗砂、砂卵石堵塞灌浆管。

3. 锚杆安放

锚杆成孔后,应尽快安放制作好的锚杆,安放锚杆的要求如下:①锚杆放入锚孔前,应认真检查锚杆的质量,确保锚杆组装满足设计要求;②安放锚杆时,应防止杆体扭曲变形,无对中支架的一面朝上,放好后应检查排气管是否通畅,否则抽出重做;③若采用底部注浆,注浆管应随锚杆一同放入锚孔,注浆管头部距孔底应有一定距离,一般为5~10 cm;④锚杆体放入孔内深度不应小于锚杆长度的95%,杆体安放后不得随意敲击、悬挂重物。

4. 孔道灌浆

孔道灌浆需要搅拌机、活塞式或隔膜式压浆泵等设备。

灌浆用材料应符合以下要求:水泥宜选用P32.5级或P42.5级普通硅酸盐水泥,不宜选用矿渣硅酸盐水泥或火山灰硅酸盐水泥,不得采用高铝水泥;细骨料应选用粒径小于2 mm的中细砂,严格控制砂的含泥量和杂质含量;灰浆比一般为1∶1或1∶0.5,水灰比为0.4~0.5的水泥砂浆或水灰比为0.4~0.45的纯水泥浆,还可根据需要加入一定的外加剂。拌和良好的砂浆或水泥浆需具有高可泵性、低泌浆性,且凝固时只有少量或没有膨胀。水泥浆液的塑性流动时间应在22 s以下,可用时间应为30~60 min。

孔道灌浆可采用一次注浆方式,也可采用二次高压注浆方式。一次注浆时,注浆管宜与锚杆一起放进钻孔,注浆管内端距孔底宜为500～1 000 mm;二次高压注浆管的出浆孔和端头应密封,保证一次注浆时浆液不进入二次高压注浆管内。二次高压注浆应在一次注浆形成的水泥石强度达到5.0 MPa时进行,注浆压力宜控制在2.5～4.0 MPa,注浆量可根据注浆工艺及锚固体的体积确定,不宜少于一次注浆量。

当采用自孔底向外灌浆的方法时,随着砂浆的灌入,应逐步将灌浆管向外拔出直至孔口,但灌浆管管口必须低于浆液面。此种方法可将孔内的水和空气挤出孔外,以保证灌浆质量。当采用孔口灌浆时,锚杆上应设置排气装置,当排气管停止排气且注浆压力达到设计要求,或孔口溢出浆液时,方可停止注浆。其中,对排气装置的具体要求是:①排气管材料通常为ϕ100左右的塑料管;②排气管用扎丝或塑线绑扎在锚孔的正上方,离杆体远端5～10 cm,其外端比锚杆长1 m左右;③在锚杆体底部绑扎透气的海绵体,其大小应与孔径相同。

整个灌浆过程一般应在4 min内结束。当灌浆作业开始和中途停止较长时间再作业时,宜用水或稀水泥浆润滑注浆泵及注浆管路。灌浆完成后,应将灌浆管、压浆泵、搅拌机等用清水洗净。

5. 锚杆张拉

锚杆安放后,在锚杆头部焊接紧锁装置,或安装张拉夹具,以备张拉。张拉前应校核张拉千斤顶,检验锚具硬度,清理孔内油污、泥沙。张拉力要根据实际所需的有效张拉力和张拉力的可松弛程度而定,一般按设计轴力的75%～85%进行控制。

锚杆应在锚固体强度达到设计强度的80%后逐根进行张拉锁定,张拉荷载为设计荷载的1.05～1.1倍,稳定5～10 min后,退至锁定荷载锁定。

锚杆张拉时,分别在拉杆上下部安设两道I型钢或槽钢腰梁,与支护结构紧贴。张拉用穿心式千斤顶,当张拉达到设计荷载时,拧紧螺母,完成锚定工作。张拉时宜先用小吨位千斤顶张拉,使腰梁和托架贴近,然后换大吨位千斤顶进行整排锚杆的张拉。张拉时,宜采用跳拉法或往复式拉法,以保证钢筋或钢绞线与腰梁受力均匀。

第四节　土钉墙支护结构施工

土钉墙是近30多年发展起来的一种用于土体开挖时保持基坑侧壁或边坡稳定性的挡土结构,它主要由密布于原位土体中的细长杆件——土钉、黏附于土体表面的钢筋混凝土面层以及土钉之间的被加固土体组成,是具有自稳定能力的原位挡土墙。

一、土钉墙支护的基本结构

土钉墙支护的基本结构包括土钉、面层、必要的防排水系统以及被加固土体,如图1-14所示,其结构参数与土体性质、地下水位状况、支护面角度、周边环境(建(构)筑物、市政管线等)、使用年限、使用要求等因素有关。

(一)土钉类型

土钉是土钉墙支护结构中的主要受力构件,长度一般不超过12 m。实际工程中常用的土钉有几种不同的类型,因而其施工方法也有所不同。常用的土钉类型有以下几种:

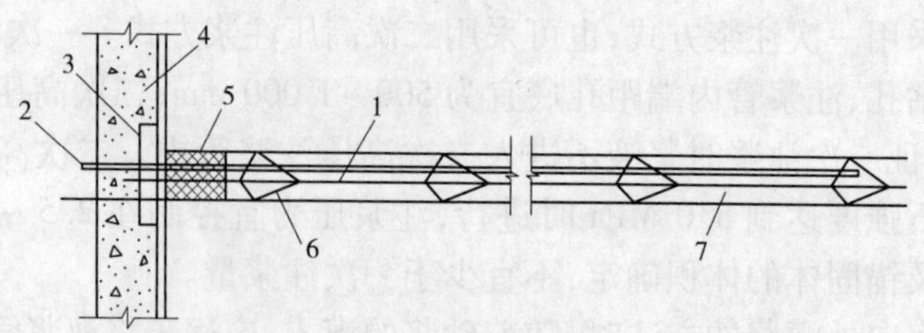

1—土钉钢筋;2—土钉排气管;3—垫板;4—面层(配钢筋网);
5—止浆塞;6—土钉钢筋对中支架;7—注浆体

图 1-14　土钉设置及其结构

(1)钻孔注浆型。先用钻机等机械设备在土体中钻孔,成孔后置入杆体(一般采用 HRB335 级带肋钢筋制作),然后沿全长注水泥浆。钻孔注浆型土钉几乎适用于各种土层,抗拉力较高,质量可靠,造价较低,是最常用的土钉类型。

(2)直接打入型。在土体中直接打入钢管、角钢等型钢,钢筋,毛竹,圆木等,不再进行注浆。由于打入式土钉直径较小,与土体间的黏结摩阻强度低,承载力低,钉长受施工机械和土钉材料限制,其布置较密,可用人力或振动冲击钻、液压锤等机具打入。直接打入土钉的优点是无须预先钻孔,对原位土的扰动较小,施工速度快,但在坚硬黏土中打入较困难。此外,当土钉杆体采用金属材料时造价稍高。

(3)打入注浆型。在钢管中部及尾部设置注浆孔成为钢花管,直接打入土中后灌入水泥浆形成土钉。钢花管注浆土钉具有直接打入土钉的优点且抗拔力较高,特别适用于成孔困难的淤泥、淤泥质土等软弱土层和各种填土及砂土层,应用较广泛;缺点是造价比钻孔注浆土钉略高,防腐性能较差,仅适用于临时性支护工程。

(二)面层及连接件

(1)面层。土钉墙的面层不是主要受力构件。面层通常采用钢筋混凝土结构,混凝土多采用喷射工艺而成,也可采用现浇,或用水泥砂浆代替混凝土。面层内部通常铺设双向钢筋网。

(2)连接件。连接件是面层的一部分,其作用是把面层与土钉可靠地连接在一起,同时使土钉之间相互连接。面层与土钉的连接方式大体有钉头筋连接(L 筋连接或角钢连接等)及螺母垫板连接两类,如图 1-15 所示,土钉之间的连接则一般采用加强筋。

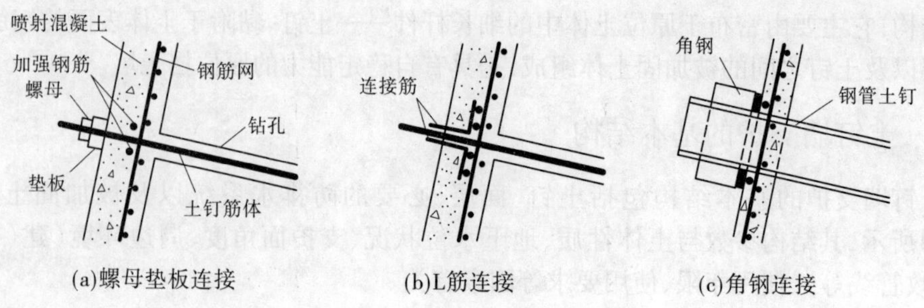

图 1-15　土钉与面层连接构造图

（三）防排水系统

地下水对土钉墙的施工和工作性能有较大的负面影响，甚至关系到土钉墙自身的安危。已有的工程经验表明，地下水是土钉墙支护发生事故的主要因素。因此，土钉墙要设置防排水系统，防止地表水入渗并及时排除地下水。

二、土钉墙支护结构的施工

土钉墙支护结构的一般施工流程为：开挖工作面→修整坡面→喷射第一层混凝土→土钉定位→钻孔→清孔→制作、安装土钉→浆液制备、注浆→加工钢筋、绑扎钢筋→安装泄水管→喷射第二层混凝土→混凝土养护→开挖下一工作面，重复以上工作直至基坑开挖完毕。打入注浆型土钉则没有钻孔、清孔过程，直接用机械或人工打入。

（一）土钉成孔及清孔作业

打入型土钉和打入注浆型土钉是直接将土钉打入，没有钻孔、清孔过程。

钻孔注浆土钉成孔方法可分为人工洛阳铲掏孔及机械成孔两种。其中，机械成孔有回转钻进、螺旋钻进、冲击钻进等方式。

成孔方式分湿法和干法两类。需靠水力成孔或泥浆护壁的成孔方式称为湿法，不需要的则称为干法。采用湿法成孔时，孔壁“抹光”效应会降低水泥浆和土体间的黏结作用。经验表明，泥浆护壁土钉达到一定长度后，在各种土层中能提供的抗拔承载力最大约为 200 kN，因此湿法成孔或地下水丰富地区采用回转或冲击回转方式成孔时，不宜采用膨润土或其他悬浮泥浆做钻进护壁，宜采用套管跟进方式成孔。成孔时应做好成孔记录，当根据孔内出土性状判断土质与原勘察报告不符合时，应及时通知相关单位处理。因遇障碍物需要调整孔位时，宜将废孔作注浆处理。

湿法成孔或干法在水下成孔后孔壁上会黏附泥浆、泥渣等，干法成孔后孔内会残留碎屑、土渣等，这些残留物会降低土钉的抗拔承载力，这就需要进行清孔作业，需分别采用水洗及气洗方式清除。水洗清孔时需要使用原机械冲清水洗孔，但清水洗孔不能将孔壁泥皮洗净，如果清孔时间长则容易塌孔，且水洗会降低土层的力学性能及土层与土钉的黏结强度，应尽量少用。气洗清孔也称扫孔，使用压缩空气，压力一般为 0.2～0.6 MPa，压力不宜太大，以防塌孔。水洗及气洗时需将水管或风管通至孔底后开始清孔作业，边清边拔管。

（二）浆液制备及注浆

浆液制备采用的拌和水中不应含有影响水泥正常凝结和硬化的物质，一般情况下，适合饮用的水均可作为拌和水。如果拌制水泥砂浆，应采用细砂，最大粒径不大于 2 mm，灰砂重量比为 1∶1～1∶0.5；砂中含泥量不应大于 5%，各种有害物质含量不宜大于 3%。水泥净浆及砂浆的水灰比宜为 0.4～0.6，水泥和砂子按重量计算。应避免人工拌和，机械搅拌浆液的时间一般不应小于 2 min，要拌和均匀。水泥浆应随拌随用，一次拌和好的浆液应在初凝前用完，一般不超过 2 h，使用前应不断缓慢搅动。此外，要防止石块、杂物混入注浆液中。开始注浆前或中途停止超过 30 min，应用水或稀水泥浆润滑注浆泵及其注浆管路。

钻孔注浆型土钉通常采用简便的重力式注浆，即将金属管或 PVC 注浆管插入孔内，管口离孔底 200～500 mm，启动注浆泵开始送浆，因孔口倾斜，浆液可靠重力填满全孔，孔口快溢浆时拔管,边拔边送浆。由于水泥浆凝结硬化后会产生干缩,在孔口要二次或多次补浆。重力式注浆不可太快,防止喷浆及孔内残留气孔。

钢管注浆土钉注浆压力不宜小于0.6 MPa,且应增加稳定时间。若久注不满,在排除水泥浆深入地下管道或冒出地表等情况后,可采用间歇注浆法,即暂停一段时间,待已注入浆液初凝后再次注浆。

为提高注浆效果,可采用压力注浆法,用密封袋、橡胶圈、布袋、混凝土、水泥砂浆、黏土等材料堵住孔口,将注浆管插入至孔底0.2~0.5 m处注浆,边注浆边向孔口方向拔管,直至注满。因为孔口被封闭,注浆时有一定的注浆压力,一般为0.4~0.6 MPa。如果密封效果好,还应该安装一根小直径排气管把孔口内空气排出,防止压力过大。

(三)面层施工

因施工不便及造价高等,基坑工程中基本上都采用喷射混凝土面层;而在坡面较缓、工程量不大的情况下有时也采用现浇方法,或水泥砂浆抹面。

喷射混凝土一般分两次完成,先喷射底层混凝土,在施打土钉之后安装钢筋网,最后喷射表层混凝土。土质较好或喷射厚度较薄时,也可先铺设钢筋网,之后1次喷射而成。如果设置两层钢筋网,则要求分3次喷射,先喷射底层混凝土,施打土钉,设置底层钢筋网,再喷射中间层混凝土,将底层钢筋网完全埋入,最后铺设表层钢筋网,喷射表层混凝土。先喷射底层混凝土再施打土钉时,土钉成孔过程中会有泥浆或泥土从孔中散落,附着在喷射混凝土表面,需要洗净,否则会影响与表层混凝土的黏结。

(四)安装钢筋网

当配置的钢筋网对喷射混凝土工作干扰较小时,才能获得最致密的喷射混凝土。应尽可能使用直径较小的钢筋,必须采用大直径钢筋时,应特别注意用混凝土把钢筋握裹好。钢筋网一般现场绑扎接长,应当搭接一定长度,通常为150~300 mm;也可焊接,搭接长度不应小于10倍钢筋直径。钢筋网在坡顶向外延伸一定距离,用通长钢筋压顶固定,喷射混凝土后形成护顶。设置2层钢筋网时,如果混凝土只1次喷射不分3次,则2层钢筋网的钢筋位置不应前后重叠,而应错开放置,以免影响混凝土密实。钢筋网与受喷面的距离不应小于2倍最大骨料粒径,一般为20~40 mm,通常用插入受喷面土体中的短钢筋固定钢筋网。如果采用一次喷射法,应该在钢筋网和受喷面之间设置垫块以形成保护层,短钢筋和限位垫块间距一般为0.5~2.0 m。钢筋网应与土钉、加强筋、固定短钢筋及限位垫块连接牢固,喷射混凝土时钢筋网在拌和料下不应有较大晃动。

(五)安装连接件

连接件施工顺序一般为:土钉置放、注浆→铺设钢筋网片→安装加强钢筋→安装钉头筋→喷射混凝土。加强钢筋应压紧钢筋网片后与钉头焊接,钉头筋应压紧加强钢筋后与钉头焊接。

第五节　地下连续墙施工

一、概述

地下连续墙是区别于传统施工方法的一种较为先进的地下工程结构形式和施工工

艺。它是在地面上用特殊的成槽设备，沿着深基坑工程的周边（如地下结构物的边墙），在泥浆护壁的情况下，开挖出一条狭长的深槽，在槽内放置钢筋笼并浇筑水下混凝土，筑成一段钢筋混凝土墙，然后将若干墙段连成整体，形成一条连续的地下连续墙体。

地下连续墙与其他施工工艺相比具有一系列特殊的优点及适用性，具体如下：

(1)可在沉井、板桩支护等施工方法难以实施的环境下作业，对邻近建筑物和地面交通影响较小。

(2)能适应不同的地质条件。可穿过软土层、砂层、砾石或碎石层，进入微风化基岩。深度可达50 m甚至更深；不受高地下水位的影响，不需要采取降水措施，因而可避免由于降水对邻近建筑物的影响。在一些复杂的地质条件下，它几乎成为唯一可采用的有效的施工方法。

(3)符合安全要求。全部工作在地面上进行，劳动条件得到改善，且便于机械化施工。

(4)承载能力高，刚度大。由于其整体性、防水性和耐久性较好，又满足不同要求的强度和刚度，因此具有多种功能，可作为各种土木工程的永久性结构，也可兼作临时支护设施。地下连续墙可用于高层建筑、地下铁道、地下储库、地下厂房、给水排水构筑物、竖井、船坞、船闸、码头和水坝等工程。

(5)可结合“逆作法”施工，缩短施工总工期。

当然，地下连续墙施工方法也存在一定的局限性和不足，如：

(1)对于岩溶地区承压水头很高的砂砾层或很软的黏土，如不采取其他辅助措施，目前尚难采用地下连续墙工艺。

(2)如施工不当或土层条件特殊，容易出现不规则超挖和槽壁坍塌。

(3)现浇地下连续墙的墙面通常较粗糙，如果对墙面要求较高，墙面的平整处理就会增加工期和造价。

(4)地下连续墙如仅用作施工期间的临时挡土结构，当基坑开挖深度较小时造价较高，不如采用其他支护形式经济。

(5)需要有一定数量的施工机械和具有一定技术水平的专业施工队伍，限制了该技术的广泛推广；施工现场组织不善时可能会造成现场潮湿和泥泞，影响施工，且要增加对废弃泥浆的处理工作。

二、成槽机械

地下连续墙的成槽机械是在地面操作，穿越泥浆向地下深处开挖一定预定断面槽深的工程机械。国内外常用的成槽机械有抓斗式成槽机、液压铣槽机、多头钻（垂直多轴回转式成槽机）、旋挖式桩孔钻机等，其中应用最广泛的是液压抓斗成槽机。这些成槽机械按工作机制可分为三大类：抓斗式、冲击式和回转式。

抓斗式成槽机通常以履带式起重机来悬挂抓斗，抓斗以其斗齿切削土体，切削下的土体集中在斗内，从沟槽内提出地面并开斗卸土，然后又返回沟槽内挖土。抓斗通常是蚌式的，根据抓斗机械结构特点分为钢丝绳抓斗、液压导板抓斗、导杆式抓斗和混合式抓斗。

抓斗式成槽机每挖一斗都需要提出地面卸土，为提高效率，施工深度不能太深，一般以不超过50 m为宜。

三、施工流程及质量要求

地下连续墙的施工包括修筑导墙、制备护壁泥浆、开挖槽段、埋设墙段接头装置(如接头管等)、安放钢筋笼、清除孔底沉渣、导管浇灌(水下)混凝土等工序。下面对其中的几个关键工序进行介绍。

(一)修筑导墙

在地下连续墙成槽前,应先修筑导墙。导墙的作用非常重要:①它可作为地下连续墙成槽的导向标准,即起导向作用;②在成槽施工中稳定泥浆浆液,以维护槽壁稳定;③维持表面土层的稳定,防止槽口塌方;④支撑成槽机等施工机械设备荷载;⑤作为测量基准线。因此,导墙的制作必须做到精心施工,导墙质量的好坏直接影响到地下连续墙的轴线和标高的准确与否。

常用的导墙断面形式有三种(见图 1-16):①L 形(见图 1-16(a)),多用于土质较差的土层;②倒 L 形(见图 1-16(b)),多用于土质较好的土层,开挖后略作修整可将土体做侧模板,再立另一侧模板浇筑混凝土;③[形(见图 1-16(c)),多用于土质差的土层,先开挖导墙基坑,后两侧立模,待导墙混凝土达到一定强度后,拆去模板,并先用黏性土回填并分层夯实。

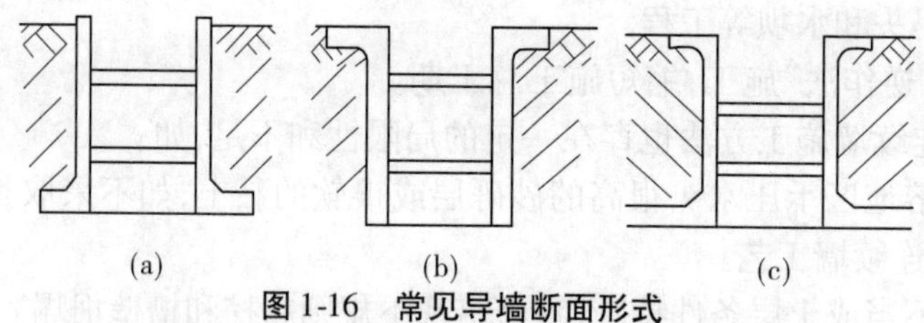

图 1-16　常见导墙断面形式

导墙多采用现浇钢筋混凝土结构,混凝土强度等级不宜低于 C20,一般为 C20 ~ C30;双向配筋Φ 8 ~ Φ 16@(150 ~200),内设钢筋应按规定进行搭接。导墙的平面轴线应与地下连续墙轴线平行,两导墙的内侧间距宜比地下连续墙厚度大 40 ~60 mm,导墙埋深为 1 ~2 m,厚度为 150 ~300 mm。也有钢制的或预制钢筋混凝土的装配式结构,可多次使用。工程经验表明,预制式导墙较难做到底部与土层结合以防止护壁泥浆的流失,在应用时应当特别注意。

导墙施工要点及质量要求如下:①现浇导墙的工艺流程为:平整场地→测量定位→成槽→绑扎钢筋→支模板→浇筑混凝土→拆模及设置横撑。②导墙要对称浇筑,强度达到 70% 后方可拆模,拆除后立即设置上下两道直径 10 cm 的圆木支撑,防止导墙向内挤压,支撑水平间距为 1.5 ~2.0 m,上下间距为 0.8 ~1.0 m。③导墙外侧填土应以黏土分层回填密实,防止地面水冲导墙背后渗入槽内,并避免被泥浆淘刷后发生槽段坍塌事故。④导墙顶面要水平,内墙面要垂直,底面要与原土密贴。墙面不平整度小于 5 mm,竖向墙面垂直度不应大于 1/500。内外导墙间距允许偏差为 ±5 mm,轴线偏差为 ±10 mm。⑤导墙在地下连续墙转角处根据需要外放 200 ~500 mm,呈 T 形或十字形交叉,如图 1-17 所示,使得成槽机抓头能够起抓,确保地下连续墙在转角处的断面完整。⑥导墙要求分段施工时,段落计划应与地下连续墙划分的阶段错开;安装

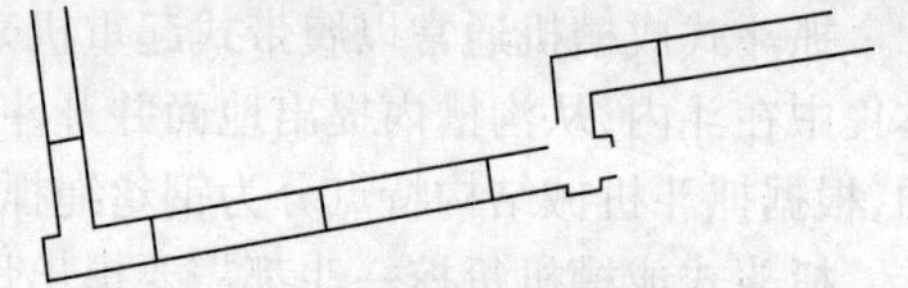

图 1-17　导墙转角外放处理示意图

预制导墙块时,必须按照设计施工,保证连接处质量,防止渗漏。⑦混凝土导墙在浇筑及养护时,重型机械、车辆不得在附近作业行驶;成槽前支撑不允许拆除,以免导墙变位。

(二)制备护壁泥浆

护壁泥浆的制备与管理是地下连续墙施工的关键工序之一。护壁泥浆的主要作用如下:①护壁作用。泥浆具有一定的密度,槽内泥浆液面高出地下水位一定高度,泥浆在槽内就会对槽壁产生一定的侧压力,相当于一种液体支撑,可以防止槽壁倒塌和剥落,并防止地下水渗入;此外,泥浆在护壁上会形成一层透水性很低的泥皮,能有效防止槽壁剥落,还可以减小槽壁的透水性。②携渣作用。泥浆具有一定的黏度,它能将钻头式成槽机成槽时挖下的土渣悬浮起来,便于土渣随泥浆排出槽外。③冷却和润滑作用。泥浆可降低钻具连续冲击或回转而引起的升温,又具有润滑作用,从而减小钻具的磨损。

泥浆是成槽过程中保证槽壁不坍塌的重要因素,因此泥浆必须具备物理、化学的稳定性,以及适当的密度、流动性和良好的泥皮形成性。泥浆材料的使用随着成槽工艺的发展主要有三类:黏土泥浆、膨润土泥浆和超级泥浆。目前,工程中较大量使用的主要是膨润土泥浆。膨润土泥浆是以膨润土为主、CMC(羧甲基钠纤维素,又称人造糨糊、增黏剂、降失水剂)、纯碱(分散剂)等为辅的泥浆制备材料,利用 pH 值接近中性的水按一定比例进行拌制而成。

1. 泥浆配合比及质量控制指标

为达到最佳的护壁效果,应根据实际情况由试验确定泥浆最优配合比。一般软土地层中可按下列重量配合比试配:水: 膨润土: CMC: 纯碱 =100: (8 ~10): (0.1 ~0.3): (0.3 ~0.4)。泥浆质量的控制指标见表 1-1。

表 1-1　泥浆质量的控制指标

泥浆性能	新配置		循环泥浆		废弃泥浆		检验方法
	黏性土	砂性土	黏性土	砂性土	黏性土	砂性土	
相对密度	1.04 ~ 1.05	1.06 ~ 1.08	<1.15	<1.25	>1.25	>1.35	比重法
黏度(s)	20 ~ 24	25 ~ 30	<25	<35	>50	>60	漏斗黏度计
含砂率(%)	<3	<4	<4	<7	>8	>11	洗砂瓶
pH 值	8 ~ 9	8 ~ 9	>8	>8	>14	>14	试纸
胶体率(%)	>98	>98	—	—	—	—	量杯法
失水量	<10 mL/0.5 h	<10 mL/0.5 h	<20 mL/0.5 h	<20 mL/0.5 h	—	—	失水量仪
泥皮厚度(mm)	<1	<1	<2.5	<2.5	—	—	

在特殊地质和工程条件下,泥浆相对密度需加大,当仅采用增加膨润土用量的方法不能满足要求时,可在泥浆中掺入一些相对密度较大的掺合物,例如重晶石粉。此外,在透水性较大的砂层或砂砾层中,经常会出现泥浆漏失现象,可掺入锯末、稻草末等堵漏剂,达到堵漏目的。

2. 制备泥浆的常用外加剂

制备泥浆时,除膨润土主料外,通常还需添加适量的外加剂以改善泥浆性能。制备泥浆常用的外加剂主要有以下几种:①分散剂。常用的有FCL或硝基腐殖酸钠,可以有效降低泥浆黏度,提高泥浆抗絮凝化能力,促使泥浆中砂土沉淀,降低泥浆密度。②增黏剂。常用的有CMC、聚丙烯酰胺及纯碱,由于水分子的作用,使泥皮质密而坚韧,同时CMC溶于水中能增加泥浆黏度,促使泥浆失水量降低。③其他。防漏剂(锯末、石粉等),可防止泥浆在地基中漏失;加重剂(重晶石粉、铁砂等),可加重泥浆密度。

3. 泥浆的制备

泥浆制备需要专门的拌和机械,常用的主要有低速卧式搅拌机、螺旋桨式搅拌机等。制备泥浆时,用搅拌机搅拌或离心泵重复循环搅拌,并用压缩空气助拌。新配置的泥浆应静置24 h以上,使膨润土充分水化后方可使用,否则会影响泥浆的失水量和黏度。

泥浆的输送距离不宜超过200 m,否则应在适当地点设置泥浆回收接力池,泥浆池的位置以不影响地下连续墙的施工为原则。泥浆池分搅拌池、储浆池、重力沉淀池及废浆池等,其总容量为单元槽段体积的3~3.5倍。

4. 泥浆的处理

地下连续墙施工过程中,泥浆要和地下水、土渣、混凝土等接触,膨润土、外加剂等成分会有所消耗,而且泥浆中混入一些土渣和电解质离子等,使泥浆受到污染而质量恶化,从而降低了泥浆的护壁作用。

泥浆处理方法可分为土渣的分离处理(物理再生处理)和污染泥浆的化学处理(化学再生处理)。其中,物理处理又分重力沉淀处理和机械处理两种,重力沉淀处理是利用泥浆和土渣的相对密度差使土渣产生沉淀的方法;机械处理则是使用专用除砂除泥装置回收。通常,上述方法联合进行处理效果较好,即槽段中回收的泥浆经振动筛除去其中较大的土渣,进入沉淀池进行重力沉淀,再通过旋流器分离颗粒较小的泥渣,若泥浆还达不到使用指标,可再加入掺合物(膨润土、CMC、纯碱等)进行化学处理。

此外,混凝土浇筑过程中置换出来的泥浆中含有大量的钙离子,会使泥浆胶凝化,不仅使得泥浆的泥皮形成性能减弱,影响槽壁稳定性,而且会使泥浆黏性增加,土渣分离困难。此时,可采用加入分散剂的化学处理方法,经处理后再进行土渣分离,并经指标测试,根据需要补充掺入泥浆材料进行再生调制,并与处理过的泥浆完全融合后重复使用。但应当注意,槽段最后2~3 m的浆液因污染严重而应直接废弃。

5. 泥浆的控制要点

在成槽和浇筑混凝土过程中,泥浆应按下述要求进行控制:

(1)严格控制泥浆液面,确保泥浆液面在地下水位0.5 m以上,并且不低于导墙顶面以下0.3 m;在容易产生泥浆渗漏的土层中施工时,应适当提高泥浆黏度,并准备堵漏材料;如发现泥浆液面下降,应及时补浆和堵漏,防止槽壁坍塌。

(2)在施工过程中,应定期对泥浆指标进行检测:新浆拌制后静置24 h,测一次全项目;成槽过程中,一般每进尺1~5 m或每4 h测定一次泥浆相对密度和黏度;挖槽结束及刷壁完成后,分别取槽内上、中、下三段泥浆进行全指标测试;清槽结束前槽底以上200 mm处取泥浆测一次相对密度和黏度;浇筑混凝土前槽底以上200 mm处取泥浆测一次相对密度。失水量和pH值应在每槽段中部和底部各测一次;含砂量根据实际情况测定。

(3)当遇有较厚粉砂、细砂地层时,应适当提高泥浆黏度指标,但不宜大于45 s;当地下水位较高时,可适当提高泥浆的相对密度,但不宜超过1.25 s,并采用掺重晶石粉的方案。

(4)在施工过程中,还应当注意采取必要的措施来减少泥浆损失和防止泥浆污染。

(三)槽段开挖

地下连续墙通常分段施工,每一段称为一个槽段,一个槽段是一个混凝土浇筑单位。单元槽段的长度可采用4~8 m。开挖槽段是地下连续墙施工中的重要环节,槽段开挖精度决定着墙体制作精度,因而槽段开挖精度是决定施工进度和质量的关键工序。

槽段开挖应选用合适的成槽机械,成槽机械的选择要综合考虑地质条件、断面深度、技术要求、施工成本等因素确定。

成槽过程中常出现以下特殊情况,需要在施工时加以注意:

(1)成槽过程中,若遇到缓慢漏浆(浆液用量与出渣量不一致,或发现浆液液面缓慢下降),则应往槽内倒入适量木屑、锯末或黏土球等填漏物,进行搅动,直至漏浆停止。同时,足量补充泥浆,以免浆液液面过低导致塌孔事故。

(2)在成槽过程中,若遇到严重漏浆的情况(浆液液面下降过快,浆液补充不及时),先投填漏材料,如无效则分析原因,并采取处理措施,再进行成槽施工。

(3)若遇到特别严重的漏浆、槽壁坍塌、地表塌陷等情况,则应立即停止施工,向槽内回填优质黏土,并对槽段及周围进行注浆加固处理,待土层稳定后,再进行施工。

(4)当遇到突发情况时,必须立即将成槽机械从槽内提出,以免造成塌孔埋斗的严重事故。

(四)钢筋笼的加工与吊放

1.钢筋笼的制作

根据地下连续墙墙体配筋和单元槽段的划分来制作钢筋笼,每单元槽段做成整体。若地下连续墙深度较大,或受起重设备能力的限制,须分段制作,在吊放时再连接,则接头宜用绑条焊接。对于重量大的钢筋笼,起吊部位采用加焊钢筋的办法进行加固。同时,为防止钢筋笼变形,应设置加劲撑。

钢筋笼加工场地应尽量设置在工程现场,以便于运输,减少钢筋笼在运输中的变形或损坏。现场加工钢筋笼时,应设置钢筋笼安装平台,平台尺寸不能小于单节钢筋笼尺寸。平台一般采用槽钢制作,钢筋平台下需铺设地坪。同时,为方便钢筋放样布置和绑扎,在平台上根据设计的钢筋间距、插筋、预埋件的位置画出控制标记,以保证钢筋笼的制作精度。

钢筋笼端部与接头管或混凝土接头面间应有150~200 mm的间隙。主筋保护层厚度为70~80 mm,保护层垫块厚50 mm,一般用薄钢板制作垫块,焊接于钢筋笼上。另外,制作钢筋笼时要预先确定用来浇筑混凝土的导管位置,由于这个部分空间要求上下贯通,周围须增设箍筋和连接筋加固。为避免横向钢筋阻碍导管插入,纵向主筋放在内侧,横向钢筋放到外侧,如图1-18(a)所示。纵向钢筋的底端距槽底100~200 mm。纵向钢筋底端应稍向内弯折,防止吊放钢筋笼时擦伤槽壁。

为保证钢筋笼的强度,每个钢筋笼必须设置一定数量(一般为2~4榀)的纵向桁架,如图1-18(b)所示。桁架的位置要避开浇筑混凝土时下导管的位置,桁架与横向钢筋之间必须保证100%点焊。对于加劲撑与纵、横向钢筋相交点也应100%点焊,其余纵向钢筋交叉点焊不少于50%。

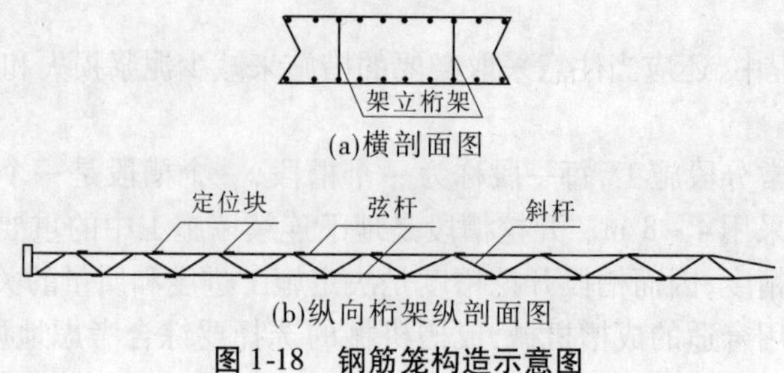

(a)横剖面图

(b)纵向桁架纵剖面图

图1-18　钢筋笼构造示意图

2. 钢筋笼的吊放

钢筋笼的起吊、运输和吊放应制订周密的施工方案,不允许产生不能恢复的变形。

钢筋笼的起吊应用横吊梁或吊梁。吊点布置和起吊方式要防止起吊时钢筋笼变形,起吊时不能使钢筋笼下端在地面拖拽,以免造成下端钢筋弯曲变形。同时,为防止钢筋笼在空中摆动,应在钢筋笼下端系上拽引绳以人力操纵。

插入钢筋笼时,要使钢筋笼对准单元槽段的中心,垂直而又准确地插入槽内。钢筋笼进入槽内时,吊点中心必须对准槽段中心缓慢下降,要注意防止因起重机摇动或因风力而使钢筋笼横向摆动,造成槽壁坍塌。

钢筋笼插入槽内后,检查顶端高度是否符合设计要求,然后将其搁置在导墙上。如钢筋笼是分段制作,吊放时须连接,下端钢筋笼要垂直悬挂在导墙上,将上段钢筋笼垂直吊起,上下两段钢筋笼呈直线连接。

如果钢筋笼不能顺利插入槽内,应重新吊出,查明原因。若需要则在修槽后再吊放,不能强行插放,否则将会引起钢筋笼的变形或使槽壁坍塌,产生大量沉渣。

(五)水下混凝土浇筑

钢筋笼吊放工作结束后,根据设计要求安设墙段接头构件,或在对已浇筑好的墙段的端部结合面进行清理后,尽快进行墙段混凝土的浇筑。

浇筑混凝土之前,要进行清底工作,一般有沉淀法和置换法两种。沉淀法是在土渣基本都沉淀到槽底之后再进行清底;置换法是在成槽结束之后,对槽底进行认真清理,在土渣还没有沉淀之前用新泥浆把槽内的泥浆置换出来,使槽内泥浆的相对密度在1.15以下。我国多采用置换法进行清底。清槽结束后1 h,测定槽底沉淀物淤积厚度不大于20 cm,槽底以上20 cm处的泥浆相对密度不大于1.2为合格。

地下连续墙混凝土浇筑是采用导管在泥浆中进行的。导管数量与槽段长度和管径有关,槽段长度小于4 m时,可使用一根导管,槽管长度大于4 m时,应使用2根或2根以上导管;同时,导管间距一般为3 ~4 m,主要取决于管径。导管内径约为粗骨料粒径的8倍,不得小于粗骨料粒径的4倍。另外,导管应尽量靠近接头,导管距槽段端部的距离不得大于2 m。

在混凝土浇筑过程中,导管下口插入混凝土深度不宜过浅或过深。导管下口插入太深,容易使下部沉积过多的粗骨料,而混凝土面层聚集较多的砂浆;导管下口插入太浅,则泥浆容易混入混凝土中,影响混凝土强度。导管插入深度不得小于1.5 m,也不宜大于6 m,一般控制在2 ~4 m。只有当混凝土浇筑到地下连续墙墙顶附近,导管内混凝土不易流出时,方可将导管的埋入深度减为1 m左右,并可将导管适当上下运动,促使混凝土流出导管。

混凝土浇筑过程应连续，不能长时间中断，一般可允许中断 5 ~ 10 min，最长 20 ~ 30 min，以保持混凝土的均匀性。混凝土搅拌完毕后，应尽量在 1.5 h 内浇筑完毕。夏天因混凝土凝结较快，必须在拌和之后 1 h 内浇完，否则应掺入适量的缓凝剂。

在混凝土浇筑过程中，要经常测量混凝土灌注量和上升高度。量测混凝土上升高度可采用测锤。因混凝土上升面一般都不水平，应在 3 个以上位置进行量测。浇筑完成后的地下连续墙墙顶处存在浮浆层，混凝土顶面需比设计标高高出 0.5 m 以上，凿去浮浆层后，地下连续墙墙顶才能与主体结构或支撑连成整体。

(六)施工质量要求

地下连续墙的施工质量应满足表 1-2 的要求。

表 1-2　地下连续墙的施工质量要求

序号	要求项目	允许偏差
1	墙面垂直度应符合设计要求	$H/200$
2	墙面中心线	±30 mm
3	裸露墙面应平整，均匀黏土中局部突出	100 mm
4	接头处相邻两槽段的成槽中心线，在任意深度的偏差值，不得大于	$b/3$

注：H—墙深，m；b—墙厚，m。

四、槽段连接方法

地下连续墙通常是分槽段施工的，各槽段之间的连接质量直接影响到墙体的整体受力性、变形和防渗性能，因而备受重视。槽段接头应满足受力和防渗要求，并要求施工简便、质量可靠，对下一槽段的施工不会造成困难。目前，常用的槽段连接形式有以下几种。

(一)接头管接头

接头管接头是地下连续墙施工中使用最广泛的一种接头形式。其施工方法如图 1-19所示。该类型接头的优点是构造简单、施工方便、工艺成熟、刷壁方便，并且易于清除先期槽段侧壁泥浆，后期槽段下放钢筋笼方便，造价低廉。但由于接头管接头属柔性接头，接头刚度差，整体性较差；抗剪能力差，受力后易变形；接头呈光滑圆弧面，易产生接头渗水。

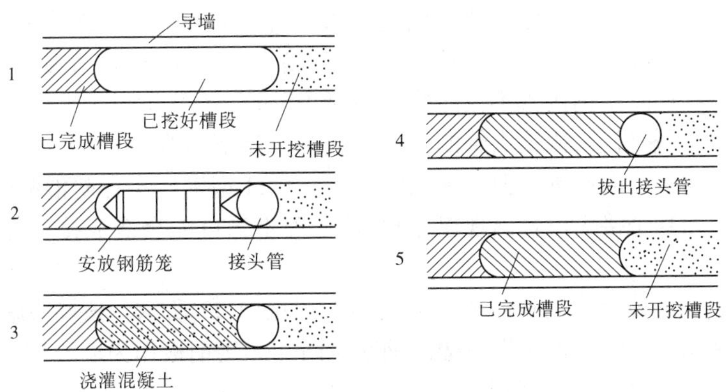

图 1-19　接头管施工方法

在施工过程中,应当注意的是,必须对已完成浇筑混凝土槽段的混凝土半圆形端头表面进行处理,将附着的水泥浆与稳定液混合而成的胶凝物除去,否则接头处止水性就会很差。

(二)十字钢板接头、I 型钢接头、V 形接头

这三种接头是目前大型地下连续墙施工中常用的三种接头类型。这些接头能够有效地传递基坑外的水土压力和竖向力作用,整体性好,特别是当地下连续墙作为主体结构一部分时,在受力和防水方面均有较大的安全性。

(1)十字钢板接头。该接头由十字钢板和滑板式接头箱组成,如图 1-20 所示。它的优点是接头处设置了穿孔钢板,增长了渗水路径,防渗漏性能较好;抗碱性能较好。它的缺点是工序多、施工复杂、难度较大;且刷壁和清除槽段侧壁泥浆有一定困难;抗弯性能不理想;接头处钢板用量大,造价较高。因此,该接头通常在对地下连续墙的整体刚度和防渗有特殊要求时采用。

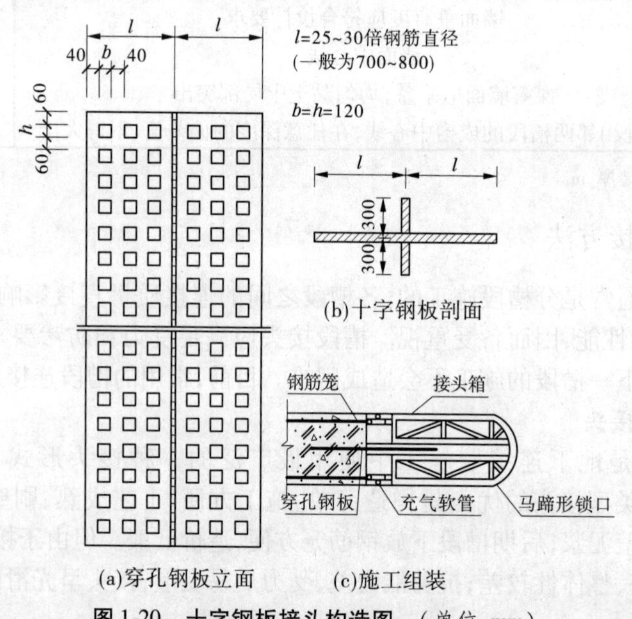

图 1-20 十字钢板接头构造图 (单位:mm)

(2)I 型钢接头。该接头是一种隔板式接头,如图 1-21 所示。该接头能有效地传递基坑外水土压力和竖向应力,整体性较好,且钢板接头不需要拔出,增强了钢筋笼的强度及墙身刚度和整体性;型钢接头不仅能挡住混凝土外流,还可起到止水作用,大大减少了墙身在接头处的渗漏机会,比接头管的半圆弧接头防渗能力强;吊装方便,接头处的夹泥容易刷洗,不影响接头的质量。但在施工中应当注意,I 型钢接头在防混凝土绕流方面易出现一些问题,尤其是接头位置出现塌方时,若处理不当可能会造成接头渗漏,或出现大量涌水的现象。

(3)V 形接头。该接头也是一种隔板式接头,如图 1-22 所示。该接头施工方便,多用于超深地下连续墙。施工时,在先浇槽段钢筋笼两端焊接钢板作为墙段接头,钢筋笼及接头下设安装后,为避免混凝土绕流至接头背面凹槽,可将接头两侧及底部型钢做适当加长,并包裹土工布或铁皮,使其下方入槽及混凝土浇筑时,自然与槽底和槽壁密贴。其优

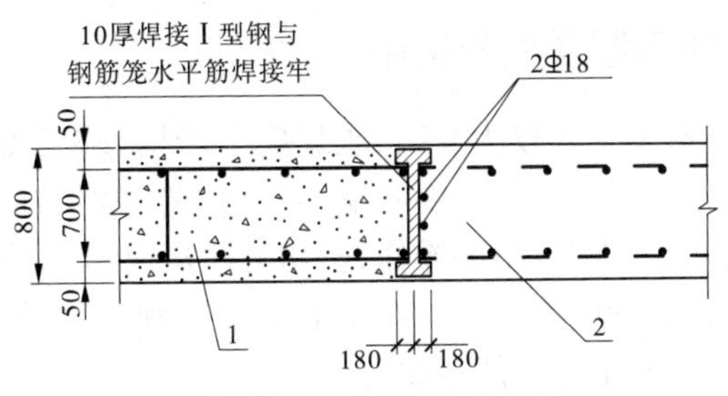

1—先浇的槽段;2—后浇的槽段

图1-21　I型钢接头　(单位:mm)

点是:设有隔板和罩布,能防止先施工槽段的混凝土外溢;钢筋笼和化纤罩布均在地面制作,工序少,施工方便;刷壁清浆方便,易保证接头混凝土质量。其缺点是:化纤布施工困难,受风吹、坑壁碰撞、塌方挤压时易损坏;刚度差,受力后易变形,造成接头漏水。

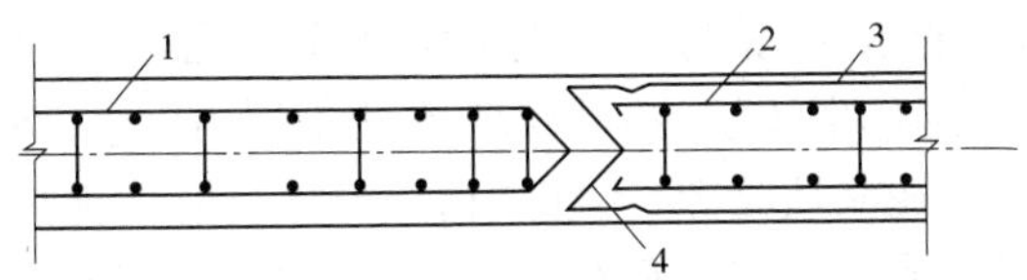

1—在施槽段钢筋;2—已浇槽段钢筋笼;3—罩布(化纤布);4—钢隔板

图1-22　V形接头构造图

(三)铣接头

铣接头是利用铣槽机可直接切削硬岩的能力,直接切削已成槽段的混凝土,在不采用接头管、接头箱的情况下形成止水良好、致密的地下连续墙接头。铣接头相对于其他传统接头形式,施工中不需要其他配套设备,可节省I型钢或钢板等材料,浇筑混凝土时无混凝土绕流问题。但该接头只能配合铣槽机进行作业,无法与其他成槽机械相配合。

(四)接头箱接头

接头箱接头的施工方法与接头管接头相类似,只是以接头箱来代替接头管,如图1-23所示。施工时,一个槽段成槽后,吊放接头箱,再吊放钢筋笼。由于接头箱在浇筑混凝土的一面是开口的,所以钢筋笼端部的水平钢筋可插入接头箱内。浇筑混凝土时,由于接头箱的开口面被焊在钢筋笼端部的钢板封住,因而浇筑的混凝土不能进入接头箱。混凝土初凝后,与接头管一样逐步吊出接头箱,待后一槽段再浇筑混凝土时,由两相邻槽段的水平钢筋交错搭接形成整体接头。该接头的优点是整体性好,刚度大,受力变形小,防渗效果好;缺点是接头构造复杂,施工工序多,施工麻烦,刷壁清浆困难,伸出接头钢筋易碰弯,给刷壁清浆和安放后期槽段钢筋笼带来一定困难。

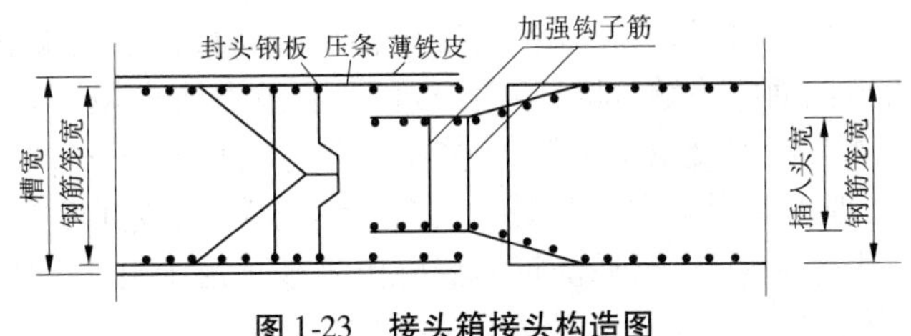

图1-23　接头箱接头构造图

五、施工中存在的问题及处理措施

地下连续墙施工技术和工艺较为复杂,质量要求严格,施工难度大,如施工操作不当则容易出现各类质量问题,影响工程进度和墙体质量,带来严重的质量隐患。因此,在施工中要制订严密科学的施工方案,精心操作,密切关注从成槽、钢筋笼制作、吊放到混凝土浇筑一系列过程中的质量问题,确保地下连续墙施工顺利进行并保证工程质量。地下连续墙施工过程中可能出现的工程事故主要有:

(1)导墙破坏或变形。当导墙强度和刚度不足,或者作用在导墙上的荷载过大、过于集中,或者导墙内侧未设置足够的支撑时,导墙就会出现坍塌、不均匀下沉、变形等现象。对于大部分或局部已严重破坏、变形的导墙应拆除,并用优质土(或掺入适量水泥、石灰)分层回填夯实加固地基,重新建造导墙。

(2)槽壁坍塌。成槽阶段、下钢筋笼和浇筑混凝土时,槽段内局部孔壁坍塌,出现水位突然下降、孔口冒细密的水泡,钻进时出土量增加而不见进尺,钻机负荷有显著增加的现象。其原因主要有:①遇软弱土层、粉砂层或流砂土层,或地下水位高的饱和淤泥质土层;②护壁泥浆选择不当,泥浆质量差,不能在槽壁形成良好的泥皮,起不到有效的液体支撑作用;③单元槽段过长,或地面附近荷载过大;④成槽后未及时吊放钢筋笼和浇筑混凝土,槽段搁置时间长,使泥浆沉淀失去护壁作用。此时,可采取以下治理措施:①对于严重塌孔的槽段,提出抓斗斗头,回填较好的黏性土,重新成槽施工;②如出现大面积塌陷,可用优质黏土(掺入20%水泥)回填至坍塌处以上1～2 m,待沉积密实后再进行成槽;③仅局部出现坍塌时,可加大泥浆比重。

(3)钢筋笼难以安装入槽。钢筋笼尺寸偏差过大,或发生扭曲变形,造成难以安装和入槽。产生这种问题的原因主要有:①钢筋加工制作场地平整度不符合标准,造成变形过大;②钢筋笼制作中,未按顺序进行施工,造成尺寸偏差较大;③钢桁架设计不合理,造成钢筋笼刚度小,起吊时变形过大;④成槽施工中,槽段偏斜引起钢筋笼入槽困难。当出现上述问题时,应及时进行处理,如因钢筋笼制作要求,则需要部分或全部拆除,重新制作钢筋笼;如因成槽质量问题而影响钢筋笼难以顺利入槽,应在修正槽壁后,再进行钢筋笼吊放作业。

(4)钢筋笼上浮。当钢筋笼重量太轻,槽底沉渣过多时,钢筋笼会被浮托起;当混凝土灌注导管埋入深度过大或混凝土浇筑速度过慢时,钢筋笼也会被拖出槽孔外,出现上浮现象。为防止钢筋笼上浮,一般在导墙上设置锚固点锚固钢筋笼。

(5)墙体出现夹层。墙体浇筑后,地下连续墙墙壁混凝土内存在局部积泥层。产生这种现象的原因很多,主要有:①混凝土导管埋入混凝土内过浅,泥渣直接从管底口进入混凝土内,或浇筑混凝土时提管过快,将导管提出混凝土面,致使泥浆混入混凝土中形成夹层。②浇筑导管摊铺面积不够,部分角落浇筑不到,被泥渣充填。③导管接头不严密,泥浆渗入导管内。④首盘混凝土量不足,未能将泥浆与混凝土隔开;或首盘混凝土灌注不顺利,导管口未及时埋入混凝土中。⑤混凝土未连续浇筑,造成间断或浇筑时间过长,已浇筑混凝土初凝后失去流动性,其后浇筑的混凝土顶破顶层上升,与泥渣混合,导致在混凝土中夹有泥渣,形成夹层。⑥浇筑混凝土时局部出现塌孔。

为防止地下连续墙墙体出现夹层现象,在施工中要及时采取如下补救措施:①如导管已提出混凝土面以上，则立即停止浇筑，改用混凝土堵头，把导管插入混凝土中重新开始浇筑；②遇局部塌孔时，可将沉积在混凝土上的泥渣吸出，继续浇筑，同时采取提高护壁泥浆密度、加大水头压力等措施，防止槽壁继续坍塌；③当地下连续墙墙壁开挖过程中发现夹层时，在清除夹层后采用压浆补强方法处理。

第六节　盖挖法

一、概述

在闹市区修建地下工程时，开槽明挖施工会长期干扰交通，影响市容，往往是不可取的；而采用暗挖法施工，工期较长，地层沉陷对相邻建筑物安全性影响较大，工程造价相对较高，同样不是最优的施工方法。在这种情况下，盖挖法因安全、实用、对交通影响小等优点而成为最合适的施工方法，即先用连续墙、钻孔灌注桩等形式作为支护结构和中间桩，然后做钢筋混凝土盖板，在盖板、围护墙、中间桩保护下进行土方开挖和结构施工。盖挖法适用于松散的地质条件及地下工程处于地下水位以上的情况；当地下工程处于地下水位以下时，通常需附加降、排水措施。

目前许多地下工程采用盖挖法施工，例如，上海地铁的常熟路和陕西南路车站，北京地铁的永安里、大北窑、天安门东站，深圳地铁的科学馆站，广州地铁的公园前站，南京地铁的三山街站和新街口站，以及哈尔滨、长春、石家庄等城市的地下商场、地下商业街等。此外，在上海、深圳、天津等城市的一些高层建筑施工中也采用盖挖法施工，能够同时向地下和地上进行结构施工，节约了工期，取得了较好的经济效益。

盖挖法除施工程序与一般方法不同外，还具备以下特点：①盖挖法的边墙，既为结构的永久性边墙，又兼具基坑支护的双重作用，因而可以简化施工程序，降低工程造价；②结构的水平位移小，可靠近既有建筑物施工而不会对其产生较大影响；③盖挖法的顶板一般距地面很近，大大缩短了从破坏路面、修筑顶板到恢复路面的时间，因而对地面交通影响小，只在短时间内封锁地面交通，采取措施甚至可以做到基本上不影响交通，对居民生活干扰小；④采用盖挖逆作法施工时，先修筑的顶板或楼板均可起到支撑的作用，减少了施工时的水平支撑系统，降低了工程造价；⑤盖挖法是在松散地层中修筑地下多层建筑物的最好方法，且施工受外界影响小。

当然，盖挖法也存在一些缺点，在进行地下工程施工方案选择时需要注意以下几点：①盖板（或顶板）上不允许留下过多的竖井，后继开挖的土方，需要采用水平运输方法，出土不方便；②施工作业空间较小，施工速度较其他明挖方法低，工期较长；③和放坡开挖、支护开挖相比费用较高。

盖挖法按照主体结构的施工顺序，可分为盖挖顺作法、盖挖逆作法和盖挖半逆作法。下面依次作简要介绍。

二、盖挖顺作法

盖挖顺作法是在现有道路上，按所需的宽度，在地表面上完成挡土结构后，以定型的预制标准覆盖结构（包括纵、横梁和路面板）置于支护结构上形成临时路面，恢复道路交通;然后在盖板下进行土方开挖和加设横撑,直至设计标高;依序由下而上建筑主体结构和采取防水措施,回填土并恢复管线路或埋设新的管线路;最后,根据需要拆除挡土结构的外露部分及恢复永久性道路。

盖挖顺作法修建的地下结构和地面常规施工方法类似,基本是按照自下而上的自然施工顺序形成的,不存在逆作施工所形成的结构应力逆转等问题。结构依次形成,整体性好,次生应力小;防水施工简便,防水效果好。但该方法的顶盖费用较高,工程开始时要铺设临时顶盖、修筑临时路面,工程结束时要拆除临时顶盖、修建正式路面,两次占用道路,对交通仍有不小影响。另外,基坑围护结构独立承载时间可能会长达1~2年,其应力和变形很难精确控制,由此诱发的基坑周边地面沉降量较大,对邻近建筑物影响也较大。

(一)盖挖顺作法的施工步骤

盖挖顺作法的施工步骤包括:①进行围护结构的施工;②地面开挖,施工临时性的顶盖(临时路面体系);③在顶盖下进行土方开挖,安装水平临时支撑;④开挖至基底后,自下而上,逐层修筑地下结构;⑤完成地下结构施工;⑥拆除临时顶盖,恢复路面。

(二)盖挖顺作法的技术要点

(1)围护结构的选择。盖挖顺作法中,支护结构是非常重要的,要求具有较高的强度、刚度和较好的止水性能。根据施工现场的实际条件、地下水位、开挖深度及周围建筑物的邻近程度,支护结构可选择钢筋混凝土排桩支护或地下连续墙。地下水位较低时,优先选择钻孔灌注桩作为围护结构;地下水位较高时,可选择止水性较好的地下连续墙或密排咬合桩作为围护结构。而在饱和软土地区应首选刚度大、变形小、防水性好的地下连续墙支护。

(2)支撑的设置。常见的地铁车站和地下商业广场,其结构往往深入地下2~3层,地下空间净高可达20~25 m,为保证围护结构的安全和稳定,通常需要设置多道临时横向支撑,以减小围护结构变形和内力。随着土层的开挖,自上而下设置各道临时横撑;随着地下结构的修筑,各道临时横撑依次拆除,直到正式结构全部施工完毕。为避免临时横撑的设置和拆除,可采用预应力锚杆的形式,但应注意,预应力锚杆不易回收,且会侵入地下结构外侧的地下空间,有时不容易得到规划部门的批准。当附近地层存在重要管线时,应当慎用锚杆。另外,如开挖宽度很大,为了缩短横撑的自由长度,防止横撑失稳,并承受横撑倾斜时产生的垂直分力以及行驶于覆盖结构上的车辆荷载和吊挂于覆盖结构下的管线重量,常需要在修建支护结构的同时修建中间桩柱以支撑横撑。中间桩柱可采用钢筋混凝土灌注桩,也可采用预制的打入桩。中间桩柱一般为临时性结构,在主体结构完成时需要将其拆除。为了增加中间桩柱的承载力或减小入土深度,可以采用底部扩孔桩或挤扩桩。

(3)临时路面体系。一般由型钢纵、横梁和钢-混凝土复合路面板组成。路面板通常厚200 mm、宽300~500 mm、长1 500~2 000 mm。为便于安装和拆卸,路面板上均设有吊装孔。

三、盖挖逆作法

在地下构筑物顶板覆土较浅、沿线建筑物过于靠近的情况下,为防止因基坑长期开挖引起地面明显沉陷而危及邻近建筑物的安全;或为避免盖挖顺作法两次占用道路的弊病,可采用盖挖逆作法施工。该法在地下建筑结构施工时结构本身既做挡墙又做内支撑，不架设临时支撑。其施工顺序与顺作法相反，从上往下依次开挖和构筑结构本体。

地下结构施工一般多采用盖挖逆作法，即在开挖过程中，结构的顶板（或中层板）利用刚性的支挡结构先行修建，为了使其稳定要使用挡土支撑，而后进行开挖，并在开挖到指定深度后修筑主体。在进一步开挖前，对顶板上面的埋设物和地面进行恢复。因此，在城市中进行地下工程施工的情况下更能显示此法的优越性。

（一）盖挖逆作法的优缺点

盖挖逆作法具有如下优点：①结构本体作为支撑，具有相当高的刚度，大大减小了围护墙体的应力和变形，提高了工程的安全性，并能有效地控制周围土体的变形和地表沉降，减小对周边环境的影响；②适用于任何不规则形状的地下工程；③可同时进行地上和地下结构的施工，缩短了工程的施工工期；④一层结构平面可兼作工作平台，不必另外架设开挖工作台，大大降低了总施工费用；⑤由于开挖和地下工程结构施工交错进行，逆作结构的自身荷载由立柱直接承担并传递至地基，减小了开挖卸载对持力层的影响，并减小了基坑的地基回弹量。

盖挖逆作法同时存在以下不足，需要在设计和施工时注意：①中间支撑立柱和立柱桩要承受地下结构及同步施工的上部结构的全部荷载，而土方开挖引起基底土体隆起易产生立柱的不均匀沉降，对结构产生不利影响；②立柱内的钢筋骨架与地下工程结构设计中的梁主筋、基础梁主筋冲突，致使节点构造复杂，加大施工难度；③为搬运开挖出的土方和施工材料，需在顶板多处设置临时施工孔，降低了顶板整体刚度，需要对顶板采取加强措施；④地下工程在楼板的覆盖下进行施工，大型机械设备难以进场，给施工作业带来不便；⑤地下工程的混凝土浇筑在各阶段都分先浇和后浇两种，产生交接缝，不仅给施工带来不便，而且给结构带来防水问题，这就对施工计划和质量管理提出很高的要求。

（二）盖挖逆作法的适用条件

盖挖逆作法适用于以下场合的地下工程施工中：①地下工程周边有重要结构物时，如地铁或地下管线等，宜采用逆作法施工，利用逆作的地下结构本体作为挡土结构和支撑，能有效控制整体变形；②开挖深度大，开挖或修筑主体结构需较长时间的情况；③需要在底板施工前修筑顶板，以便进行上部回填和开挖路面的情况。

（三）盖挖逆作法的施工流程

盖挖逆作法的施工顺序如下：

（1）进行围护结构的施工，多采用地下连续墙，通常围护结构仅做到顶板搭接处，其余部分用便于拆除的临时挡土结构围护。

（2）中间立柱桩的施工，可按照钻孔灌注桩进行设计施工，插入钢立柱。

（3）在地面开挖至主体结构顶板底面标高时，利用未开挖的土体作为土模，浇筑形成地下结构的永久顶板，该顶板兼作围护结构的第一道支撑。另外，在顶板上回填土后恢复道路，可以铺设永久性路面，正式恢复交通。

（4）在顶板覆盖下自地下 1 层开始，按照 -1、-2、-3 层…的顺序，自上而下逐层开挖，每挖完一层，即浇筑本层的底板（也是下一层的顶板）和边墙，逐层建造主体结构直至整体结构的底板。

（四）立柱结构的施工

立柱结构是地下结构的竖向承重构件，其作用是在逆作法施工期间，在地下室底板未浇筑之前承受地下和地上各层的结构自重与施工荷载。由于逆作法先浇筑顶板,然后逐层往下做,因此需要先设置立柱才能支撑逆作结构的自重;此外,地下结构施工的同时,还进行着上部结构的施工,或承担地面交通荷载作用,因而立柱的设计承载力必须大于逆作结构的荷载和逆作期地面以上荷载之和。立柱结构通常采用钢立柱插入底板以下的立柱桩的形式。钢立柱通常为角钢格构柱、钢管混凝土柱或 H 型钢柱;而立柱桩则可采用钻孔灌注桩或钢管桩等形式。

对于逆作法工程,施工结束后,中间立柱一般外包混凝土后作为正式地下室结构的一部分,永久承受上部荷载作用;此外,也不可避免地需要设置一部分临时钢立柱和立柱桩,这种临时性的立柱在施工完毕后需要拆除。立柱结构一般采用"一柱一桩"的形式,即每根结构柱位置仅设置一根钢立柱和立柱桩。此外,还有"一柱多桩"的形式,即在相应结构柱周围设置多组"一柱一桩"的立柱,这就需要在地下室结构施工完成后,拆除临时立柱,完成主体结构柱的托换。

钢立柱的安装施工方式则主要取决于有无地下水。

1. 有地下水的情况

立柱的施工可采用贝诺托工法、土螺旋钻法和反循环法。为保证孔壁与桩底的稳定性,立柱桩成孔过程中必须有稳定剂,桩的制作也必须在稳定剂中进行。此外,钢立柱必须插入混凝土桩中进行固定,且钢立柱不做基础底板。在立柱桩的混凝土达到足够的强度,并且能支撑住钢立柱自重之前,必须在地面上对钢立柱设置临时支撑。

根据钢立柱安装及混凝土桩浇筑施工顺序,可将立柱的安装分为如下两种方法:

(1)先插法。利用清水或泥浆作钻孔稳定剂的土螺旋钻法和反循环法,立柱安装通常采用先插法。先插法安装时,一般采用有中间固定点的 8 ~ 10 m 长的竖管。当立柱较短时,安装就比较容易控制精度;而当立柱较长时,就必须将中间固定点向下移动,并将竖管换成套管,使其承担孔壁的反力等。另外,在混凝土浇筑时,为防止立柱在侧压力作用下产生位移,立柱不仅要安装牢固,而且必须采取使混凝土侧向流动较小的浇筑方法。

(2)后插法。后插法是立柱平面位置在地面上固定好之后,将立柱垂直吊入该位置,并严格控制立柱的插入精度。后插法吊入立柱时,其位置的准确性不仅取决于立柱的断面,而且取决于立柱重心的位置。总的来说,细长立柱安装时,后插法比先插法容易控制施工精度。

2. 无地下水的情况

在无地下水的情况下,立柱的设置一般多采用深基础工法,即在立柱桩施工完毕后,人进入桩孔内,直接进行立柱的插入和固定。此时,钢立柱的形状是带有基础底板的,根据柱脚固定方法的不同,有基础外包混凝土式、锚钉式以及它们的组合方式。

(1)基础外包混凝土式。采用基础外包混凝土方式类似于先插法,其基础底板下后浇混凝土的高度不高,并且施工时要在钢立柱基础底板下将混凝土填充密实。

(2)锚钉式。锚钉式则是当混凝土桩浇筑后,将桩固定在预定高度上,依靠预先埋设的锚钉将带有基础板的钢立柱插入并固定好。

由于钢立柱插入混凝土桩后再进行位置修正通常需要很大的力,小型千斤顶的反力往往不够。因此,在立柱安装时,对于桩内插部分要求具有很高的垂直度。当垂直度要求在 1/400 ~ 1/200 时,可采用以下三种方法确定立柱的垂直度:钢立柱悬空时,可目测;悬挂 2 m 左右长的铅锤；用测斜计量测。当垂直度要求大于 1/500 时，可采用激光电子发光测定管，用计算机来控制垂直度。

当钢立柱的垂直度不满足要求时，需要进行立柱的调垂施工，调垂方法可分为气囊法、机械调垂法和导向套筒法三类。气囊法适用于各种类型立柱的调垂，且调垂效果好；但气囊具有一定行程，立柱与孔壁间距过大时无法调垂至设计要求；另外，帆布气囊在施工中容易被勾破而无法使用。机械调垂法最为经济，但只能用于刚度较大的立柱。导向套筒法由于套筒比立柱短，调垂容易，调垂效果好，适用于各种立柱的调垂作业；但导向套筒设置在立柱外，势必使孔径增大。

(五)盖挖逆作法的接头施工

逆作法的接头施工是逆作法施工的关键环节之一。这种接头施工要求在接头处理上使先后浇筑的混凝土具有整体性，而且要求在受压缩、张拉、弯曲、剪切等作用时与整体混凝土具有同样的受力性能，其均匀性、水密性、气密性等也应达到与整体混凝土等同的质量要求。在逆作法中，上、下层结构的结合面在上层构件的底部，接头缝采用后填法施工。模板沉降、新浇筑混凝土的下沉和收缩，往往在其上面形成空隙，并在接头表面产生离析和聚集气泡，容易成为结构和防水的薄弱环节。另外，由于混凝土的流动压力和浇筑速度不足，造成填充不良，可能也会使钢立柱的阴角部位及后立模板的结合部位产生较大的混凝土裂缝。所以，在施工中应采用合理的施工方法，防止裂缝的产生。

逆作法接头的位置主要由地下结构层的层高决定，且应满足下述要求：①使现浇的楼板和梁的混凝土模板易于拼装并保证精度；②模板和支撑撤去后，易于开挖；③在结构上，应尽可能取在内力小的位置；④建筑上，希望接头和砂浆找平层位于同一标高。

目前，逆作法的接头施工可分为直接法、注入法和充填法三类，如图 1-24 所示。根据实际施工情况来看，接头性能最好的是充填法，其次是注入法，最后才是直接法。然而，接头性能好的施工方法其造价也较高，因此在实际工程中，一般多采用直接法和注入法混用。

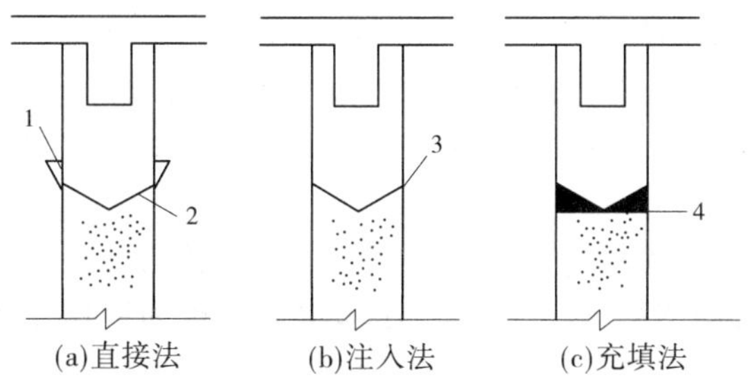

1—浇筑口；2—混凝土；3—水泥浆料；4—无收缩水泥

图 1-24　逆作法接头处理方法

(1)直接法。在先浇混凝土的下面继续浇筑，浇筑口高出施工缝，利用混凝土的自重使其密实，对接缝处实行二次振捣，尽可能排出混凝土中的气体，增加其密实性。具体有漏斗浇筑法、再振动法和套筒浇筑法三种形式。

①漏斗浇筑法：先浇筑混凝土的下方，将它做成 2 个或 4 个方向的倾角($\theta = 20° \sim 30°$)，在后浇的模板上部设置高 15～20 cm 的漏斗形浇筑口。柱子的浇筑口需要 2 个以上，混凝土墙的浇筑口应每隔 1 m 设一处。当混凝土浇筑到这个高度时，利用浇筑压力和

振捣器将混凝土缝隙填充密实。在漏斗部分混凝土硬化后,将表面修凿平整。

②再振动法:当混凝土振捣后,经过0.5 h后,从漏斗处插入振动器进行二次振动,尽量排出内部气体,要做到完全无缝,还需要与注入法混合使用。

③套筒浇筑法:在现浇混凝土内部,浇筑接头混凝土之前,从上层板面往下埋入ϕ150的套筒,后浇筑的混凝土通过套筒从上层板面向下浇筑。浇筑高度比漏斗法要高很多,所以浇筑压力较大,混凝土的密实性也较好,而且不需要做混凝土硬化后的修凿处理。此法必须与注入法混合应用,才能解决混凝土沉降较大的问题。

(2)注入法。为提高混凝土的充填密度和析水及气泡的排放度,要求将先浇混凝土底面做成斜面。注入材料一般分两类,当要求注入较小缝隙(>0.1 mm)时,可采用树脂系材料,但成本较高;当缝隙较大(>0.5 mm)时,可采用水泥系材料,但流动性较差,多采用特殊添加剂。注入通道的设置可采用钻头钻孔法,即在后浇混凝土硬化后,用钻头在接缝连接处钻孔,缺点是钻孔产生的混凝土碎屑会堵塞注入通道;也可以在先浇的混凝土底部的模板上预先安一个注入用的接缝棒,但因通道预先设置,在后浇混凝土振捣时已埋设好,故使注入材料的注入性要差些;也可用发泡苯乙烯做接缝棒,该方法成本低、施工性好、注浆可靠、接头性能好,但对缝隙的大小、注入孔的间距、注入压力等要求较高。

(3)充填法。充填法是在后浇混凝土浇筑完毕后,将接缝下方5~10 cm厚的混凝土浮浆层清除掉,然后在此注入无收缩混凝土。由于充填材料的弹性模量要稍低于普通混凝土,因而缝隙应尽可能小些。充填法的接缝很容易清洗,充填部分的高度也很小,而且没有收缩性,如果施工技术好,可使接缝无间隙,因此能做到接缝性能最好。如果先浇的混凝土底部平面稍微倾斜会使充填性更好。

四、盖挖半逆作法

在某些特殊工程中,盖挖半逆作法也得到了应用。

盖挖半逆作法和盖挖顺作法相似,也是在开挖地面、完成顶层板及恢复路面后,向下挖土至地下结构底板的设计标高,先浇筑底板,再依次向上逐层浇筑侧墙、楼板。但与盖挖顺作法的主要区别在于,盖挖顺作法所形成的顶板是将来要拆除的临时性盖板,不是永久性结构的顶板;而盖挖半逆作法所形成的顶板就是地下结构的顶部结构。因此,在地下结构完成后就无须再一次修筑路面。

盖挖半逆作法吸收了盖挖顺作法和盖挖逆作法两者的优点,可以避免进行地面二次开挖,从而减小了对交通的影响;除地下一层边墙和顶板为逆作连接外,其余各层均为顺向施工,减小了结构的应力转换,对结构的整体性和使用寿命有利,结构的防水施工也变得简单可靠。

盖挖半逆作法用于结构宽度大,有中间桩、柱存在的结构,多道横撑和各层楼板的相互位置关系、施工交错处理、横撑的稳定性都是施工中应当注意的关键问题。此外,在施工阶段,中柱和顶板中部已有力学连接,顶板边缘与围护结构连为一体,但各层却是自下而上依次建成的,各层结构重量的一部分将通过楼板传递到中柱上。因此,中柱的受力变化较为复杂,结构总沉降也较复杂。在施工过程中应进行观测,防止结构在中柱周围出现受力裂缝。

盖挖半逆作法的施工步骤如图1-25所示。

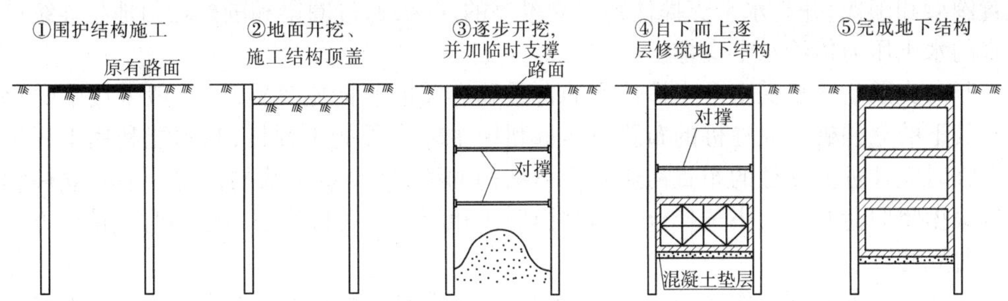

图 1-25　盖挖半逆作法的施工步骤

五、支护结构与主体结构相结合

支护结构与主体结构相结合有多种方式，从结构构件的角度可区分为：地下室外墙与围护墙体相结合，结构水平构件与水平支撑相结合，结构竖向构件与临时立柱相结合。按照支护结构与主体结构结合的程度进行区分，可将支护结构与主体结构相结合工程归为以下三大类型。

（一）周边地下连续墙“两墙合一”结合坑内临时支撑系统采用顺作法施工

周边地下连续墙“两墙合一”结合坑内临时支撑系统采用顺作法施工是多层地下室的传统施工方法，采用顺作法施工，在深基坑工程中得到了广泛的应用。其结构体系包括两部分，即采用连续墙的围护结构、采用杆系结构的临时水平支撑体系和竖向支撑系统。图 1-26 为周边地下连续墙“两墙合一”结合坑内临时支撑系统的基坑在开挖到坑底和地下室施工完成时的情形。“两墙合一”的地下连续墙设计需根据工程的具体情况选择合适的结构形式及与主体结构外墙的结合方式，在构造上选择合适的接头形式，并妥善地解决与主体结构的连接、后浇带、沉降缝和有关防渗构造措施。

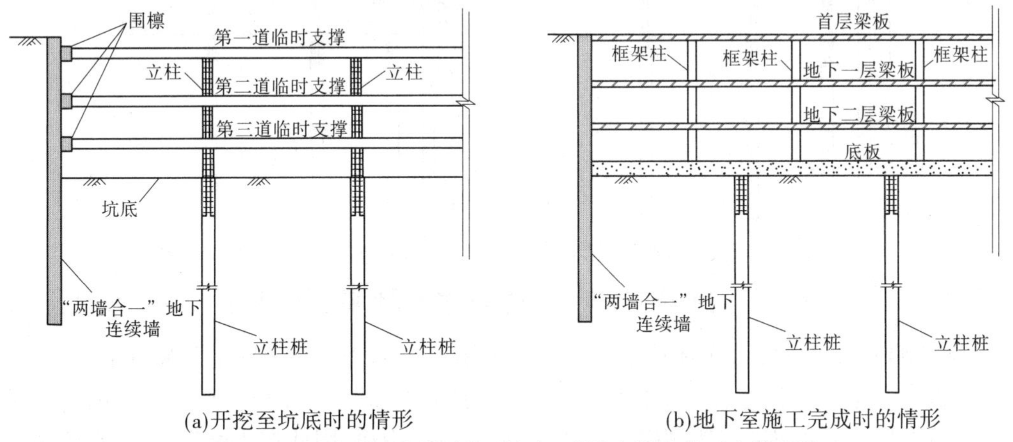

(a)开挖至坑底时的情形　　(b)地下室施工完成时的情形

图 1-26　周边地下连续墙“两墙合一”结合坑内临时支撑系统

临时水平支撑体系一般采用钢筋混凝土支撑或钢支撑。钢支撑一般适用于形状简单、受力明确的基坑，而钢筋混凝土支撑适用于形状复杂或有特殊要求的基坑。相对而言，钢支撑由于可以回收利用因而造价较低，在施加预应力的条件下其控制变形的能力不低于钢筋混凝土支撑；但钢筋混凝土支撑的整体性和稳定性高于钢支撑。连续墙上一般设置圈梁和围檩，并与水平支撑体系建立可靠的连接，通过圈梁和围檩均匀地将连续墙上传来的水土压力传给水平支撑。

竖向支承系统承受水平支撑体系的自重和有关的竖向施工荷载，一般采用临时钢立柱及其下的立柱桩。立柱桩的布置应尽量利用主体工程的工程桩，当不能利用工程桩时需设临时立柱桩。立柱的布置需避开主体结构的梁、柱及承重墙的位置。临时立柱和立柱桩根据竖向荷载的大小选择合适的结构形式和间距。在拆除第一道临时支撑后方可割除临时立柱。

一般情况下采用逆作法施工时，应考虑土方开挖的困难及增加的造价，与顺作法相比，有时土方开挖增加的造价相当可观。

（二）周边临时围护体结合坑内水平梁板体系替代支撑采用逆作法施工

周边临时围护体结合坑内水平梁板体系替代支撑采用逆作法施工，适用于面积较大、地下室为两层、挖深为 10 m 左右的超高层建筑的深基坑工程，且采用地下连续墙围护方案相对于采用临时围护并另设地下室外墙的方案在经济上并不具有优势。其结构体系包括临时围护体、水平梁板支撑和竖向支撑系统。图 1-27 为周边临时围护体结合坑内水平梁板体系替代支撑的基坑在开挖到坑底和地下室施工完成时的情形。临时围护体可采用钻孔灌注桩、型钢水泥土搅拌墙和钻孔咬合桩等方式。作为周边的临时围护结构，需满足变形、强度和良好的止水性能要求。

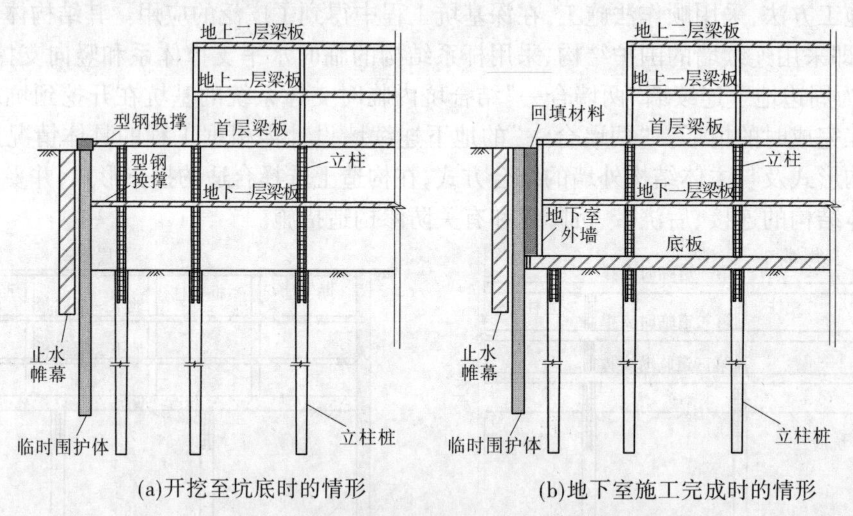

图 1-27　周边临时围护体结合坑内水平梁板体系替代支撑

该类型的水平支撑与主体地下结构的水平梁板相结合。由于采用了临时围护体，需考虑主体水平梁板结构与临时围护体之间的传力问题。需指出的是，围护桩与内部水平梁板结构之间设置的临时支撑主要作为传递水平力的用途，因此在支撑设计中，在确保水平力传递可靠性的基础上，弱化水平支撑与结构的竖向连接刚度，可缓解由于围护桩与立柱桩之间差异沉降过大，引发的边跨结构次应力，严重时还将导致结构开裂等不利后果。

该类型的竖向支撑系统与主体结构相结合的立柱和立柱桩的位置和数量，根据地下室的结构布置和制订的施工方案经计算确定。由于边跨结构需从结构外墙朝内退一定距离，该距离的控制可根据具体情况调整，但尽量退至结构外墙相邻柱跨，以便利用一柱一桩作为边跨结构的竖向支撑结构；当局部位置需内退距离过大时，可选择增设边跨临时立柱的处理方案。

（三）支护结构与主体结构全面相结合采用逆作法施工

支护结构与主体结构全面相结合是指主体地下结构外墙、水平梁板体系、竖向构件均与临时围护结构相结合的形式，并采取地上地下结构同时施工的全逆作法施工方法。图1-28为支护结构与主体结构全面相结合的基坑在开挖到坑底和地下室施工完成时的情形。该形式适合于大面积的基坑工程、开挖深度大的基坑工程、复杂形状的基坑工程、上部结构施工工期要求紧迫的基坑工程，尤其是周边建筑物和地下管线较多、环境保护严格的基坑工程。

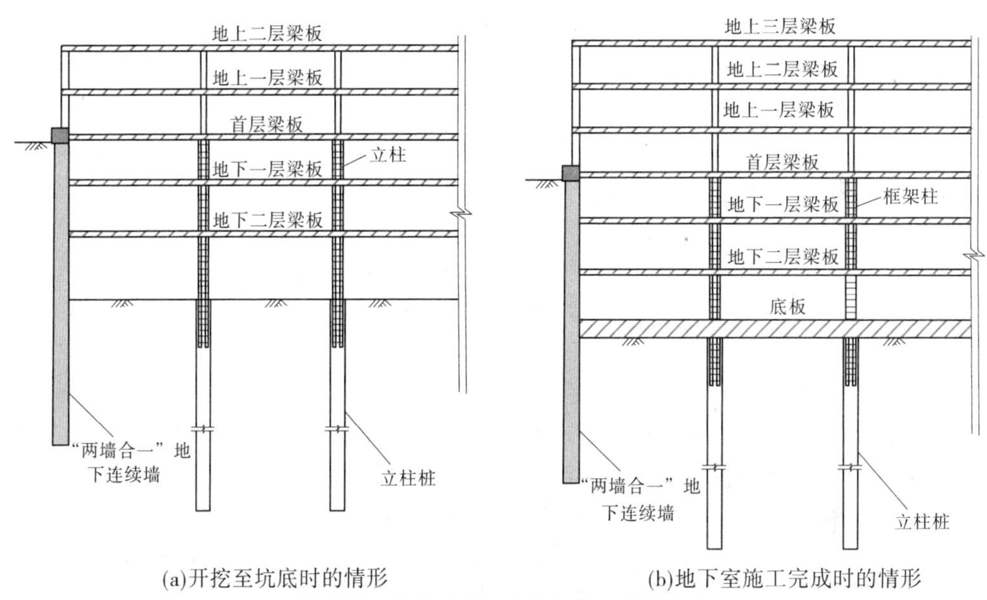

(a)开挖至坑底时的情形　(b)地下室施工完成时的情形

图1-28　支护结构与主体结构全面相结合

六、盖挖法应用实例

（一）上海轨道交通7号线常熟路站

1. 工程概况

上海轨道交通7号线常熟路站位于上海市最繁华的淮海中路与常熟路交叉口北侧，北起延庆路，南至淮海中路，其中北段位于常熟路下。车站为地下3层岛式结构，车站主体为双柱三跨箱形框架结构。车站结构长157.2 m，标准段宽22.8 m，站台宽12 m。顶板覆土厚度约4.736 m，标准段基坑开挖深度约24.3 m，端头井基坑开挖深度约25.9 m。

常熟路宽14 m，双向四车道，地面交通十分繁忙。常熟路地下管网密布，车站两侧建筑物密集，距离较近的有保护建筑3处、影响建筑4处。其中，车站东侧有建于20世纪20～30年代的赛华公寓和淮海大楼，为上海市保护建筑。由于年代久远，对地基变形的适应能力较差，且2栋建筑距车站基坑距离均较近（分别为3.6 m和8 m）。在基坑的西侧有外贸局工艺品常熟路住宅楼、中波海运公司职工住宅3号楼和2号楼、上海市疾病预防控制中心4号楼等建（构）筑物。上述3栋住宅楼为建于20世纪70～90年代的砌体结构房屋,对地基不均匀沉降较为敏感,且距离车站基坑最近的仅3.3 m。另外,车站南端头井距离运营中的地铁1号线较近,净距为13.6 ~ 18.4 m。常熟路站平面图如图1-29所示。

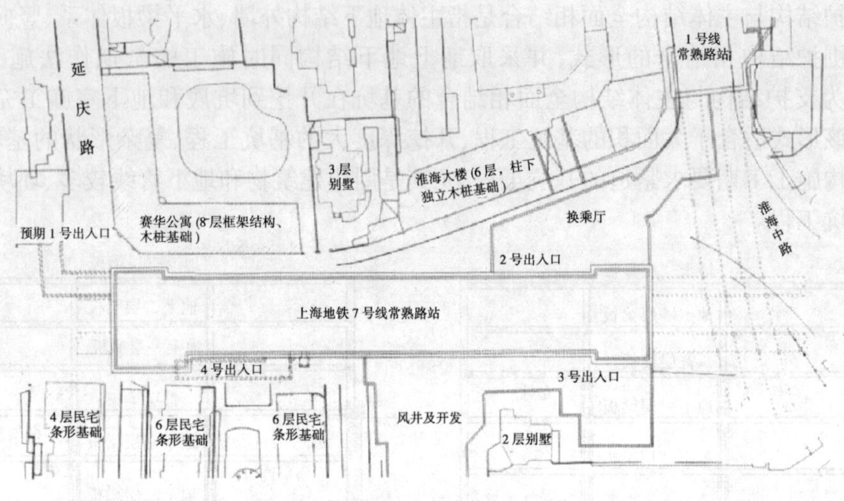

图1-29 常熟路站平面图

2. 施工方案比选

常熟路站周围近距离需保护建筑密集,且建筑年代已久,结构条件较差,适应不均匀沉降的能力很差,因此对基坑变形的要求非常高,且车站南端头井离运营中的地铁1号线较近,对1号线的保护要求也较高。同时,根据业主提供的、由市交警部门确定的车站施工期间地面交通组织要求,在施工期间,常熟路需保留双向四车道通行能力。综合考虑施工速度、变形控制及永久性结构的质量,常熟路站主体结构的施工应综合盖挖逆作法与盖挖顺作法的优点,确定采用顶板盖挖顺作的"两明两暗"施工方法,即两层中板逆作,底板、顶板顺作,利用车站结构的楼梯孔及电缆井作为施工期间的吊装孔及出土孔。这样既保证了基坑变形要求,又在一定程度上加快了施工速度,且避免因顶板逆作产生纵向施工缝,从而保证了车站顶板的施工质量。

3. 施工技术措施

1)"两明两暗"的施工方法

常规的明挖法施工是指基坑开挖至坑底后,从下至上依次浇筑车站结构,即底板→下中板→上中板→顶板。地铁车站盖挖法施工一般采用土方开挖"一明两暗"的全逆作法施工方法,"一明"是指顶板以上的土方明挖,"两暗"是指站厅及站台层土方在顶板盖下暗挖,通过预留在顶板及中板的出土口垂直运输到地面。施工顺序为:围护结构及中间柱施工,明挖土方至顶板设计标高,施作顶板地模及顶板结构混凝土,待顶板混凝土达到设计强度后开挖站厅层土方至中板设计标高,中板混凝土浇筑且达到设计强度后,开挖站台层土方至设计标高,施工底板垫层及结构混凝土。然后施工站厅层和站台层内衬砌,最后顶板覆土并恢复道路。而"两明两暗"指车站楼板结构的浇筑顺序为:上中板→下中板→底板→顶板。这是一种半逆作的施工方法。

根据这种施工方法,常熟路站采取的主要施工步骤为:第1步施工地下连续墙;第2

步施工盖板的立柱桩和临时立柱；第3步施工盖板体系的主次梁；第4步铺设盖板；第5步盖板铺设完成后在盖板下按照“两明两暗”的顺序进行基坑开挖、支撑及楼板结构的浇筑。

2）支撑体系的选择

常熟路站由于采用了部分逆作法施工，除首道为钢筋混凝土支撑外，其余6道支撑均采用直径609 mm的钢管支撑。钢管支撑直接支撑在地下连续墙上，不设围檩，随挖随撑，通过控制基坑无支撑暴露时间来减小基坑位移。常熟路站基坑横断面图如图1-30所示。

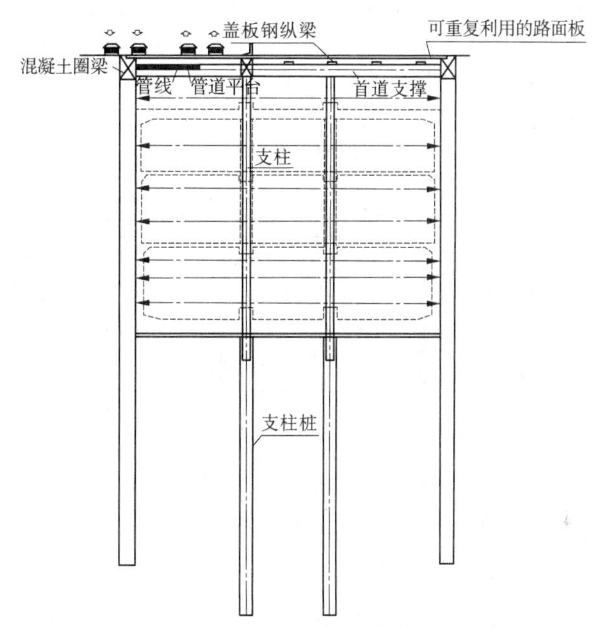

图1-30　常熟路站基坑横断面图

3）新型盖板体系

常熟路站采用的盖板体系是在国外盖挖法基础上进行的改进，盖板体系采用主次梁结构。基坑的首道钢筋混凝土支撑作为主梁；次梁采用H型钢，沿车站纵向布置，次梁直接架设在主梁即首道混凝土支撑上；次梁上铺设临时路面板，如图1-31(a)所示。

临时路面板采用3 m×1 m和2 m×1 m的标准化钢路面板。钢路面板的主材采用热轧压延H型钢，将此H型钢按一定长度(3 m或2 m)切断后由5根横向并排焊接形成一整体，在其两侧用钢板补强，最后形成一长方形钢路面板，如图1-31(b)所示。

4）竖向承重体系

竖向承重体系包括将路面荷载传至地基的立柱及其下的立柱桩。常熟路站采用临时立柱与永久立柱合一的方案，临时立柱设置在永久立柱的位置，待车站施工完成后，临时立柱浇筑在永久立柱中，使之成为永久结构的一部分，这样就形成了型钢混凝土柱。另外，首道混凝土支撑的纵向间距为车站永久柱的纵向间距，主梁跨度为永久柱的横向间距。临时立柱采用H型钢柱，型号为H458×417×30×50(Q345)；立柱桩采用ϕ800和ϕ1 400两种钻孔灌注桩，桩长分别约为72 m和70.3 m(即坑底以下桩长46 m)。

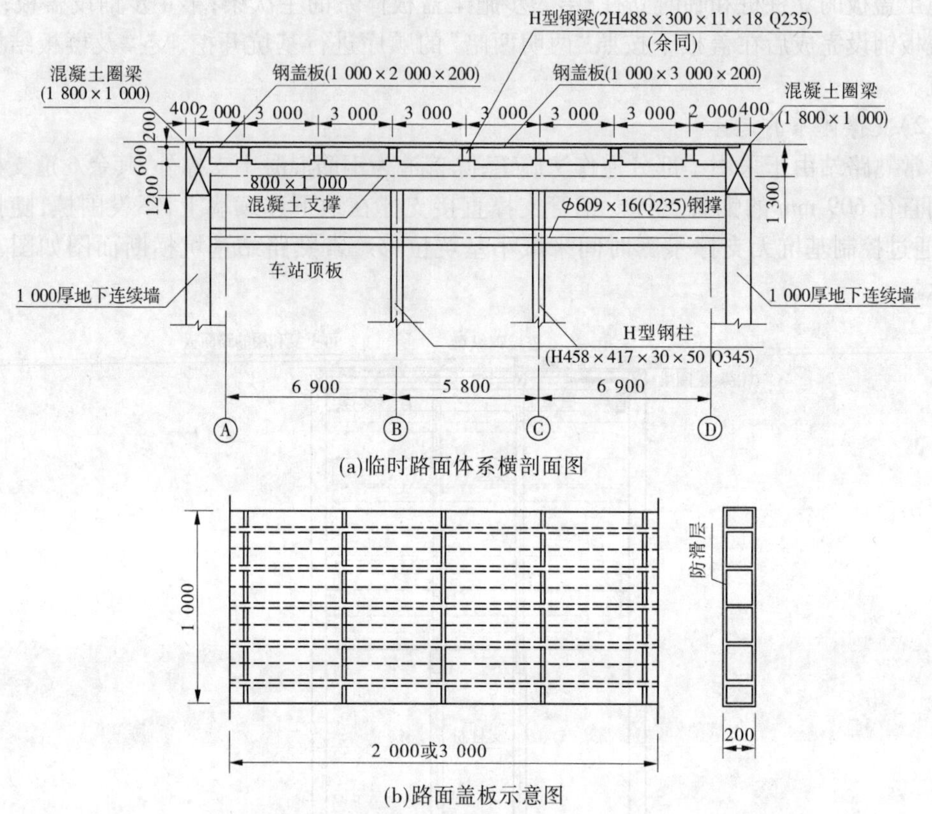

图 1-31　常熟路站新型盖板体系　(单位:mm)

采用上述方案,可以避免永久立柱与临时立柱位置不一致时割除临时立柱引起的结构内力重分布,从而对结构受力较有利;但对临时立柱位置及垂直度的施工精度要求较高;同时,临时立柱作为永久立柱时,梁柱节点构造较复杂,施工难度较大。

4. 应用效果

常熟路站采用“两明两暗”的施工方法,结合新型盖板体系,取得了良好的社会效益和经济效益,施工期间各项监测数据正常。具体应用效果如下:①由于采用新型盖板体系,提供了约 10 m 宽的临时路面,解决了施工期间常熟路的地面交通问题;②由于采用了“两明两暗”的施工工艺,基坑变形控制较好,施工期间基坑周边地面最大沉降值、围护墙最大水平位移以及坑底土隆起等监测数据均满足要求,周边建筑物除局部出现裂缝外,其余基本完好;③基坑的首道钢筋混凝土支撑兼作基坑支护结构及临时路面结构体系的构件,同时承担路面车辆荷载及坑外土体压力,减少了构件数量,降低了工程造价。由于设计合理、施工质量得到保证,这些构件均完好无损,可继续使用。

第七节　沉井法施工

沉井是一种在地面上制作、通过取出井内土体的方法使之沉到地下某一深度的井体结构。用一个事先筑好的以后能充当桥梁墩台或结构物基础的井筒状结构物,一边井内挖土，一边靠它的自重克服井壁摩阻力后不断下沉到设计标高，经过混凝土封底并填塞井孔，最后浇筑沉井顶盖。

沉井下沉过程中，在取土作业时排除井内积水，称为排水下沉；在取土作业时不排除井内积水，称为不排水下沉。干式沉井指使用时井内无水的沉井。

利用沉井作为挡土的支护结构，可以建造各种类型或各种用途的地下工程构筑物，如用于桥梁、烟囱、水塔的基础，水泵房、地下油库、水池竖井等深井构筑物以及盾构或顶管的工作井等。用沉井施工法修筑的基础称为沉井基础。

一、沉井的结构构造

沉井一般由钢筋混凝土制成。其横截面形状有圆形、圆端形和矩形等。根据井孔的布置方式，又有单孔、双孔及多孔之分，如图1-32所示。

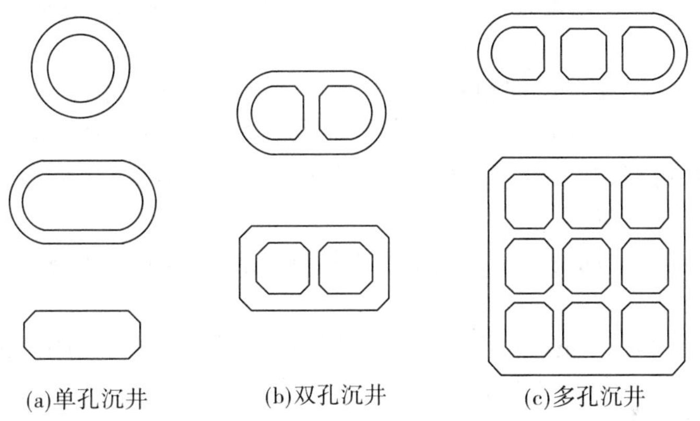

图1-32　沉井平面形式

沉井的形式虽有所不同，但在构造上主要由外井壁、刃脚、隔墙、井孔、凹槽、射水管、封底及盖板等组成，一般构造如图1-33所示。

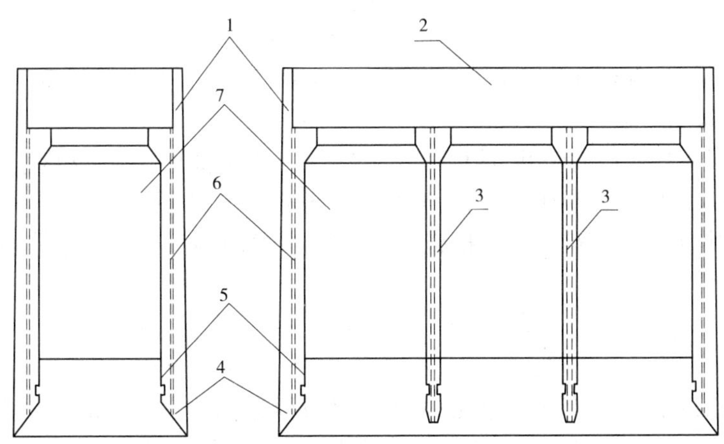

1—井壁；2—顶盖和封底；3—隔墙；4—刃脚；5—凹槽；6—射水管；7—井孔

图1-33　沉井构造示意图

井壁即沉井的外壁，是沉井的主体部分，在沉井下沉过程中起挡土、挡水及利用本身重量克服土与井壁之间的摩阻力的作用。当沉井施工完毕后,它就成为基础或基础的一部分而将上部荷载传到地基。为使其能抵抗四周的土压力和水压力并在自重作用下顺利下沉,沉井要有足够的强度和重量。由于使用或结构上的需要,在沉井井筒内设置隔墙,从而使沉井的刚度也得到加强。

刃脚位于井壁的最下端,是沉井壁板下端带有斜面的部分,用于支承沉井重量和切土下沉。要求刃脚应具备足够的强度,以免产生挠曲或被破坏。刃脚踏面底宽一般150~400 mm,刃脚斜面与水平面夹角为50°~60°。为防止刃脚损坏,宜在刃脚的踏面外缘端部设置钢板护角。

凹槽位于刃脚内侧上方,其作用在于沉井封底时使井壁与封底混凝土连接在一起,以使封底底面反力更好地传递给井壁。待沉井下沉到设计标高后,在其下端刃脚踏面以上至凹槽处浇筑混凝土,形成封底。封底可防止地下水涌入井内,因此通常称为干封底。当封底达到设计强度后,在凹槽处浇筑钢筋混凝土底板。若采用水下封底,待水下混凝土达到强度时,抽干水后再浇筑钢筋混凝土底板。

遵循经济上合理、施工上可能的原则,通常在下列情况下,可优先考虑采用沉井:

(1)在城市市区采用沉井作为地下构筑物就无需打围护桩(钢板桩或其他围护桩),也不影响周围建(构)筑物,不需要支撑土壁及防水。因其本身刚度较大,沉井外侧井墙就能防止侧面土层的坍塌。

(2)如因场地狭窄,同时受附近建筑物或其他因素的限制,而不适宜采用大开挖的地点,可采用沉井法施工。

(3)地下水位较高、土的渗透性较大,易产生涌流或塌陷的不稳定土层,可采用沉井不排水下沉和水下浇筑混凝土封底。

(4)埋置较深的构筑物采用沉井法施工,从经济和技术角度来看,也比其他施工方法更为合理。

(5)给排水工程的地下构筑物,多采用沉井。如江心及岸边的取水构筑物、城市污水泵站及其下部结构等。

(6)沉井可作地下构筑物的外壳。其平面尺寸可根据需要进行设计,面积可达3 000~4 000 m^2,井内空腔并不填塞,形成地下空间,可满足生产和使用的需要,有时还可作为高层建筑的基础。

(7)沉井可用作矿区的竖井,截面面积比较小,一般为圆形,下沉深度很深。

沉井有着广泛的工程应用范围,一般在施工场地复杂,邻近有铁路、房屋、地下构筑物等障碍物,加固、拆迁有困难或大开挖施工会影响周围邻近建(构)筑物安全时,应用最为合理、经济。

二、沉井施工

沉井的施工方法通常有旱地施工、水中筑岛及浮运沉井三种。沉井的施工是一个局部较复杂的系统工程,施工前一定要有详尽的岩土工程勘察资料,充分掌握场地的水文地质、工程地质条件和气象资料,做好河流汛期、河床冲刷、通航和漂流物等的调查研究,应充分利用枯水季节,制订出详细的施工计划及必要的措施。施工过程中必须严格执行相关规范和设计要求的规定,对施工的每一个环节都要作充分考虑,对每一道工序都应做出详细的安排，对施工中可能出现的不良情况要认真考虑并制订相应的对策，确保施工安全。

沉井施工工艺包括施工准备、地基处理、井墙制作、沉井下沉、沉井封底五个大部分。

旱地沉井施工顺序如图 1-34 所示。

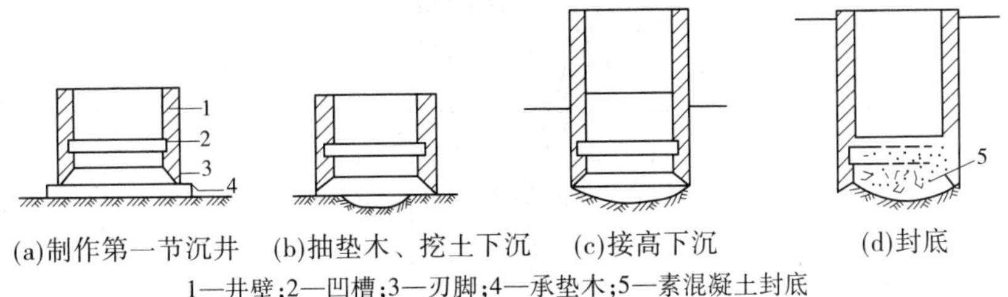

1—井壁；2—凹槽；3—刃脚；4—承垫木；5—素混凝土封底

图 1-34　旱地沉井施工顺序

(一)基坑开挖

陆地沉井施工前，根据设计图纸提供的坐标，放出沉井纵横两个方向的中心轴线和沉井的轮廓线，以及水准标高等，作为沉井施工的依据。

基坑底部的平面尺寸，一般要比沉井的平面尺寸大一些，如采用承垫木，则在沉井四周各加宽一根垫木长度以上，以保证垫木在必要时能向外抽出，同时考虑支模、搭设脚手架及排水等项工作的需要。

基坑开挖的深度，视水文、地质条件而定，在一般情况下，基坑开挖深度即等于要铺筑的砂垫层厚度，为 1 ~ 2 m。在地下水位较低的地区，有时为减少沉井下沉深度，可加深基坑的开挖深度，但必须确保坑底高出施工期间可能出现的最高地下水位 0.5 m 以上。

(二)垫层铺设、承垫木

通常第一节制作的沉井重量较大，而刃脚支承面积又小，常沿井壁周边刃脚下铺设承垫木，以加大支承面积。当采用承垫木施工时，为便于整平、支模及下沉时抽除承垫木，在承垫木下铺设一层砂垫层。将沉井重量扩散到更大的面积上，使表面土层的强度足以支撑第一节沉井的重量，保证沉井第一节混凝土在浇筑过程中的稳定性，并使沉井的下沉量减少到允许范围内。

对于圆形沉井的定位垫木，一般对称设置在 4 个支点上；对于矩形沉井定位垫木，一般设置在两长边，每边 2 个。当沉井长短边之比，$2 > L/b \geqslant 1.5$ 时，两个定位点间距离为 0.71；当 $L/b \geqslant 2$ 时，则为 0.61。

当沉井采用无承垫木施工时，沉井第一节高度不宜过大，通常为 5 ~ 6 m，当荷载小于地基的允许承载力时，砂垫层厚度可以减薄，作为找平层使用。

若场地位于中等水深或浅水区，常需修筑人工岛。在筑岛之前，应挖除表层松土，以免在施工中产生较大的下沉或地基失稳，然后根据水深和流速的大小来选择采用土岛或围堰筑岛。

(三)沉井制作

待承垫木或素混凝土垫层铺设好后，在刃脚位置处放上刃脚角钢，竖立内模，绑扎钢筋，立外模，最后浇灌第一节沉井混凝土，如图 1-35 所示。模板和支撑应有较大的刚度，以免发生挠曲变形。外模板应平滑以利下沉。钢模较木模刚度大，周转次数多，并易于安装。

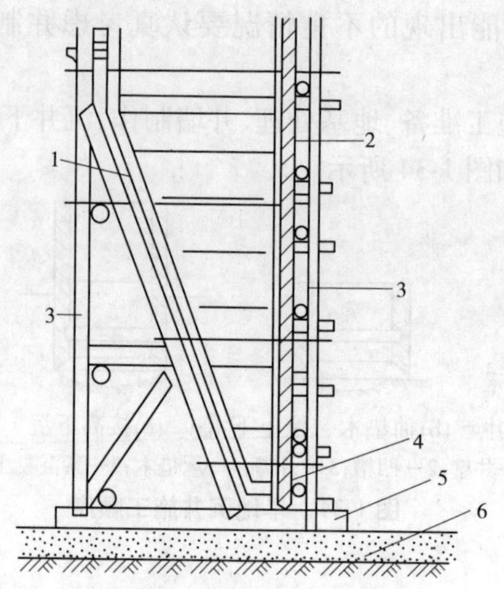

1—内模;2—外模;3—立柱;4—角钢;5—垫木;6—砂垫层

图 1-35 沉井刃脚立模

在内模(井孔)支立完毕,外模尚未扣合时进行钢筋绑扎。先将制好的焊有锚固筋的刃脚踏面摆放在刃脚画线位置,进行焊接后绑扎刃脚筋、内壁纵横筋、外壁纵横筋。为加快进度,可在钢筋棚将墙筋组成大片,用吊机移动定位焊接组成整体。

所浇筑的混凝土应由集中拌合站供应。混凝土沿井壁四周对称浇筑,避免混凝土面高低相差悬殊,产生不均匀下沉造成裂缝。采用插入式振捣器进行振捣。每节沉井的混凝土都应分层、均匀、连续浇筑。浇筑高度较高时设缓降器,缓降器下的工作高度不得大于 1.0 m。

当混凝土强度达到 2.5 MPa 以上时,拆除直立的侧面模板,应先内后外。混凝土强度达 70%(或达设计要求)后,拆除隔墙底面、刃脚斜面的支撑与模板。拆模顺序为:井孔模板→外侧模板→隔墙支撑及模板→刃脚斜面支撑及模板。拆除隔墙及刃脚下的支撑应对称依次进行,宜从隔墙中部向两边拆除。

(四)沉井下沉

1. 挖土下沉第一节沉井

沉井下沉施工可分为排水下沉和不排水下沉。当沉井穿过的土层较稳定,不会因排水而产生大量流砂时,可采用排水下沉。土的挖除可采用人工挖土或机械除土,排水下沉常用人工挖土,它适用于土层渗水量不大且排水时不会产生涌土或流砂的情况。人工挖土可使沉井均匀下沉并清除井下障碍物,但应采取措施,以保证施工安全。排水下沉时,有时也用机械除土。不排水下沉一般都采用机械除土,可用抓土斗或水力吸泥机,如土质较硬,水力吸泥机需配以水枪射水将土冲松。由于吸泥机是将水和土一起吸出井外,因此需要经常向井内加水维持井内水位高出井外水位 1 ~2 m,以免发生涌土或流砂现象。抓斗抓泥可以避免吸泥机吸砂时的翻砂现象,但抓斗无法达到刃脚下和隔墙下的死角,其施工效率也会随深度的增加而降低。

正常下沉时,应从中间向刃脚处均匀对称除土。对于排水除土下沉的底节沉井,设计支撑位置处的土,应在分层除土后最后同时挖除。由数个井室(隔墙)组成的沉井,应控制各井室之间除土面的高差，并避免内隔墙底部在下沉时受到下面土层的顶托，以减少倾斜。

2. 接高第二节沉井

第一节沉井下沉至顶面距地面还剩1～2 m时，应停止挖土，保持第一节沉井位置竖直。第二节沉井的竖向中轴线应与第一节的重合，凿毛顶面，然后立模均匀对称地浇筑混凝土。接高沉井的模板，不得直接支承在地面上，而应固定在已浇筑好的前一节沉井上，并应预防沉井接高后使模板及支撑与地面接触，以免沉井因自重增加而下沉，造成新浇筑的混凝土产生拉力而出现裂缝。待混凝土强度达到设计要求后拆模。

3. 逐节下沉及接高

第二节沉井拆模后，按上述方法继续挖土下沉，接高沉井。随着多次挖土下沉与接高，沉井入土深度越来越大。

4. 加设井顶围堰

当沉井顶面需要下沉至水面或岛面下一定深度时，需在井顶加筑围堰挡水挡土。井顶围堰是临时性的，可用各种材料建成，与沉井的联接应采用合理的结构形式，以避免围堰因变形不易协调或突变而造成严重漏水现象。

5. 地基检验和处理

当沉井沉至离规定标高尚差2 m左右时，须用调平与下沉同时进行的方法使沉井下沉到位，然后进行基底检验。检验内容是地基土质是否和设计相符，是否平整，并对地基进行必要的处理。如果是排水下沉的沉井，可以直接进行检查，不排水下沉的沉井由潜水工进行检查或钻取土样鉴定。

(五)沉井封底

当沉井下沉至设计标高要求的范围内，且地基经检验及处理符合要求后，应立即进行封底。即当8 h内下沉量小于或等于10 mm时，方可封底。对于排水下沉的沉井，当沉井穿越的土层透水性低，井底涌水量小，且无流砂现象时，沉井应采用干封底，即按普通混凝土浇筑方法进行封底。因为干封底能节约混凝土等大量材料，确保封底混凝土的强度和密实性，并能加快工程进度。当沉井采用不排水下沉，或虽采用排水下沉，干封底有困难时，可用导管法灌注水下混凝土。若灌注面积较大，可用多根导管，以按先周围后中间、先低后高的顺序进行灌注，使混凝土保持大致相同的标高。各根导管的有效扩散半径应互相搭接，并能盖满井底全部范围。为使混凝土能顺利从导管底端流出并摊开，导管底部管内混凝土柱的压力应超过管外水柱的压力，超过的压力值(亦称超压力)取决于导管的扩散半径。

三、沉井施工中的问题及处理措施

沉井在下沉过程中，常会发生各种问题，必须事先预防。现将经常遇到的问题简述如下。

(一)井壁摩阻力异常

沉井设计时，在一般地质情况下，考虑依靠沉井自重在井内不停挖土，沉井就能顺利下沉到位。但随下沉深度的增加，土层与井壁摩阻力增大，沉井可能出现沉不下去的现象。此时，可采用增加沉井的重量或降低井壁与土层之间的摩阻力来解决。例如：当沉井为分节下沉时,可接高沉井或在沉井顶部加压;水力机械施工时用水枪冲刃脚下的土层,减少其正面阻力;不排水下沉时,由井内排水以减少浮力(不得出现流砂);用高压水冲射外壁及在沉井制作好后,将井壁外表面抹光或涂油等。如果在沉井设计计算中已能预见到摩阻力过大,可在设计中就采用泥浆润滑、壁后压气等施工措施来解决。

在沉井下沉到接近设计标高而因土层较弱、沉井自重下沉而不能稳定时,或因为井壁与土层之间的摩阻力过小,即使停止挖土,也不能阻止沉井自沉时,为避免沉井超沉,可即时向井内注水增加对沉井的上浮力,使沉井稳定下来,然后采用水下封底的方法,达到沉井下沉到位的目的。

(二)流砂问题

由于不同的地质情况,如在粉、细砂层下沉沉井时,经常会遇到流砂现象,对施工影响很大。有时因设计和施工单位事先未采取适当的措施,结果在沉井下沉过程中(一般沉井下沉到地面下3 m左右),由于井内大量抽水,流砂将随地下水大量涌入井内。此时,井内的涌砂是由井外的砂土来补充的,一般在出现流砂现象后,井内土面将始终保持一定的标高,随挖随涌,而井外地面却出现大量坍塌现象,沉井周围地面坍塌范围达到沉井下沉深度,井边地面沉降深度可达1.0 m以上。

防止发生流砂现象的措施主要有:

(1)向井内灌水:采用水下挖土;

(2)井点降水:降水后,井内土体基本上没有水,挖土时砂土不受动水力作用,从根本上排出流砂产生的条件;

(3)地基处理:在条件允许时,通过地基处理(如注浆加固等),改变土体可能产生流砂的特性。

(三)沉井突沉

沉井在淤泥质黏土层中下沉时,可能发生突然下沉,下沉量一次可达3 m以上。在发生突沉之前,往往是一开始不下沉,然后发生突然下沉,此种现象称为沉井突沉。

产生突沉的原因:一方面,由于淤泥质黏土具有触变性,摩阻力变化范围很大,是造成沉井突沉的内因;另一方面,施工时在井内挖土不注意,掏挖锅底太深,是造成沉井突沉的外因。

防止突沉的具体措施一般是控制均匀挖土,在刃脚处挖土不宜过深。此外,在设计时可增大刃脚踏面宽度,并设置一定数量的下框架梁,承受一部分土的反力。

(四)沉井偏斜

沉井的偏差包括倾斜和位移两种。产生偏差的原因很多,主要是沉井在下沉过程中,由于土质不均匀或出现个别障碍物,以及施工时要求不严等。如:砂垫层铺设不均匀;抽除承垫木或凿除刃脚下混凝土垫层不对称,以及刃脚附近砂石回填不密实及灌注混凝土时下料不对称等,造成沉井下沉前就出现了倾斜;在下沉挖土时,由于挖土不对称、不均匀,未从中间开始先挖,以及刃脚掏空过多,引起沉井突然下沉;抽水后(井内)造成涌砂,引起井外地层土面坍塌;井外弃土堆得太高、太近造成偏压等。

通常可采用除土、压重、顶部施加水平力或刃脚下支垫等方法纠正偏斜,空气幕下沉也可采用单侧压气纠偏。

第八节　沉管隧道施工

一、沉管隧道及其类型

水下隧道的修筑，除采用围堰明挖法、矿山法和盾构法外，沉埋管段法（简称沉管法）则是20世纪初发展起来的一种施工方法。沉管隧道是将隧道管段分段预制，每段两端设置临时止水头部，然后浮运至隧道轴线处，沉放在预先挖好的地槽（基槽）内，完成管段间的水下连接，移去临时止水头部，回填基槽保护沉管，铺设隧道内部设施，从而形成一个完整的水下通道。水下沉管隧道的整体结构由管段基槽、基础、管段、覆盖层等组成，整体坐落于河（海）水底，如图1-36所示。

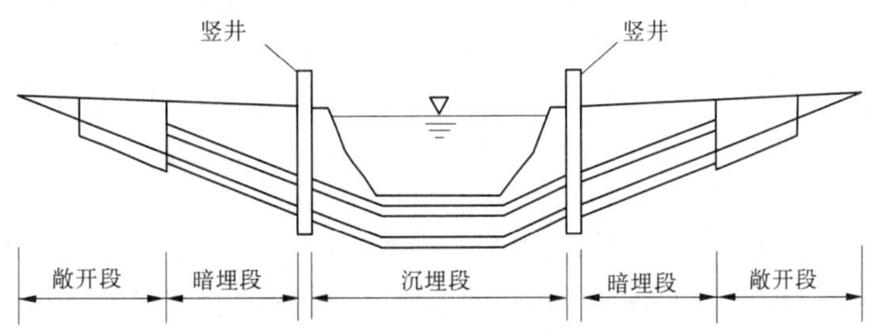

图1-36　沉管隧道的横断面图

1910年，美国底特律水底铁路隧道的建成，标志着沉管法修建水底隧道技术的成熟。自香港跨港沉管隧道（1972）和台湾高雄海底沉管隧道（1984）兴建后，我国目前建成的沉管隧道有广州珠江沉管隧道（1993）、宁波甬江沉管隧道（1995）、宁波常洪沉管隧道（2002）、上海外环线越江沉管隧道（2003）、杭州湾海底沉管隧道（2004）、天津海河沉管隧道（2011）、广州洲头咀沉管隧道（2011）等10多座。已开展大量沉管隧道前期工作，但最后改变施工工法的隧道有京沪高铁穿越长江的南京上元门隧道、武汉长江水底隧道（含地铁）等。

沉管隧道对地基要求较低，特别适用于软基、河床或海床较浅易于用水上疏浚设施进行基槽开挖的工程地点。由于其埋深小，包括连接段在内的隧道线路总长较采用矿山法和盾构法修建的隧道显著缩短。沉管断面形状可圆可方，选择灵活。基槽开挖、管段预制、浮运沉放和内部铺装等各工序可平行作业，彼此干扰较少。管段预制质量易于控制。

用沉管法修建水下隧道，对建设地点的水文、泥沙、床面土质和场地有一定的要求。若水流速过大或河床有深沟、地形陡峭，或水深过深（超过40 m），则管段的浮运、沉放是困难的。为保证水下基槽成型，水下床面的土质应相对稳定。泥沙条件应至少满足施工期间不会在基槽内形成快速淤积。潮汐水域应有足够长的平潮期以便于管段沉放。应有合适的场地用于管段预制和疏浚排出物的处置。此外，为进行水下基础的构筑、管段沉放和水下对接，需要某些专用设备。

沉管隧道按断面形状有圆形、矩形和混合形；按断面布局有单孔式和多孔组合式，如图1-37所示。

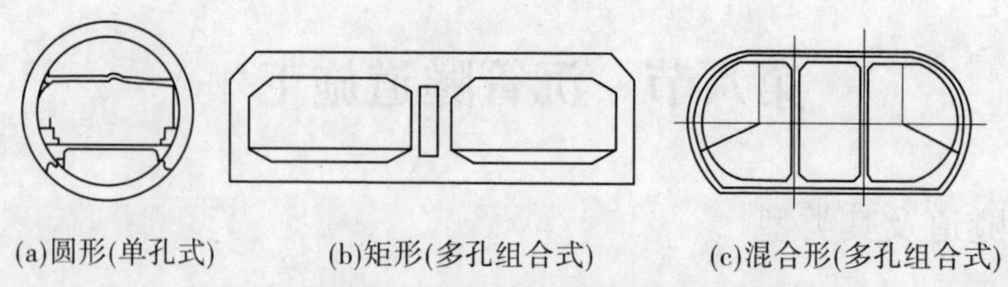

(a)圆形(单孔式)　(b)矩形(多孔组合式)　(c)混合形(多孔组合式)

图 1-37　沉管隧道结构形式

沉管隧道按管段的制作方式,可分为船台型(钢壳混凝土管段)和干坞型(钢筋混凝土管段)两类。

(一)船台型

船台型的管段是钢壳与混凝土的组合结构,是利用船厂的船台,先预制钢壳,将其沿滑道滑移下水后,在浮起的钢壳内灌注混凝土。钢壳混凝土管段的横断面一般为圆形、八角形和花篮形。钢壳有单层和双层两种:单层钢壳管段的外层为钢板,内层为钢筋混凝土环;双层钢壳管段的内层为圆形钢壳,外层为多边形钢壳,内外层之间浇筑抗浮混凝土。钢壳管段的内断面为圆形,外轮廓有圆形、八角形等多种,一般用于双车道,若需设4车道,则可采用双筒双圆形组合式断面。

船台型沉管隧道的优点是:外轮廓断面为圆形或接近圆形,沉没完毕后,荷载作用下所产生的弯矩较小,因此在水深较大时,比较经济;管段的底宽较小,基础处理的难度不大;管段外壳为钢板,浮运过程中不易碰损;钢壳可在造船厂的船台上制作,充分利用船厂设备,工期较短;由于占大部分重量的混凝土是在管节处于悬浮时浇筑的,故在陆地上时管段比较轻,便于拖运、下水。

其缺点是:管段的规模较小,一般为2车道,内径一般不超过10 m,对于多车道隧道则不经济;圆形断面的空间利用率低,且由于车道上方必须空出一个限界之外的空间,车道的路面高程不得不相应压低,使隧道的深度增加,基槽浚挖量加大;管段耗钢量大,造价较高;钢壳存在焊接拼装的问题,防水质量不能保证,如有渗漏,不易修补;钢壳本身的防锈问题尚未完全解决。

(二)干坞型

干坞型沉管隧道是在临时干坞中制作钢筋混凝土管段,外涂防水涂料,而后在坞内灌水,管段上浮,拖运到隧址沉放。其横断面一般为矩形,我国多采用干坞型沉管隧道。

干坞型沉管隧道的优点是隧道横断面空间利用率高,建造多车道(4~8车道)隧道时,优势显著;车道路面最低点的高程较高,隧道的全长相应较短,所需浚挖的土方量亦较小;不用钢壳防水,节约大量钢材;利用管段自身防水的性能,能做到隧道内无渗漏水。

其缺点是:需要修建临时干坞,征地搬迁及施工费用高;制作管段时,对混凝土施工要求严格,以保证干舷和抗浮安全系数;须另加混凝土防水措施。

二、临时干坞和管段预制

(一)临时干坞

干坞是坞底低于水面的水池式建筑物,是修建矩形沉管隧道的必需场所。它不同于船坞,船坞的周边有永久性的钢筋混凝土坞墙,底板常是很厚的钢筋混凝土板,基础也做得很强。而临时干坞却没有，它的周边大多数采用简单的、没有护坡的天然土坡。有些情况下也用钢板桩围堰，底板却做得很薄。近年来甚至不用底板，基础亦常不做。因此，临时干坞实际是一临时性的工作土坑。

干坞形式按其活动性有固定干坞和移动干坞两种。

在陆地上建造的干坞为固定干坞，目前多为在隧址附近建造的临时性洼地式干坞。干坞的构造形式多为矩形，由边坡、坞底、坞首和坞门等做成，如图 1-38 所示。干坞的坞壁三面封闭，临水一面为坞首。坞底要有足够的承载力，但管段制作用在坞底上的附加荷载并不大，大多不超过 80 ~ 90 kPa。因此，坞底常先铺一层干砂，再在上面铺设一层 20 ~ 30 cm 厚的素混凝土或钢筋混凝土。干坞内外要修筑车道，以便运送设备、机具及材料，坞底设有排水明沟。在大型干坞中，因一次性预制所有管节，则可用土围堰或钢板桩作坞首，不设坞门，管段出坞时，局部拆除坞首围堰就可将管段逐一拖出。干坞的深度，应保证管段制成后能顺利地进行安装工作并浮运出坞。因此，坞室深度或坞底高程，应既能保证管段在低水位时露出顶面，又能保证在高水位时有足够的水深以安设浮箱，而在中水位时又能使管段自由浮升。

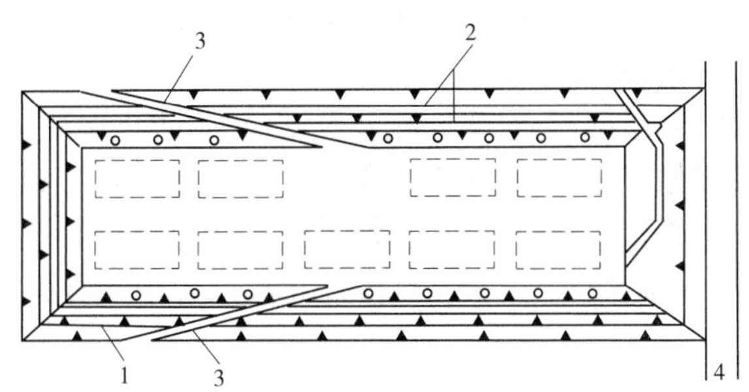

1—坞底；2—边坡（坞墙）；3—运料车道；4—坞首围堰

图 1-38　一次预制管段干坞

移动干坞是在船上进行预制管段的方法。这种施工方法主要是隧道沉管管节全部在移动干坞上完成预制的，之后运用拖轮将半潜驳连同其上的预制管节拖航到隧址附近的下潜坑进行下潜，管节与半潜驳分离并绞移出半潜驳后系泊在临时系泊区，然后进行二次舾装，最后将管段浮运就位后实施沉放对接，并与岸上段贯通。

干坞的规模取决于管段节数、管段宽度与长度和管段预制批量，因此应根据工程具体条件进行比较论证。当用地比较困难时，应当采用分次预制管段，缩小干坞规模，以减少用地。但如劳动力紧张、工资费用较高或回淤问题严重而用地并不过于困难，则一般宜用一次性预制管段方案。一次性预制管段是在干坞内一次完成所有管段的制作，因只需放一次水进坞，干坞不需要采用闸门，仅用土围堰或钢板桩围堰作坞首。管段出坞时，拆除坞首围堰便可将管段浮运出坞。这种干坞规模较大、占地多、投资高，适用于工程量小、管段数量少、土地使用价格低的工程。对于管节数量多、管节长度大的沉管隧道，如需一次完成所有管段而隧址附近又无合适的大坞址时，也可同时建造 2 个干坞。如上海外环路隧道共预制 7 个管节，分别在不同的区域设 2 个干坞，同时施工，分别制作 2 个管节和 5 个管节，面积分别为 4 万 m^2 和 8 万 m^2。

(二)钢筋混凝土矩形管段预制

管节制作是大型沉管隧道的主要工序,它的工期长短和质量好坏不仅直接影响沉管的浮运和沉放,而且关系到隧道运营的成败。管段的基本要求:本身不漏水,承受最大水压时不渗漏,管段本身是均质的,重量对称,否则浮运时将有倾倒的危险,结构牢固。

管段一般在临时干坞中预制,制作完成后往干坞内灌水使管段浮起,然后拖运管段至隧址沉放。管段制作对混凝土施工要求很严格,要保证干舷和抗浮安全系数以及防水要求。混凝土的配制应选用低水化热水泥(如矿渣水泥),减少水化热;在满足混凝土强度和渗透性要求的前提下,尽量减少水泥用量,大多数情况下,水泥用量为250~300 kg/m^3;当使用粗骨料时,为保证钢筋周围混凝土的密实度,需限制最大粒径,减少掺入水量,降低水灰比,降低单位时间的水化热量,但为不降低混凝土的工作性能,常掺加增塑剂和加气剂。

一般采用模板台车进行作业。生产过程中应加强管段的对称性、均匀性控制和管段的水密性控制,确保管段的防水性能,使隧道投入使用后无渗漏。

制作工艺的关键技术是控制混凝土的容量和管节(结构)尺寸精度,以及控制混凝土裂缝,以实现结构的自身防水。结合工程实际情况,选择最优的混凝土配比对确保管段混凝土达到不裂、不渗、不漏以及满足混凝土容重、耐久性设计等要求有重要意义。冷却系统对降低混凝土温度的效果明显,对降低温差及其应力、防止裂缝的产生有着重要作用,是确保管段混凝土质量做到“不渗、不漏、不裂”的一个可靠而重要的技术措施。冷却系统的水流速度与温度应根据实际情况调节,最早通水时间应与混凝土试件的测试指标相结合,并以此作为基础依据资料。冷却系统的停止时间应根据管段墙体各个部位的温度与温差综合确定。

(三)管段端封墙

在管段浇筑完成、模板拆除后,为了便于水中浮运,需在管段的两端离端面50~100 cm处设置封墙,称为端封墙。端封墙上设有鼻式托座(简称鼻托)、排水阀、进气阀、出入孔以及拉合结构。排水阀设在下面,进气阀设在上面,人员出入孔应设置防水密闭门并应向外开启。封墙可用钢材或钢筋混凝土制成,也有的采用钢梁与钢筋混凝土复合结构。采用钢筋混凝土封墙的好处是变形小、易于防渗漏,但拆除时比较麻烦,而钢封墙采用防水涂料解决了密封问题后,装、拆均比钢筋混凝土封墙方便得多。

(四)接头

接头设计和处理技术是沉管隧道的关键技术之一。接头的设计应能承受温度变化、地震力以及其他作用,并保证具有良好的水密性。沉管隧道的每一个管段都是一个预制件,在管段之间和管段与通风塔之间存在接头。

接头有两种形式:刚性接头,接头具有与其连接管段相似的断面刚度和强度;柔性接头,接头允许在3个主轴方向上有相对位移。在某些情况下,沉管隧道的所有接头都采用同一种形式,在另外一些情况下,两种形式都可能采用。接头的位置、间距和形式应按照土壤条件、基础形式、抗震以及可加工性来确定。同时,应考虑接头的强度、变形特性、防水、材料以及细部构造。

三、水底浚挖和基础施工

（一）水底浚挖

水底浚挖工作包括4项内容：沉管基槽浚挖、航道临时改线浚挖、浮运（管段）线路浚挖、舾装泊位浚挖。其中，沉管基槽浚挖最为主要，其挖深和土方量最大。虽然水底浚挖的工程费用一般较小，但当浚挖作业现场的通航环境较为复杂时，挖驳船在主航道作业常松缆让航，施工难度大。

基槽开挖纵断面形状基本上与沉管段的隧道纵断面一致，横断面形式如图1-39所示。基槽的断面尺寸需根据管段的断面尺寸和地质条件确定。沉管基槽的底宽一般比管段底宽多4～10 m，由土质情况、基槽搁置时间、河道水流情况及浚挖设备精度而定，一般不宜太小，以免影响管段沉放施工。

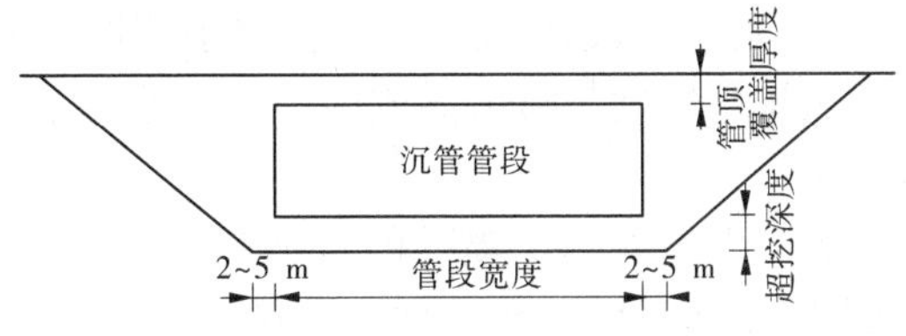

图1-39　基槽横断面形式

浚挖方式：可采用吸扬式挖泥船和抓扬式挖泥船浚挖。前者靠泥泵吸入泥沙送至船上，后者则利用吊在旋转式起重把杆上的抓斗，抓取水底土壤，然后将泥土卸到泥驳上运走。

浚挖作业一般分层、分段进行。在基槽断面上，分几层逐层开挖；在平面沿隧道轴线方向，划分成若干段，分段分批进行浚挖。

（二）基础施工

由于在基槽开挖过程中，槽底表面可能不平整，槽底表面与沉管底面之间必将存在很多不规则的空隙，导致地基土受力不均匀而局部破坏；或槽底土质承载力不能满足隧道荷载要求而引起不均匀沉降，使沉管结构受到局部应力而开裂，故必须进行基础处理（基础填平）。

沉埋管段的地基处理主要采用以下4种方法：刮铺法、喷砂法、压注法和桩基法。刮铺法在管段沉放之前进行，又称为先铺法。喷砂法和压注法在管段沉放之后进行，故又称为后填法。桩基法主要用于特别软弱地基。此外，沉管隧道基础处理曾采用过灌砂法和灌囊法。灌砂法是沿管段两侧向基底灌砂，因不能使矩形管段底面中部充填密实，只适用于圆形管段。灌囊法是在管段底面系上囊袋，管段沉放后向囊袋内灌注砂浆填充，这种方法现已被注浆法取代。欧洲普遍使用喷砂和注砂基础，美国多使用样板刮平的砾石基础。

1. 样板刮平的砾石基础

样板刮平的砾石基础一般用于钢壳管段隧道。地槽挖好后，接着在地槽底上铺一层粗砂或砾石（层厚约0.7 m）。砾石和砂的粒度级配必须与水力条件相适应。砾石基础的刮平度要求为±3 cm，这取决于当地条件、砂或砾石的级配以及使用的设备。刮平是用一块样板来进行的,样板从滑架上的绞盘车悬挂下来,滑架沿支撑在两个浮筒上的轨道移动。这套设备锚定在要刮平处的水面上,样板的悬挂高度可以调节,以补偿潮汛水位的变化,也可采用按半潜水的原则制成的特殊设备。这种方法允许样板直接连到锚墩上。

2. 喷砂基础

为了克服刮铺法在管段较宽时的施工困难,在荷兰的Mass隧道施工时发明了喷砂法。简单而言,喷砂法就是从水面上用砂泵将砂水混合物通过伸入管段底下的喷管喷注,填充管底和基槽之间的空隙。施工过程中,使用在隧道管段上滚动的钢门架,与门架相连的3根毗邻的管子,这3根管子被引入隧道管段底部与地槽之间的空间。最大的管子在中间,通过这根管子,砂水混合物被泵送到隧道管段下面。位于大管子两侧的两根管子又将水吸回去,从而形成一种流动作用,使砂在隧道管段下面均匀沉淀下来。门架位于隧道管段上面,并可使管子绕垂直轴转动,这样就可以达到隧道管段下面的整个空间以便移动管子。砂水混合物的浓度和排出速度与喷出形成的砂饼的直径有直接关系,必须很好地控制。

喷填的砂垫层厚度一般为1 m左右。喷砂的材料要求砂平均粒径为0.5 mm左右,混合料中含砂量一般为10%,有时可达到20%,但喷出的砂垫层比较疏松,孔隙率为40%~42%。

3. 注砂基础

这种方法像喷砂法一样把砂水混合物泵送到管段下面的空间里。只不过不是使用可移动的门架系统,而是在隧道管段底板上开许多孔口,这些孔口在管段里面相连。当管道从岸上经过隧道通到这些孔口处进行充填砂基时,不会影响航运。砂水混合物通过在隧道管段内的孔口泵泵出,去填充隧道管段下面的空间,直到砂堆接触到隧道管段的底部为止。这样在隧道管段下面形成一个扩大的砂饼。砂饼内部的水压超过了预先指定的最大值时,打开下一个孔口,同时将前一个孔口关闭。这种方法速度快,能在24 h内填满一个隧道管段下面的整个空间,这样就能避免管段放置后产生淤积的危险。

4. 压浆法

在浚挖基槽时先超挖1 m左右,然后铺垫40~60 cm厚的碎石垫层,碎石垫层的平整度在±20 cm即可,再堆放临时支座所需的石渣堆,完成后即可沉放管段。在管段沉放到位后,沿着管段两侧及后端抛堆砂、石封闭栏,栏高至管底以上1 m左右,以封闭管底周边。然后从隧道内部用通常的压浆设备,通过预埋在管段底板上的压浆孔(80 mm),向管底空隙压注混合砂浆。压浆法操作简单,不需要专用设备,施工效率高,施工费用低,不受水深、流速、浪潮及气象条件的影响,不干扰航运,不需潜水作业,可日夜连续施工。我国宁波甬江隧道首次采用该法,压浆基础情况良好,值得推广应用。

5. 桩基础法

桩基础能够很好地解决承载力问题,抗震能力也较强,是一种适宜的办法。但桩基础存在桩顶标高施工中不能达到完全齐平,管段沉设完毕后,难以保证所有桩顶与管段接触的问题。

四、管段沉放与连接

(一)管段的出坞

管段在干坞内预制完毕后,安装了全部浮运、沉放及水下对接的施工附属设备设施后,就可向干坞内灌水,使预制管段在坞内逐渐浮起,直到坞内外水位平衡,打开坞门或破坞堤,由布置在干坞坞顶的绞车将管段逐节牵引出坞。上浮时要利用干坞四周预先布设的锚位,用地锚绳索对管段进行控制。管段出坞后,先在坞口系泊。分次预制管段时,也可在拖运航道边临时选一个水域抛锚系泊。

(二)管段浮运

将管段从存泊区(或干坞)拖运到沉放位置的过程叫浮运。管段浮运可采用拖轮拖运或岸上绞车拖运。当水面较宽、拖运距离较长时,一般采用拖轮拖运。拖轮大小与数量应根据管段几何尺寸、拖航速度及航运条件(航道形状、水流速度等),通过计算分析后选定。水面较窄时,可在岸上设置绞车拖运。宁波甬江水底沉管隧道的预制沉管浮运时,由于江面窄、水流急,且受潮水的影响,采用了绞车拖运“骑吊组合体”方法浮运过江。管段浮运到沉放位置后,要转向或平移,对准隧道中线待沉。

(三)管段的沉放

施工前,应对沉放阶段的水位、流速、气温、风压等水文气象条件等资料进行收集和分析,选择最佳时机。管节应在高潮位时下沉就位,低潮后进行沉放作业,在下一个高潮位来临之前结束沉放、对接作业。若一个潮期不能沉放好,要使管节保持在基槽内,以减小水流对管节的影响,待下一个潮时再沉放,但应力争在一个潮期沉放完毕。管节锚泊系统的锚泊力应能抗拒最大水流速度时整个系统的总阻力。

管节下沉过程一般分为三个阶段(见图1-40):

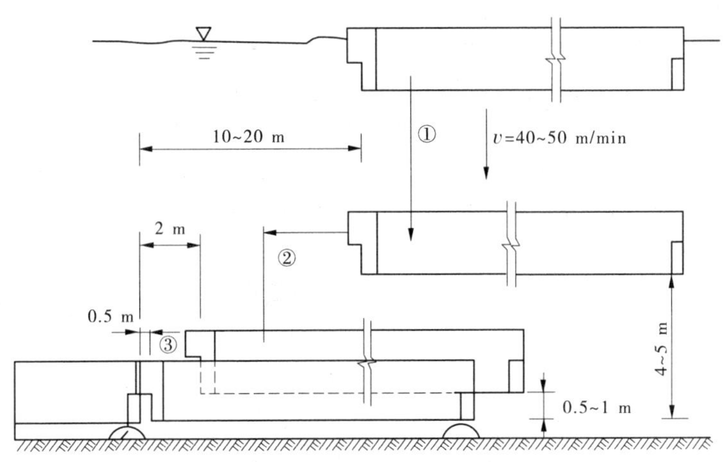

图1-40　管段沉放步骤示意图

(1)当管节完成吊挂作业时,利用调节缆调整好管节位置,开始强制灌水作业,即对管内压载舱注水,负浮力状态由沉放船舶的吊挂系统上的测力计反映,加载过程与沉放过程是连续的,管节顶面沉入水面下20 cm即停止初始负浮力的加载,这一过程应在1 h内完成。根据模型试验,负浮力一般控制在 20 ~ 40 t,下沉速度一般为 40 ~ 50 cm/min。下沉至管节顶面距水面 4 m 时,管段受力状态最为复杂,各种作用力变化很大,必须引起重视,并要有足够的安全保证。

(2)在管段底面距基槽底 2 ~ 2. 5 m 处停止沉放,利用沉放船舶的吊挂系统对管节进行调坡(即基本上与设计坡度相似),然后平移沉放船舶,使两个管节的对接端面相距(600 ± 30)mm,初步调整各项误差,再连续下沉至距设计标高 500 mm 处,用对接定位装置(鼻式托座或导向定位梁)进行水平定位,定位范围为 ± 170 mm。

(3)精确就位,利用对接定位装置不断减少管节的横向摆幅,并自然对中,以提高安装精度,管节继续缓慢下沉,后支撑装置较对接定位装置提早着地(高差 100 mm),后临时支撑即开始起作用。当管节基本稳定后,管节对接端继续下沉至对接定位装置起垂直导向作用。此时通过测量校正误差,使管节的左右误差不超过 ± 20 mm,高程误差不超过 ± 20 mm。

(四)管段的水下连接

管段沉放就位后,还要与已连接好的管段连成一个整体。该项工作在水下进行,故又称水下连接。水下连接技术的关键是要保证管段接头不漏水。目前,广泛采用 20 世纪 50 年代由丹麦工程师在加拿大开发应用的"水力压接方法"进行连接,其工艺简单,施工方便,施工速度快,水密性好,基本上不用潜水工作。

用水力压接法进行连接的主要工序是:对位→拉合→压接。

水力压接法是利用作用在管段上的巨大水压力,使安装在管段前端面(靠近既设管段的那一端)周边上的一圈胶垫发生压缩变形,形成一个水密性可靠的接头。具体方法是先将新设管段拉向既设管段并紧密靠上,这时接头胶垫产生了第一次压缩变形,并具有初步止水作用。随即将既设管段后端的封端墙与新设管段前端的封端墙之间的水(此时已与管段外侧的水隔离)排走。排水之前,作用在新设管段前、后两端封端墙上的水压力是相互平衡的,排水之后,作用在前封端墙的压力变成了大气压力,于是作用在后封端墙上的巨大水压力(数万千牛)就将管段推向前方,使接头胶垫产生第二次压缩变形,如图 1-41所示。经两次压缩变形的胶垫,使管段接头具有非常可靠的水密性。

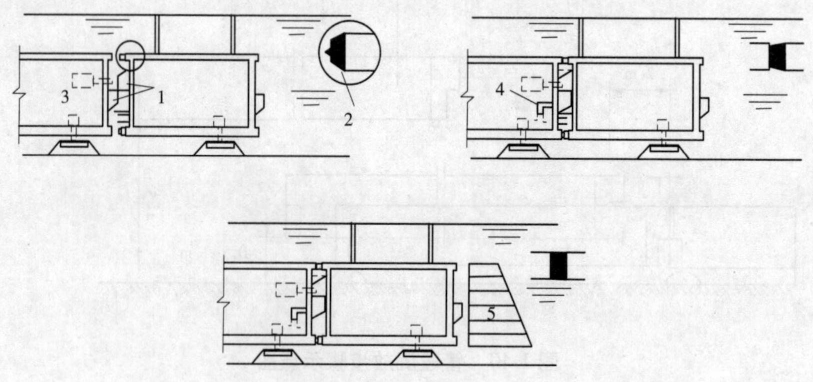

1—鼻式托座;2—接头胶垫;3—拉合千斤顶;4—排水阀;5—水压力

图 1-41 水力压接法

水力压接法通过鼻式托座定位设施对接。它一般放置在管段对接的隔墙上,共有两对，对称放置，每对由上下鼻托组成，如图1-42所示。上鼻托设置在准备对接的管段上，下鼻托设置在先前已放好的管节上。这样对接精度高，受力状态好。正在沉放的对接管段的另一端需配置两套支撑千斤顶及相应的两块临时支座。在每套鼻托上还需配置顶升千斤顶，在基础处理完成后用配置在已沉没好的管段上的顶升千斤顶把管段顶起，拆除鼻托，然后将油缸卸压，再把沉放对接好的管段放回到已处理好的基础上。顶升千斤顶的液压站设置在管段上，油管要穿过管段的端封墙，顶升千斤顶（包括接油管）在管段沉放对接过程中都暴露在水中。

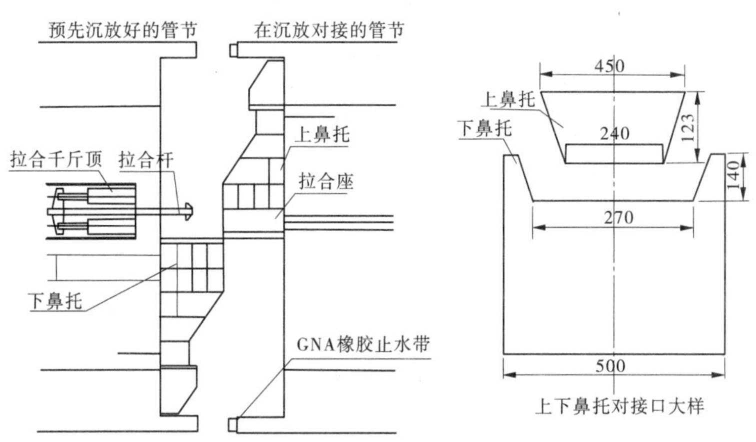

图1-42　鼻式托盘示意图

（五）管段的内部连接

管段在经上述的对位、拉合和压接后，只是隔绝了管段内外水的联系，管段之间并未连成整体，故还需在管段内部进行永久性连接，构筑永久接头。

接头设计和处理技术是沉管隧道的关键技术之一。接头的设计应能承受温度变化、地震力以及其他作用，并保证具有良好的水密性。沉管隧道的每一个管段都是一个预制件，在管段之间和管段与通风塔之间存在接头。接头有两种形式：①刚性接头，接头具有与其连接管段相似的断面刚度和强度；②柔性接头，接头允许在三个主轴方向上有相对位移。在某些情况下，沉管隧道的所有接头都采用同一种形式，在另外一些情况下，两种形式都可能采用。接头的位置、间距和形式应按照土壤条件、基础形式、抗震性能以及可加工性来确定。同时，应考虑接头的强度、变形特性、防水、材料以及细部构造。

思考题

1. 简述明挖法的基本概念及其适用条件。

2. 基坑围护结构是明挖法的核心技术，目前在明挖法中常用的基坑围护结构有哪些？各适用于什么条件？

3. 钢板桩沉桩的布置方式有哪些？各有何特点？

4. 土层锚杆采用二次高压注浆施工时，应注意哪些因素？

5. 叙述盖挖顺作法和盖挖逆作法各自的特点及其应用条件。

6. 简述盖挖逆作法的工序及施工技术要点。
7. 为什么大多数地铁车站都采用明挖法修建？请分析原因。
8. 沉管法的特点是什么？
9. 用沉管法修建水下隧道，对建设地点有何要求？
10. 沉管隧道水力压接法的原理是什么？如何通过鼻托定位？
11. 沉管隧道管段的内部连接有哪几种形式？其特点是什么？
12. 沉管隧道施工的主要工序有哪些？

第二章　矿山法与新奥法

第一节　围岩压力和围岩分级

一、围岩压力

未经开挖扰动的岩土体称为原岩。地下工程开挖后，洞室或隧道周围一定范围内岩体原有的应力平衡状态被打破，导致应力重新分布，引起周围岩体产生变形、位移，甚至破坏，直到出现新的应力平衡。隧道周围一定范围内对洞身产生影响的岩土体称为围岩。隧道开挖后，因围岩变形或松弛等原因，作用于支护或衬砌结构上的压力称为围岩压力。

从岩体力学理论可知，围岩压力是由围岩和支护结构共同承担的，作用在支护结构上的压力仅仅是围岩压力的一部分，通常所说的围岩压力多指作用在支护结构上的这一部分，也就是通常所说的狭义围岩压力。进行支护结构设计时，其荷载是指使结构或构件产生内力和变形的外力及其他因素。

围岩压力按其来压方向分为顶压、侧压和底压；就其表现形式可分为松动压力、变形压力、冲击压力和膨胀压力等。由于隧道开挖、支护的下沉以及衬砌背后的空隙等原因，使隧道上方的围岩松动，以相当于一定高度的围岩重量作用于支护或衬砌结构上的压力称为松动压力。开挖必然引起围岩变形，支护结构为抵抗围岩变形而承受的压力称为变形压力。冲击压力是围岩中积蓄的大量弹性变形能受开挖的扰动而突然释放所产生的压力，包括岩爆、岩震等。膨胀压力是岩体遇水后体积发生膨胀而产生的压力，其大小取决于岩体的性质和地下水的活动特征。

二、围岩分级

隧道围岩分级是正确进行隧道设计与施工的基础。一个合理的、符合地下工程实际情况的围岩分级，对于改善地下结构设计、发展新的隧道施工工艺、降低工程造价具有重要意义。

不同行业对岩体工程的特点和要求不同，其分级方法具有一定差异。如水利水电工程围岩分类、公路隧道围岩分类、铁路隧道围岩分类、矿山巷道围岩分类、喷锚规范围岩分类法等，基本都在《工程岩体分级标准》（GB/T 50218—2014）基础上进行隧道围岩分级。《地下铁路、轻轨交通岩土工程勘察规范》（GB 50307—1999）及《地铁设计规范》（GB 50157—2013）均参考国标，采用《铁路隧道设计规范》（TB 10003—2016）规定的铁路隧道围岩分类作为地下铁道暗挖隧道的围岩分类标准。

（一）岩体基本质量指标 BQ 值

岩体所固有的、影响工程岩体稳定性的最基本属性称为岩体基本质量。《工程岩体分级标准》(GB/T 50218—2014)采用岩石的坚硬程度和岩体的完整程度这两个能反映岩体基本属性的独立因素作为评价岩体基本质量的分级因素,运用定性划分、定量指标两种手段,建立定性和定量评价体系,相互验证。具体内容在工程地质课程中已讲授。

岩石坚硬程度的定性鉴定方法是根据锤击声、回弹程度、击碎难易和浸水反应来确定,根据锤击效果及浸水反应,将坚硬程度划分为硬质岩和软质岩两大类,并进一步细分为坚硬岩、较坚硬岩、较软岩、软岩和极软岩五类。根据岩石单轴饱和抗压强度 R_c 的实测值,定量划分的岩石坚硬程度的定性指标如表 2-1 所示。

表 2-1　R_c 与定性划分的岩石坚硬程度对应关系

R_c(MPa)	>60	60~30	30~15	15~5	<5
坚硬程度	坚硬岩	较坚硬岩	较软岩	软岩	极软岩

岩体完整程度由结构面的发育程度及结构面的结合程度两方面特征指标确定。结构面的发育程度由结构面的组数及主要结构面的平均间距确定。结构面的结合程度则由结构面的张开度、粗糙度及充填胶结状态等因素决定,具体分为结合好、结合一般、结合差和结合很差四类。岩体的完整程度由好到差分为完整、较完整、较破碎、破碎及极破碎五类。岩体完整性指数 K_v 与定性划分岩体完整程度的对应关系如表 2-2 所示。

表 2-2　K_v 与定性划分岩体完整程度的对应关系

K_v	>0.75	0.75~0.55	0.55~0.35	0.35~0.15	<0.15
完整程度	完整	较完整	较破碎	破碎	极破碎

确定了 R_c 和 K_v 的值以后,可按下式计算岩体的基本质量指标:

$$BQ = 90 + 3R_c + 250K_v \tag{2-1}$$

根据岩石坚硬程度和岩体完整程度的定性描述及分类结果,可对岩体基本质量进行定性分级。岩体基本质量从优至劣分为五级,即Ⅰ~Ⅴ级,如表 2-3 所示。

表 2-3　岩体基本质量分级

基本质量级别	Ⅰ	Ⅱ	Ⅲ	Ⅳ	Ⅴ
岩体基本质量的定性特征	坚硬岩,岩体完整	坚硬岩,岩体较完整;较坚硬岩,岩体完整	坚硬岩,岩体较破碎;较坚硬岩或较硬岩互层,岩体较完整;较软岩,岩体完整	坚硬岩,岩体破碎;较坚硬岩,岩体较破碎~破碎;软岩,岩体完整~较完整	较软岩,岩体破碎;软岩,岩体较破碎~破碎;全部软岩及全部极破碎岩
岩体基本质量指标 BQ	>550	550~451	450~351	350~251	≤250

岩体基本质量反映了岩体最基本的力学属性,而最终工程岩体级别的确定,还需在基本质量级别的基础上,进一步考虑工程因素的影响。这些与工程有关的因素主要为地下水(地表水)、岩体中软弱结构面产状与工程特征尺寸方向间的组合关系和初始应力场等。在进行工程岩体初步分级或上述影响因素不显著时,可直接用岩体基本质量级别作为工程岩体级别;否则,对岩体基本质量指标进行修正,最终确定工程岩体的级别。

值得一提的是，普氏提出的“岩石坚固性系数 f”与岩石的单轴饱和抗压强度相关联。普氏认为，岩石的坚固性在各方面的表现是趋于一致的，难破碎的岩石用各种方法都难以破碎。建议用一个综合性的指标来表示岩石破坏的相对难易程度，$f = R_c/10$（R_c 单位为 MPa），并根据 f 值的大小，将岩石分为 Ⅰ～Ⅹ十级共 15 种，其中 Ⅰ 级是最坚固的岩石。该参数在过去的破碎岩石爆破设计时常用到。

（二）隧道围岩分级

隧道围岩分级的方法较多，所采用的指标也有所差别。围岩分级的重要发展趋势是加强施工阶段围岩级别的判定。由于施工后的隧道地质状态已充分暴露，这给围岩级别的判定创造了极好的条件，只有施工阶段的判定才是最直接、最可靠的判定。

《公路隧道设计规范》（JTG D70—2004）根据调查、勘探、试验等资料，在岩体基本质量分级的基础上，将围岩分为六级，表 2-4 给出了各级围岩的主要定性特征和围岩基本质量指标 BQ 值或修正指标［BQ］值。

表 2-4　公路隧道围岩分级

围岩级别	围岩或土体主要定性特征	围岩 BQ 或［BQ］
Ⅰ	坚硬岩（饱和抗压极限强度 R_b > 60 MPa），岩体完整，巨块状或巨厚层状整体结构	>550
Ⅱ	坚硬岩（R_b > 30 MPa），岩体较完整，块状或厚层状结构； 较坚硬岩，岩体完整，块状整体结构	550～451
Ⅲ	坚硬岩，岩体较破碎，巨块（石）碎（石）状镶嵌结构； 较坚硬岩或较软硬质岩，岩体较完整，块状体或中厚层状结构	450～351
Ⅳ	坚硬岩，岩体破碎，碎裂（石）结构； 较坚硬岩，岩体较破碎～破碎，镶嵌碎裂结构； 较软岩或软硬岩互层，且以软岩为主，岩体较完整～较破碎，中薄层状结构	350～251
	土体：1. 压密或成岩作用的黏性土及砂性土； 2. 黄土（Q_1，Q_2）； 3. 一般钙质、铁质胶结的碎、卵石土、大块石土	
Ⅴ	较软岩，岩体破碎； 软岩，岩体较破碎～破碎； 极破碎各类岩体，碎、裂状、松散结构	≤250
	一般第四系的半干硬—硬塑的黏性土及稍湿—潮湿的一般碎、卵石土、圆砾、角砾土及黄土（Q_3、Q_4）。非黏性土呈松散结构，黏性土及黄土呈松软结构	
Ⅵ	软塑状黏性土及潮湿、饱和粉细砂层、软土等	

注：层状岩层的层厚划分为：厚层，>0.5 m；中层，0.1～0.5 m；薄层，<0.1 m。

《铁路隧道设计规范》（TB 10003—2016）考虑了围岩基本质量指标 BQ 值定量判定方法，以提高和强化围岩定量分级，促使围岩分级结果更为精确。对围岩弹性纵波速度指标依据不同岩性类型进行了细致划分，详见表 2-5。隧道施工过程中可根据揭示的地质情况按表 2-6 进行围岩亚分级。

表 2-5　铁路隧道围岩分级

围岩级别	围岩主要工程地质条件		围岩开挖后的稳定状态（小跨度）	围岩基本质量指标 BQ	围岩弹性纵波速度 v_p(km/s)
	主要工程地质特征	结构特征和完整状态			
Ⅰ	极硬岩(单轴饱和抗压强度 $R_c>60$ MPa):受地质构造影响轻微,节理不发育,无软弱面(或夹层);层状岩层为巨厚层或厚层,层间结合良好,岩体完整	呈巨块状整体结构	围岩稳定,无坍塌,可能产生岩爆	>550	A: >5.3
Ⅱ	硬质岩($R_c>30$ MPa):受地质构造影响较重,节理较发育,有少量软弱面(或夹层)和贯通微张节理,但其产状及组合关系不致产生滑动;层状岩层为中层或厚层,层间结合一般,很少有分离现象,或为硬质岩石偶夹软质岩石	呈巨块状或大块状结构	暴露时间长,可能会出现局部小坍塌,侧壁稳定,层间结合差的平缓岩层顶板易塌落	550~451	A:4.5~5.3 B: >5.3 C: >5.0
Ⅲ	硬质岩($R_c>30$ MPa):受地质构造影响严重,节理发育,有层状软弱面(或夹层),但其产状及组合关系尚不致产生滑动;层状岩层为薄层或中层,层间结合差,多有分离现象;硬、软质岩石互层	呈块(石)碎(石)状镶嵌结构	拱部无支护时可产生小坍塌,侧壁基本稳定,爆破振动过大易塌	450~351	A:4.0~4.5 B:4.3~5.3 C:3.5~5.0 D: >4.0
	较软岩($R_c=15\sim30$ MPa);受地质构造影响轻微,节理不发育;层状岩层为厚层、巨厚层,层间结合良好或一般	呈大块状结构			
Ⅳ	硬质岩($R_c>30$ MPa);受地质构造影响极严重,节理很发育;层状软弱面(或夹层)已基本破坏	呈碎石状压碎结构	拱部无支护时,可产生较大的坍塌,侧壁有时失去稳定	350~251	A:3.0~4.0 B:3.3~4.3 C:3.0~3.5 D:3.0~4.0 E:2.0~3.0
	软质岩($R_c\approx5\sim30$ MPa);受地质构造影响较严重或严重,节理较发育或发育	呈块(石)碎(石)状镶嵌结构			

续表 2-5

<table>
<tr><th rowspan="2">围岩级别</th><th colspan="2">围岩主要工程地质条件</th><th rowspan="2">围岩开挖后的稳定状态（小跨度）</th><th rowspan="2">围岩基本质量指标 BQ</th><th rowspan="2">围岩弹性纵波速度 v_p（km/s）</th></tr>
<tr><th>主要工程地质特征</th><th>结构特征和完整状态</th></tr>
<tr><td>Ⅳ</td><td>土体：1. 具压密或成岩作用的黏性土、粉土及砂类土
2. 黄土（Q_1、Q_2）
3. 一般钙质、铁质胶结的碎石土、卵石土、大块石土</td><td>1 和 2 呈大块状压密结构，3 呈巨块状整体结构</td><td>拱部无支护时，可产生较大的坍塌，侧壁有时失去稳定</td><td>350～251</td><td>A：3.0～4.0
B：3.3～4.3
C：3.0～3.5
D：3.0～4.0
E：2.0～3.0</td></tr>
<tr><td rowspan="2">Ⅴ</td><td>岩体：较软岩、岩体破碎；软岩、岩体较破碎至破碎；全部极软岩及全部极破碎岩（包括受构造影响严重的破碎带）</td><td>呈角砾碎石状松散结构</td><td rowspan="2">围岩易坍塌，处理不当会出现大坍塌，侧壁经常出现小坍塌；浅埋时易出现地表下沉（陷）或塌至地表</td><td rowspan="2">≤250</td><td rowspan="2">A：2.0～3.0
B：2.0～3.3
C：2.0～3.0
D：1.5～3.0
E：1.0～2.0</td></tr>
<tr><td>土体：一般第四系坚硬、硬塑黏性土，稍密及以上、稍湿或潮湿的碎石土、卵石土、圆砾土、角砾土、粉土及黄土（Q_3、Q_4）</td><td>非黏性土呈松散结构，黏性土及黄土呈松软结构</td></tr>
<tr><td rowspan="2">Ⅵ</td><td>岩体：受构造影响严重，呈碎石、角砾及粉末、泥土状的富水断层带，富水破碎的绿泥石或炭质千枚岩</td><td rowspan="2">黏性土呈易蠕动的松软结构，砂性土呈潮湿松散结构</td><td rowspan="2">围岩极易变形坍塌，有水时土砂常与水一起涌出；浅埋时易塌至地表</td><td rowspan="2">—</td><td rowspan="2"><1.0（饱和状态的土<1.5）</td></tr>
<tr><td>土体：软塑状黏性土，饱和的粉土、砂类土等，风积沙，严重湿陷性黄土</td></tr>
</table>

表 2-6　铁路隧道各亚级围岩的物理力学指标

围岩级别		容重 γ	弹性反力系数	变形模量	泊松比 ν	内摩擦角	黏聚力
级别	亚级	(kN/m^3)	K(MPa/m)	E(GPa)		φ(°)	c(MPa)
Ⅲ	$Ⅲ_1$	24 ~ 25	850 ~ 1 200	10.7 ~ 20	0.25 ~ 0.26	44 ~ 50	1.1 ~ 1.5
	$Ⅲ_2$	23 ~ 24	500 ~ 850	6 ~ 10.7	0.25 ~ 0.3	39 ~ 44	0.7 ~ 1.1
Ⅳ	$Ⅳ_1$	22 ~ 23	400 ~ 500	3.8 ~ 6	0.3 ~ 0.31	35 ~ 39	0.5 ~ 0.7
	$Ⅳ_2$	20 ~ 22	200 ~ 400	1.3 ~ 3.8	0.31 ~ 0.35	27 ~ 35	0.2 ~ 0.5
Ⅴ	$Ⅴ_1$	18 ~ 20	150 ~ 200	1.3 ~ 2	0.35 ~ 0.39	22 ~ 27	0.12 ~ 0.2
	$Ⅴ_2$	17 ~ 18	100 ~ 150	1 ~ 1.3	0.39 ~ 0.45	20 ~ 22	0.05 ~ 0.12

软弱围岩是指强度低、完整性差、结构相对松散、围岩基本质量指标较小的围岩，一般指Ⅳ ~ Ⅵ级围岩。

第二节　传统矿山法与新奥法

当隧道埋深超过一定深度后，常采用暗挖法施工。暗挖法最初采用传统的矿山法，因矿山法常与钻眼、爆破技术联系在一起，有时也称为钻爆法。20 世纪中期创造的新奥法是修建山岭隧道及硐室最常用的方法。新奥法的发展给隧道结构带来了深刻的影响，使衬砌结构概念发生了很大变化。采用矿山法施工时，对于硬岩或部分软岩，可采用钻爆法；对于较破碎的软岩隧道、土质隧道以及浅埋或超浅埋隧道，特别是大跨度多层地下空间，多采用挖掘机或人工开挖方法施工。有时需要事先对围岩加固，称为超前支护。对于浅埋或超浅埋隧道的开挖，为区别于钻爆法而称为浅埋暗挖法。本章主要介绍新奥法施工技术。

一、矿山法

(一)矿山法的基本原理

矿山法(Mining Method)是一种传统的施工方法，采用凿岩爆破方式破岩，纵向分段，横向全断面或分部开挖。开挖至设计轮廓后即对围岩进行适当支撑或支护，然后进行整体式衬砌作为永久性支护的施工方法。传统矿山法是采用钢或木构件作为临时支撑，抵抗围岩的变形，承受围岩压力，获得巷道临时的稳定。待隧道开挖成型后，再逐步将临时支撑替换下来，而代之以整体式的单层衬砌作为永久性支护。由于木构件支撑具有耐久性差和对围岩形状的适应性差的缺点，支撑撤换作业既麻烦又不安全，因此目前很少采用。钢构件支撑具有较好的耐久性和对隧道形状适应性强等优点，施工后的钢构件可不予拆除和撤换，因而比较安全。

分部开挖的目的是减少对围岩的扰动，分部的大小和多少视地质条件、隧道断面尺寸、支护类型而定。在坚实、整体的岩层中，对中、小断面的隧道可全断面一次开挖；在松软、破碎的地层中，宜进行分部开挖。开挖时，断面上最先开挖的一小部分即先开挖出一个洞穴并延伸成为一个长形的孔道,称为导坑,导坑以外的开挖统称为扩大。随着大型凿岩台车和高效率的装渣机械以及各种辅助工法的出现,分部数目趋于减少。

隧道开挖成型后对围岩的支护,可分为钢木构件支撑和锚杆喷射混凝土支护两大类。习惯上将采用钢木构件作为临时支撑的施工方法称为传统矿山法,而将采用锚杆喷射混凝土支护作为初期支护结构的施工方法称为新奥法。但不能如此简单区分,二者具有本质的区别。

矿山法的理论依据是基于普氏的平衡拱理论和太沙基的围岩极限平衡理论。国内外使用矿山法建成了大量的隧道和地下工程,其设计和施工经验丰富,许多工程案例的建设证明了矿山法"功不可没"。矿山法作为成功的工程技术方法是长期以来国内外众多隧道建设者的经验和智慧的总结,目前隧道设计、施工的某些方面仍在自觉或不自觉地使用矿山法的设计和施工原则。

矿山法具有如下特点:

(1)可对工序进行机动灵活的调整,当施工条件变化时依然表现出很强的适应性。

(2)施工设备的配套比较灵活,机械的组装比较简单,转移方便,重复利用率较高。

(3)经过长期的实践,积累了宝贵的施工经验,形成了较为科学、完整的施工工艺。

由于矿山法具有上述特点和普遍认同的优势,从隧道工程的发展趋势来看,矿山法仍是今后山岭隧道最常用的施工方法之一。但与其他方法相比而言,矿山法具有施工工序多、相互干扰大、施工速度慢、超欠挖严重、对围岩扰动较大、施工安全性较差、工人劳动强度大、作业场所环境差、管理难度大等缺点。尤其在长大隧道施工过程中,为保证工期,往往需要采用辅助坑道来增加作业面,增加了工程造价。而新奥法可以适应多种地质条件,目前已广泛应用于隧道工程施工。

(二)矿山法施工的基本原则

传统矿山法施工的基本原则可归纳为"少扰动,早支撑,慎撤换,快衬砌"。

少扰动,是指在隧道开挖时,尽量少扰动围岩,减少对围岩的扰动次数、扰动强度和扰动持续时间。采用钢支撑,可以增大一次开挖面跨度,减少分部次数,从而减少对围岩的扰动。这与新奥法的施工要求是一致的。

早支撑,是指开挖后及时施加临时支撑,使围岩不致因变形过度而产生坍塌失稳,并承受围岩松弛变形产生的压力——早期松弛荷载。定期检查支撑的工作状况,若发现变形严重或出现损坏征兆,应及时加强支撑。作用在临时支撑上的早期松弛荷载大小可比照永久衬砌的计算围岩压力大小来确定,临时支撑的结构设计亦采用类似于永久衬砌的设计方法。

慎撤换,是指拆除临时支撑而代之以永久性混凝土衬砌时要慎重,防止撤换过程中围岩坍塌。撤换的范围、顺序、时间应视围岩稳定性及支撑受力状况而定。使用钢支撑时,则可以避免拆除支撑的麻烦和危险。

快衬砌,是指临时支撑拆除后要及时修筑混凝土衬砌,使之尽早承载,参与工作。

二、新奥法

新奥法是由奥地利学者 Rabcewicz 于 20 世纪 50 年代在总结喷锚支护技术的基础上

提出的隧道施工方法,简称 NATM(New Austrian Tunneling Method),在 20 世纪 70 年代被引入我国,经大力推广使用,对我国隧道工程建设产生了重大影响。

新奥法施工的基本思想是充分利用围岩的自承能力和开挖面的空间约束作用,把采用锚杆和喷射混凝土作为主要初期支护手段,及时对围岩进行加固,约束围岩的松弛和变形,然后在此基础上对围岩再施加衬砌作为安全储备,并通过对围岩和支护的量测、监控来指导隧道和地下工程的设计及施工。初期支护、内层衬砌与围岩三者共同构成永久的隧道承载体系。

新奥法施工的基本程序如图 2-1 所示。

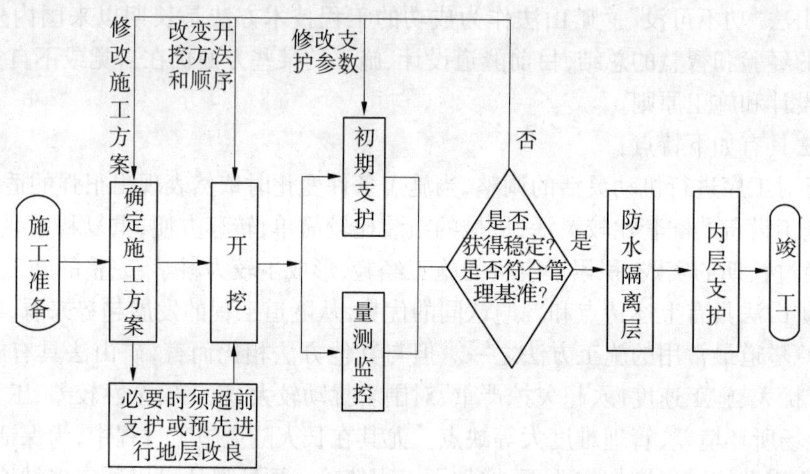

图 2-1 新奥法施工的基本程序

利用围岩的自承能力来开挖巷道是远在新奥法出现之前的事,提高围岩的自承能力和柔性支护技术的应用也并非是新奥法的独创。新奥法的独特之处在于其创始者摆脱了单纯的思维方式,建立了施工过程中的信息收集和信息反馈系统,进而弄清围岩、支护的变形及位移与应力分布、变化的关系,为隧道设计和施工提供可靠的依据。新奥法的实质在于如何使用监测信息来指导设计和施工,从而达到更加安全高效、经济合理的工程目的。新奥法的提出,激发了人们对喷锚支护作用机制的广泛研究,从而促成了隧道及地下工程理论迈入现代隧道及地下工程理论的新时代,促进了现代隧道工程理论体系的形成和围岩承载理论的出现。

根据围岩承载理论,运用岩体力学分析方法,充分考虑围岩在施工过程中的动态变化,采用以"维护围岩的自承能力为基本出发点,锚杆和喷射混凝土为主要支护措施,对围岩与支护的变形和应力量测为监测控制手段,对隧道进行设计和施工"的思路,进一步总结出支护设计的基本原则,即"围岩不稳,支护帮助,遇强则弱,遇弱则强,按需提供,先柔后刚,量测监控,动态调整"。根据这个原则,结合工程经验,新奥法施工的基本原则可概括为"少扰动,早喷锚,勤量测,紧封闭"。

少扰动,是指在施工中必须充分保护岩体,尽量减少对其扰动,避免过度破坏岩体的强度。为此,施工中断面分块不宜过多,尽量采用大断面开挖;尽量采用机械掘进;采用钻爆法开挖时,应严格控制爆破,尽量采用光面爆破或预裂爆破;自稳性差的围岩,循环进尺应短一些;初期支护要尽量紧跟开挖面,缩短围岩应力松弛时间。

早喷锚,是指开挖后及时施加初期喷锚支护,使围岩的变形进入受控状态。为了充分发挥岩体的承载能力,应允许并控制岩体的变形。允许变形使得围岩中能形成承载环,限制变形使岩体不致过度松弛而丧失或大大降低承载能力。通过调整支护结构的强度、刚度和它参与工作的时间(包括闭合时间)来控制岩体的变形,如采取喷射混凝土、锚杆、钢拱架和模筑混凝土衬砌等不同类型的支护,并及时调整支护时机、支护参数,以求达到最佳的支护效果。必要时采取超前预支护,甚至采取注浆加固措施。

勤量测,是指施工中对围岩和支护结构进行动态观察、量测,对围岩和支护结构的稳定性作出正确评价,预测其发展趋势,以便及时调整支护时机、支护参数、开挖方法、施工进度等,确保施工顺利进行。

紧封闭,是指为了改善支护结构的受力性能,施工中应尽快闭合,而成为力学意义上封闭的承载环。一方面指初期喷锚支护的早封闭,避免围岩因长期暴露而致使其强度和稳定性衰减;另一方面指适时地进行二次衬砌,二次衬砌原则上是在围岩与初期支护变形基本稳定的条件下修筑的,围岩和支护结构形成一个整体,因此提高了支护体系的安全度。

这里所说的适时衬砌,是指在监测的基础上提前准备,及时衬砌。因为从发现支护不稳到开始二次衬砌,需要进行挂防水板、绑扎钢筋等工序,时间快则3天,慢则1周,尤其是防水板悬挂后支护的变形很难看到。施工人员所说的"快衬砌"就是这个含义。力学意义上封闭的承载环是指围岩与支护结构组成一个整体,形成一个环状结构物,共同承载变形。

新奥法的正确实施,应加强如下工作:

(1)加强施工过程的地质调查。施工过程的地质调查是对施工前地质调查结果的检验和补充,是新奥法不可缺少的环节,其目的是为局部设计变更或临时改变施工方法、调整施工计划及保证施工安全提供依据。施工中的地质调查是紧跟隧道开挖面进行的,必要时可以通过物探、钻探或超前小导洞进行。地质调查的工作内容主要包括开挖面地质情况的描述、岩体结构面产状的分析、岩石力学试验和水文状况调查等。

(2)加强现场监控和量测。现场监控和量测是新奥法施工的前提和核心,应根据隧道位置、地质条件,开挖断面形式及几何尺寸,支护、衬砌类型和参数、施工方法、施工顺序等条件制订。现场监控和量测的内容包括量测项目和方法、量测仪器选用、测点布置、数据采集、数据处理、信息反馈及量测人员组织等。

(3)加强施工设计修正。施工设计修正是在施工展开后根据现场地质调查结果、监控量测数据、工程进度状况等信息对施工前预设计的各项内容进行检验和修正,是新奥法区别于其他传统方法的重要特点之一。施工设计修正的内容包括评判监控量测的成果,补充完善监控量测设计;设计参数的修改或确认;顶留开挖轮廓变形量的修正;采取辅助施工措施的建议;施工工序、施工方法的改变等。

第三节　开挖方法

一、隧道开挖方法的选择

开挖是隧道施工的第一道工序,也是关键工序。隧道施工既要挖除坑道范围内的岩体,又要尽量保持围岩的稳定。在开挖过程中,围岩稳定与否,除围岩本身的工程地质条件影响外,开挖方法和掘进方式对围岩的稳定状态也有直接、重要的影响。

开挖方法是指挖出坑道范围内的岩体使隧道成型的方法。开挖方法是研究围岩或经过预加固的围岩因开挖形成一个自然拱,在一定的时空效应内保持不坍塌的条件下进行的。

掘进方式是指坑道范围内岩体的挖除方式即破岩方式。

新奥法施工,按其开挖断面的大小及位置,基本上可分为全断面法、台阶法和分部开挖法三大类及若干变化方案。其中全断面法及台阶法应用最广。

隧道开挖的基本原则是:在保证围岩稳定或减少对围岩扰动的前提条件下,选择恰当的开挖方法和掘进方式,并尽量提高掘进速度。即在选择开挖方法和掘进方式时,一方面应考虑隧道围岩地质条件及其变化情况,选择能很好地适应地质条件及其变化,并能保持围岩稳定的方法和方式;另一方面应考虑坑道范围内岩体的坚硬程度,选择能快速掘进并能减少对围岩扰动的方法和方式。

隧道开挖方法的选择就是要确定横断面分布开挖面的大小和纵向分段掘进的深度及其动态调整措施。不同的开挖方法对围岩的扰动程度是不同的,其作业面之间的相互干扰程度也不同,因此掘进效率不同,工期和成本也就大不相同。因此,隧道开挖方法的选择应在开挖基本原则的基础上,主要考虑围岩的稳定、开挖与其他工序之间的相互干扰、施工过程中岩体应力重分布和结构体系转换;还应考虑隧道设计断面的大小、隧道的总长度、机械配备能力、支护条件、工期要求、施工水平、工程重要性和经济性等因素,进行综合分析,选择有利于围岩稳定又满足作业要求的开挖方法。

二、开挖方法

(一)全断面法

全断面法(Full Face Excavation Method)是按整个设计掘进断面一次向前挖掘推进的施工方法(见图2-2)。当采用爆破作业时,在工作面的全部垂直面上打眼,同时爆破,使整个工作面推进一个进尺。施工时,可采用凿岩台车钻孔,一次爆破成洞,通风排烟、排除危石后,即可对拱顶进行喷锚支护。然后用大型装载机及配套的运输车辆出渣,再对围岩和支护结构的变形及位移进行量测,以便进行模筑混凝土复合衬砌以及为下一个循环进尺做准备。

根据围岩稳定程度亦可不设锚杆或设短锚杆,也可先出渣,然后施作初期支护。但一般仍先进行拱部初期支护,以防止应力集中而造成的围岩松动剥落。

全断面法主要适用于围岩稳定性很好(Ⅲ ~ Ⅰ级围岩)和隧道断面不太大的情况。

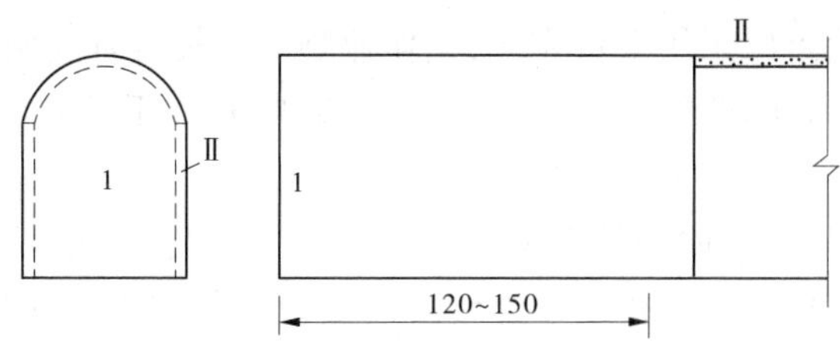

图 2-2 全断面法施工工序图 (单位:m)

但必须具备大型配套施工机械,隧道长度或施工区段长度不宜太短,否则采用大型机械化施工的经济性很差。例如,大瑶山双线隧道用该法施工时,最深钻爆孔眼达 5.15 m,复合式衬砌单口月成洞达 150 ~ 240 m。

全断面法的优点是:工序少,相互干扰少,便于组织施工和管理;工作空间大,便于组织大型机械化施工,施工进度快。

全断面法的技术要点如下:

(1)摸清开挖面前方的地质情况,随时准备好应急措施(包括改变施工方法等),以确保施工安全。

(2)钻孔、出渣等各种施工机械设备务求配套,材料要及时跟上,尤其是模筑混凝土材料,以充分发挥机械设备的效率。

(3)加强各项辅助作业,尤其加强施工通风,保证工作面有足够的新鲜空气。

(二)台阶法

台阶法(Bench Cut Method)是新奥法施工中主要采用的方法之一,又称正台阶法,是将设计坑道断面内的岩体分为上、下两部分或三部分,在一个作业循环内同时挖出,并始终保持上部分超前于下部分形成一个台阶的开挖方法。根据台阶长度,可区分为长台阶法、短台阶法和微台阶(超短台阶)法三种方式。至于施工中究竟应采用何种台阶法,要根据以下两个条件来确定:

(1)初期支护形成闭合断面的时间要求,围岩越差,闭合时间要求越短。

(2)上断面施工所用的开挖、支护、出渣等机械设备对施工场地大小的要求。

这两个条件都反映了一个原则,即希望初期支护尽快闭合。在软弱围岩中应以前一个条件为主,兼顾后者,确保施工安全;在围岩条件较好时,主要考虑的是如何更好地发挥机械设备的效率,保证施工的经济性,故应充分考虑后一个条件。

1.长台阶法

长台阶法的上、下两个面相距较远,一段上台阶超前下台阶 50 m 以上或大于 5 倍洞跨。施工时上、下断面都可配同类机械进行平行作业,当机械不足时,也可用一套机械设备交替作业,即在上半断面开挖一个进尺,然后在下半断面开挖一个进尺。当隧道长度较短时,甚至可先将上半断面全部挖通后,再进行下半断面施工,即半断面法。

相对于全断面法来说,长台阶法一次开挖的断面和高度都比较小,只需配备中型钻孔台车即可施工,而且对维持开挖面的稳定也十分有利。所以,它的适用范围较全断面法广泛,一般用于Ⅲ ~ Ⅰ级围岩。

2.短台阶法

短台阶法的上、下两个断面相距较近,一般上台阶长度小于 5 倍但大于 1 ~ 1.5 倍洞跨。上、下断面基本上可以采用平行作业,其作业顺序和长台阶法相同。由于短台阶法可缩短支护结构闭合的时间,改善初期支护的受力条件,有利于控制隧道收敛速度和量值,所以适用范围很广,一般用于Ⅴ～Ⅵ级围岩。

短台阶法的缺点是上台阶出渣时对下半断面施工的干扰较大,不能全部平行作业。为解决这种干扰,可采用长皮带机运输上台阶的石渣或设置由上半断面过渡到下半断面的坡道,将上台阶的石渣直接装车运出。过渡坡道的位置可设在中间,亦可交替地设在两侧。过渡坡道法在断面较大的三车道隧道中尤为适用。

3. 超短台阶法

若上台阶仅超前下台阶 3～5 m,称为超短台阶法。由于超短台阶法初期支护全断面闭合时间更短,更有利于控制围岩变形。在城市隧道施工中,能更有效地控制地表沉陷。

超短台阶法适于在软弱地层中开挖施工,一般在膨胀性围岩及土质地层中采用。为了尽快形成初期闭合支护以稳定围岩,上下台阶之间的距离进一步缩短,上台阶仅超前 3～5 m,由于上台阶的工作场地小,只能将石渣堆到下台阶再运出,对下台阶会形成严重的干扰,故不能平行作业,只能采用交替作业,因而施工进度会受到很大的影响。由于围岩条件差,初期支护及时施作显得非常重要。

超短台阶法施工时,首先可用一台停在台阶下的长臂挖掘机或单臂掘进机开挖上半断面至一个进尺;安设拱部锚杆、钢筋网或钢支撑,喷拱部混凝土;其次用同一台机械开挖下半断面至一个进尺,安设边墙锚杆、钢筋网,接长钢支撑,喷边墙混凝土(必要时加喷拱部混凝土);再次喷仰拱混凝土,必要时设置仰拱钢支撑;最后进行量测,在初期支护基本稳定后,进行二次模筑混凝土衬砌。

台阶开挖法的技术要点如下:

(1)下半断面的开挖(又称落底)应在上半断面初期支护基本稳定后进行,或采取其他有效措施确保初期支护体系的稳定。若围岩稳定性较好,则可以分段顺序开挖;若围岩稳定性较差,则应缩短下部掘进循环进尺;若稳定性很差,则可以左右错开,或先拉中槽后挖边帮。

(2)当围岩自稳能力不足,设计断面又较大时,为了缩短围岩暴露时间,可以在台阶上暂留核心土,而先行挖出上部导坑,待施作上部初期支护后再挖出核心土,并进行下部开挖。留核心土的目的在于降低开挖面的临空高度,缩短开挖后围岩的暴露时间,保证围岩稳定。

(3)上台阶钢架施工时,应采取有效措施控制其下沉和变形。下台阶应在上台阶喷射混凝土强度达到设计强度的 70% 后开挖。

(4)量测工作必须及时,以观察拱顶、拱脚和边墙中部的位移值,当发现速率增大时,应立即进行底(仰)拱封闭,或缩短进尺、加强支护、分割掌子面等。

(5)随着施工进展,在地质条件发生改变时,应及时做好开挖方法的转换工作。

(三)分部开挖法

分部开挖法是将隧道开挖断面进行分部开挖逐步成型,并且将某部分超前开挖,故又称为导坑超前开挖法。导坑的主要作用在于超前查明前方岩体的工程地质条件,且为后续工作面创造临空面,提高爆破效果。导坑的尺寸应满足施工要求,但宽度不宜超过断面最大跨度的1/3。

常用的分部开挖法有环形开挖留核心土法(Ring Cut Method)、单侧壁导坑法、双侧壁导坑法(Both Sich Drift Method)、中隔壁开挖法(CD法)、交叉中隔壁开挖法(CRD法)等,如表2-7所示。

表2-7　分部开挖法

开挖方法	横、纵断面示意图	工程案例
环形开挖留核心土法	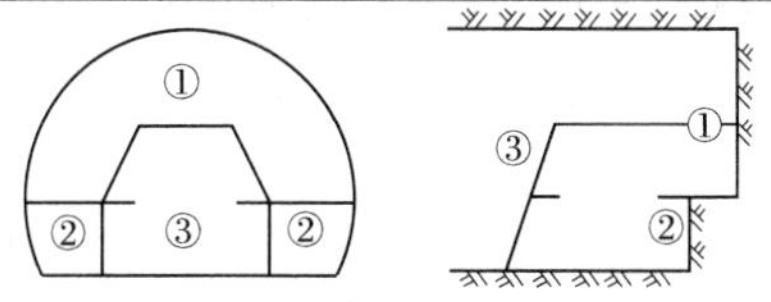 ①②③	大秦线军都山隧道(黄土),浙赣复线新羊石隧道,北京地铁复兴门折返线
单侧壁导坑法	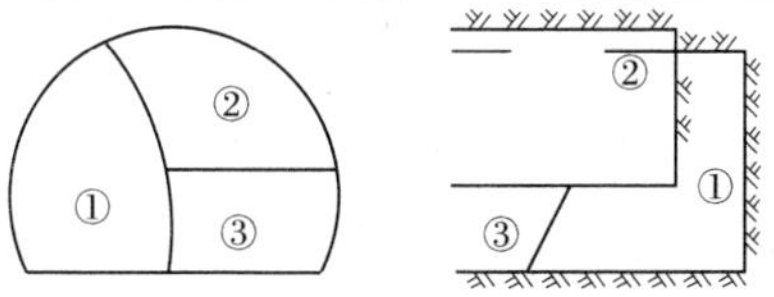 ①②③	宜黄高速佛岭隧道洞口段,北京地铁复兴门折返线,浙赣铁路新羊石隧道
双侧壁导坑法	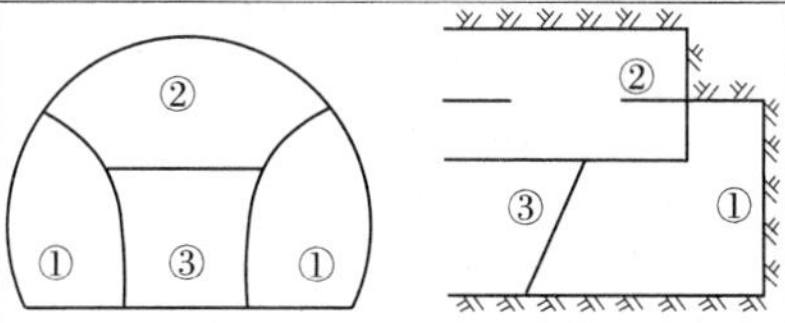 ①②③	衡广复线香炉坑隧道,泉厦高速大帽山隧道扩建工程,京珠国道广州东段龙头山隧道,武汉中山广场地下过街道
中隔壁开挖法(CD法)	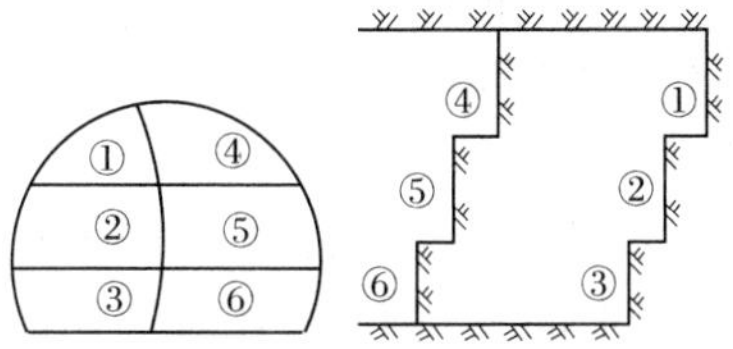 ①②③④⑤⑥	深圳地铁2号线新秀站折返线(断层段和洞口),石太客运专线牛家滩2号隧道(黄土大断面双线铁路隧道)
交叉中隔壁开挖法(CRD法)	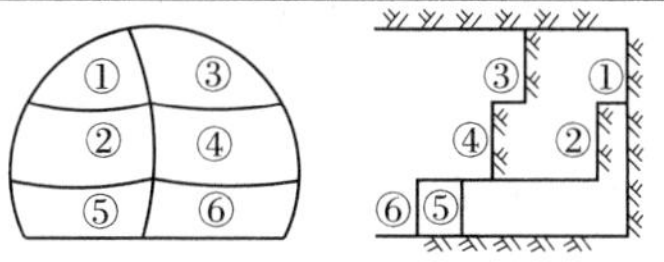 ①②③④⑤⑥	哈大客运专线笔架山隧道,赣韶铁路良村隧道

1. *环形开挖留核心土法*

环形开挖留核心土法,又称台阶分部开挖法,是将断面分成环形拱部①、核心土③、下部台阶②三部分开挖。它的作业顺序为:用人工或单臂掘进机开挖环形拱部,然后架立钢支撑、喷混凝土。在拱部初期支护保护下,用挖掘机或单臂掘进机开挖核心土和下台阶,随时接长钢支撑和喷混凝土、封底,根据初期支护变形情况或施工安排建造内层衬砌。

根据断面的大小,环形拱部又分成几块交替开挖。环形开挖进尺不宜过长,一般为0.5~1.0 m。常在核心土下面留有台阶,核心土和下台阶的距离,公路隧道或双线铁路隧道可为1倍洞宽,单线铁路隧道可为2倍洞宽。

环形开挖留核心土法适用于一般土质或易坍塌的软弱围岩地段。留核心土支挡开挖工作面有利于及时施作拱部初期支护,增强开挖工作面的稳定性,核心土及下部开挖在拱部初期支护保护下进行,施工安全性好。该法与超短台阶法相比,台阶可以加长;较侧壁导坑法机械化程度高,施工速度可以加快。

施工应注意的问题有:虽然核心土增强了开挖面的稳定,但开挖中围岩要经受多次扰动,而且断面分块多,支护结构形成全断面封闭的时间长,这些都有可能使围岩变形增大。因此,它常需要结合辅助施工措施对开挖工作面及其前方岩体进行预支护或预加固。

2. 单侧壁导坑法

单侧壁导坑法是将断面横向分成 3 块或 4 块,每步开挖的宽度较小,而且封闭型的导坑初期支护承载能力大,所以单侧壁导坑法适用于断面跨度大、地表沉陷难以控制的软弱松散围岩中,一般用于单拱隧道。

该法的施工顺序为:开挖侧壁导坑①,并进行初期支护,尽快使导坑的初期支护闭合;然后开挖上台阶②,进行拱部初期支护,使其一侧支撑在导坑①的初期支护上,另一侧支撑在下台阶③上;开挖下台阶③,进行另一侧边墙的初期支护,并尽快建造底部初期支护,使全断面闭合;拆除导坑临空部分的初期支护;建造内层衬砌。

单侧壁导坑法的主要优点是通过形成闭合支护的侧导坑将隧道断面的跨度一分为二,有效避免了大跨度开挖造成的不利影响,明显提高了围岩的稳定性。但由于要施作侧壁导坑的内侧支护,随后又要拆除,因而增加了工程造价。

3. 双侧壁导坑法

双侧壁导坑法又称眼镜工法,一般是将断面分成四块:左、右侧壁导坑①,上部核心土②,下台阶③。导坑尺寸拟定的原则同单侧壁导坑法,但宽度不宜超过断面最大跨度的 1/3。左、右侧导坑错开的距离应根据开挖一侧导坑所引起的围岩应力重分布的影响不致波及另一侧已成导坑的原则确定, 亦可与其他工程类比,一般取 7 ~ 10 m。

双侧壁导坑法施工作业顺序为:开挖一侧导坑,及时将其初期支护闭合;相隔适当距离后开挖另一侧导坑,将初期支护闭合;开挖上部核心土,施作拱部初期支护,拱脚支撑在两侧壁导坑的初期支护上;开挖下台阶,施作底部的初期支护,使初期支护全断面闭合;拆除导坑临空部分的初期支护;待隧道周边变形基本稳定后,施作二次模筑混凝土衬砌。

双侧壁导坑法虽然开挖断面分块多一点,对围岩的扰动次数增加,且初期支护全断面闭合的时间延长,但每个分块都是在开挖后立即各自闭合的,所以在施工期间变形几乎不发展。该法施工安全,但进度慢、成本高。

在软弱围岩中,当隧道跨度更大(如三线铁路隧道、三车道公路隧道等),或因环境要求,对地表沉陷需严格控制时,可考虑采用双侧壁导坑法。现场实测表明,双侧壁导坑法所引起的地表沉陷约为短台阶法的 1/20。

4. 中隔壁开挖法(CD 法)和交叉中隔壁开挖法(CRD 法)

中隔壁开挖法是在隧道断面中部设置中隔壁支撑及横向支撑,利用横向支撑及中隔壁支撑将断面分为多个小的部分,降低开挖跨度及开挖高度。开挖时掘进面由上至下、由左至右分部交叉开挖,以尽量减小对周围土体的扰动。通过使用超前小导管、挂网锚喷、型钢或格栅钢架、中隔壁、临时仰拱将各分部依次及时成环。环环相接,将整个断面的各分部开挖部分封闭成环,以控制主体变形,并使开挖完毕的洞体处于稳定状态。与此同时，二次衬砌紧跟，使隧道整体成型。施工中对洞体变形进行不间断测量，通过分析再用来指导下一步施工，并用以保障施工安全。

交叉中隔壁开挖法遵循“小分块、短台阶、多循环、快封闭”的施工原则，自上而下步步为营，分块成环，随挖随撑，及时做好初期支护，并待初期支护结构的拱顶沉降和收敛已经稳定后，自下而上拆除初期支护结构中的临时中隔壁墙及临时仰拱，再施作外包防水层，施作二次衬砌结构。一般采用该工法的地质条件都比较复杂，围岩自稳能力极差，开挖后易产生塌方的情况。

在采用这两种方法进行大断面公路隧道施工时，必须严格执行“管超前、短进尺、留核心、强支护、早封闭、严治水、勤量测、速反馈、快成环、紧衬砌”30 字方针，贯彻“稳中求快，稳步推进”的隧道施工理念。

中隔壁开挖法和交叉中隔壁开挖法施工技术要点可归纳如下：

(1)初期支护完成后方可进行下一分部开挖。当地质条件较差时，每个台阶底部均应按设计要求设临时钢架或临时仰拱。

(2)各部开挖时，周边轮廓应尽量圆顺。

(3)应在先开挖侧喷射混凝土强度达到设计要求后再进行另一侧开挖。

(4)左右两侧导坑开挖工作面的纵向间距不宜小于 15 m。

(5)当开挖形成全断面时，应及时完成全断面初期支护闭合。

(6)中隔壁及临时支撑应在浇筑二次衬砌时逐段拆除。

这两种开挖方法工程造价较高，适用于软弱地层或特殊土层(如膨胀土)的施工，如在土质松散、整体性差的地层中开挖大断面隧道。对于城市地铁隧道，该方法对控制地表沉陷具有很好的效果。

第四节　钻眼爆破

钻眼爆破是开凿岩石地下工程中最基本的施工作业方法，占整个隧道施工工程量的比重较大，造价占 20% ~40% 。钻眼爆破的基本要求是：爆破效果好，表面平整，超、欠挖符合要求，断面形状尺寸符合设计要求，对周围的震动破坏小，矸石块度大小适中，掘进速度快，钻眼工作量小，炸药消耗量最省。

采用钻爆法施工的隧道，施工前应进行钻爆设计，并根据实际爆破效果及时对爆破设计参数进行调整。

一、钻眼机具及作业

目前，在隧道工程中常采用的钻孔机具是凿岩机和凿岩台车。其工作原理都是利用镶嵌在钻头体前端的凿刃反复冲击并转动破碎岩石而成孔的，有的可通过调节冲击功的大小和转动速度的快慢以适应不同硬度的岩质，从而达到最佳的成孔效果。

影响钻眼速度的因素有冲击频率、冲击功、钻头的凿刃形式、钻孔直径、钻眼深度及岩石抗钻性等。

（一）钻眼工具

钻杆和钻头是凿岩的基本工具，其作用是传递冲击功和破碎岩石。冲击式凿岩用的钻杆为中空六边形或中空圆形。圆形钻杆多用于重型钻机或深空接杆式钻进。钻杆中央的中心孔，用以供水冲洗岩粉。钻杆后部的钎尾插入凿岩机的转动套筒内，前部的锥形梢头插入活动钻头的锥形空槽中，配以不同的硬质合金钻头以适应不同岩性和凿岩机对钻头的不同需要。

钻头是直接破碎岩石的部分，其形状、结构、材质、加工工艺等直接影响磨损和凿岩效率。钻头的形状较多，常用的是一字形、十字形和柱齿形钻头。一字形钻头结构简单，凿岩速度较快，应用最广，适用于整体性较好的岩石。十字形钻头适用于层理、节理发育和较破碎的岩石，但结构复杂，修磨困难，凿岩速度略低。柱齿形钻头排渣颗粒大，防尘效果好，凿岩速度快，使用寿命长，适用于磨蚀性高的岩石。一般气腿式凿岩机用钻头直径多为 38 ~ 43 mm，台车用钻头直径多为 45 ~ 55 mm。

（二）凿岩机

常用的凿岩机有风动凿岩机和液压凿岩机。液压凿岩机与凿岩台车相配合，使用数量得以增加。另有内燃或电动凿岩机，但很少采用。

风动凿岩机以压缩空气为动力，具有结构简单、制造维修简便、操作方便、使用安全等优点。但压缩空气的供应和输送设备比较复杂，机械效率低、能耗大、噪声大，凿岩速度比液压凿岩机低。风动凿岩机可分为气腿式、向上式和导轨式三种。常用的气腿式凿岩机的型号有 YT－23、YT－24、YT－26、YT－28 等，其钻孔直径为 34 ~ 42 mm，钻孔最大深度为 5 m，耗风量一般不大于 3.5 m^3/min。

导轨式凿岩机主要型号有 YG－40、YG－80、YGZ－90 等，钻孔直径分别为 40 ~ 50 mm、50 ~ 75 mm 和 50 ~ 80 mm，最大钻深分别为 15 m、40 m 和 30 m。

气腿式凿岩机可多台同时工作，钻眼和装岩平行作业，机动性强，辅助工时短，便于组织快速施工。工作面凿岩机台数主要根据岩巷的施工速度要求、断面大小、岩石性质、工人技术水平、压风供应能力和整个掘进循环劳动力的平衡等因素综合确定。按巷道宽度确定凿岩机台数时，一般每 0.5 ~ 0.7 m 宽配一台；按巷道断面面积确定凿岩机台数时，在坚硬岩石中，常按每 2.0 ~ 2.5 m^2 配一台；在中硬岩石中，可按每 2.5 ~ 3.5 m^2 配一台。

为了加快钻眼速度，除使凿岩机保持很好的工作状态和提高工人的操作水平外，加强组织管理是一个非常重要的方面，可采用定人、定机、定任务、定时间的钻工岗位责任制。测量人员应给出准确的掘进方向，同时保证眼位准确。

使用风动凿岩机必须配备专用的供风、供水设施，并予以适当布置，避免相互干扰。因为掘进工作面同时使用风、水的设备较多，并且拆卸、移动频繁。

（三）凿岩台车

将多台凿岩机（常用液压凿岩机）安装在一个专门的移动设备上，实现多机同时作业，集中控制，称为凿岩台车。它可以同时进行多孔凿岩，以缩短钻孔时间，加快掘进速度，适宜于在大断面或全断面隧道开挖中使用。按结构形式的不同，凿岩台车可分为门架式、实腹式（见图 2-3）和液压钻臂式。按行走方式不同则可分为轮胎式、履带式和轨道式。

当前我国较普遍采用的是实腹结构轮胎走行式的全液压凿岩台车,如图2-3所示,它可以安装1～4台凿岩机及一支工作平台臂。其立定工作范围可达宽10～15 m、高7～12 m,分别适用于不同断面的隧道中。但实腹式凿岩台车占用隧道空间较大,需与出渣运输车辆交会避让,多用于断面较大的隧道中。

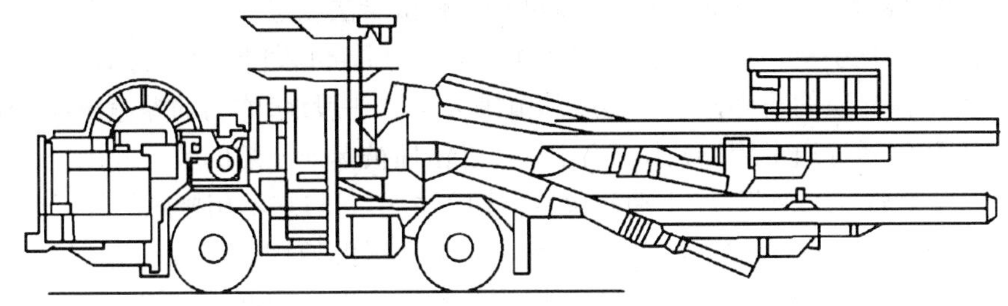

图2-3　实腹结构轮胎走行式凿岩台车

门架式凿岩台车的腹部可以通行出渣车辆,大大减少了机械避让时间。通常为轨道走行,可安装2～3台凿岩机,多用于中等断面的隧道开挖,开挖断面过大或过小时不宜采用。

钻眼完成后,应按炮眼布置图进行检查并做好记录,不符合要求的炮眼应重钻,经检查合格后才能装药。

二、爆破器材

爆破器材是指炸药和起爆、传爆材料。起爆、传爆材料主要包括雷管、导火索、导爆管等能够提供和传递起爆能量,使炸药发生爆炸的材料。

(一)隧道爆破常用的炸药

1.炸药的性能

炸药的性能取决于所含的化学成分。掌握炸药等爆破材料的性能,对正确使用、储存、运输炸药,确保安全和提高爆破效果,具有重要的意义。

炸药的主要性能如下:

(1)感度。炸药的感度是指炸药在外界起爆能作用下发生爆炸反应的难易程度,也就是炸药爆炸对外能的需要程度。根据外能形式的不同,炸药感度表现为:

①热敏感度,亦称爆发点,是指炸药对热的敏感度。常用能使炸药爆炸的最低温度表示。

②火焰感度,是指炸药对火焰的敏感程度。有些炸药虽然对温度比较钝感,但对火焰很敏感,如黑火药一接触明火星便易燃烧爆炸。

③机械感度,是指炸药对撞击、摩擦等机械作用的敏感程度。一般来说,对于撞击比较敏感的炸药,对摩擦也比较敏感。常用试验次数的爆炸百分率表示。

④爆轰感度,是指炸药对爆炸能的敏感程度。通常在起爆作用下,炸药的爆炸是由冲击波、爆炸产物流或高速运动的介质颗粒的作用而激发的。不同炸药所需的起爆能也不相同。爆轰感度一般用极限起爆药量表示。

(2)爆速。炸药爆炸时爆轰在炸药内部的传播速度称为爆速。一般来说,密度越大的炸药其爆速也越高,同一种成分的炸药其爆速还受装填密实程度、药量多少、含水量大小和包装材料等因素的影响。

(3)爆力(威力)。炸药爆炸时对周围介质做功的能力称为爆力。炸药的爆力越大,其破坏能力越强,破坏的范围及体积也越大。一般地,爆炸产生的气体物质越多,或爆温越高,则其爆力越大。炸药的爆力通常用铅柱扩孔试验法测定。

(4)猛度。炸药爆炸后对与之接触的固体介质的局部破坏能力称为猛度。这种局部破坏表现为固体介质的粉碎性破坏程度和范围大小。一般地,炸药的爆速越高,则其猛度也越大。炸药的猛度通常用铅柱压缩法测定,以铅柱被爆炸压缩的数值表示。

(5)殉爆距离。一个药包(主动药包)爆炸后,能引起与它不相接触的邻近药包(被动药包)爆炸,这种现象称为被动药包的殉爆。发生殉爆的原因是主动药包爆炸产生冲击波和高速气流,使邻近药包在其作用下而爆炸。是否会发生殉爆,主要取决于主动药包的药量和爆力、被动药包的爆轰感度、主动与被动药包之间的距离和介质性质。当主动、被动药包采用同性质炸药的等直径药卷时,用被动药包能发生殉爆的最大距离来表示被动药包的殉爆能力,称为殉爆距离。当然它也反映了主动药包的致爆能力。

工程爆破中,为了减少炸药用量和调整装药集中度,常将主动药卷与被动药卷之间拉开一定距离(不连续)形成间隔装药,应注意使药卷间距不大于殉爆距离。实际殉爆距离应做现场试验确定。

(6)爆炸稳定性和临界直径、最佳密度、管道效应。爆炸稳定性是指炸药起爆后,能否连续、完全爆炸的能力。它主要受炸药的化学性质、爆轰感度以及装药密度、药包大小(或药卷直径)、起爆能量等因素的影响。

①临界直径,是指在柱状装药时被动药卷能发生殉爆的最小直径。工程上常用药卷的临界直径来表示炸药的爆炸稳定性。临界直径越小,其爆炸稳定性越好。如铵梯炸药的爆炸稳定性较好,其临界直径为 15 mm。浆状炸药的爆炸稳定性较差,其临界直径为 100 mm。工程爆破中,为保证炸药能稳定爆炸而不发生断爆,在选择药卷直径时应注意药卷直径应不小于炸药的临界直径。若因需减少炸药用量而缩小装药(药卷)直径,则应选用爆轰感度较高的炸药或加入敏化剂以降低其临界直径。

②最佳密度,是指炸药爆炸稳定且爆速最大时的装药密度。对于单质猛炸药,其装药密度越大,爆炸越稳定。对于工程用混合炸药,在一定的密度范围内,也有以上关系。但随后爆速又随着密度的增加而下降,直至达到某一密度时,爆炸不稳定,甚至拒爆,这时炸药的密度称为临界密度。

③管道效应。工程爆破中,常采用钻孔柱状药卷装药,若药卷直径较钻孔直径小,则在药卷与孔壁之间有一个径向空气间隙。药卷起爆后,爆轰波使间隙中的空气产生强烈的空气冲击波,这股空气冲击波速度比爆轰波速度更高,它在爆轰波未到达之前即将未爆炸的炸药压缩,当炸药被压缩至临界密度以上时,就会导致爆速下降,甚至断爆,这种现象称为管道效应。为减小管道效应,可减小间隙,或采用高感度、高爆速的炸药。

几种常用炸药的威力和猛度值见表2-8。

表 2-8　几种常用炸药的威力和猛度值

炸药名称	2 号铵梯岩石炸药	EL 系列乳化炸药	RJ 系列乳化炸药	硝化甘油	TNT	特屈儿	黑索金	太安
密度(g/cm^3)	1.0～1.1	—	—	1.60	1.50	1.60	1.70	—
威力(cm^3)	320	—	—	600	285	300	600	580
密度(g/cm^3)	0.9～1.0	1.0～1.2	1.1～1.25	—	1.0	1.6	1.7	—
猛度(mm)	12～14	16～19	15～19	22.5～23.5	16～17	21～22	25	23～25

2. 隧道爆破常用的炸药

目前工程用炸药一般以某种或几种单质炸药为主要成分,另加一些外加剂混合而成。地下工程爆破中使用的炸药,应该是爆炸威力大、使用安全、产生有毒气体少的炸药。目前在隧道施工爆破中使用最广泛的是硝铵类炸药。硝铵类炸药品种很多,主要成分是硝酸铵,占60%以上,其次是TNT或硝酸钠(钾),占10%～15%。

(1)铵梯炸药。铵梯炸药的主要成分是硝酸铵、木粉和TNT,具有化学安定性好,爆炸后无固体残渣,产生有毒气体少,对震动、摩擦不敏感等特点,而且制造简单,原料来源丰富,价格便宜,使用安全,并可通过调整配料比例制成威力、性能各异的多种混合炸药,以满足多种爆破需要。目前,在一般隧道中多使用2号岩石硝铵炸药,在有瓦斯的隧道中则使用煤矿硝铵炸药,它是在2号岩石硝铵炸药的基础上外加一定比例的食盐作为消焰剂制成的。铵梯炸药的缺点是抗水性能差,容易吸潮结块,结块后将影响其爆炸性能,降低爆炸威力等。

(2)乳胶炸药。通常是以硝酸铵、硝酸钠水溶液与碳质燃料通过乳化作用形成的乳脂状混合炸药。乳胶炸药具有爆炸性能好、抗水性能强、安全性能好、环境污染小、原料来源广、生产成本低、爆破效率比浆状及水胶炸药更高等优点。乳胶炸药适用于有水硬岩隧道的炮眼爆破。

(3)浆状炸药和水胶炸药。浆状炸药是由氧化剂水溶液、敏化剂和胶凝剂为基本成分组成的混合炸药。水胶炸药是在浆状炸药的基础上应用交联技术,使之形成塑性凝胶状态,进一步提高了炸药的化学稳定性和抗水性。炸药结构更均一,提高了传爆性能。该类炸药具有抗水性强、密度高、爆炸威力较大、原料广、成本低和安全等优点,常用在露天有水深孔爆破中。

(4)硝化甘油炸药,又称胶质炸药。是一种高猛度炸药,它的主要成分是硝化甘油(或硝化甘油与二硝化乙二醇的混合物)。硝化甘油炸药抗水性强、密度高、爆炸威力大,因此适用于有水或坚硬岩石的爆破。但它对撞击摩擦的敏感度高,安全性差,价格昂贵,保存期不能过长,容易老化而导致性能降低,甚至失去爆炸性能,一般只在水下爆破中使用。

我国通常将隧道爆破用的炸药制成药卷使用,标准药卷规格为外径22 mm,装药净重150 g,长度为200 mm。另外,常用的药卷直径还有25 mm、35 mm、40 mm等,长度为165～600 mm,可按爆破设计的装药结构和用药量来选择使用。

3. 炸药的选择

选择炸药时,应按下列原则进行:

一般手持凿岩机钻眼,浅眼爆破,在无水情况下,选用标准型的2号岩石硝铵炸药;周边光面爆破,可在工地上用2号岩石硝铵炸药改装成小药卷用于光面爆破。

进口液压凿岩机,孔径大些,要选用大直径药卷,以消除其管道效应。

隧道内遇到坚硬岩石,最好选用猛度大的乳胶炸药、硝化甘油炸药,以便于破碎岩体和取得较高的炮眼利用率。

隧道周边光面爆破要采用小直径的低爆速、低猛度、高爆力的光爆炸药,以取得优质的光爆效果。

隧道内有水的情况,可选用防水性炸药,如1号抗水岩石硝铵炸药、RJ-2大直径乳胶炸药等。

(二)起爆材料

设置起爆传爆系统的目的是在装药以外的安全距离处通过发爆(点火、通电或激发枪)和传递,使安在药包或药卷中的雷管起爆,并引发药包或药卷爆炸,从而爆破岩石。

工程中常用的起爆系统有导火索与火雷管、导电线与电雷管、导爆管与非电雷管、导爆索与继爆管4种形式。目前,隧道工程已广泛应用导爆管起爆系统。

1. 导电线与电雷管

电雷管是用导电线传输电流,使装在雷管中的电阻发热而引起雷管爆炸。为实现延期起爆,可采用迟发电雷管。迟发电雷管的延期时间是在即发雷管中加装延期药来实现的,延期时间的长短均用段数来表示,按其延期时间差可分为秒迟发和毫秒迟发系列。国产毫秒迟发电雷管有5个系列,其中第二系列是工程中常用的一个时间系列。

2. 导爆管起爆系统

1)塑料导爆管

塑料导爆管是用来传递微弱爆轰波给非电雷管,使之爆炸的传爆材料之一。它是在聚乙烯塑料管(外径(2.95±0.15)mm,内径(1.4±0.10)mm)的内壁涂有一层高能炸药(主要成分是奥托金或黑索金,(16±2)mg/m),管壁上的高能炸药在冲击波作用下可以沿着管道方向连续稳定爆轰,从而将爆轰传播到非电雷管使之起爆。弱爆轰在管内的传播速度为1 600~2 000 m/s,但因很微弱,不至于损坏塑料管。导爆管需用专用的激发元件起爆,比如工业雷管、导爆索、激发枪、激发笔等。

塑料导爆管具有以下优点:抗电、抗火、抗水、抗冲击性能好;起爆传爆性能稳定,甚至扭结、180°对折、局部断药、管端对接均能正常传爆;运输和使用过程中抗破坏能力强;安装简单,使用方便,价格便宜等,且可作为非危险品运输,因而在隧道工程中被广泛使用。它不能直接起爆炸药,应与非电毫秒雷管配合使用。

2)非电雷管

为配合导爆管起爆系统使用的非电雷管,亦有即发、秒延期和毫秒延期之分。它与电雷管的主要区别在于不用电点火装置,而是用一个与塑料导爆管相连接的塑料连接套,由塑料导爆管传递的爆轰波进行点火,由延期药实现延期。延迟非电雷管的结构构造与毫秒电雷管相似,如图2-4所示。其中的毫秒迟发非电雷管(第二系列)的延迟时间见表2-9。

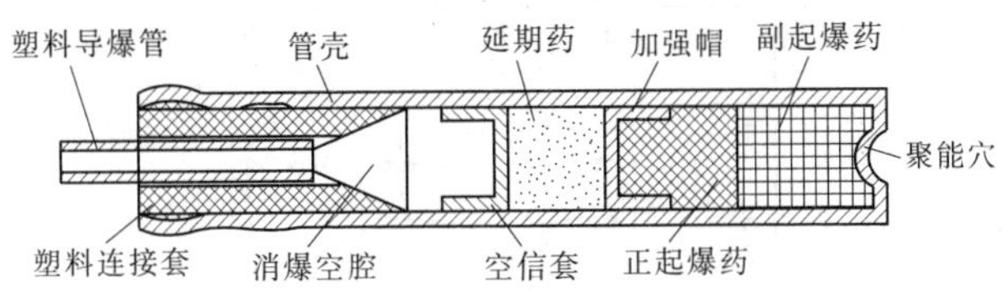

图 2-4 延迟非电雷管

表 2-9 毫秒迟发非电雷管(第二系列)的延迟时间

段别	延迟时间(ms)	段别	延迟时间(ms)	段别	延迟时间(ms)	段别	延迟时间(ms)
1	≥13	6	150±20	11	460±40	16	1 020±70
2	25±10	7	200±(20~25)	12	550±45	17	1 200±90
3	50±10	8	250±25	13	650±50	18	1 400±100
4	75±15	9	310±30	14	760±55	19	1 700±130
5	110±15	10	380±35	15	880±60	20	2 000±150

三、隧道掏槽爆破技术

(一)爆炸破岩的基本原理

隧道爆破的装药结构是一个圆柱状延长药包,简称柱状药包。药包爆炸应力波的传播方向则是以药包轴线为轴线,沿着垂直药包表面的平面向四周传播。在只有一个临空面的情况下,岩体中距临空面一定距离 W(称为最小抵抗线)处集中装入一定量(足够量)的炸药,爆炸后在一定范围内的岩体将产生不同程度的破坏,并形成一个圆锥形的爆破凹坑,称为爆破漏斗。最小抵抗线与自由面交点到爆破漏斗边沿的距离,叫爆破漏斗半径。岩体的破坏状态可以划分为粉碎区、破碎区和裂纹区三个区域。

当有两个临空面时,在岩体中距一个临空面一定距离且平行于该临空面钻孔、装药,爆炸后一定范围内的岩体产生不同程度的破坏,形成一个 V 形槽。形成锥形漏斗或 V 形槽的大小和形状受岩体的抗爆性、炸药性能、装药量 q、最小抵抗线 W、装药结构等因素的影响。临空面数目的多少对爆破效果的好坏有很大影响,增加临空面是改善爆破状况、提高爆破效果的重要途径。

(二)掏槽爆破技术

1. 炮眼的种类

隧道开挖爆破常采用掏槽爆破的方法。掏槽爆破是在一个小范围内的钻孔中装入足够的炸药,先炸出一个小型槽口,为后继爆破开辟出较多的临空面。然后逐步将该槽口扩大至设计断面。这种先行爆破出槽口的做法称为掏槽,实现掏槽的炮眼称为掏槽眼。在隧道断面合适部位(一般偏下部位)布置几个装药量较多的掏槽眼。实现将槽口扩大的炮眼称为辅助眼,辅助眼最外一圈的炮眼称为内圈眼,开挖轮廓最外一圈的炮眼称为周边眼,如图 2-5 所示。爆破时,将开挖断面上不同种类的炮眼分区布置和分区顺序起爆,逐步开挖扩大槽口,共同完成一个循环进尺的爆破掘进。

2. 掏槽眼的布置

掏槽爆破质量的好坏直接影响整个爆破的效果。根据掏槽眼与开挖面的关系、掏槽

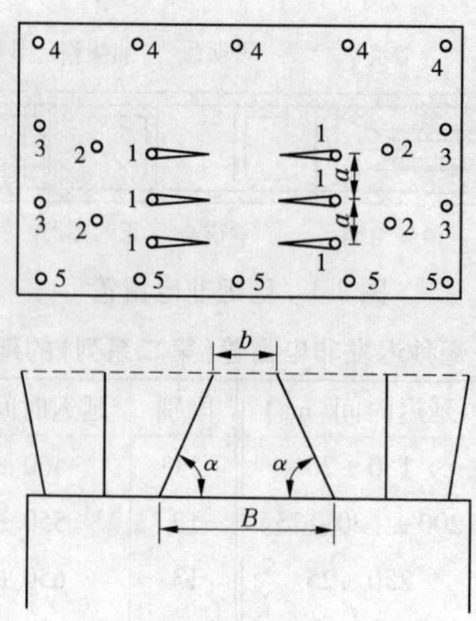

1—掏槽眼;2—辅助眼;3、4、5—周边眼

图 2-5　炮眼种类

眼的布置方式、掏槽深度以及装药起爆顺序的不同,可将掏槽方式分为斜眼掏槽和直眼掏槽两大类,实际使用又有多种变化形式,见表 2-10。

表 2-10　掏槽方式

序号	形式	图例	特点
1	锥形掏槽		爆破后槽口呈角锥形,常用于坚硬或中硬整体岩层。根据孔数不同,有三眼形和四眼形。掏槽不受工作面岩层层理、节理及裂隙的影响,掏槽力量集中,故较为常用,但打眼时眼孔方向较难掌握
2	楔形掏槽		适用于各种岩层,特别是中硬以上的稳定岩层。因其掏槽可靠,技术简单而应用最广。一般由 2 排 3 对相向的斜眼组成。槽口垂直的为垂直楔形掏槽,槽口水平的为水平楔形掏槽,炮眼底部两眼相距 200 ~ 300 mm,炮眼与工作面相交角度为 60° 左右。断面较大、岩石较硬、眼孔较深时,可采用复楔形,其内楔眼较浅,装药量也较少,并先行起爆。在层理大致垂直、机械化程度不高、浅眼掘进等情况下,采用垂直楔形掏槽较多
3	单向掏槽		适用于中硬或具有明显层理、裂隙或软弱夹层的岩层。根据自然岩面的赋存情况,可用底部、侧部或顶部掏槽。顶部、侧部掏槽一般向外倾斜,倾角 50° ~ 70°

续表 2-10

序号	形式	图例	特点
4	平行龟裂掏槽		炮眼相互平行，与开挖面垂直，并在同一平面内。隔眼装药，同时起爆。眼距一般为1～2倍空眼直径。适用于中硬以上、整体性较好的岩层及小断面隧道（或导坑）掘进
5	角柱式掏槽		应用最广泛的直眼掏槽方式，适用于中硬以上岩层。各眼相互平行且与工作面垂直。其中有些眼不装药，根据装药眼、空眼的数目及布置方式的不同，有单空孔三角柱形、中空四角柱形、双空孔菱形、六角柱形等
6	螺旋式掏槽	4 1 3 2	所有装药眼都绕空眼呈螺旋线状布置，按1、2、3、4 号孔顺序起爆，逐步扩大槽腔。炮眼较少而槽腔较大，但后继起爆的装药眼易将碎石抛出。空眼距各装药眼（1、2、3、4 眼）的距离可依次取空眼直径的 1～1.8 倍、2～3 倍、3～3.5 倍、4～4.5 倍。对于难爆岩石，也可在 1、2 号和 2、3 号眼之间各加一个空眼。空眼比装药眼深 30～40 cm

选用掏槽方式时应注意以下几点：

（1）槽口面积的大小要与掏槽方式、循环进尺以及开挖断面的大小相协调。斜眼掏槽槽口面积常为 4～16 m^2，直眼掏槽槽口面积常为 1.0～1.2 m^2。

（2）由于掏槽眼本身只有一个临空面，且受围岩的挟制作用，故常采用较大的装药量和炮眼密度。为了保证掏槽过程有效地将碎石抛出槽口，爆破设计时，常将掏槽眼深度比设计掘进进尺加深 10～20 cm。为保证掏槽炮能有效起爆，常采用孔底反向连续装药和双雷管起爆。

（3）斜眼掏槽主要适用于一次开挖断面较大的隧道掏槽爆破。斜眼掏槽的优点是可以按岩层的实际情况选择掏槽方式和掏槽角度，容易把石渣抛出，且掏槽所形成的槽口临空面比直眼掏槽效果要好，掏槽眼的个数较少，炸药单耗较低，爆破效果也好；缺点是眼深受坑道断面尺寸的限制，不便使用大型液压凿岩台车钻眼，只宜选用小型凿岩机钻眼，也不便于多台钻机同时钻眼，钻眼方向不易准确控制。对于大断面中深孔掏槽爆破来说，采用在斜眼掏槽技术上发展起来的 V 形或扇形掏槽技术，可取得较好的爆破效果。所以，在一次开挖断面较大且单掘进进尺也较大时，斜眼掏槽深孔爆破才能显示其适宜性和优势。可以预见，斜眼掏槽爆破技术将在隧道大断面开挖深空爆破施工中得到更多的应用。

（4）直眼掏槽一般适用于中硬岩层或坚硬岩层，对于韧性岩体一般不适用，大小断面均可以应用，但小断面时更显其优越性。直眼掏槽时，常设置一个或几个不装药的炮眼，称为空眼,其作用是为装药眼提供临空面。由于炮眼深度不受开挖断面的影响,适宜钻凿较深的炮眼以及采用大型凿岩设备钻凿孔径较大的炮眼,眼深易于控制。所有炮眼均垂直于掌子面,易于控制钻进,钻眼时凿岩机相互干扰小,便于多台同时作业。炮眼利用率较高,石渣抛掷距离较近,不易打坏支护机具及其他设备。其缺点是需要用较多数目的炮眼和消耗较多的炸药,同时需要一些空眼,而且钻眼位置一定要精确控制,误差不能太大,因此必须具备熟练的钻眼操作技术。

四、装药量计算

(一)炸药用量

炮孔装药数量的多少是影响爆破效果好坏的重要因素。药量不足会出现炸不开、块度偏大、炮眼利用率低、轮廓线不整齐等现象;药量过多则会破坏围岩的稳定,抛渣分散,影响装运,而且很不安全。合理的炸药量应根据所使用炸药的性能、地质条件、开挖面情况及爆破的质量要求来确定,理论上按达到预定爆破效果的条件下爆炸功与岩石阻抗相匹配的原则来计算确定。目前多采取先用体积法计算出一个循环的用药总量,然后按各种类型炮眼的爆破特性进行分配,再在爆破实践中加以检验和修正。用体积法计算用药总量的公式为

$$Q = kLS \tag{2-2}$$

式中 Q——单循环爆破所需的装药总量,kg;

k——爆破单位体积岩石的炸药平均消耗量,简称为炸药单耗量,kg/m^3;

L——单循环爆破掘进进尺,m;

S——单循环开挖断面面积,m^2。

炸药单耗量 k 值主要受岩石的抗爆破性、断面进尺比(S/L)、临空面的数目、炮眼布置形式、掏槽效果等因素的影响。在采用同种炸药的前提下,确定 k 值的原则是:岩石的完整性系数 f 值越大,k 值越大;断面进尺比(S/L)越小,k 值越大;炮眼布置不当或掏槽效果不佳,k 值越大;临空面越少,k 值越大;炸药威力越小,k 值越大。

以往隧道工程实际爆破炸药单耗量的统计值 k 常为 0.7 ~ 2.5 kg/m^3,表 2-11 为只有一个临空面、断面面积为 4 ~ 20 m^2、掘进进尺在 3 m 左右的导坑爆破时炸药单耗量。20 m^{2}以上的大断面隧道,k 值可参照有关工程选取。对于分部开挖,由于临空面的存在,其装药量显著减少,单位炸药消耗量见表 2-12。

单循环掘进进尺以及循环时间的选择应充分考虑围岩稳定能力与爆破扰动之间的关系、初期支护和出渣运输作业能力与围岩暴露时间之间的关系、合同工期要求与施工能力之间的关系、断面进尺比与钻爆效率和效果之间的关系、机械配套与机械台班利用率之间的关系、循环时间与作业人员工作或休息之间的关系等。一般而言,当围岩的稳定性较差(Ⅳ、Ⅴ、Ⅵ级),或支护作业能力不足,或出渣作业能力不足时,应采用短进尺、多循环掘进;当围岩较稳定(Ⅰ、Ⅱ、Ⅲ级),或支护作业能力较强,或出渣作业能力较强时,应采用深进尺、少循环掘进(深孔爆破)。一般来说,隧道工程钻爆法单循环进尺,最短的仅 0.5 m,最深的达 5.0 m。较短的可以在 4 ~ 6 h 完成一个循环,长的需要 16 ~ 20 h 才能完成一个循环。

表 2-11　导坑爆破炸药单耗量 k　　（单位：kg/m^3）

开挖断面	一个临空面的水平或倾斜坑道，掘进进尺在 3 m 左右							
	4～6 m^2		7～9 m^2		10～12 m^2		13～15 m^2	16～20 m^2
岩石等级＼炸药品种	硝铵炸药	62%胶质炸药	硝铵炸药	62%胶质炸药	硝铵炸药	62%胶质炸药	硝铵炸药	硝铵炸药
软岩（Ⅳ～Ⅴ）$f<3$	1.50	1.10	1.30	1.00	1.20	0.90	1.20	1.10
次坚岩（Ⅲ～Ⅳ）$f=3\sim6$	1.80	1.30	1.60	1.25	1.50	1.10	1.40	1.30
坚岩（Ⅱ～Ⅲ）$f=6\sim10$	2.30	1.70	2.00	1.60	1.80	1.35	1.70	1.60
特坚岩（Ⅰ）$f>10$	2.90	2.10	2.50	2.50	2.25	1.70	2.10	2.00

表 2-12　各部位扩大炸药单耗量 k　　（单位：kg/m^3）

炸药类型与开挖部位		硝铵炸药	
		扩大	挖底
岩石等级	软岩（Ⅳ～Ⅴ）$f<3$	0.60	0.52
	次坚岩（Ⅲ～Ⅳ）$f=3\sim6$	0.74	0.62
	坚岩（Ⅱ～Ⅲ）$f=6\sim10$	0.95	0.79
	特坚岩（Ⅰ）$f>10$	1.20	1.00

注：f 为普氏系数。

（二）炮眼与装药量计算

炮眼参数包括炮眼密度 M 和炮眼直径 D、炮眼深度 l、装药系数和不耦合系数、炮眼个数 N 以及倾斜角等。

1. 炮眼密度和炮眼直径

炮眼密度是指开挖断面上的平均钻眼个数（个/m^2）。炮眼密度是在同等条件下，评价钻眼工作量、炸药单耗量的一个指标，也是控制石渣块度、改善坑道周边平整度的重要指标。炮眼密度越大，炸药在岩石中的分散度越好，炸药单耗量越低，石渣块度越均匀，坑道周边轮廓越平顺。爆破设计时，应根据所爆岩体的坚硬程度、完整程度、临空面个数、不同部位炮眼的作用来选择确定不同的炮眼密度。一个临空面的水平或倾斜坑道爆破，炮眼密度一般为 2～6 个/m^2。其选择原则是：坚硬、完整的岩体应取较大的 M 值；临空面多时，应取较小的 M 值；周边眼应取较大的 M 值，辅助眼应取较小的 M 值，掏槽眼因有特殊要求，可超出此范围取更大的 M 值。比较而言，斜眼掏槽应取较小的 M 值，直眼掏槽应取较大的 M 值。

炮眼密度和炮眼数目确定后，炮眼提供的装药空间能否装入全部炸药，则取决于炮眼直径 D 的大小。常用的炮眼直径有 38 mm、40 mm、42 mm、45 mm、48 mm。但是，炮眼直径越大或岩石的抗钻性越强,钻眼速度就越慢。因此,应根据钻眼能力、炸药性能等条件综合确定合理的炮眼直径。

2. 炮眼深度

确定炮眼深度的方法有两种:一种是采用斜眼掏槽时,炮眼深度受开挖面大小的影响,炮眼深度不宜过大,故最大炮眼深度一般取断面宽度(或高度)B 的 0.5 ~ 0.7 倍;另一种方法是利用每一掘进循环所要求的进尺数 L 及实际的炮眼利用率来确定,即

$$l = L/\eta \tag{2-3}$$

式中　η——炮眼利用率,一般要求不低于 85%,初步计算时,可近似按 100% 计算。

所确定的炮眼深度应与钻眼类别、装渣运输能力相适应,使每个作业班能完成整数个循环,而且使掘进每米隧道消耗的时间最少,炮眼利用率最高。目前,较多采用的炮眼深度为 1.2 ~ 3.5 m。

3. 装药系数和不耦合系数

装药长度与炮眼长度之比称为装药系数 α,其参考值见表 2-13,或根据岩石坚固性系数 f 由表 2-14 选取。对于分部开挖爆破,装药系数可参考表 2-15 选取。

表 2-13　各部位炮眼的装药系数 α

炮眼名称	围岩级别			
	Ⅴ,Ⅳ	Ⅲ	Ⅱ	Ⅰ
掏槽眼	0.5	0.55	0.60	0.65 ~ 0.80
辅助眼	0.4	0.45	0.50	0.55 ~ 0.70
周边眼	0.4	0.45	0.55	0.60 ~ 0.75

表 2-14　各个部位炮眼的装药系数 α

炮眼名称	岩石坚固性系数 f					
	10 ~ 20	8 ~ 10	7 ~ 8	5 ~ 6	3 ~ 4	1 ~ 2
掏槽眼	0.80	0.70	0.65	0.60	0.55	0.50
辅助眼	0.70	0.60	0.55	0.50	0.45	0.40
周边眼	0.75	0.65	0.60	0.55	0.45	0.40

表 2-15　分部开挖各部位扩大装药系数 α

扩大部位	装药系数 α
扩大	0.30 ~ 0.50
挖底	0.25 ~ 0.40
挖马口	0.30 ~ 0.50

如果装入的药卷与炮眼壁之间留有一定的空隙,称为不耦合装药,常用不耦合系数 λ 表示(炮眼直径与药卷直径之比)。不耦合系数反映了炮眼孔壁与药卷之间的空隙程度,

一般将 λ 值控制在 1.1 ~ 1.4，且要求药卷直径不小于该炸药的临界直径。目前，国内药卷直径有 32 mm、35 mm、45 mm 等几种，其中后两种用的较多，炮孔直径多为 38 ~ 42 mm。采用间隔装药时，要保证药卷之间的距离不大于其殉爆距离，避免发生被动药卷拒爆。实际爆破设计时，对掏槽眼及辅助眼应采用较小的 λ 值，以提高炸药的爆破效率；对周边眼则可采用较大的 λ 值，以减小对围岩的破坏。

4. 炮眼个数

单循环爆破所需的炮眼个数，可根据炮眼密度和断面面积来计算

$$N = MS \tag{2-4}$$

式中　N——单循环爆破所需的炮眼总个数。

各部位炮眼个数的平均值，可根据将炸药量 Q 平均分配于各个炮眼的原则来计算

$$n = \frac{Q}{q} = \frac{kS}{\alpha\beta} \tag{2-5}$$

式中　n——各部位的炮眼个数；

q——各部位炮眼单眼平均装药量，由式(2-6)计算；

α——各部位炮眼的装药系数（见表 2-13 ~ 表 2-15）；

β——药卷单位长度的质量，kg/m，如 2 号岩石硝铵炸药 β 值见表 2-16。

$$q = \alpha\beta L \tag{2-6}$$

表 2-16　2 号岩石硝铵炸药单位长度质量 β 值

药卷直径（mm）	32	35	38	40	45	50
β（kg/m）	0.78	0.96	1.10	1.25	1.59	1.90

对于导坑爆破，各部位炮眼数目也可参考表 2-17 选取。该表适用于炮眼直径为 38 ~ 46 mm 的导坑爆破，不装药眼未予计入。当采用小直径或大直径炮眼时，炮眼数目可相应增减。

表 2-17　导坑爆破炮眼数目 n 参考值

炮眼数目		导坑开挖断面面积（m^2）			
		4 ~ 6	7 ~ 9	10 ~ 12	13 ~ 15
岩石等级	软岩（Ⅳ ~ Ⅴ）	10 ~ 13	15 ~ 16	17 ~ 19	20 ~ 24
	次坚岩（Ⅲ ~ Ⅳ）	11 ~ 26	16 ~ 20	18 ~ 25	23 ~ 30
	坚岩（Ⅱ ~ Ⅲ）	12 ~ 18	17 ~ 24	21 ~ 30	27 ~ 35
	特坚岩（Ⅰ）	18 ~ 25	28 ~ 33	37 ~ 42	43 ~ 48

对于分部开挖爆破，其爆破特点是：导坑开挖后，进行扩大开挖爆破。其扩大部分开挖，具有与露天台阶爆破相类似的两个临空面，但较露天台阶爆破临空面小，一次爆破的规模和用药量应适中，否则容易抛掷石块过远砸坏支护及设备或爆成大块。其设计可参考上述内容并考虑以下要点进行：

(1)炮眼深度一般应综合考虑地质条件、工程进度和施工机具等确定，常为 1 ~

1.25 m、1.5 ~ 2.0 m 较为合适。

(2)抵抗线 W 一般小于炮眼深度,否则容易造成各炮眼独立的漏斗爆破,达不到理想的爆破效果。当炮眼直径在 35 ~ 42 mm 范围内时,抵抗线可取为 $W = (15 \sim 25)D$,或 $W = (0.3 \sim 0.6)l$。

(3)合理确定炮眼间距(同一排或同一段号两炮眼之间的距离)E。通常应大于抵抗线且小于炮眼深度,可按 $E = (1.1 \sim 1.8)W$ 选取。一般来说,若 E 和 W 取值较大,会使大块率增加;反之,石渣较为破碎。

(4)单眼装药量可由式(2-6)计算,装药系数参考表 2-15 选取;或由式(2-2)计算,此时的破岩体积为 EWL,炸药单耗量可参考表 2-12 选取。

(三)开挖轮廓线及预留变形量

考虑到开挖坑道后,围岩因失去部分约束而产生向坑道方向的变形,施工开挖轮廓线应在设计开挖轮廓线的基础上适当加大。这部分加大量称为预留变形量。

预留变形量的大小主要取决于围岩本身的工程性质,但受工程条件如隧道断面大小、开挖方法、掘进方式、支护方法等因素的影响。围岩的流变性越强,预留变形量越大。变形量的大小可以根据实际量测数据分析确定,并进行调整;也可采用工程类比法确定。

应严格控制欠挖。拱脚、墙脚以上 1 m 范围内断面严禁欠挖。应尽量减少超挖,不同围岩地质条件下的允许超挖值见表 2-18。

表 2-18 平均和最大允许超挖值 (单位:mm)

项目		规定值或允许偏差	检查方法和频率
拱部	破碎岩、土(Ⅳ、Ⅴ级围岩)	平均 100,最大 150	水准仪或断面仪:每 20 m 一个断面
	中硬岩、软岩(Ⅱ、Ⅲ、Ⅳ级围岩)	平均 150,最大 250	
	硬岩(Ⅰ级围岩)	平均 100,最大 200	
边墙	每侧	+100,-0	尺量:每 20 m 检查 1 处
	全宽	+200,-0	
仰拱、隧底		平均 100,最大 250	水准仪:每 20 m 检查 3 处

五、辅助眼的布置

辅助眼的作用是进一步将槽口扩大至接近于开挖断面形状。通过辅助眼爆破后,应留下一层厚度一致的内圈岩体,这层岩体由周边眼完成爆破。所以,为了取得最佳的爆破效果,必须保证经辅助眼爆破后,坑道轮廓线已基本接近于设计隧道断面形状,剩余的内圈岩体厚度应均匀一致,即周边眼的最小抵抗线 W 值基本相等,为周边眼爆破剩余的内圈岩体创造最佳的临空条件。但辅助眼爆破下来的石渣应不至于严重阻塞坑道。若发现坑道下部轮廓成型不佳,可适当加大内圈底板眼的眼底装药量,以加强其抛掷作用。

辅助眼应在周边眼和掏槽眼之间由内向外逐层布置,逐步接近开挖断面的轮廓形状。其分层可采用直线形分层或弧形分层,也可以二者结合应用。辅助眼的间距 E 值和最小抵抗线 W 值以及单孔装药量 q 值都可以大一些,E 和 W 为 400 ~ 800 mm,一般取 E/W =

0.6~0.8 为宜,并采用孔底连续装药,装药系数 α 一般为 0.5~0.6。炮眼方向一般垂直于工作面,当采用斜眼掏槽时,第一圈辅助眼应与工作面有一定的夹角。但应保证爆破后的石渣块度大小适中,抛掷范围相对集中,便于机械装渣作业。

为保证爆破后掘进进尺符合要求、掌子面平整、炮眼利用率高,应使辅助眼的眼底达到设计进尺并落在同一垂直面上,必要时可根据实际情况调整炮眼深度,调整的量值应根据实际情况而定。

一般来说,坑道断面的底部爆破较为困难,有积水时容易造成瞎炮,有时需要爆破后铺设临时轨道,应将水沟同时爆出。有时还要求抛渣爆破,为钻眼与装岩平行作业创造条件。具体做法如下:底眼间距一般为 400~700 mm,抛渣爆破时,采用较小的间距。底眼眼口应比巷道底板高出 150~200 mm,但其眼底应低于底板 100~200 mm。抛渣爆破还应将炮眼深度加深 200 mm 左右,底眼装药量一般介于掏槽眼和辅助眼之间,装药系数为 0.5~0.7。抛渣爆破时,每个炮眼增加 1~2 个药卷。

六、光面和预裂爆破技术

(一)光面爆破

新奥法施工时,为了使开挖轮廓线符合设计要求,减少对围岩的扰动破坏,掘进施工中应采用光面爆破或预裂爆破技术。

光面爆破(Smooth Blasting)是通过正确确定周边眼的爆破参数,使爆破后的围岩断面轮廓整齐,最大限度地减轻爆破对围岩的震动和破坏,尽可能维持围岩原有完整性和稳定性的爆破技术。光面爆破时沿隧道设计轮廓线布置间距较小、相互平行的炮眼,控制每个炮眼的装药量,采用不耦合装药,同时起爆。使得沿设计轮廓线无明显的爆破裂缝,围岩壁上均匀留下 50% 以上的半面炮眼痕迹,达到岩面平整、超挖和欠挖符合规定要求、无危石等目的。

光面爆破的成功与否主要取决于爆破参数的确定。主要参数包括周边炮眼的间距、光面爆破层的厚度、周边炮眼密集系数和装药集中度等。影响光面爆破参数选择的因素很多,通常采用简单的计算并结合工程类比加以确定,在初步确定后一般都要在现场爆破实践中加以修正改善。

除满足爆破设计的基本要求外,光面爆破应注意以下几点:

(1)根据围岩特点合理选择周边眼间距及周边眼的最小抵抗线 W,适当加密周边眼。一般取 $E/D=8\sim18$,相应的 $E\approx40\sim70$ cm;另外,为了保证周边眼之间形成有限贯通裂缝,必须使周边眼的最小抵抗线 W 值略大于炮眼间距 E 值,通常可控制在 $E/W=0.67\sim0.8$,相应的 $W\approx50\sim90$ cm。

(2)严格控制周边眼的装药量。周边眼的装药量常用单位炮眼长度的装药量来控制,称为平均线装药密度。平均线装药密度的数值跨度较大,经验不足者不便控制,一般为 0.04~1.5 kg/m,可参考表 2-19 选取,该表是一般爆破 2 号岩石硝铵炸药的平均线装药密度。

表 2-19 2 号岩石硝铵炸药的平均线装药密度

药卷直径(mm)	32	35	38	40	45	50
平均线装药密度(kg/m)	0.78	0.96	1.10	1.25	1.59	1.90

(3)应注意装药分散度,以装药结构来实现。周边眼的常用装药结构有小直径药卷连续或间隔装药、导爆索装药或空气柱状装药几种形式。周边眼宜采用小直径药卷和低爆速炸药。为满足装药结构要求,可借助传爆线以实现空气间隔装药。

(4)采用毫秒微差有序起爆,应使周边爆破时有最好的临空面。周边眼同段的起爆雷管时间误差要求越小越好。

(5)光面爆破参数的选择,应采用工程类比或根据爆破漏斗及成缝试验选择。在无条件试验时,可参照表 2-20 选用。

表 2-20 光面爆破参数

岩石种类	饱和单轴抗压极限强度 R_b (MPa)	装药不耦合系数 λ	周边眼间距 E (cm)	周边眼最小抵抗线 W (cm)	相对距 E/W	周边眼装药集中度 (kg/m)
硬岩	>60	1.25~1.50	55~70	70~85	0.8~1.0	0.30~0.35
中硬岩	30~60	1.50~2.00	45~60	60~75	0.8~1.0	0.20~0.30
软岩	≤30	2.00~2.50	30~50	40~60	0.5~0.8	0.07~0.15

注:(1)所列参数适用于炮眼深度 1.0~3.5 m、炮眼直径 40~50 mm、药卷直径 20~25 mm 的情况;

(2)当断面较小或围岩软弱、破碎或对曲线、折线开挖成型要求高时,周边眼间距 E 应取较小值;

(3)周边眼抵抗线 W 值在一般情况下均应大于周边眼间距 E 值,软岩在取较小 E 值时,W 值应适当增大;

(4)E/W:软岩取较小值,硬岩及断面小时取大值;

(5)表列装药集中度为 2 号岩石硝铵炸药,选用其他类型炸药时,应修正。

(6)为保证开挖面平整,辅助眼及周边眼的深度应使其眼底落在同一垂直面上,必要时应根据实际情况调整炮眼深度。同时,周边眼不应偏离设计轮廓线。经验表明,软岩中,当周边眼间距误差大于 10 cm 时,爆破效果明显不佳,故要求沿隧道设计轮廓线的炮眼间距误差不宜大于 5 cm。眼底则应根据岩石的抗爆破性来确定其位置,应将炮眼方向以 3%~5% 的斜率外插。这一方面是为了控制超欠挖,另一方面是为了便于下次钻眼时好落钻开眼。周边眼与内圈眼距离误差(最小抵抗线 W)不宜大于 10 cm。

(二)预裂爆破

预裂爆破(Presplit Blasting)实质上也是一种光面爆破,其爆破原理与光面爆破原理基本相同,只是分区起爆顺序不同。光面爆破的顺序是先引爆掏槽眼,接着起爆辅助眼,最后才引爆周边眼,对光面爆破效果起控制作用的是周边眼间距和光爆层厚度。而预裂爆破是先起爆周边眼,使沿周边眼的连心线炸出平顺的预裂面。由于这一预裂面的存在,对后爆的掏槽眼和辅助眼的爆炸波能起反射和缓冲作用,得以减轻爆轰波对围岩的破坏影响,爆炸后的岩面整齐规则,更为有效地减小了对围岩的破坏。后续起爆,依次起爆掏槽眼,再起爆辅助眼,最后起爆底(板)眼。

由于预裂爆破只要求周边眼炸出预留光面层,因而要求预裂爆破的周边眼间距、预留内圈岩体厚度均较光面爆破的要小,其装药密度要更小,炸药分散度要更好。预裂爆破对围岩的扰动能力更小,更适用于稳定性较差的软弱破碎岩体中。但预留爆破的周边眼数量和钻眼工作量相应地有所增加,采取的爆破参数和技术措施要比光面爆破更为严格。

七、装药结构、堵塞和起爆顺序

(一)装药结构

装药结构是指继爆药卷和起爆药卷在炮眼中的布置形式。按起爆药卷在炮眼中的位置和其中雷管的聚能穴的方向可以分为正向装药和反向装药,按其连续性则可分为连续装药和间隔装药(见图2-6)。

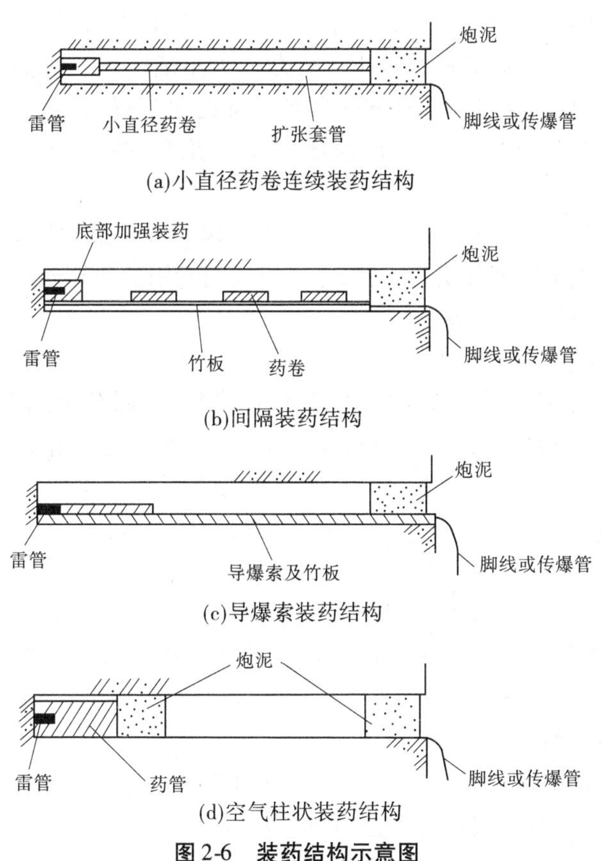

图2-6　装药结构示意图

正向装药是使用较多的装药结构,将起爆药卷放在眼口第二个药卷位置上,雷管聚能穴朝向眼底,并用炮泥堵塞眼口。

反向装药是将起爆药卷放在眼底第二个药卷位置上,雷管聚能穴朝向眼口。反向装药结构能提高炮眼利用率,减小瞎炮率,减小石渣块度,增大抛掷能力和降低炸药消耗量。炮眼越深,反向装药的效果越好。

连续装药是指主动药卷之间无间隔或是一整条药卷;间隔装药是指主动药卷之间有一定的间隔距离。采用间隔装药时,应注意使药卷之间的距离不大于其殉爆距离,避免发生被动药卷拒爆。

掏槽眼和辅助眼多采用大直径药卷孔底连续装药,周边眼可采用小直径药卷连续装药或大直径药卷间隔装药。

装药时,应将炮眼内的泥沙等杂物吹洗干净,检查炮眼是否合乎要求。装药的各项操作应严格按照爆破安全规则进行。

(二)堵塞

炮孔堵塞材料应有较好可塑性、能提供较大摩擦力以及不透气等,常用黏土和砂的混合物制作成的炮泥进行炮孔堵塞,有的用塑料水袋等作为堵塞材料。堵塞长度不宜小于20 cm。

(三)起爆顺序

光面爆破应使用毫秒微差雷管,且周边孔一般应同段起爆才能保证光面爆破效果。炮孔的爆破顺序及分段段数应根据地下工程断面大小确定。一般掏槽孔按设计分1~3段起爆,辅助眼按圈数自内向外选择起爆段数。辅助眼起爆后,再起爆底(板)眼。周边眼最后起爆(预裂爆破的周边孔要1段起爆)。周边炮孔的底脚孔应装1个粗药卷,以克服岩体的挟制作用。

目前,隧道工程中采用的导爆管-非电雷管起爆系统是最常用的爆破网络。这种爆破网络可以采用分匝集束捆扎雷管连接,也可以使用专用的塑料连通器连接,形成并联网络、串联网络或串并联混合网络。

【爆破设计案例分析】

某隧道,以深灰色流纹质凝灰岩为主,岩层厚度较大,属Ⅱ级围岩,$f=10$。隧道断面上部为162°的扇形,下部为矩形。一侧高度1.9 m,另一侧有排水沟,高2.1 m,跨度3.1 m。一个循环进尺不小于2.0 m,选用YT-28型凿岩机。采用2号岩石硝铵炸药,药卷直径32 mm,炮眼利用率按$\eta=0.9$计算。钻爆设计如下:

(1)炮眼深度

每循环进尺控制不小于2.0 m,钻孔深度取2.0/0.9=2.22 m,取钻孔深度$l=2.3$ m,满足循环进尺不小于2.0 m。掏槽形式采用直线方式,确保掏槽效果,掏槽眼取$l=2.5$ m。

(2)炮眼数和药量估算

开挖面积$S=10.01\ m^2$,查表2-11,取炸药单耗量$k=1.52\ kg/m^3$。参考表2-13,装药系数$\alpha=0.52$,2号岩石硝铵炸药药卷(直径32 mm)单位长度质量$\beta=0.78$ kg/m,初估炮眼个数为

$$n=\frac{kS}{\alpha\beta}=\frac{1.52\times10.01}{0.52\times0.78}=37.5,\text{取}n=38(\text{个})$$

炮眼密度为38/10.01=3.8(个/m^2),参考爆破经验,该值偏大,取$n=34$个。

破岩体积　　$V=10.01\times2.0=20.02(m^3)$

需要炸药　　$Q=1.52\times20.02=30.4(kg)$

每个药卷质量0.15 kg/m^3,共需要药卷203个。

(3)炮孔布置

掏槽眼:采用直眼掏槽。布置6个掏槽眼,其中1个位于中心,其余5个在其周围。为了加强掏槽效果,在中心掏槽眼和辅助掏槽眼之间布置4个空眼。掏槽眼数为10个。

周边眼:

周边眼间距 $E=(8\sim18)D=(8\sim18)\times42=336\sim756$(mm)

密集系数 $m=E/W=0.67\sim0.8$,Ⅱ类可选为 $0.7\sim0.8$。

最小抵抗线 $W=600\sim400$ mm,综合考虑,取炮孔间距 $E=0.6$ m。隧道拱顶和侧墙长度之和约为8.44 m,$n=8.44/0.6=14.1$,布置炮眼数 $n=15$ 个。

底板:布置4个炮眼。

整个炮眼布置如图2-7所示。

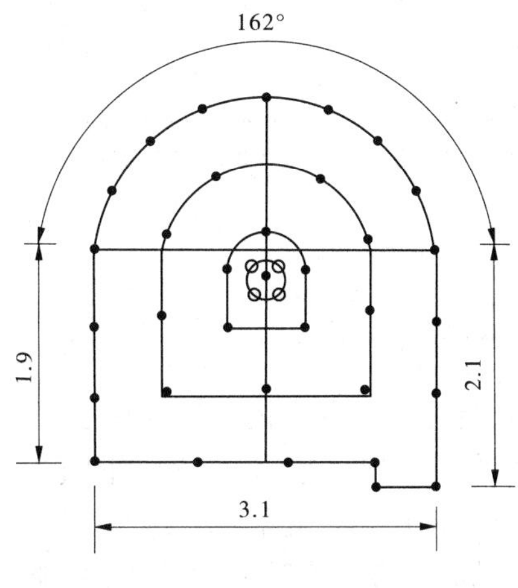

图2-7 炮眼布置图

(4)装药量分配

掏槽眼装药系数取为 $\alpha=0.6$,辅助眼装药系数取为 $\alpha=0.55$,周边眼装药系数取为 $\alpha=0.43$,底板眼装药系数取为 $\alpha=0.6$。

掏槽眼:

单眼装药量 $q=\alpha\beta L=0.6\times0.78\times2.5=1.17$(kg)

$1.17/0.15=7.8$,采用8卷,共48卷。实际装药量 $q=1.2$ kg,共7.2 kg。

辅助眼:

单眼装药量 $q=0.55\times0.78\times2.3=0.99$(kg)

$0.99/0.15=6.6$,采用7卷,共63卷。实际装药量 $q=1.05$ kg,共9.45 kg。

周边眼:

单眼装药量 $q=0.43\times0.78\times2.3=0.77$(kg)

$0.77/0.15=5.1$,采用5卷,共75卷。实际装药量 $q=0.75$ kg,共11.25 kg。

底板眼:

单眼装药量 $q=0.6\times0.78\times2.3=1.08$(kg)

$1.08/0.15=7.2$,采用7卷,共28卷。实际装药量 $q=1.05$ kg,共4.2 kg。

装药量 $7.2+9.45+11.25+4.2=32.1$(kg),保证炮眼利用率不低于0.9。爆破图表

见图 2-7 和表 2-21。

表 2-21　隧道Ⅱ类围岩开挖断面爆破参数

炮眼				雷管段号	炸药			
名称	数量(个)	眼深(m)	垂直夹角(°)		类型	每孔装药(节/孔)	每孔装药量(kg)	总装药量(kg)
中空眼	4	2.5	0					
掏槽眼	1	2.5	0	1	2 号硝铵	8	1.2	1.2
掏槽眼	5	2.5	0	3	2 号硝铵	8	1.2	6.0
辅助眼	9	2.3	0	5	2 号硝铵	7	1.05	9.45
周边眼	15	2.3	0	7	2 号硝铵	5	0.75	11.25
底板眼	4	2.3	0	9	2 号硝铵	7	1.05	4.2
合计	38							32.1

注:(1)预计每循环进尺 2.1 m,循环方量 21.02 m^3,预计炮眼利用率 91.3%。

(2)炸药单耗 1.53 kg/m^3。

(3)炮眼采用 $\phi 32 \times 200$ 药卷,若有水采用乳化炸药。

(4)底板眼因有水沟影响,实际施工时可进行局部调整。

(5)采用间隔装药,非电毫秒雷管起爆,孔口用炮泥堵塞。

根据爆破器材情况,采用导爆管雷管孔内延期起爆法。

起爆顺序按炮眼布置图的图标顺序起爆(本例题图未标,在爆破表上注出),共分 5 段,采用毫秒延期导爆管雷管。采用空气间隔装药结构,反向起爆方式。

爆破图表是指导和检验钻眼爆破工作的技术性文件,地下工程施工必须根据条件编制切实可行的爆破图表,并在施工中根据地质条件的变化不断修正。爆破图表一旦确定,就要严格按照图表进行施工。

一个完整的爆破设计文档包括:炮眼布置图、装药参数表、技术经济指标、设计说明等。其中,炮眼布置图通常主要是开挖面的正面炮眼布置图,包括炮眼间距、抵抗线、总的断面尺寸、起爆顺序、装药量。对于掏槽眼,为了清楚起见,另画详图。

装药参数表包括:炮眼名称编号、钻眼参数(炮眼直径、炮眼深度、间距、抵抗线、同类炮眼个数等)、单眼装药量、段装药量、雷管段号、装药结构、必要的说明。

技术经济指标包括:周边眼钻爆参数、工程图、材料消耗,其他有关的统计数据。

设计说明主要是指设计依据、设计条件、施工要求与注意事项、机具与材料的有关问题、安全问题等。

第五节　支护施工

隧道支护按施加的不同阶段可分为超前支护(预支护)、初期支护和永久支护三部分,每一部分的特点和作用不同。当围岩的自稳能力不足以保证开挖和后续作业时,需要对围岩采取超前支护措施。超前支护是指在隧道开挖前,对掌子面前方围岩进行预加固的支护。初期支护是隧道开挖后及时施作的支护结构,一般由喷射混凝土、锚杆、钢筋网、钢架等组成。这种将单一的支护形式按照一定的施工工艺进行适当的组合,共同构成的人工支护复合结构体系,称为联合支护。如锚喷支护、锚网喷支护、锚喷钢拱架支护等。

复合式衬砌是指容许围岩产生一定的变形,而又充分发挥围岩自承能力的一种衬砌。一般由初期支护、防水层和二次衬砌组合而成。复合式衬砌设计应综合考虑包括围岩在内的支护结构、断面形状、开挖方法、施工顺序和断面闭合时间等因素,充分发挥围岩的自承能力。二次衬砌是指初期支护完成后,施作的模筑或预制混凝土结构。

一、喷射混凝土

(一)喷射混凝土

喷射混凝土层是新奥法施工中的标准支护手段之一,它既可以作为隧道工程围岩的永久支护和临时支护,也可以与各种类型的锚杆、钢纤维、钢拱架、钢筋网等构成复合式支护。其最大特点是能立即封闭新开挖暴露出的岩石,很快获得较高的强度,从而可迅速发挥支护的作用。观察结果表明,一般岩体,喷射混凝土施工 3 ~6 h 之后,就可以在附近进行爆破施工作业。它可避免岩石风化,也可起防渗作用,具有加固围岩表面的性能,填充岩石的裂隙和凹陷,从而减少隧洞周边应力集中,喷射混凝土层与所支护的岩层共同承受着压力或由局部荷载引起的剪应力,从而起到改善围岩性能的作用。

喷射混凝土前,应检查开挖断面尺寸,清除开挖面的松动岩块及在拱脚与墙脚处的岩屑等杂物,设置控制喷层厚度的标志。对基面有滴水、淌水、集中出水点的情况,应采用凿槽、埋管等方法进行引导疏干。当在使用中对水泥质量有怀疑或水泥出厂日期超过 3 个月(快硬硅酸盐水泥超过 1 个月)时,必须再次进行强度试验,并按试验结果使用。

喷射混凝土的强度等级应不小于 C25。喷射混凝土的强度等级指采用喷射大板切割法,制作成边长为 10 cm 的立方体试块,在标准条件下养护 28 d,用标准试验方法测得的极限抗压强度乘以 0.95 的系数。

施工单位每一作业循环检查一个断面,每个断面应从拱顶起,每间隔 2 m 布设一个检查点检查喷射混凝土的厚度。喷射混凝土的厚度应符合下列要求:平均厚度大于设计厚度;检查点数的 60% 及以上大于设计厚度;最小厚度不得小于设计厚度的 1/2,且不小于 3 cm。《铁路隧道设计规范》(TB 10003—2016)规定:喷射混凝土应优先采用湿喷工艺,厚度不应小于 5 cm。

1. 喷射混凝土的材料

喷射混凝土的材料包括水泥、速凝剂、砂、石料、水以及钢纤维等。

(1)水泥。应优先采用普通硅酸盐水泥,在软弱围岩中宜选用早强水泥。水泥的强度一般不得低于 32.5 MPa,使用前应做强度复查试验。

(2)速凝剂。要求初凝不超过 5 min,终凝不超过 10 mim。应根据水泥品种、水灰比等,通过试验确定速凝剂的最佳掺量,并在使用时准确计量。使用前应做速凝效果试验。

(3)砂。应采用硬质洁净的中砂或粗砂,细度模数宜大于 2.5,含水率以控制在5% ~7% 为宜,使用前应一律过筛。

(4)石料。采用坚硬耐久的碎石或卵石,粒径一般不宜超过 15 mm,钢纤维喷射混凝土的碎石粒径不应大于 10 mm,且级配良好。当使用碱性速凝剂时,石料不得含活性二氧化硅。石子的含泥量不得大于 1%。

(5)其他。采用钢纤维喷射混凝土时,钢纤维可用普通碳素钢,抗拉强度应大于 380 MPa。不得有油渍及明显的锈蚀。钢纤维直径宜为 0.3 ~ 0.5 mm,长度宜为 20 ~ 25 mm,且不得大于 25 mm。钢纤维含量宜为混合料质量的 3% ~ 6%。钢纤维喷射混凝土强度等级不应低于 C20。

2. 工艺流程

喷射混凝土的工艺流程有干喷、潮喷、湿喷和混合喷 4 种。对于隧道施工,不得采用干喷工艺。

干喷是将砂、石、水泥按一定比例搅拌均匀投入喷射机,同时加入速凝剂,用高压空气将混合料送到喷头,再在该处与高压水混合后以高速喷射到岩面上。干喷工艺流程如图 2-8(a)所示。

潮喷是将砂、石料预加水,使其浸润成潮湿状,再加水泥拌和均匀,从而降低上料和喷射时的粉尘,潮喷的工艺流程同干喷。

湿喷是用湿喷机压送拌和好的混凝土,在喷头处添加液态速凝剂,再喷到岩面上,其工艺流程如图 2-8(b)所示。

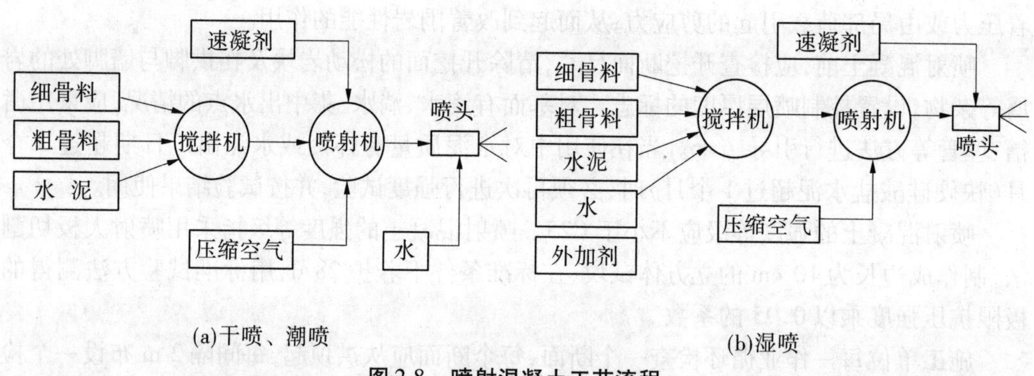

图 2-8 喷射混凝土工艺流程

混合喷又称水泥裹砂造壳喷射法,它是将一部分砂加第一次水拌湿,再投入全部水泥强制搅拌造壳;然后加第二次水和减水剂拌和成 SEC 砂浆;再将另一部分砂和石、速凝剂强制搅拌均匀,最后分别用砂浆泵和干式喷射机压送到混合管混合后喷出。其工艺流程见图 2-9。

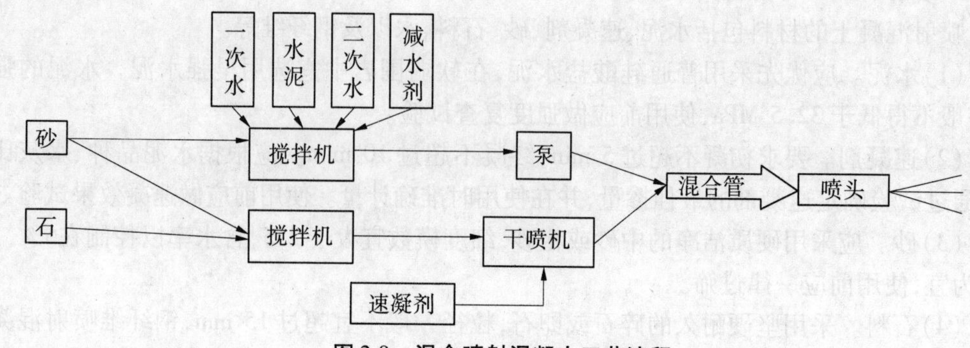

图 2-9 混合喷射混凝土工艺流程

3. 施工技术要点

(1)干骨料中水泥与砂石质量比,一般为1:4～1:4.5,每立方米干骨料中,水泥用量约为400 kg。这种配比能满足喷射混凝土强度要求,回弹也较少。

(2)喷头与受喷面应垂直,并宜保持0.6～1.0 m的距离。喷射作业分层进行时,后一层喷射应在前一层混凝土终凝后进行。混合料应随拌随喷。喷射混凝土回弹物不得重新用作喷射混凝土材料。

(3)喷射机的工作风压,应根据具体情况控制在一个适宜的压力状态,一般为0.1～0.15 MPa。

(4)喷射时,喷射手应严格控制水灰比,使喷层表面平整光滑、无干斑或滑移流淌现象。

(5)有钢筋时,宜使喷嘴靠近钢筋,喷射角度也可偏一些,喷射混凝土应覆盖钢筋2 cm以上。

(6)有钢架时,钢架与围岩之间的间隙必须用喷射混凝土充填密实,喷射混凝土应将钢架覆盖,并应由两侧拱脚向上喷射。

(7)冬季施工时,喷射作业区的气温不应低于+5 ℃。

(8)喷射混凝土终凝2 h后,应喷水养护,养护时间一般不得少于7 d。

(二)钢筋网喷射混凝土

钢筋网喷射混凝土是在喷射混凝土之前,在岩面上挂设钢筋网,然后喷射混凝土。其物理力学性能基本上同钢纤维喷射混凝土,只是其配筋均匀性较钢纤维差。目前,我国在各类隧道工程中应用钢筋网喷射混凝土支护的比较多,主要用于软弱破碎围岩,而更多的是与锚杆或者钢拱架构成联合支护。

钢筋网通常作环向和纵向布置。环向筋一般为受力筋,由设计确定,一般为Φ 12左右;纵向筋一般为构造筋,一般为Φ 6～Φ 10。网格尺寸一般为20 cm×20 cm、20 cm×25 cm、25 cm×25 cm、25 cm×30 cm或30 cm×30 cm。围岩松散破碎严重的,或土质和砂土质隧道,可采用细一些的钢丝,直径一般小于6 mm,网格尺寸亦应小一些。

钢筋网喷射混凝土设计施工要点如下:

(1)钢筋网钢筋和其他用途的钢筋一样,要求调直、除锈、去油污。

(2)钢筋网钢筋直径不宜过大。钢筋网要求随岩面凹凸起伏敷设,因此小直径钢筋容易敷设。从受力角度考虑,小直径钢筋能满足要求。

(3)钢筋网宜在喷射一层混凝土后铺挂。采用双层钢筋网时,应保持两层网之间有一定的距离,以更好地发挥两层钢筋网的作用。所以,第二层钢筋网必须在第一层钢筋网被喷混凝土全部覆盖后进行铺挂。

(4)钢筋网搭接长度应为1～2个网孔,允许偏差为±50 mm。

(5)钢筋网每个交叉点都应进行焊接或绑扎。

(6)钢筋网应与锚杆或临时锚杆连接牢固,在喷射混凝土时不得晃动。

二、钢拱架

当围岩破碎严重(Ⅳ级软岩至Ⅵ级围岩)、自稳性差、要求初期支护能提供较大的刚度时,柔性较大而刚度较小的锚杆喷射混凝土就难以满足要求。此时,为了有效地控制围岩的变形,并阻止变形过度和承受围岩早期松弛荷载,防止围岩坍塌,就需要采用钢拱架或小型钢管棚架这种能提供较大刚度的结构作为初期支护。由此可见,新奥法也需要考虑围岩压力即松弛荷载,采用钢拱架或小型钢管棚架就成为必要的支护措施,并使它与喷射混凝土和锚杆共同工作。

目前使用的钢架主要有格栅钢架和型钢钢架。型钢钢架是热弯或冷弯加工而成的,具有刚度大、承受能力强、能及时受力的特点,在软弱破碎围岩中、需采用超前支护的围岩地段或处理塌方时使用较多。但型钢钢架与喷混凝土黏结不好,与围岩间的空隙难于用喷射混凝土紧密充填;由于型钢两侧喷混凝土被型钢隔离,导致钢架附近喷射混凝土出现裂缝。格栅钢架是由普通钢筋通过焊接加工而成的,与型钢钢架相比,有受力好、质量轻、刚度可调节、省钢材、易制造、易安装,钢架两侧喷混凝土能连成整体、相互依靠等优点,使用较多。

钢拱架可设于隧道拱部、拱墙或全环,应在开挖后或初喷混凝土后及时架设,钢拱架背后的间隙应设置垫块并充填密实。

图2-10为曾在大秦铁路军都山隧道、北京地铁复兴门至西单区间隧道及其他隧道中应用过的一种格栅网构钢架的结构形式,它具有受力后能与围岩共同工作,各向刚度及稳定性良好等特点。

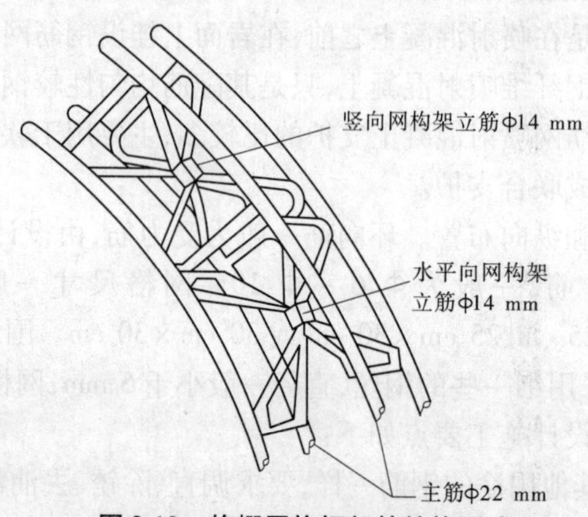

图2-10 格栅网构钢架的结构形式

钢拱架的施工技术要点如下:

(1)钢架拱脚必须放在牢固的基础上。应清除底脚下的虚渣及其他杂物,脚底超挖部分应用喷射混凝土填充。

(2)钢架应分节段安装,节段与节段之间应按设计要求连接。连接钢板平面应与钢架轴线垂直,两块连接钢板间采用螺栓和焊接连接,螺栓不应少于4颗。

(3)相邻两榀钢架之间必须用纵向钢筋连接,连接钢筋直径不应小于18 mm,连接钢筋间距不应大于1.0 mm。

(4)钢架应垂直于隧道中线,竖向不倾斜,平面不错位,不扭曲。上、下、左、右允许偏差±50 mm,钢架倾斜度应小于2°。

(5)钢架安装就位后,钢架与围岩之间的间隙应用喷射混凝土充填密实。喷射混凝土应由两侧拱脚向上对称喷射，并将钢架覆盖，临空一侧的喷射混凝土保护层厚度应不小于 20 mm。

三、锚杆支护

锚杆支护首先在岩壁上钻孔，然后将锚杆安设在钻好的孔中，利用杆端锚头的膨胀作用，或利用灌浆黏结，增加岩体的强度或抗变形能力，从而提高围岩的自稳能力。其具有成本低、支护效果好、操作简便、使用灵活、占用施工净空少等优点。

（一）锚杆的种类

（1）锚杆按对围岩加固的区域可分为系统锚杆、超前锚杆和局部锚杆三种。

系统锚杆是指一个掘进进尺的岩体被挖出后，沿坑道横断面的径向安设在围岩内的锚杆，以形成对已暴露围岩的锚固；超前锚杆是指沿开挖轮廓线，以稍大的外斜角，向开挖面前方围岩内安设的锚杆，形成对前方围岩的预锚固，在提前形成的围岩锚固圈的保护下进行开挖等作业；局部锚杆是指为维护围岩的局部稳定或对初期支护的局部加强，只在一定区域和要求的方向局部安设的锚杆。

（2）锚杆按它在岩体中的锚固方式可分为全长黏结式、端头锚固式、摩擦式和混合式 4 种。

全长黏结式锚杆是采用水泥砂浆或树脂等胶结材料作为锚固剂，沿锚杆全长灌注黏结的锚杆。常用的有水泥浆全黏结式锚杆、水泥砂浆全黏结式锚杆（砂浆锚杆）、树脂全黏结式锚杆等。该类锚杆有助于锚杆的抗剪能力和抗拉能力的发挥以及具有防腐蚀作用，而且具有较强的长期锚固力，能有效地约束围岩的松弛变形，可大量用于初期支护和永久支护。在隧道工程中，常作为系统锚杆和超前锚杆使用。

端头锚固式锚杆是利用内、外锚头的锚固来限制围岩的变形与松动，杆中间部分自由的锚杆。它可分为黏结式内锚头锚杆（水泥砂浆内锚头锚杆、快凝水泥卷内锚头锚杆、树脂内锚头锚杆）和机械式内锚头锚杆（楔缝式、楔头式、胀壳式）两种。这类锚杆能对围岩施加预应力，但锚头易松动，杆体易腐蚀，影响长期锚固力。其一般用于硬岩地下工程的临时加固。在隧道工程中，一般只用作局部加固锚杆。

摩擦式锚杆是用一种沿纵向开缝（或预变形）的钢管，装入比钢管直径小的钻孔，对孔壁施加摩擦力，从而约束孔周岩体变形。摩擦式锚杆包括缝管式和楔管式等。这类锚杆安装容易，能及时控制围岩变形，又能与孔周变形相协调。但其管壁易锈蚀，故不适于作永久支护。

混合式锚杆是端头锚固方式与全长黏结锚固方式的结合，它既可以施加预应力，又具有全长黏结锚杆的优点。但安装施工较复杂，一般用于大体积、大范围工程结构的加固，如高边坡、大坝、大型地下硐室等。

（二）隧道工程中常用锚杆的构造和设计、施工要点

1. 普通水泥砂浆锚杆

普通水泥砂浆锚杆是以普通水泥砂浆作为黏结剂的全长黏结式锚杆，其构造如图 2-11所示。

施工要点如下：

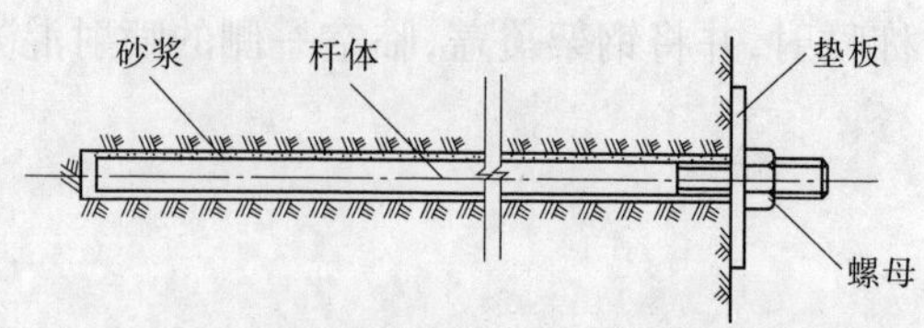

图 2-11　普通水泥砂浆全长黏结锚杆

(1)杆体材料宜用20MnSi钢筋,直径以14～20 mm为宜,长2～3.5 m,为增加锚固力,杆体内端可劈口叉开。水泥一般选用普通硅酸盐水泥,砂子粒径不大于3 mm,并过筛。砂浆强度等级不低于C20,配合比一般为水泥:砂:水=1:(1～1.5):(0.45～0.5)。

(2)孔径应与杆径配合好。一般孔径比杆径大15 mm(采用先插杆体后注浆施工的孔径比先注浆后插杆体施工的孔径要大一些),这主要考虑注浆管和排气管的占用空间。孔位允许偏差为±(15～50)mm;孔深允许偏差为±50 mm。钻孔方向宜适当调整以尽量与岩层主要结构面垂直。钻好孔后用高压水将孔眼冲洗干净(若是向下钻孔还需用高压风吹净水),并用塞子塞紧孔口,防止石渣掉入。

(3)锚杆及黏结剂材料应符合设计要求,锚杆应按设计要求的尺寸截取,并整直、除锈和除油,外端不用垫板的锚杆应先弯制弯头。砂浆应拌和均匀,并调整其和易性,随拌随用,一次拌和的砂浆应在初凝前用完。

(4)先注浆后插杆体时,注浆管应先插到钻孔底,开始注浆后,徐徐均匀地将注浆管往外抽出,并始终保持注浆管口埋在砂浆内,以免浆中出现空洞。注浆体积应略多于需要体积,将注浆管全部抽出后,应立即迅速插入杆体,可用锤击或通过套筒用风钻冲击,使杆体强行插入钻孔。

(5)杆体插入孔内的长度不得短于设计长度的95%,实际黏结长度亦不应短于设计长度的95%。注浆是否饱满,可根据孔口是否有砂浆挤出来判断。杆体到位后要用木楔或小石子在孔口卡住,防止杆体滑出。砂浆未达到设计强度的70%时,不得随意碰撞,一般规定3 d内不得悬挂重物。

2.早强水泥砂浆锚杆

早强水泥砂浆锚杆的构造、设计和施工与普通水泥砂浆锚杆基本相同,所不同的是早强水泥砂浆锚杆的黏结剂是由硫铝酸盐早强水泥、砂、TI型早强剂和水组成的。因此,它具有早期强度高、承载快、不增加安装困难等优点,弥补了普通水泥砂浆锚杆早强低、承载慢的不足,尤其是在软弱、破碎、自稳时间短的围岩中显示出一定的优越性。

3.缝管式摩擦锚杆

缝管式摩擦锚杆由前端冠部制成锥体的开缝管杆体、挡环以及垫板组成(见图2-12)。其施工技术要点为:

(1)缝管式锚杆的锚固力与锚杆的材质、构造尺寸、围岩条件、钻孔与锚管直径之差、锚固长度等有直接关系。其中,钻孔与缝管直径之差是设计与施工时应严格控制的主要因素。锚固力与孔、管径差的关系是:径差大,锚杆安装推进阻力小,锚固力亦小;径差小,锚杆安装推进阻力大,锚固力也大。

(2)可根据需要和机具能力,选择不同直径的钻头和管径,通过现场试验确定最佳径

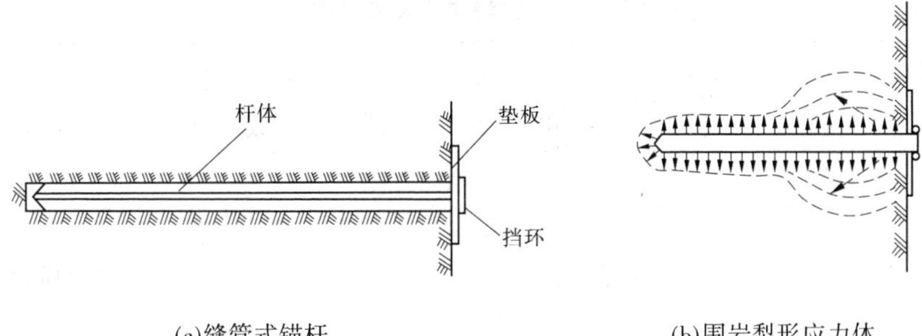

(a)缝管式锚杆　(b)围岩梨形应力体

图 2-12　缝管式摩擦锚杆

差。另外,施工中还应考虑到因钻头磨损导致孔径缩小等情况。

(3)缝管式锚杆的杆体一般要求材质有较高的弹性极限。

(4)安装时先将锚杆套上垫板,将带有挡环的冲击钎杆插入锚管内(钎杆应在锚管内自由转动),钎杆尾端套入凿岩机或风镐的卡套内,锚头导入钻孔,调正方向,开动凿岩机,即可将锚杆打入钻孔内,直至垫板压紧围岩。停机取出钎杆即告完成。2.5 m 长的锚杆,一般 20 ~60 s 即可安装完毕。

(5)若作为永久支护,则应做防锈处理,并灌注有膨胀性的砂浆。

(三)锚杆系统布置的原则

(1)在隧道横断面上,锚杆应与岩体主结构面成较大角度布置;当主结构面不明显时,可与隧道周边轮廓垂直布置。锚杆必须达到有效的锚固深度。

(2)在岩面上锚杆宜成菱形排列,纵、横间距为 0.6 ~1.5 m,密度为 0.6 ~3.6 根/m^2。

(3)为了使系统布置的锚杆形成连续均匀的压缩带,其间距不宜大于锚杆长度的 1/2,在Ⅴ级围岩中的锚杆间距宜为 0.5 ~1.0 m,并不得大于 1.25 m。

(4)拱腰以上局部锚杆的布置方向应有利于锚杆受拉,拱腰以下及边墙的局部锚杆布置方向应有利于提高抗滑力。

(5)由于隧道底脚处应力较大、塑性区较大,所以应加强底脚的锚固(锁脚锚杆),但不应因此而取消其他系统锚杆。

(6)宜先喷混凝土,再安设锚杆。

四、超前支护

当初期锚喷支护强度的增长速度不能满足洞体稳定的要求,可能导致洞体失稳,或由于大面积淋水、涌水地段,难以保证洞体稳定时,可采取超前锚杆、超前小钢管、管棚、地表预加固地层和围岩预注浆等辅助施工措施,对地层进行预加固、超前支护或止水。这些措施统称为辅助工程措施,亦称辅助工法,包括地层稳定方法和涌水处理方法两大类。各种处理方法及其适用条件见表 2-22。

表 2-22 辅助工程措施及其适用条件

<table>
<tr><th colspan="2">辅助工程措施</th><th>适用条件</th></tr>
<tr><td rowspan="12">地层稳定措施</td><td>管棚法</td><td>Ⅴ级和Ⅵ级围岩,无自稳能力,或浅埋隧道及其地面有荷载</td></tr>
<tr><td>超前导管法</td><td>Ⅴ级围岩,自稳能力低</td></tr>
<tr><td>超前钻孔注浆法</td><td>Ⅴ级和Ⅵ级软弱围岩地段、断层破碎带地段、水下隧道或富水围岩地段、塌方或涌水事故处理地段以及其他不良地质地段和特殊岩土地段</td></tr>
<tr><td>超前锚杆法</td><td>Ⅳ ~ Ⅴ级围岩,开挖数小时内可能剥落或局部坍塌</td></tr>
<tr><td>拱脚导管锚固法</td><td>Ⅴ级围岩,自稳能力差</td></tr>
<tr><td>地表锚杆与注浆加固法</td><td>Ⅴ级围岩浅埋地段和埋深≤50 m 的隧道</td></tr>
<tr><td>水平旋喷桩法</td><td>Ⅴ级和Ⅵ级软弱围岩(如淤泥、流砂等),土层含水率大,地下水位高(隧道位于地下水位以下),浅埋,隧道上方是交通繁忙的街道,还有纵横交错的管线,周围又紧邻高层建筑</td></tr>
<tr><td>冻结法</td><td>含水率大于 10% 的含水、松散、不稳定地层</td></tr>
<tr><td>掌子面正面喷射混凝土法</td><td>掌子面围岩破碎、渗淋水严重的临时措施</td></tr>
<tr><td>临时仰拱法</td><td>围岩与支护变形异常的临时措施</td></tr>
<tr><td>墙式遮挡法</td><td>浅埋隧道,且隧道上方地面两侧(或一侧)有建筑物</td></tr>
<tr><td colspan="2"></td></tr>
<tr><td rowspan="4">涌水处理措施</td><td>注浆堵水法</td><td>地下水丰富且排水时挟带泥沙引起开挖面失稳,或排水后对其他用水影响较大的地段</td></tr>
<tr><td>超前钻孔排水法</td><td rowspan="2">开挖面前方有高压地下水或有充分补给源的涌水,且适量排放地下水不会影响围岩稳定及隧道周围环境条件</td></tr>
<tr><td>坑道排水法</td></tr>
<tr><td>井点降水法</td><td>均质砂土、亚黏土地段以及浅埋地段</td></tr>
</table>

是否需要采取辅助工程措施,应根据隧道所处的工程地质和水文地质条件、隧道长度、埋深、施工机械、工期和经济等方面综合考虑决定。使用表 2-22 时,可结合隧道所处的围岩条件、施工方法、进度要求、配套机械、工期等进行比选,有时可采用几种方法综合处理。

(一)超前锚杆支护

超前锚杆(Pioneer Rock Bolt)为先加固后开挖,逆序作业,即锚杆安装先于岩体开挖。它可以形成对前方围岩的预加固,在提前形成的围岩锚固圈的保护下进行开挖等作业(见图 2-13)。北京鹰山特大断面隧道进出口段即是采用超前锚杆支护进洞的。

超前锚杆可以与系统锚杆焊接以增加其整体加固作用,但由于超前锚杆的柔度较大而整体刚度较小,因此对前方围岩的加固效果一般,加固范围也很有限。因此,超前锚杆主要适用于应力不太大、地下水也很少的一般软弱破碎围岩的隧道工程中。

超前锚杆的施工要点如下:

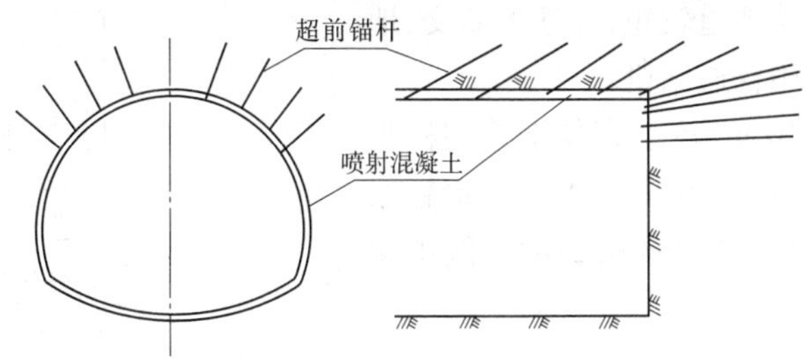

图 2-13　超前锚杆加固前方围岩

(1)超前锚杆的超前加固范围(即超前长度和加固圈厚度)应视围岩工程地质条件、坑道断面大小、掘进进尺和施工条件而定。一般地,超前长度宜为循环进尺的 3 ~5 倍,可为 3 ~5 m 长;外插角宜为 10° ~30°;搭接长度宜为超前长度的 40% ~60%,即大致形成双层锚杆。

(2)超前锚杆宜采用早强砂浆锚杆,其设置应充分考虑岩体结构面特性,一般可仅在拱部设置,必要时也可在边墙局部设置。其纵向两排的水平投影应有不小于 100 cm 的搭接长度。

(3)超前锚杆尾端一般应置于钢架腹部或焊接于系统锚杆尾部的环向钢筋上,以增强共同支护作用。

(4)可根据围岩情况,采用双层或三层超前支护。

(二)超前管棚支护

超前管棚是沿开挖轮廓线以较小的外插角钻孔,向开挖面前方打入钢管或钢板与钢拱架,并注浆固结构成一种钢管棚架或钢板棚架,形成预支护设施。管棚可以预先支护开挖面前方的围岩,然后在管棚或板棚的保护下进行开挖作业,也是一种先护后挖的逆序作业。

超前管棚实际上是新奥法施工中超前锚杆施工的发展,因先行插入前方围岩内的钢管或钢板作纵向支撑,又采用钢拱架作环向支撑,整体刚度较大,对围岩变形的限制能力较强,且能提前承受早期围岩压力。因此,管棚主要适用于早期围岩压力来得快、来得大的软弱破碎围岩,且对围岩变形及地表下沉有较严重限制要求的隧道工程中,如土砂质地层、强膨胀性地层、强流变性地层、裂隙发育的地层、断层破碎带等围岩条件,以及浅埋有显著偏压的隧道。如南京至杭州高速公路宜兴段的梯子山双跨连拱隧道曾使用该方法,取得了较好的预加固效果。

由于预埋超前管棚作顶板及侧壁支撑,为后续的隧道开挖奠定了基础,且施工速度快,临时支护及时、效果好,安全性高,能阻止严重渗水,经济效益明显。超前管棚法被认为是隧道施工中解决冒顶问题非常有效、合理的施工方法,随后被用于城市地下铁道的暗挖法施工。在建筑物密集、交通繁忙的城市中心地区采用明挖法施工必须拆迁大量的地层管网和地面建筑物,超前管棚法施工将具有极大的应用发展空间。

超前管棚支护的施工工艺流程如图 2-14 所示。管棚钻机是管棚法施工技术中最关键的设备,它的作用是沿着隧道断面外轮廓超前钻进并安设管棚。最早的管棚法施工采用的是普通水平钻机。随着管棚法大量应用,专用管棚钻机应运而生。对于长隧道施工,最好选用专用的管棚钻机;若隧道较短,如地下立交、地下过街道,可考虑采用普通钻机。

采用长度小于10 m、较小直径钢管的称为短管棚;采用长度为10~45 m、较大直径钢管的称为长管棚。板棚采用的钢插板长度一般不超过10 m。

设计、施工要点如下:

(1)钢管宜沿隧道开挖轮廓纵向近水平方向设置。通常采用热轧无缝钢管,钢管直径宜选用80~180 mm,钢管中心间距30~50 cm,钢管长度一般为10~45 m。当采用分段连接时,可采用长4~6 m的钢管,并用丝扣连接,钢管接头应纵向错开。外插角1°~2°。纵向两组管棚间应有不小于1.5 m的水平搭接长度。

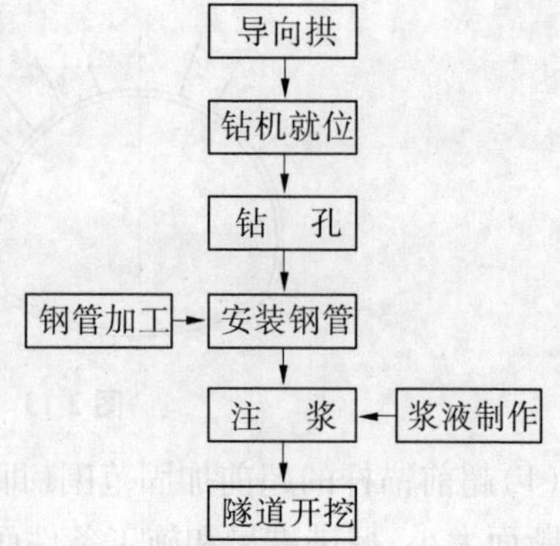

图2-14　超前管棚支护的施工工艺流程

(2)钢管导向端做成尖形,承压端焊上钢筋,管口预留止浆段,注浆孔沿管壁呈梅花形布置,注浆孔直径为10~15 mm。

(3)多采用水灰比为1:1的水泥浆,注浆压力为0.2~2.0 MPa。当围岩破碎,岩体止浆效果不好时,也可以采用水泥-水玻璃双液注浆。必要时在孔口设止浆塞。

(4)要打一眼装一管。若钻孔出现卡钻或坍塌,应注浆后再钻。有些土质地层则可直接将钢管打入。

包西铁路陕西段田庄隧道进口段和出口段均采用超前管棚支护。隧道洞口附近为砂岩夹页岩,节理较发育,风化层厚1~5 m。洞口需穿越厚1~10 m的风积砂质黄土层。进口段和出口段分别采用Φ89、长30 m和Φ108、长20 m的管棚预支护(见图2-15)。

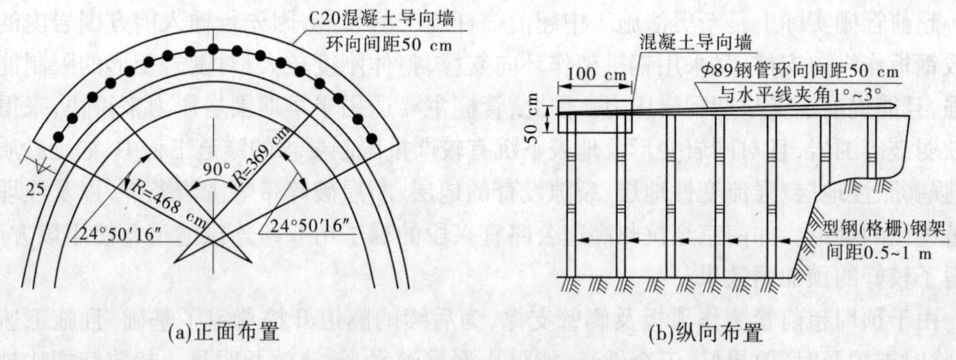

图2-15　洞口段超前管棚设置

(三)超前小导管注浆

注浆加固不仅能加固围岩,增强其自稳能力,而且填充裂隙、阻断地下水的渗流通道,起到堵水的作用。按照注浆管的构造、组成、性能特点及施工工艺程序的不同,注浆加固可分为超前小导管注浆和超前深孔注浆两种形式。

超前小导管注浆是在开挖前,先用喷射混凝土将开挖面一定范围内的坑道周边岩面封闭，然后沿坑道周边轮廓向前方围岩内打入带孔小导管，并通过小导管向围岩内注浆，待浆液硬化后，形成一定厚度的加固圈（见图 2-16）。在此加固圈的保护下进行开挖作业，从而保证掌子面的稳定。

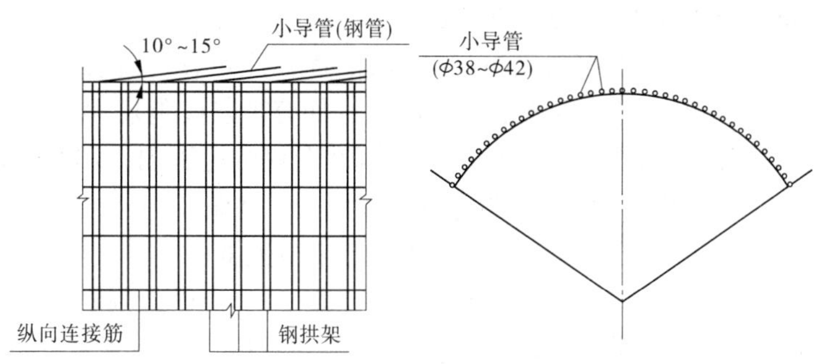

图 2-16　超前小导管设置示意图

一般在小导管前端焊接一个一次性的简易钻头或尖端，将钻孔和插管两个动作合并一次完成，既简化了作业程序，又避免了钻孔过程中的塌孔问题。带孔小导管注浆后具有锚杆作用，故称为“自进式注浆锚杆”或“迈式锚杆”。对于批量生产的自进式注浆锚杆，管体一般采用波纹管或变径外形，以增强黏结力和锚固力，从而增加加固效果。对于可以采用水泥浆或水泥砂浆的地层，用水泥浆或水泥砂浆作为胶结材料，能使造价大大降低。

超前小导管注浆具有施工工艺简单、易于操作、施工安全、土层加固见效快、浆液损失少、成本低的特点，是隧道施工中最常用的加固土层的方法之一。该法不仅适用于一般软弱破碎围岩隧道，如裂隙发育的岩体、断层破碎带等，也适用于地下水丰富的软弱破碎围岩隧道。但是，该方法只是对开挖掌子面附近局部破碎岩层或土层进行加固，开挖临空面不宜长时间暴露，应坚持先支撑后开挖的原则。

目前，超前小导管注浆一般仅作为地下工程施工防坍塌和沉陷的辅助手段。设计时，应根据地质条件、隧道断面大小及支护结构形式选用不同的设计参数。

小导管一般采用Φ 38 ~ Φ 42 的无缝钢管，管壁钻有梅花形布置的注浆孔，其孔径为6 ~ 8 mm，间距为 15 ~ 20 cm，见图 2-17。使用注浆设备将浆液压入小导管内，并通过管壁的注浆孔注入地层孔隙。

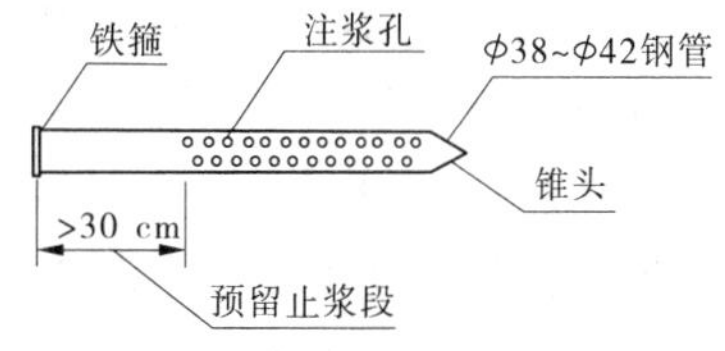

图 2-17　小导管构造示意图

超前小导管注浆施工技术要点如下：

（1）导管钻孔安装前，应对开挖面及 5 m 范围内的坑道喷射混凝土封闭。钻孔直径应较管径大 20 mm 以上，环向间距应按地层条件而定。渗透性大的岩土，间距亦应加大，一般采用 20 ~ 50 cm。外插角控制在 10° ~ 30°，一般采用 15°，小导管搭接长度为 1. 5 m。

（2）Ⅳ级围岩劈裂、压密注浆时可采用单排管；Ⅴ级围岩或处理塌方时可采用双排管，断面或注浆效果差时，可采用双排管；地下水丰富的松软层，可采用双排以上的多排管。

（3）小导管插入后应外露一定长度，约为 25 cm，以便连接注浆管，并用塑胶泥（40Be 水玻璃拌 P52. 5 级水泥）将导管周围孔隙封堵密实。

(4)注浆材料的选取:对于无水松散地层,宜优先选用单液水泥浆;对于有水的强渗透地层,宜选用双液水泥－水玻璃浆,以控制浆液范围。对于中、细、粉砂层,或细小裂隙岩层及断层泥地段等弱渗透地层,宜选用渗透性好、低毒及遇水膨胀的化学浆液。对于不透水的黏土层,则宜采用高压劈裂注浆。

(5)注浆时由两侧对称向中间进行,自上而下逐孔注浆,或先内圈后外圈,先无水孔后有水孔,应利用止浆阀保持孔内浆液完全凝固。如有窜浆或跑浆,可采用间隔注浆。

(6)小导管注浆的孔口最高压力应严格控制在允许的范围内,以防压裂开挖面,注浆压力一般为 0.5 ~ 1.0 MPa,止浆塞应能承受注浆压力。注浆压力与地层条件及注浆范围有关,一般要求单管注浆能扩散到 0.5 ~ 1.0 m 的半径范围内。

(7)注浆结束条件应根据注浆压力和单孔注浆量两个指标来判断确定。单孔结束条件为:注浆压力达到设计终压;浆液压入量,即每根导管内已达到规定注入量时,就可结束;若孔口压力已达到规定压力值,但注入量仍不足,亦应停止注浆。

(8)注浆后应视浆液种类,等待 4 h(双液水泥－水玻璃浆)、8 h(水泥浆)方可开挖。

五、模筑混凝土衬砌

(一)施作时机与施工顺序

为了保证隧道在较长服务周期内的稳定性与耐久性,隧道的内层衬砌多采用就地模筑混凝土或钢筋混凝土衬砌,个别采用拼装式钢筋混凝土衬砌。无论是基于传统松弛荷载理论的传统矿山法施工的单层衬砌,还是基于现代隧道设计理论的新奥法施工的二次衬砌,二者在模筑混凝土施工工艺方面并没有根本区别,只是力学要求以及施作时机有所不同。

复合衬砌由初期支护和二次衬砌组成,初期支护帮助围岩达到施工期间的初步稳定,二次衬砌则是提供安全储备或承受后期围岩压力。初期支护按主要承载结构设计,二次衬砌在Ⅲ级及以下围岩按安全储备设计,在Ⅲ级以上围岩按承载(后期围岩压力)结构设计,并均应满足构造要求。因此,对提供安全储备的二次衬砌,应在围岩或围岩加初期支护稳定后施作;对于要求承载的二次衬砌,则应根据量测数据及时施作。

《铁路隧道施工规范》(TB 10204—2002)中规定,当围岩无明显的流变特性时,二次衬砌应在围岩和初期支护变形基本稳定并具备下列条件时施作:①隧道周边位移速率有明显减缓趋势;②水平收敛(拱脚附近)速度小于 0.2 mm/d,或拱顶位移速度小于 0.15 mm/d;③施作二次衬砌前的收敛量已达总收敛量的 80% 以上;④初期支护表面没有再发展的明显裂缝。当不能满足上述条件、围岩变形无收敛趋势时,必须采取措施,使初期支护基本稳定后,允许施作二次衬砌,或者根据要求采用加强衬砌,及时施工。

根据新奥法施工要求,就地模筑混凝土衬砌施工应采用顺作法,即按由下到上的顺序连续灌筑,先仰拱、后墙拱。上部墙拱模板均采用整体模板台车,下部底板或仰拱和填充则只需配备挡头板就可进行灌注。在隧道纵向,则需分段进行,分段长度一般为 9 ~ 12 m。

若设计无仰拱,则铺底通常是在拱墙修筑好后进行,以避免与拱墙衬砌和开挖作业相互干扰。若设计有仰拱,说明侧压和底压较大,则应及时修筑仰拱使衬砌环向封闭,即贯彻新奥法“早封闭”的思想，避免边墙挤入造成开裂甚至失稳。但仰拱和底板施工占用洞内运输道路，对前方开挖和衬砌作业的出渣、进料造成干扰。因此，应对仰拱和底板的施作时间、分块施工顺序和与运输的干扰问题进行合理安排。

为施工方便，仰拱和底板可以合并灌注，但应保证仰拱混凝土强度符合设计要求。待仰拱和底板纵向贯通，且混凝土达到一定强度后，方能允许车辆通行。其端头可以采用灌注仰拱和底板时，必须把隧道底部的虚渣、杂物及淤泥清除干净，排除积水。超挖部分应用同级混凝土或片石混凝土灌注密实。

（二）模板类型

常用的拱墙模板类型有整体移动式模板台车、穿越式（分体移动）模板台车和拼装式拱架模板。

1. 整体移动式模板台车

整体移动式模板台车主要适用于全断面一次开挖成型或大断面开挖成型的隧道衬砌施工。它是采用大块曲模板、机械或液压脱模、背附式振捣设备集装成整体（见图 2-18），并在轨道上走行，有的还设有自行设备，从而缩短立模时间，墙拱连续灌注，加快衬砌施工速度。

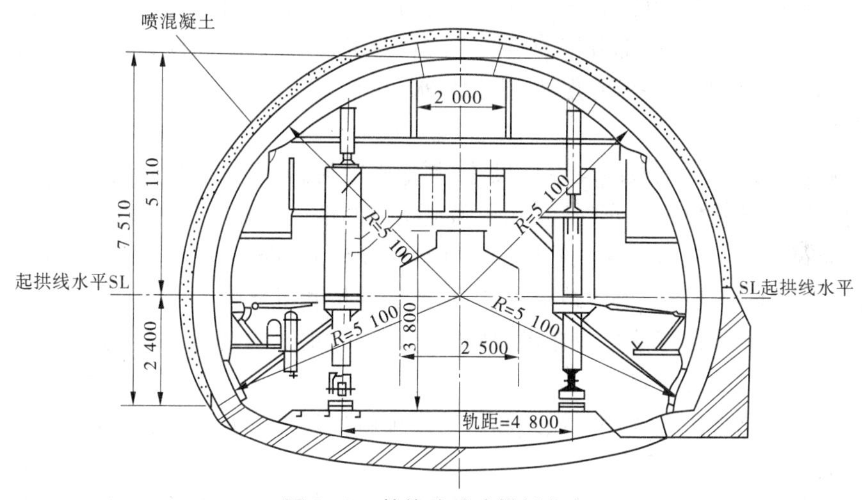

图 2-18　整体移动式模板台车

模板台车的长度即一次模筑段的长度，应根据施工进度要求、混凝土生产能力和灌注技术要求以及曲线隧道的曲线半径等条件来确定。

整体移动式模板台车的生产能力大，可配合混凝土输送泵联合作业。它是比较先进的模板设备，但尺寸大小比较固定，可调范围较小，影响其适用性，且一次性设备投资较大。我国有些施工单位自制较为简单的模板台车，效果也很好。

2. 穿越式（分体移动）模板台车

穿越式（分体移动）模板台车是将走行机构与整体模板分离，因此一套走行机构可以解决几套模板的移动问题，既提高了走行机构的利用率，又可以多段衬砌同时施作。

3. 拼装式拱架模板

拼装式拱架模板的拱架可采用型钢制作或现场用钢筋加工成模板架，然后在其上铺设模板,形成模板仓。为便于安装和运输,常将整榀拱架分解为2~4节,进行现场组装,其组装连接方式有夹板连接和端板连接两种形式。为减少安装和拆卸工作量,常制作成简易移动式拱架,即将几榀拱架连成整体,并安设简易滑移轨道。

拼装式模板多采用厂制定形组合钢模板,厚度均为5.5 cm,宽度有10 cm、15 cm、20 cm、25 cm、30 cm,长度有90 cm、120 cm、150 cm等。局部异形及挡头板可采用木板加工。筑模分段长度一般为2~9 m,松软地段最长不超过6 m。拱架间距应视未凝混凝土荷载大小及隧道断面大小而定,一般可采用90 cm、120 cm、150 cm。

拼装式拱架模板的灵活性大、适应性强,尤其适用于曲线地段。因其安装架设比较费时费力,生产能力较模板台车低,所以目前在隧道工程中使用较少,仅在中小型隧道及分部开挖时使用。

(三)拱墙衬砌混凝土模筑

模筑拱墙衬砌施工,首先要进行隧道中线和水平控制量测;其次根据隧道中线和水平检查开挖断面,并放线定位;再次台车就位(立模)及混凝土制备和运输;最后进行混凝土灌注、振捣,以及拆模和养护等工作。

1.断面检查

在模筑衬砌施工开始前,首先清理场地,根据隧道中线和水平测量结果,检查开挖断面是否符合设计要求,欠挖部分按规范要求进行修凿,并做好断面检查记录。墙脚地基应挖至设计标高,并在灌注前清除虚渣,排除积水,找平支撑面。

2.定位放线

根据隧道中线和标高及断面设计尺寸,测量确定衬砌立模位置,并放线定位。

采用整体移动式模板台车时,实际是确定轨道的铺设位置。轨道铺设应稳固,位移和沉降量均应符合施工误差要求。轨道铺设和台车就位后,都应进行位置、尺寸检查。放线定位时,为了保证衬砌不侵入建筑限界,须预留误差量和沉落量,并注意曲线加宽。

预留误差量和预留沉落量应在拱架模板定位放线时一并考虑确定,并按此架设拱架模板和确定模板架的加工尺寸。

预留误差量是考虑放线测量误差和拱架模板就位误差,为保证衬砌净空尺寸,一般将衬砌内轮廓尺寸扩大5 cm。

预留沉落量是考虑未凝混凝土的荷载作用会使拱架模板变形和下沉,后期围岩压力作用和衬砌自重作用(尤其是先拱后墙法施工时的拱部衬砌)会使衬砌变形和下沉。这部分预留沉落量根据实测数据确定或参照经验确定。

3.台车或拱架模板整备

使用整体移动式模板台车时,应在洞外组装并调试好各机构的工作状态,检查好各部尺寸,保证进洞后投入正常使用。每次脱模后应予检修。

使用拼装式拱架模板时,立模前应在洞外样台上将拱架和模板进行试拼,检查尺寸、形状,不符合要求的应予修整。配齐配件,模板表面要涂抹防锈剂。

4.台车就位或拱架模板立模

根据放线位置,架设安装拱架模板或模板台车就位。安装就位后,应做好各项检查,包括位置、尺寸、方向、标高、坡度、稳定性等。

5. 混凝土制备与运输

由于洞内空间狭小,混凝土多在洞外拌制好后,用运输工具运送到工作面再灌注。实际待用时间主要是运输时间,尤其是长大隧道和运距较长时。因此,运输工具的选择应注意装卸方便,运送快速,保证拌好的混凝土在运输过程中不发生漏浆、离析、坍落度损失和初凝等现象。

结合工程情况,选用各种斗车、罐式混凝土运输车或输送泵等机械。

6. 混凝土的灌注

隧道衬砌混凝土的灌注应注意以下几点:

(1)保证捣固密实,使衬砌具有良好的抗渗防水性能,尤其应处理好施工缝。

(2)整体模筑时,应注意对称灌注,两侧同时或交替进行,以防止未凝混凝土对拱架模板产生偏压而使衬砌尺寸不合要求。

(3)若因故不能连续灌注,则应按规定进行接茬处理。衬砌接茬应为半径方向。

(4)边墙基底以上 1 m 范围内的超挖,宜用同级混凝土同时灌注。其余部分的超、欠挖应按设计要求及有关规定处理。

(5)衬砌的分段施工缝应与设计沉降缝、伸缩缝及设备洞位置统一考虑,合理确定位置。

(6)封口方法。当衬砌混凝土灌注到拱部时,需改为沿隧道纵向进行灌注,边灌注边铺封口模板,并进行人工捣固,最后堵头,这种封口称为活封口。当两段衬砌相接时,纵向活封口受到限制,此时只能在拱顶中央留出一个 50 cm×50 cm 的缺口,最后进行死封口。这种封口方法比较麻烦,已很少采用。

7. 养护与拆模

多数情况下隧道施工过程中,洞内的湿度能够满足混凝土的养护条件,但在干燥无水的地下条件下,则应注意进行洒水养护。

采用普通硅酸盐水泥拌制的混凝土,养护时间一般不少于 7 d;掺有外加剂或有抗渗要求的混凝土,一般不少于 14 d。养护用水的温度应与环境温度基本相同。

二次衬砌的拆模时间应根据混凝土强度增长情况来确定。一般应在混凝土达到施工规范要求的强度时方可拆模。拆除不承受外荷载的整体式衬砌拱墙、二次衬砌、仰拱、底板等非承重模板时,混凝土强度应达到所规定的设计强度(铁路隧道为 2.5 MPa,公路隧道为 5.0 MPa),并应保证其表面及棱角不受损伤;拆除承受围岩压力的拱、墙以及封顶和封口的承重模板时,混凝土强度应满足设计要求。

此外,承受围岩压力较大的拱墙模板拆除时,封顶和封口混凝土的强度应达到设计强度的 100%;承受围岩压力较小的拱墙模板拆除时,封顶和封口混凝土的强度应达到设计强度的 70%。

(四)压浆

在灌注衬砌混凝土时,虽然要求将超挖部分回填,但由于操作方法方面的原因,其中有些部位并不可能回填得很密实。这种情况在拱顶背后一定范围内较为明显。因此,要求在衬砌混凝土达到设计强度后,向这些部位进行压浆处理,以使衬砌与围岩密贴(全面紧密接触),达到限制围岩后期变形、改善衬砌受力工作状态的目的。压浆浆液材料多采用单液水泥浆。

第六节 出渣运输作业

出渣运输是隧道作业的基本工序之一,是一项比较繁重的工作,占单循环作业时间的 40% ~60%,因此出渣运输作业能力的强弱对施工速度具有很大的影响。出渣运输工序可以分解为装渣、运输和卸渣三项作业。

一、装渣

(一)装渣方式

隧道施工的装渣方式有机械装渣和人力装渣两种。机械装渣速度快,可缩短作业时间,目前隧道施工中常用,但仍需配适当数量的人工辅助作业。人力装渣仅在短隧道缺乏机械或断面小而无法使用机械装渣时才考虑采用。

(二)装渣机械

装渣机械的类型很多,按拾渣机构形式可分为挖斗式、蟹爪式、立爪式、铲斗式四种。铲斗式装渣机为间歇性装渣机,有翻斗后卸式、前卸式和侧卸式三种卸渣方式。隧道用蟹爪式、立爪式和挖斗式装渣机均配备有刮板式或链板式转载后卸机构,是连续装渣机。

装渣机的走行方式有轨道走行、履带走行和轮胎走行三种,也有配备两套走行机构的。轨道走行式装渣机需铺设走行轨道,因此其工作范围受到轨道位置的限制。胶轮走行装岩机移动灵活,工作范围不受限制,在大断面导坑及全断面隧道的施工中,采用无轨运输时,可使用大型胶轮式铲车装岩。履带行走的大型电铲则适用于特大断面的隧道中。但在泥土质的隧道中,有可能因洞内临时道路承载能力较低和道路泥泞而出现打滑和下陷。

装渣机的工作能力因拾渣方式、走行方式、装备功率的不同而各不相同。装渣机的选择应充分考虑上述洞内作业条件和问题,尤其应与运输车辆相匹配,以充分发挥各自的工作效能,缩短装渣时间。

1. 铲斗式装渣机

这种装渣(岩)机多采用轮胎行走。轮胎行走的铲斗式装渣机多采用铰接车身,燃油发动机驱动;装渣机转弯半径小,移动灵活;铲取力强,铲斗容量大,达 0.76 ~3.8 m^3,工作能力强;可侧卸也可前卸,卸渣准确。但燃油废气会污染洞内空气,需配备净化器或加强隧道通风,常与装载汽车配套用于较大断面的隧道工程,如图 2-19 所示。

2. 挖斗式装渣机

挖斗式装渣机的拾渣机构为自由臂式挖斗,由于自由臂采用了电力驱动全液压控制系统,不但灵活而且工作臂较长,如 ITC312H4 型装渣机的立定工作宽度可达 3.5 m,工作长度可达轨道前方 7.11 m,且可以下挖 2.8 m 和兼作高 8.34 m 范围内工作面的清理及找顶工作(见图 2-20)。生产能力为 250 m^3/h,配备有轨道走行和履带走行两套走行机构。

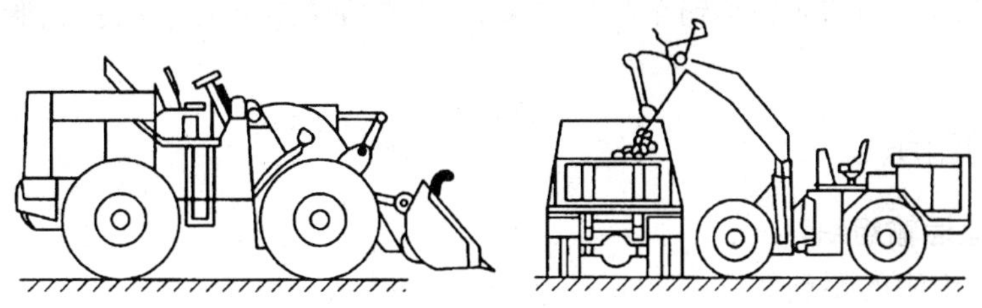

图 2-19　轮胎行走铲斗式装渣机

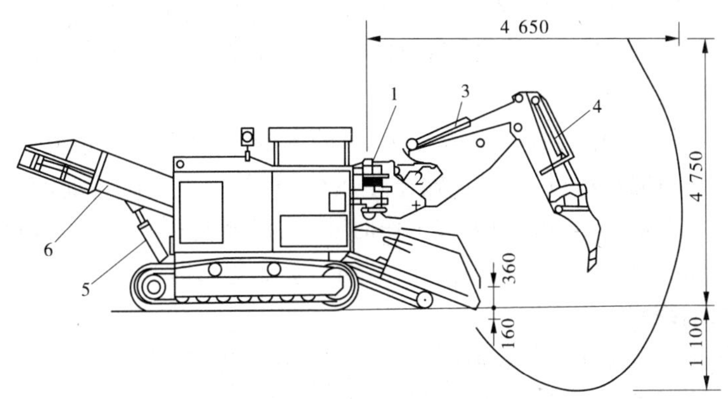

1—转臂机构;2—大臂液压缸;3—小臂液压缸;4—转铲液压缸;
5—链板后部升降液压缸;6—链板输送机

图 2-20　Schaeff ITC112 型双走行系统挖斗式装渣机

二、运输

出渣可分有轨运输和无轨运输两种方式。

(1)有轨运输方式。中小断面硐室出渣,宜采用有轨运输方式。当使用机车牵引时,应优先采用电瓶机车。采用装岩机装渣时,应使轨道紧跟开挖面,调车设施亦应及时向前移动。有条件时宜优先采用梭式矿车等配套设备,连续装渣;洞内运输宜设双车道。如用单车道,应设错车道,其长度应满足列车车组的要求,间距应按行车密度确定。洞外应根据需要设调车、卸车和车辆检修等线路。机车在洞内行驶的时速不宜超过 10 km/h;调车或在人员稠密地段行驶时,时速应小于 3 km/h;通过弯道、道岔或视线不良地段,时速不得超过 5 km/h。两列车同方向行驶时,列车间距不应小于 60 m,并须减速慢行。列车倒退行驶时,应加强鸣号,鸣号间隔时间不应大于 15 s。

常用的轨道运输车辆有斗车、梭式矿车。

(2)无轨运输方式。在开挖断面、通风条件、运输距离允许时,可采用装载机或挖掘机配自卸汽车出渣运输方式;出渣道路、路面宽度,应按所选用的设备型号和车型确定;道路最大纵坡应根据运输车辆性能和出渣设备工作条件确定,一般不大于 9%,最大纵坡限长为 150 m,会车视距不宜小于 40 m。局部最大纵坡不宜大于 14%。路面应保持平整且有良好的排水设施,并设专人维护、定期保养。运输量大的隧洞,有条件时宜采用混凝土路面;出渣道路两侧不宜堆放施工器材和建筑材料。供水、供风、通风、照明线路应布设整齐,不影响运输车辆通行,并满足安全要求。汽车在洞内行驶时,时速不宜超过 10 km/h。

可供隧道施工用的无轨运输车品种很多,多为燃油(柴油)式动力、轮胎走行的自卸卡车。

三、运输组织

(一)轨道运输组织

轨道运输组织的要点如下:

(1)隧道施工运输包括出渣和进料,并且出渣运输量比进料运输量大得多。运输作业应满足隧道施工循环作业的总体安排,并保证在规定的时间内完成。

(2)为保证在规定的时间内完成运输任务,除应选择恰当的运输方式、适宜且配套的装运机械外,还应注意合理的运输组织。

(3)运输组织就是根据(进料、出渣)运输量的多少、运输距离的长短以及机械配备情况,确定装、运机械的配套数量,编制运输作业运行图,并根据实际情况动态调整,使之最优化。优化运行图主要应尽量缩短无效工作时间、保持合理安全的走行速度等,如空车提前进洞,缩短空车走行时间;合理布置会让站,缩短会车等待时间。

(二)无轨运输组织

无轨运输车的选择应注意与装渣机的匹配,尤其是能力配套,以充分发挥各自的工作效率,提高整体工作效率。在长大隧道工程中,当洞内、洞外运输距离较长时,应配备足够数量的运输车辆,以便能够在同一个时段内就将一个掘进循环爆破出来的石渣全部运完。

为方便车辆转向、缩短调车作业时间和保证车辆会车安全,应根据隧道开挖断面大小和洞内运输距离的长短,合理选择洞内调车方式。

无轨运输组织可参照有轨运输组织的原则进行。无论采用何种形式的装渣机械和运输车辆的配置,都应特别注意提高运输效率,减少车辆在洞内等待等无效工作时间,使各项运输作业相对集中,以减少洞内空气污染的频次和缩短污染时段,降低通风能耗和费用。

第七节　超前地质预报与现场监控量测

一、超前地质预报

超前地质预报(Geological Prediction)是通过掌子面的超前钻探、超前导坑或各种类型的地球物理探测等手段来查明隧道岩体的状态、特征以及可能发生地质灾害的不良地质体的位置、规模和性质,预测前方未施工段地质情况的方法。

围岩破碎带的超前预报工作在隧道施工中是一项基础性的、非常重要的工作,它是保证隧道施工安全的一项重要措施。同时,它又是隧道动态设计的主要决策依据。因为不良地段的出现具有一定的突然性,如没有意识到它的存在,依然采用常规的施工方法,将导致塌方而影响到整个工程的施工。因此,要根据实际地质变化情况做出相应的预防措施。超前地质预测预报得以实施的原则是:在隧道施工中要做到"加强探测,强化治理,不留后患"。

按工作面的距离,超前地质预报可分为:①短距离预报,0~15 m,与施工同步进行,相当于临灾预报或防灾处理阶段。②中距离预报,15~50 m,相当于成灾预报的短期预报。

③长距离预报,50 m 以上,对隧道施工是战略性预报。

按照预报的作用,超前地质预报可分为:①常规预报:主要预报短距离内的工程地质条件,判断围岩类别等。②成灾预报:主要进行中长距离的预报,采用综合手段,做定性和定量预报。③专门预报:预报特殊工程地质问题,如地温、有害气体等。

按照探测原理,超前地质预报可分为常规地质法(又称掌子面地质素描法)、钻探法和地球物理探测法等。施工中应将几种预报手段综合运用,取长补短,相互补充印证。

(一)常规地质法

常规地质法是在隧道爆破开挖后,及时查看掌子面地质情况(包括支护状态),描绘地质图,通常称为地质素描,并通过与设计资料对比,提供地质情况预报,地质素描图应归入竣工资料。若设有平行导坑,先行提供的地质资料对施工更有指导作用。常规地质法适用于为近期开挖、支护提供预报。

(二)钻探法

钻探法是最直接、最可靠的超前预报手段。通常对钻孔机取样进行分析,提供地层变化、岩性差异、地层含水率等信息。

(三)地球物理探测法

常用的方法有 TSP 法、陆地声纳法、地质雷达法等。

1. TSP 法

隧道地震波超前地质预报系统(Tunnel Seismic Prediction,简称 TSP),是瑞士安伯格公司专门为隧道及地下工程施工超前地质预报研制、开发的,原理是利用地震波在不均匀地质体中产生的反射波特性来预报隧洞掌子面前方及周围邻近区域的地质情况。该法属多波多分量探测技术,可以检测出掌子面前方岩性的变化,如不规则体、不连续面、断层和破碎带等。

2. 陆地声纳法

陆地声纳法的实质是垂直地震波反射法。该法采用极小偏移距、锤击激发和高频超宽带接收反射弹性波进行连续剖面探测。

3. 地质雷达法

地质雷达法的原理是利用发射天线将高频电磁波以脉冲形式由隧道掌子面发射至地层中,当遇到异常地质体或介质分界面时发生反射并返回,由另一天线接收回波信号,通过对接收的回波信号进行处理与分析解释,达到对短距离进行超前预报的目的。

根据以上几种方法得出的地质资料再结合实际地质素描,进行初步的地质分析,判断破碎岩体的发育情况。隧道破碎带在隧道中是有一定延伸长度的,它的出现也是一个由小到大的过程,若隧道局部围岩破碎、石质较差,且围岩软硬分界明显,则应小心对待,可根据岩层的走向、倾角等预测前方可能出现的地质变化情况。

在实际开挖作业中,若钻速突然加快,岩渣有异常变化,则肯定存在明显的软硬岩层分界面,应探明情况并及时采取相关措施。对重点怀疑地段,采用超前水平钻孔。根据岩芯和钻进过程中的岩粉、钻速和水质情况,判断前方水文、地质条件;取岩芯,并以岩芯作试样进行试验,对钻进的地质状态进行判断;钻速测试,根据钻机在岩石中的钻进速度和岩石特性之间的关系来判断。

二、现场监控量测

(一)现场监控量测的目的和要求

"勤量测"是新奥法施工的基本要求,目的是及时为设计和施工提供信息依据,应用量测结果修正设计和指导施工。随着地下工程施工技术的发展,现场量测与工程地质、力学分析相结合,已逐渐形成了一整套监控设计原理和方法,这种原理与方法又称为信息化设计施工技术。它包括两个阶段:初始设计阶段和修正设计阶段。初始设计阶段一般应用工程类比与数理分析相结合;修正设计阶段则根据现场量测所得到的数据进行数值分析和理论解析,作出更为接近工程实际的判断,进而修正设计与指导施工。

一般来说,对隧道安全性进行评价的信息大致可分为四大类:①位移信息,包括坑道周边位移、围岩内位移、初期支护位移和二次衬砌位移等;②应力信息,包括围岩内部应力状态、围岩与初期支护间的接触压力、初期支护应力、锚杆轴力、初期支护与二次衬砌之间的接触压力、二次衬砌应力等;③变异信息,包括初期支护和二次衬砌的变异,如开裂、屈服、底部鼓起等;④地质信息,包括超前地质预报信息和掌子面观察信息等。

隧道现场量测的目的如下:

(1)掌握围岩变形发展情况和支护受力情况,选择合理的支护时机和判断支护的实际效果。

(2)检验已施作支护的工况,按照支护的变形及应力状况,调整支护设计。

(3)检验和评价隧道的最终稳定性,及时发现险情,作为安全施工的依据,同时积累资料,为以后隧洞设计和施工提供依据。

采用新奥法设计施工的隧道,应将现场监控量测项目列入文件中,并在施工中作为一道施工工序进行组织实施,工程竣工后应将监控量测资料整理归档并纳入竣工文件,这是保证隧道现场监控量测正确实施的关键。

(二)位移量测

位移量测是最基本的量测项目,其稳定可靠,简便经济,测试成果可直接指导施工、验证设计、评价围岩与支护的稳定性。

1. 净空相对位移

硐室内壁两点连线方向的位移之和称为"收敛",此项量测称为收敛量测。收敛值为两次量测的距离之差。由于隧道开挖后原岩应力场的变化,洞壁由不同程度的向内位移。在开挖后的洞壁上,应及时安设测点。测点一般由埋入围岩壁面 30 ~ 50 cm 的埋杆与测头组成,测头多为销孔测头或圆球测头。测头应加工精确,埋设可靠。

净空相对位移由下式计算

$$U_n = R_n - R_0 \tag{2-7}$$

式中 U_n——第 n 次量测时净空相对位移值;

R_n——第 n 次量测时的观测值;

R_0——初始观测值。

净空位移测试一般由测表、张拉力设施和支架三部分构成。测表主要是百分表或游标尺,起到精确读数的作用;张拉力设施一般采用重锤、弹簧或应力环,观测时起到对测尺定量施加拉力、使每次测试时测尺本身长度处于同一状态的作用。测尺一般采用打孔的钢卷尺。实际测试时，应注意测尺长度的温度修正。

净空相对位移多由净空变化测定计（收敛仪）测定。收敛仪种类较多，大致可分为单向重锤式、万向弹簧式和万向应力环式三种。

2. 拱顶下沉量测

隧道拱顶内壁的绝对下沉量称为拱顶下沉值，单位时间内的拱顶下沉值称为拱顶下沉速度。对于浅埋隧道，可由地面钻孔，使用挠度计或其他仪器测定拱顶相对地面不动点的位移值；对于深埋隧道，可用拱顶变形计，将钢尺或收敛计挂在拱顶点作为标尺，后视点可设在稳定的衬砌上，用水平仪进行观测，将前后两次后视点读数相减的差值 A，两次前视点相减的差值 B，计算 $C=B-A$。若 C 值为负，表示拱顶下沉；否则，表示拱顶向上位移。

（三）隧道现场量测计划

现场量测计划是现场量测的蓝图和依据。它必须在初步调查的基础上，依据隧道所处的地质条件、工程概况、量测目的、施工方法、工期和经济效果而编制。

1. 量测项目的确定及量测手段的选择

量测项目主要依据围岩条件、工程规模及支护方式综合确定，通常分为必测项目和选测项目。

必测项目指施工时必须进行的常规量测，用来判别围岩稳定及衬砌受力状态，指导设计施工的经常性量测。必测项目主要包括洞内观察、隧道净空变形和拱顶下沉量测等。浅埋隧道尚应做地表沉陷量测。这类量测方法简单、可靠，对修改设计和指导施工起重要作用。

选测项目是指在重点和有特殊意义的隧道或区段进行补充的量测，用来判断隧道开挖过程中围岩的应力状态、支护衬砌效果。它的主要内容包括围岩内部变形、地表沉陷、锚杆轴力和拉拔力、衬砌内力、围岩压力和围岩物理力学指标等。这类量测技术较复杂，费用较高，通常可根据实际需要，选取部分项目进行量测。

在《公路隧道施工技术规范》（JTG F60—2009）中，复合式衬砌和喷锚衬砌隧道施工时的必测项目和选测项目分别见表 2-23 和表 2-24。《地下铁道工程施工及验收规范》（2003 年局部修订）（GB 50299—1999）以及铁道部基本建设总局编写的《铁路隧道新奥法指南》中与公路隧道略有不同，但总体基本一致。

表 2-23　隧道现场监控量测必测项目

序号	项目名称	方法及工具	布置	测试精度	量测间隔时间			
					1~15 d	16 d~1 个月	1~3 个月	大于 3 个月
1	洞内、外观察	现场观测、地质罗盘等	开挖及初期支护后进行					
2	周边位移	各种类型收敛计	每 5~50 m 一个断面，每断面 2~3 对测点	0.1 mm	1~2 次/d	1 次/2 d	1~2 次/周	1~3 次/月
3	拱顶下沉	水准测量的方法，水准仪、钢尺等	每 5~50 m 一个断面	0.1 mm	1~2 次/d	1 次/2 d	1~2 次/周	1~3 次/月
4	地表下沉	水准测量的方法，水准仪、钢尺等	洞口段、浅埋段（$h_0<2b$）	0.5 mm	开挖面距量测断面前后 $<2b$ 时，1~2 次/d； 开挖面距量测断面前后 $<5b$ 时，1 次/(2~3)d； 开挖面距量测断面前后 $>5b$ 时，1 次/(3~7)d			

注：b 为隧道开挖宽度；h 为隧道埋深。

表 2-24　隧道现场监控量测选测项目

序号	项目名称	方法及工具	布置	测试精度	量测间隔时间			
					1~15 d	16 d~1个月	1~3个月	大于3个月
1	钢架内力及外力	支柱压力计或其他测力计	每代表性地段1~2个断面,每断面钢支撑内力3~7个测点,或外力1对测力计	0.1 MPa	1~2次/d	1次/2 d	1~2次/周	1~3次/月
2	围岩内部位移(洞内设点)	洞内钻孔中安设单点、多点杆式或钢丝式位移计	每代表性地段1~2个断面,每断面3~7个钻孔	0.1 mm	1~2次/d	1次/2 d	1~2次/周	1~3次/月
3	围岩内部位移(地表设点)	地表钻孔中安设各类位移计	每代表性地段1~2个断面,每断面3~5个钻孔	0.1 mm	同地表下沉要求			
4	围岩压力	各种类型压力盒	每代表性地段1~2个断面,每断面3~7个测点	0.01 MPa	1~2次/d	1次/2 d	1~2次/周	1~3次/月
5	两层支护间压力	压力盒	每代表性地段1~2个断面,每断面3~7个测点	0.01 MPa	1~2次/d	1次/2 d	1~2次/周	1~3次/月
6	锚杆轴力	钢筋计、锚杆测力计	每代表性地段1~2个断面,每断面3~7根锚杆(索),每根锚杆2~4测点	0.01 MPa	1~2次/d	1次/2 d	1~2次/周	1~3次/月
7	支护、衬砌内应力	各类混凝土内应变计及表面应力解除法	每代表性地段1~2个断面,每断面3~7个测点	0.01 MPa	1~2次/d	1次/2 d	1~2次/周	1~3次/月
8	围岩弹性波速	各种声波仪及配套探头	在有代表性地段设置	—	—			
9	爆破震动	测振及配套传感器	邻近建(构)筑物	—	随爆破进行			
10	渗水压力、水流量	渗压计、流量计	—	0.01 MPa	—			

量测手段应根据量测项目和国内仪器的现状来选用。施工状况发生变化(开挖下台阶、仰拱或拆除临时支护等)时,应增加监测频率。对于一般的量测方法,拱顶下沉量和周边位移量的量测分别采用水准仪和收敛仪。现场实践表明,这种方法具有一些不足之处。如拱顶下沉量的量测,在下部开挖后,底板距拱顶大多都高达7~8 m,测量人员很难触及测点;对于周边收敛量测,在完成下部后,上部几个点的量测就很困难。此外,用收敛仪量测周边收敛值也有令人不满意的地方,即量测数据为隧道两侧相对位移,而实践中往往两侧的位移有差别,有时差别还很大。所以,应进一步研究更好的量测方法,并对传统

的量测方法进行改进。实践证明,采用激光全站仪量测是目前一个比较理想的方法,它的精度为1~2 mm,可以满足施工要求,且具有省力、快捷的优点。

2. 量测部位的确定和测点的布置

1)量测间距

量测间距是指两个量测断面之间的距离。在具体工程测试中,量测间距需要根据围岩条件、埋深情况、工程进展等进行必要的修正。

进行测试的断面有两种:一是单一的测试断面,二是综合的测试断面。把单项或常用的几项量测内容组成一个测试断面,了解围岩和支护在这个断面上各部位的变化情况,这种测试断面即为单一的测试断面。把几项量测内容有机地组合在一个测试断面里,使各项量测内容、各种量测手段互相校验,综合分析测试断面的变化,这种测试断面称为综合测试断面。

2)测点的布置

(1)收敛位移测线布置。从实用角度出发,可采用由三根基线组成的三角形净空变化量测基线网进行布点量测。拱顶下沉量测的测点,一般可与收敛位移测点共用,这样可节省安设工作量,更重要的是使测点统一在一起,测试结果能互相校正。

(2)围岩位移测点的布置。除应考虑地质、洞形、开挖等因素外,一般应与净空位移测线相应布设。

(3)轴力量测锚杆的布置。量测锚杆要依据具体工程中支护锚杆的安设位置、方式而定。如属局部加强锚杆,要在加强区域内有代表性的位置设置量测锚杆。若为全断面所设的系统锚杆(不含底板),在断面上的布置可参考围岩位移测孔布置方式进行。

(4)衬砌应力量测布置。衬砌应力量测,除应与锚杆受力量测孔相对应布设外,还要在有代表性的部位设测点,如拱顶中央、拱脚、侧墙中点等。

(5)地表、地中沉降点布置。地表、地中沉降点,原则上应布置在硐室中心线上,在与硐室轴线正交平面的一定范围内布设不同数量的测点,并在有可能下沉的范围外设置不会下沉的固定测点。

(四)量测数据的处理与反馈分析

量测数据的处理与反馈分析是监控设计的重要环节。量测数据数学处理的目的是:

(1)将各种量测数据相互印证,确认量测结果的可靠性。

(2)根据量测数据随时间的变化规律,对最终值或变化速率进行预测。

(3)利用经过处理的量测数据,对工程岩体的稳定性进行定性和定量分析。

每次量测后应及时进行数据整理和数据分析,并绘制量测数据时态曲线和距开挖面距离图,绘制地表下沉值沿隧道纵向和横向变化量及变化速率曲线。应根据量测数据处理结果,及时提出调整和优化施工方案与工艺。围岩变形和速率较大时,应及时采取安全措施,并建议变更设计。围岩稳定性、二次支护时间应根据所测的位移量或回归分析所得最终位移量,位移速度及其变化趋势,隧道埋深,开挖断面大小,围岩等级,支护所受压力、应力、应变等进行综合分析判定。

由于岩体结构的复杂性和多样性,围岩稳定性的判断比较复杂,方法也比较多,但目前尚未形成完整的分析与反馈体系。当前采用的量测数据反馈设计的方法主要是定性的,即依据经验和理论上的推理来建立一些准则。将监控量测与理论计算相结合的反分析计算法,则是目前蓬勃发展的分析方法。

第八节　浅埋暗挖法施工

一、浅埋地下工程的基本概念

浅埋地下工程的最大特点是埋深浅,施工过程中由于地层损失而引起地面移动明显,对周边环境的影响较大。因此,对开挖、支护、衬砌、排水、注浆等方法提出更高的要求,施工难度增加。当地表环境有限制时,采用暗挖法施工,称为浅埋暗挖法。

由于隧道的埋深不同,设计和施工方法具有很大差异。要严格判定隧道的深埋、浅埋是困难的。因围岩变形过大时隧道上方会形成塌落拱(压力拱),塌方是围岩失稳破坏最直观的形式。大量统计资料表明,当埋深大于 2 倍塌方高度时,才能用塌落拱公式计算。塌落拱高度与围岩类别有很大关系。根据我国铁路隧道调查资料,Ⅲ级以上围岩岩体强度较高,一般未出现由于浅埋而失稳破坏的情况。因此,通常在Ⅲ ~ Ⅵ级围岩中才考虑浅埋隧道的设计问题。《铁路隧道新奥法指南》中规定,当埋深大于:Ⅵ级围岩(4.0 ~ 6.0)D(D 为隧道跨度)、Ⅴ级围岩(2.0 ~ 3.0)D、Ⅳ级围岩(1.0 ~ 2.0)D、Ⅲ级围岩(0.5 ~ 1.0)D;《铁路隧道设计规范》规定,当埋深大于:Ⅵ级围岩 35 ~ 40 m、Ⅴ级围岩 18 ~ 25 m、Ⅳ级围岩 10 ~ 12 m、Ⅲ级围岩 5 ~ 6 m 时,称为深埋隧道,反之称为浅埋隧道。

浅埋地下工程的施工方法主要包括明(盖)挖法、盾构法、暗挖法。早期多采用明挖法施工。近年来,随着盾构和暗挖技术的发展,特别是城市地铁兴建时对交通封闭所带来的一系列影响和城市施工环境要求的提高,暗挖法已成为主要的施工方法。浅埋地下工程三种施工方法的特点比较见表 2-25,其中造价仅是区间对比,是日本 1988 年的工程总结。

表 2-25　浅埋地下工程三种施工方法特点比较

对比指标	明(盖)挖法	盾构法	暗挖法
地质	各种地层均可	各种地层均可	有水地层需做特殊处理
占用场地	占用街道路面较大	占用街道路面较小	不占用街道路面
断面变化	适用于不同断面	不能适用于不同断面	适用于不同断面
深度	浅	需要一定深度	需要的深度比盾构法小
防水	容易	较难	有一定难度
地表下沉	小	较小	较小
交通影响	影响很大	竖井影响大	不影响
地下管路	需拆迁和防护	不需拆迁和防护	不需拆迁和防护
振动噪声	大	小	小
地面拆迁	大	较大	小
水处理	降水、疏干	堵、降结合	堵、降或堵、排结合
进度	拆迁干扰大,总工期较短	前期工程复杂,总工期正常	开工快,总工期正常
造价(日本)	43 亿 ~85 亿日元/km	46 亿日元/km	25 亿日元/km,比其他方法低$\frac{1}{4}$ ~ $\frac{1}{2}$

二、浅埋暗挖法施工的技术特点和原则

(一)基本原理与施工技术特点

我国在20世纪80年代初开始将新奥法应用于地下工程施工,20世纪80年代中后期开始系统研究新奥法在浅埋软弱地层中的应用。1984年首先在大秦线军都山隧道进口黄土地层研究试验成功,之后又将该方法运用于北京地铁复兴门车站折返线工程,并在地铁复—西区间段、西单车站、国家发展和改革委员会地下停车场、首钢地下运输廊道,以及长安街地下过街通道、深圳过街通道等地下工程中推广应用。经过多年的不断总结、完善,形成了一套完整的配套技术,在众多地下工程中得到广泛应用,后命名为浅埋暗挖法。

浅埋暗挖法遵循现代隧道工程理论的基本原理,多应用于第四纪软弱地层。开挖方法有正台阶法、单侧壁导洞法、中隔墙法、双侧壁导洞法等,借助多种辅助施工措施,保持和加强围岩的承载自稳能力,参照新奥法的基本原则和步骤,开挖后及时施作初期支护,形成力学意义上的承载环,有效地抑制围岩过大变形,使支护与围岩协同工作形成稳定的联合支护结构体系。该方法具有灵活多变,对地面建筑、道路和地下管网影响不大,拆迁占地少,不扰民,不污染城市环境等优点,是目前较先进的施工方法,在铁路、公路及破碎岩体中已开始应用。

浅埋暗挖法施工的技术特点如下。

1. 围岩变形波及地表

浅埋隧道施工中开挖的影响将波及地表。为了避免对地面建筑物、地层内埋设的线路管网以及路面交通等的破坏和影响,必须严格控制地表与地中的沉陷变形。

在变形量方面,不仅要考虑由于开挖直接引起围岩的沉降变形,还应考虑由于围岩的作用引起支护体系的柔性变形和施工各阶段中基础下沉而引起的结构整体位移。

与变形量相对应的地层塑性区的发展,除对周围环境的影响外,还削弱了围岩的稳定能力,使施工更加困难。

2. 要求刚性支护或注浆加固

浅埋暗挖法施工时,支护时间要尽可能提前,支护的刚度也应适当加大,以便控制地中及地表的变形沉陷。除必须选用适当的开挖方法、支护方式外,还要经常采取对前方围岩条件进行改良及超前支护等基本措施来控制地层的沉降变形。

3. 通过试验段来指导设计及施工

由于周围环境及隧道所处地段地质的复杂性,往往需要选取在地质条件和结构情况上有代表性的一段工程作为试验段。在做出结构设计、施工方案、试验及量测计划后,先期开工。对施工过程中地中及地表的沉陷变形、支护结构及围岩的应力状态和对地面环境的影响程度等情况进行观察、量测、分析和研究。在试验段施工中所取得的数据,还可以用反分析方法获得更符合实际的围岩力学参数,并在此基础上进行力学分析计算。

通过对试验段施工状况的研究分析,除对设计及施工方案进行优化外,还应对量测数据管理标准进行验证。

(二)浅埋暗挖法施工原则

“管超前、严注浆、短进尺、强支护、早封闭、勤量测”,是浅埋暗挖法施工的基本原则,

亦称十八字方针。

“管超前”是指用超前管棚或超前导管注浆加固地层。掌子面未开挖前采用超前支护的各种手段提高掌子面的稳定性,防止围岩松弛和坍塌。

“严注浆”是在导管超前支护后,立即进行压注水泥浆或其他化学浆液,填充围岩空隙,浆液凝固后,使隧道周围形成具有一定强度的壳体,以增强围岩的自稳能力,为施工提供一个安全环境。严注浆包含以下三个方面的内容:①超前导管注浆(单浆液或双浆液);②拱脚及墙部开挖前按规定预埋注浆管;③初期支护背后注浆。

“短进尺”是指根据地层的情况,采用不同的开挖长度,一次注浆,多次开挖。一般在地层不良地段,每次开挖进尺采用 0.5 ~ 0.75 m,甚至更短。因开挖时间短,可以争取时间架设格栅,及时喷射混凝土,减小坍塌事件的发生。

“强支护”是指在浅埋松软地层中施工,初期支护必须十分牢固,具有较大的刚度,以控制开挖初期的变形。初期支护作业要按照喷混凝土、架立格栅、挂钢网、喷混凝土的次序,采用加大拱脚的办法以减小地基承载应力。

“早封闭”是初期支护从上至下及早形成环形结构,以便减小对地基的扰动。采用正台阶法施工时,单洞断面台阶长度不应大于 2 倍洞径,以便下半断面及时跟上,及时封闭仰拱。

“勤量测”与新奥法施工的基本要求相同,也是浅埋暗挖法施工成败的关键。地面、洞内都要埋设观测点,通过这些观测点可以随时掌握地表和洞内土体因开挖和外力产生的位移情况,掌握施工动态,及时反馈以指导施工。

浅埋暗挖法的理论源于新奥法,又得到了发展。浅埋暗挖法强调预支护,及时支护,控制地面沉降,保证施工和地面及地下建筑物的安全。浅埋暗挖法机械化程度低,主要靠人工施工,机动灵活,对工程的适应性强,可适用于各种结构形式,在地质情况较差的情况下需要采取辅助施工措施。

目前,浅埋暗挖法已经推广到广州、深圳、北京、杭州等地的特殊地质环境,如流砂、淤泥、含水砂层、流塑和半流塑地层,埋深缩小到 0.8 m,暗挖施工的车站跨度达 26 m,穿越密集民房等建筑物。随着建设项目的增多,还需进一步研究新的辅助工法和施工工艺,以适应各种地层条件、埋深、跨度等方面的要求。

三、开挖技术

隧道工程采用浅埋暗挖法施工时,应根据工程特点、围岩情况、环境要求以及施工单位自身条件,选择适宜的开挖方法及掘进方式。必要时,应通过试验段进行验证。

浅埋隧道断面较大时不宜采用全断面开挖。一般山岭隧道可采用正台阶法施工;城市及附近地区的一般隧道可采用上台阶分部开挖法或短台阶法施工;大断面城市或山岭隧道可采用中隔墙台阶法、单侧壁导坑法或双侧壁导坑法施工;城市地铁车站、地下停车场等多跨隧道多采用中洞法、柱洞法或侧洞法施工。

(一)中洞法施工

中洞法施工是先开挖中间部分(中洞),在中洞内施作梁、柱结构(见图 2-21)。由于中洞的跨度较大,一般采用 CD 法、CRD 法或眼镜法等进行施工。中洞法施工工序复杂,但两侧洞对称施工，比较容易解决侧压力从中洞初期支护转移到梁柱上时所产生的不平衡侧压力问题，施工引起的地面沉降较易控制。该开挖法多用于无水、相对较好的地层。当施工队伍水平较高时，多采用该方法施工。其特点是作业空间大，施工方便，混凝土质量也能得到保证，且地面沉降均匀，两侧洞的沉降曲线不会在中洞施工的沉降曲线最大点相叠加。一般情况下，中洞法施工应为优选方案。

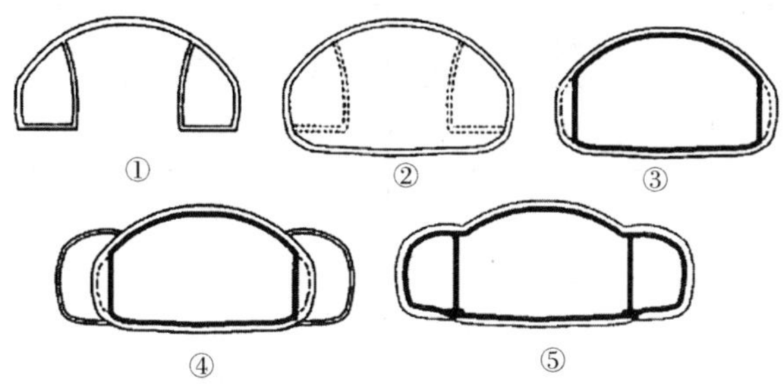

图 2-21　中洞法施工示意图

（二）柱洞法施工

施工中，先在立柱位置施作一个小导洞，可用台阶法开挖。当小导洞做好后，在洞内做底梁、立柱和顶梁，形成一个细而高的纵向结构（见图 2-22）。该工法的关键是如何确保两侧开挖后初期支护同步作用在顶纵梁上，而且柱子左右水平力要同时加上且保持相等，这是很困难的力的平衡和力的转换交织在一起的问题。在第④步增设强有力的临时水平支撑是解决问题的一个办法，但工程量大，不易控制。另一个办法是在第②步的空间内用片石（间层用素混凝土或三合土）回填密实，使立柱在承受不平衡水平力时，依靠回填物给予支持，这样左边和右边的施工就可以不同步地将水平荷载转移到立柱纵梁上。这样做虽能确保立柱的质量，但造价较高。

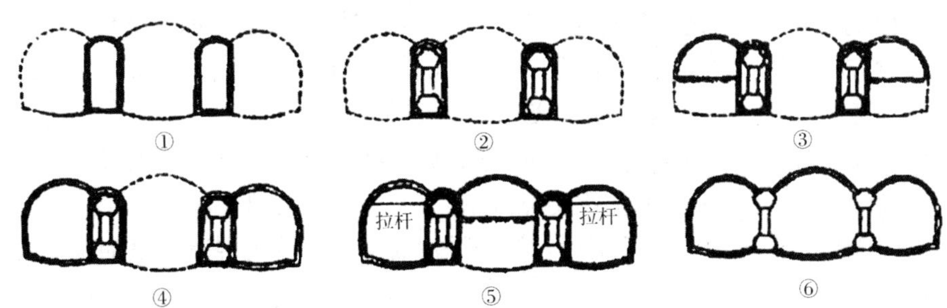

图 2-22　柱洞法施工示意图

（三）侧洞法施工

侧洞法施工是先开挖两侧部分（侧洞），在侧洞内做梁、柱结构，然后开挖中间部分（中洞），并逐渐将中洞顶部荷载通过侧洞初期支护转移到梁、柱上。

两侧洞施工时，中洞上方土体经受多次扰动，形成危及中洞的上小下大的梯形、三角形。该土体直接压在中洞上，中洞施工若不够谨慎就可能发生坍塌。采用该法施工引起的地面沉降较大，而中洞法则不会出现这种情况。

三种开挖方法的比较见表 2-26。施工中应尽量减少对围岩的扰动,优先采用掘进机或人工开挖。采用爆破开挖时,应采取短进尺、弱爆破,必要时需要对爆破震动进行监控,爆破进尺一般不宜超过 1.0 m。

表 2-26 三种开挖方法比较

施工方法	中洞法	侧洞法	柱洞法
地面沉降	较大	较大	大
施工安全	中等	较高	中等
断面利用率	中等	中等	中等
施工环境	较好	较好	隧洞内稍差
受力条件	较好	较好	较差
废弃工程量	中等	较大	较小
造价	中等	高	较低

四、支护技术

(一)支护方式

浅埋暗挖法施工的隧道多采用复合式衬砌。支护设计时可分为 3 种情况:

(1)初期支护承受全部荷载,二次支护(内层衬砌)仅作为安全储备。

(2)初期支护与二次支护共同承担荷载。

(3)初期支护仅作为施工期间的临时支护,二次支护作为主要承载结构。

设计时应将结构设计、施工方法及支护方式、辅助施工方法等进行综合研究,并经试验段进行验证,在施工过程中根据量测数据不断进行改善。

一般地质条件下,初期支护类型由喷、锚、网、钢架或格架四种方式组成不同的结构形式。对于浅埋软弱地层,锚杆的作用明显降低,其顶部锚杆由于作用不大而常被取消,而采用刚度较大的初期支护。可采用喷射钢纤维混凝土代替网喷混凝土以加快支护速度及提高支护质量。

大断面软弱地层施工中采用分部开挖,其初期支护常与临时支护(临时仰拱、中隔墙)结合,使每块分部开挖后都及时封闭。为了强化初期支护,有时在做内层衬砌前才进行拆除。

(二)辅助施工

浅埋暗挖法施工,有时需要结合辅助施工方法进行。一般情况下可按以下次序依次选用:①上半断面留核心土环形开挖;②喷射混凝土封闭开挖工作面;③超前锚杆或超前小导管支护;④超前小导管周边注浆;⑤设置临时仰拱;⑥深孔注浆加固及堵水;⑦长管棚超前支护或注浆。

（三）降水措施

对于富含水层的浅埋隧道，应采取洞内降水（洞内轻型井点）或地表降水（地表深井）或二者相结合的降水措施，或结合周边围岩注浆堵水等措施，对地下水进行综合治理。

五、控制沉陷变形及防塌

（一）现场监控量测

在浅埋暗挖法施工中，应将现场监控量测作为一项重要工作，使施工现场每时每刻均处于受监控状态，以确保工程安全及控制沉陷变形。量测项目参见相关规范或表 2-23 和表 2-24。

现场量测数据应及时绘制成位移—时间曲线或散点图。曲线的时间横坐标下注明施工工序和开挖工作面距量测断面的距离。当曲线趋于平缓时，应进行数据处理或回归分析，以推算基本稳定时间、最终位移值，掌握位移变化规律。根据量测管理基准及隧道施工各阶段的沉陷变形控制标准进行施工管理。

当量测值超过标准时，应研究超标原因，必要时对已做支护体系进行补强及改进施工工艺。当曲线出现反弯点，即位移数据出现反常的急剧增长现象时，表明围岩与支护已呈不稳定状态，应加强监测和立即对支护体系补强，必要时应立即停止向前开挖及采取稳定工作面的措施，确保施工安全。经妥善处理后，方可继续向前施工。

（二）量测管理基准及施工各阶段沉陷变形控制标准的建立

施工中主要采用位移量测数据作为信息化管理目标。管理基准值应根据现场的特定条件来制定。控制变形总量可参考表 2-27 确定。

表 2-27　量测数据管理基准值

指标内容	日本、法国、德国规范综合值	推荐基准值	
		城市地铁	山岭隧道
地面最大沉陷量	50 mm	30 mm	60 mm
地面沉陷槽拐点曲率	1/300	1/500	1/300
地层损失系数	5%	5%	5%
洞内边墙水平收敛	20～40 mm	20 mm	(0.1～0.2)D%
洞内拱顶下沉量	75～229 mm	50 mm	(0.3～0.4)D%

注：D 为开挖硐室最大宽度，m。

当地面建筑对地层沉陷敏感时，应采取控制沉陷的多种措施（包括改善围岩条件等）。不易达到要求或极不经济时，可同时采取结构加固措施，并建立相应的基准值。

隧道施工量测数据管理基准值应细化为各施工阶段控制标准。控制标准值一般分为 3 个控制水平：Ⅰ级为安全值（相应安全系数在 1.5～2.0 以上），Ⅱ级为警戒值（安全系数为 1.5～2.0），Ⅲ级为危害值（安全系数为 1.1 左右）。施工中量测数值处于Ⅲ级时，应立即停止向前掘进，补强已有支护体系，使已施工地段迅速稳定，并研究改进方案。

思考题

1. 新奥法施工的基本原则是什么？与传统矿山法有何异同？
2. 为何说监控量测是新奥法的精髓？
3. 按导坑的位置不同，导坑法可分为哪些具体方法？
4. 什么是CD法和CRD法？两者的区别是什么？
5. 钻眼机具包括哪些？钻眼机械和钻眼工具各有哪些类型？
6. 何谓殉爆？何谓殉爆距离？实际装药时，对药卷距离有何要求？
7. 掏槽方式有哪些？各有什么特点？
8. 爆破设计时，如何确定炸药单耗量？如何确定炮眼密度？
9. 掘进工作面的炮眼分哪几类？如何布置？
10. 何谓钢拱架支护？其施工技术特点是什么？
11. 系统锚杆、超前锚杆与局部锚杆的作用有何不同？
12. 普通水泥砂浆锚杆和缝管式摩擦锚杆的作用与施工方法有何不同？
13. 喷射混凝土由哪些材料组成？对各种材料的质量都有哪些要求？
14. 锚喷联合支护有哪些形式？
15. 装渣机有哪些分类方式和类型？
16. 地下工程运输方式有哪几类？各采用哪些运输设备？
17. 何谓浅埋暗挖法？其施工技术特点如何？
18. 超前管棚支护和超前小导管注浆支护有何不同？
19. 浅埋暗挖法施工的基本原理与施工原则是什么？
20. 比较中洞法、柱洞法和侧洞法施工特点有何不同？

第三章　盾构法

第一节　概　述

一、盾构法的基本原理

盾构(Shield)是盾构掘进机的简称,是在刚壳体保护下完成隧道掘进、拼装作业,由主机和后配套系统组成的机电一体化设备,是一个既可以支撑地层压力又可以在地层中推进的活动钢筒结构。钢筒的前端设置有支撑和开挖土体的装置,钢筒的中段安装有顶进所需的千斤顶,钢筒尾部可以拼装预制隧道衬砌环。盾构每推进一环距离,就在盾尾支护下拼装一环衬砌,并向衬砌环外围的空隙中压注水泥砂浆,以防止隧道及地面下沉。盾构推进的反力由衬砌环承担。盾构具有开挖切削土体、输送土渣、拼装隧道衬砌、测量导向纠偏等功能,而且要按照不同的地质条件进行“量体裁衣”式的设计制造,可靠性要求极高。

以盾构为核心的一套完整的建造隧道的施工方法称为盾构法,其施工概貌如图 3-1 所示,施工工艺流程可概括如下(见图 3-2):

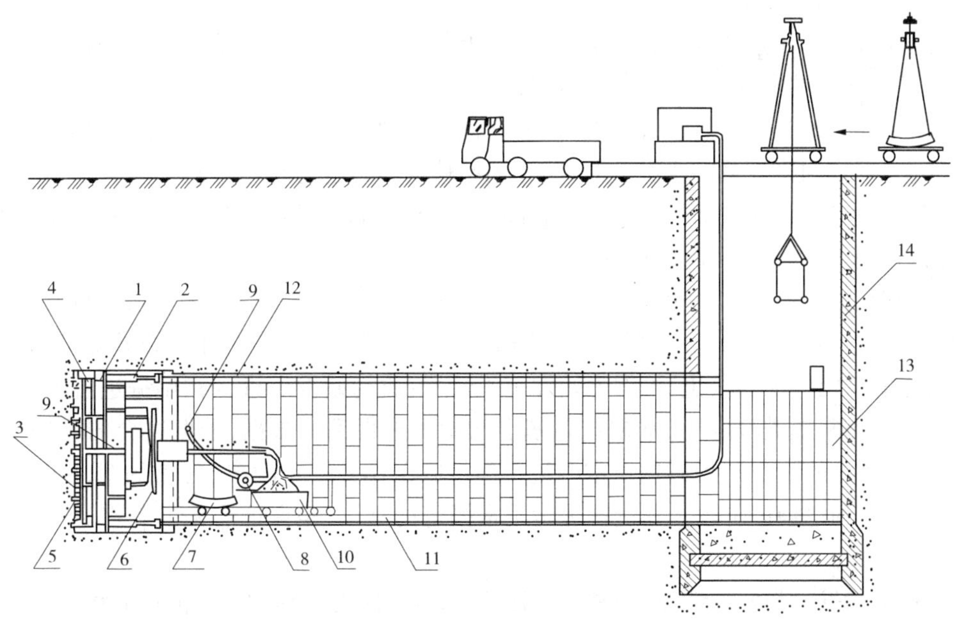

1—盾构;2—盾构千斤顶;3—盾构正面网格;4—出土转盘;5—出土皮带运输机;6—管片拼装机;7—管片;8—注浆泵;9—注浆孔;10—出土机;11—管片衬砌;12—在盾尾空隙中的注浆;13—后盾装置;14—竖井

图 3-1　盾构法施工示意图(网格盾构)

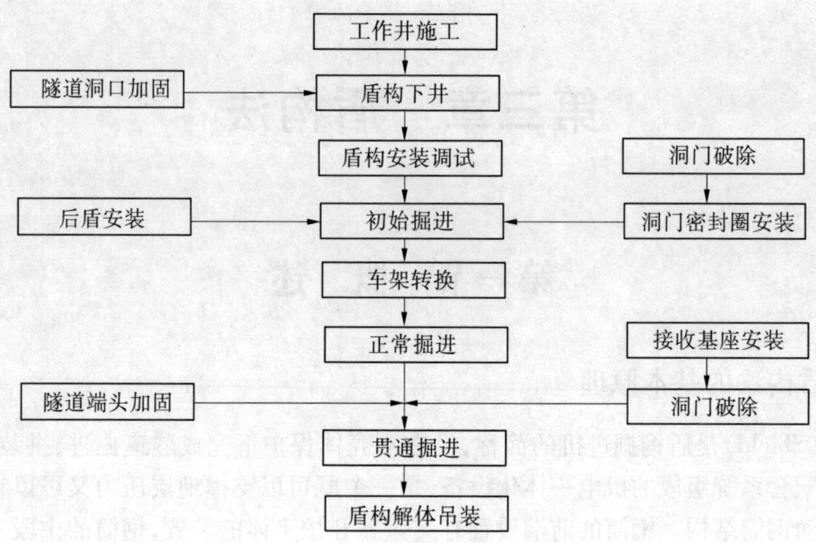

图 3-2　盾构法施工工艺流程图

(1)在盾构法施工隧道的起始端和终端各建一个工作竖井,分别称为始发井(或称拼装室)和到达井(或称拆卸室)。特别长的隧道,还应设置中间检修工作井(室)。

(2)把盾构主机和配件分批吊入始发井中,并组装成整机,随后调试其性能使之达到设计要求。

(3)洞口地层加固。

(4)依靠盾构千斤顶推力(作用在已拼装好的衬砌环和始发井后壁上)将盾构从始发井的墙壁开孔处推出(此工序称为盾构出洞,即盾构始发)。

(5)盾构在地层中沿着设计轴线推进,在推进的同时不断出土和安装衬砌管片。

(6)及时向衬砌背后的空隙注浆,防止地层移动和固定衬砌环位置。

(7)盾构进入到达井而后被拆除(此工序为盾构进洞,即盾构到达)。如施工需要,可穿越到达井或盾构过站再向前推进。

盾构掘进由始发工作井始发,到隧道贯通、盾构机进入到达工作井,一般经过始发、初始掘进、转换(台车转换)、正常掘进、到达掘进 5 个阶段。盾构自基座上开始推进到盾构掘进通过洞口土体加固段止,可作为始发施工阶段;盾构始发后进入初始掘进阶段;台车转换后进入正常掘进阶段(正常掘进是基于初始掘进得到的数据,采取适合的掘进控制技术,高效掘进的阶段);当盾构正常掘进至离接收工作井一定距离(通常为 50 ~ 100 m)时,盾构进入到达掘进阶段。到达掘进是正常掘进的延续,是保证盾构准确贯通、安全到达的必要阶段。

盾构的始发分为两种情况:一种是直接始发,即车站有足够的长度能把后续台车放到站台层内,整台盾构设备正常连成一体始发;另一种是转换始发,此时仅提供车站工作井安放盾构,而台车只能安放在地面,通过临时管线将盾构和台车连接起来,等盾构掘进至能将全部台车放入隧道的长度以后,再将台车放入隧道内与盾构连成一体。该过程即为盾构台车转换。

在施工过程中,保证开挖面稳定的措施、盾构沿设计路线的高精度推进(盾构的方向、姿态控制)、衬砌作业的顺利进行这三项工作最为关键,称为盾构工法的三大要素。为了加强掘进质量控制,常把开挖控制、一次衬砌、线形控制和壁后注浆称为盾构掘进控制的“四要素”。

盾构法施工的基本条件如下:

(1)线位上允许建造用于盾构进出洞和出渣进料的工作井。

(2)隧道要有足够的埋深,覆土深度不宜小于6 m。

(3)相对均质的地质条件。

(4)如果是单洞则要有足够的线间距,洞与洞及洞与其他建(构)筑物之间所夹岩土体加固处理的最小厚度为水平方向1.0 m、竖直方向1.5 m。

(5)从经济角度讲,连续的施工长度不小于300 m。

二、盾构法的优缺点

盾构法施工的主要优点体现在:

(1)除竖井施工外,施工作业均在地下进行,既不影响地面交通,亦可减少对附近居民的噪声和振动影响。

(2)盾构推进、出土、拼装衬砌等主要工序循环进行,施工易于管理。

(3)土方量较少。

(4)穿越河道时不影响航运。

(5)施工不受风雨等气候条件影响。

(6)在土质差、水位高的地方兴建埋深较大的隧道,盾构法有较高的技术经济优势。

盾构法施工的缺点主要体现在:

(1)当隧道曲线半径过小时,施工较为困难。

(2)在陆地建造隧道时,如隧道覆土太浅,则盾构法施工困难很大;而在水下时,如覆土太浅,则盾构法施工不够安全。

(3)盾构施工中采用全气压方法以疏干和稳定地层时,对劳动保护要求较高,施工条件差。

(4)盾构法隧道上方一定范围内的地表沉陷难以完全防止,特别是在饱和含水松软的土层中,要采取严密的技术措施才能把沉陷限制在很小的限度内。

(5)在饱和含水地层中,盾构法施工所用的拼装衬砌,对达到整体结构防水性的技术要求较高。

近年来,由于盾构法施工技术的不断改进,机械化程度越来越高,对地层的适应性也越来越好。盾构法因其先进的施工工艺和不断完善的施工技术,以及在施工过程中对周围环境影响小、自动化程度高、施工快速、安全、不受气候及地面交通影响等优点而受到人们的重视,已成为城市地下隧道以及越江公路隧道、输水隧洞以及地下管线共同沟等的主要修建方法之一。近年来,随着盾构设备在工程成本中所占比重的下降,盾构法施工的工程造价已大幅度降低,特别是在地层条件差、地质情况复杂、地下水位高等情况下,盾构法更显其技术经济优势。

三、盾构技术的发展

盾构法的起源可追溯到1818年,当时法国工程师布鲁诺尔观察了小虫腐蚀船底木板的经过,在此基础上提出了盾构工法。1869年,英国人格雷脱海特成功地应用了P. W. Barlow式盾构修建英国伦敦泰晤士河Tower水底隧道后,才使盾构法得到普遍认可。1874年在英国伦敦城南线修建Vyrnwy隧道时,格雷脱海特创造了比较完整的用压缩空气来防水的气压盾构施工工艺,使水底隧道施工有了惊人的发展,并为现代化盾构奠定了基础。

20世纪初,盾构法施工已在英国、美国、法国、德国和苏联等国开始推广,被广泛用于公路、地铁和市政隧道的建设中,并在加气压施工方法和盾尾注浆技术等方面有了突破性的发展。20世纪30~40年代,这些国家已相继成功地使用盾构法建成了内径3~9 m的多条地下铁道及水底隧道。从20世纪60年代起,盾构法在日本得到了迅速的发展,其用途也越来越广。为防止地层沉降对建筑物、管道的影响,日本和德国还研究开发了盾构开挖面的稳定技术。1967年世界上第一台泥水加压式盾构研制成功,1974年第一台土压平衡盾构研制成功,并相继投入使用,开辟了能有效控制地面沉降的新途径,标志着盾构法施工技术进入了一个崭新的阶段。它们可以在大范围的工程地质和水文地质条件下使用,机械化程度高且施工速度快。除在岩石和半岩石土层的地质条件下,钻爆法和盾构法的竞争较激烈外,在软岩、不稳定岩层以及软土地层中盾构法施工将更加经济有效。

从世界范围来看,在盾构法隧道施工技术方面,日本和欧洲处于领先地位。日本建成的东京湾海底隧道,施工用盾构机直径达14.4 m,隧道埋深20 m,海底洞段长9.5 km;英国和法国合建的英吉利海峡隧道,施工用盾构机直径7.82 m,隧道埋深达110 m,海底洞段长达39 km。这两项工程的顺利完成,将世界盾构法隧道施工技术推进到一个新阶段。

我国采用盾构法施工起步较晚,但发展很快,目前能够自行研制和生产部分盾构机器设备。1957年北京结合排水工程,先后对直径2.0 m和2.6 m的盾构进行研制与应用。1963年,上海结合地铁前期研究工作,在开发软质黏性土地层用盾构设备与应用技术方面建立了盾构设计研究机构和施工、制造专业队伍,成为我国最早的一个盾构技术研发基地。20世纪60年代以后,上海先后开发出了网格式盾构、施加局部气压、水力输土和垂直顶升等技术。1970年,上海隧道工程公司使用直径为10.2 m的挤压式盾构机,修建穿越黄浦江的第一条水下隧道,实现了中国用盾构法修建公路隧道"零"的突破。1988年完工的另一条黄浦江水底隧道——延安东路北线隧道,盾构施工段长1 476 m,线路平面呈S形,曲率半径500 m,纵坡3%,该隧道除穿越黄浦江外,还要在高层建筑群和地下管线等重要环境保护地段通过,而且是利用我国自行设计和制造的直径为11.3 m的网格式水力机械盾构机修建的。20世纪80年代中期,上海又开始进行土压平衡和泥水加压盾构的研制,并取得了成功。随着我国城市地铁工程建设的发展,特别是近10年来,盾构技术得到了迅速发展,已广泛应用于城市地铁隧道的建设中。但是,一方面,从工程造价上来看,采用盾构法施工的隧道是非常昂贵的,这在一定程度上制约了城市地下空间的开发和利用;另一方面,目前我国盾构隧道领域的基础研究和应用技术水平与盾构隧道技术发达的国家相比还有较大差距,在较多领域尚未进行过专项研究,缺乏经验,很多技术空白亟待研究解决。

盾构施工开挖面稳定技术的研发历史，是从压气施工法的“气”演变到泥水式的“水”和土压式的“土”。“开挖面稳定”和“盾构开挖”技术已达到比较完善的程度。目前盾构一般指密封式的泥水式和土压式盾构。盾构技术为了更好地应用于复杂城市环境中的地下工程施工，适应各种复杂的施工环境，其主要发展方向可以归结为：长距离掘进技术、大埋深掘进技术、大断面开挖技术、自动化开挖技术、特殊形状断面开挖技术、盾构机直径变化技术、盾构机的分岔和对接技术、急转弯掘进技术等。

目前，对盾构施工技术的研究主要集中在三个大的方面：

(1)新型盾构机的研制。超大直径圆形断面盾构机的研制，用于建设海底、江底公路，实现单向 3 车道，达到高速公路车流要求；研制超小直径盾构机，适应在市区密集建筑施工，具有自动导向、自动避开障碍物等功能；开发异形断面盾构机，满足异形断面隧道建设的需要；研制能适应在大坡度、小曲率半径上掘进的盾构机。

(2)对盾构施工技术的研究。包括如何控制好盾构的姿态，怎样保持开挖面稳定等，这是盾构施工的关键。

(3)对施工扰动的研究。包含三个层次的内容：盾构掘进引起的土体变形预测与控制；盾构施工对土体的扰动，或者说盾构施工造成土体损伤的判断及减少扰动或损伤的对策研究；盾构施工与已建隧道、周边构筑物和土工环境的相互影响研究及保护措施。

第二节　盾构机的构造与分类

一、盾构机的构造

盾构在地层中穿越，要承受水平荷载、竖向荷载和水压力，如果地面有构筑物，还要承受这些附加荷载。盾构推进时，要克服正面阻力。所以，要求盾构具有足够的强度和刚度。大型盾构考虑到水平运输和垂直吊装的困难，可制成分体式，到现场进行就位拼装，部件的连接一般采用定位销定位，高强度螺栓连接，最后焊接成型。

盾构的外形即盾构的断面形状，有圆形、双圆、三圆、矩形、马蹄形、半圆形或与隧道断面相似的特殊形状等。例如：将人行隧道筑成矩形，最大地利用了挖掘空间；将水利隧道筑成马蹄形，使流体的力学性能达到最佳状态；将穿山隧道筑成半圆形，可以使底边直接与公路连接等。但是，绝大多数盾构还是采用传统的圆形。

盾构的种类很多，均由盾构壳体、掘削机构、搅拌装置、推进装置、排土机构、管片拼装机构等几部分组成，图 3-3 为简单的手掘式盾构基本构造图。

(一)盾构壳体

盾构壳体的主要作用就是用来保护掘削、排土、推进、衬砌拼装等设备以及人员操作的安全，故整个外壳采用一定厚度的钢板制作，并用环形梁加固支撑。根据位置的不同，通常把盾构外壳沿纵向从前往后分为切口环、支撑环和盾尾三部分。

1. 切口环

切口环位于盾构的最前端，起开挖和挡土作用。施工时最先切入地层并掩护开挖作

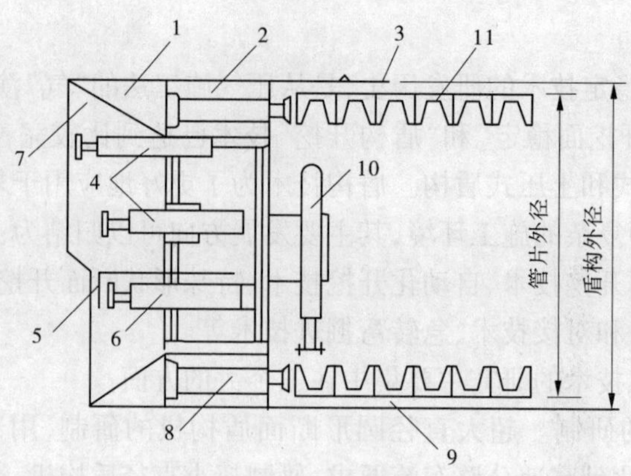

1—切口环;2—支撑环;3—盾尾;4—支撑千斤顶;5—活动平台;6—平台千斤顶;
7—切口;8—盾构千斤顶;9—盾尾空隙;10—管片拼装机;11—管片

图 3-3　手掘式盾构基本构造示意图

业,部分盾构切口环前端还设有刃口以减少切入地层的扰动。切口环保持工作面的稳定,并把开挖下来的土砂向后方运输。因此,采用机械化开挖、土压式、泥水加压式盾构时,应根据开挖下来土砂的状态,确定切口环的形状和尺寸。

切口环的长度主要取决于盾构正面支撑、开挖的方法。就手掘式盾构而言,考虑到正面施工人员、挖土机具有回旋的余地等,大部分手掘式盾构切口环的顶部比底部长,犹如帽檐,有的还设有千斤顶控制的活动前沿,以增加掩护长度;机械化盾构切口环内按盾构种类安装各种机械设备。

如泥水盾构,在切口环内安置有切削刀盘、搅拌器和吸泥口;土压平衡盾构,安置有切削刀盘、搅拌器和螺旋输送机;网格式盾构,安置有网格、提土转盘和运土机械的进口;棚式盾构,安置有多层活络平台、储土箕斗;水力机械盾构,安置有水枪、吸口和搅拌器。

在局部气压、泥水加压、土压平衡等盾构中,因切口内压力高于隧道内压力,所以在切口环处还需布设密封隔板及人行舱的进出闸门。

切口环通常装有掘削机械和挡土设备,故又称掘削挡土部。切口的外形通常按照纵断面的不同分为阶梯形、斜承形和垂直形三种,如图 3-4 所示。

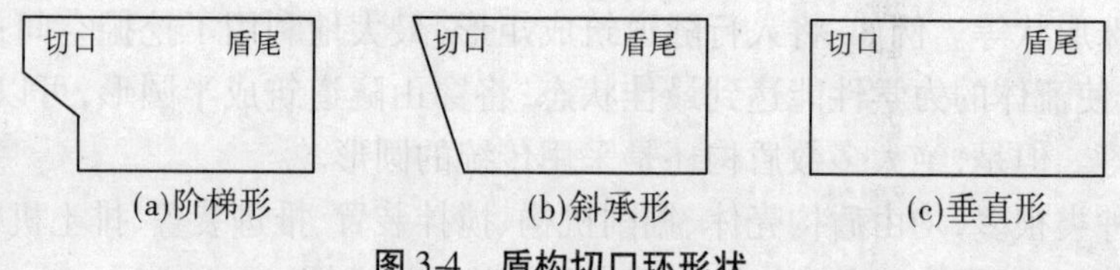

图 3-4　盾构切口环形状

2. 支撑环

支撑环即盾构的中央部位,是盾构的主体部分。支撑环内部通常装有刀盘驱动装置、排土装置、盾构千斤顶、举重臂支撑机构等。支撑环紧接于切口环,是一个刚性很好的圆形结构,承受地层压力、千斤顶的反作用力,以及切口入土正面阻力、衬砌拼装时的施工载荷等作用力。

在支撑环外沿布置有盾构千斤顶,中间布置拼装机及部分液压设备、动力设备、操纵控制台。当切口环压力高于常压时，在支撑环内要布置人工加、减压舱。

支撑环的长度应不小于固定盾构千斤顶所需的长度，对于有刀盘的盾构还要考虑安装切削刀盘的轴承装置、驱动装置和排土装置的空间。

3. 盾尾

盾尾即盾构的后部，主要用于掩护管片的安装工作。该空间内通常装有拼装管片的举重臂；为了防止周围地层的土砂、地下水及背后注入的泥浆窜入该部位，特设置盾尾密封装置。当盾尾密封装置损坏、失效时，在施工途中必须进行修理更换。盾尾长度要满足上述各项工作的进行。

盾尾厚度应尽量薄，可以减小地层与衬砌间形成的建筑空隙，从而减少注浆工作量，对地层扰动范围也小，有利于施工。但盾尾也需承担土压力，在遇到纠偏及隧道曲线施工时，还有一些难以估计的载荷出现，所以其厚度应综合上述因素来确定。

盾尾密封装置应能适应盾尾与衬砌间的空隙，由于施工中纠偏的频率很高，因此要求密封材料要富有弹性、耐磨、防撕裂等，其最终目的是要能够止水。盾尾密封装置的形式有多种，目前常采用多道、可更换的盾尾密封装置，盾尾的道数根据隧道埋深、水位高低来定，一般取 2 ~ 3 道，如图 3-5(a)所示。

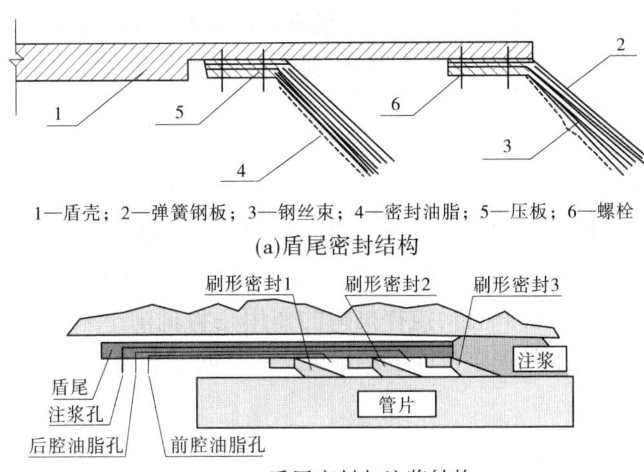

1—盾壳；2—弹簧钢板；3—钢丝束；4—密封油脂；5—压板；6—螺栓

(a)盾尾密封结构

(b)盾尾密封与注浆结构

图 3-5　盾尾密封示意图

盾构机盾尾密封及注浆结构示意如图 3-5(b)所示。从图中可以看出，盾尾有三道密封刷，盾尾密封刷之间的间隙通过注入盾尾密封油脂，保证盾尾管片背后同步注浆的浆液不会从管片和盾构机之间的间隙漏出，同时防止地下水渗漏到盾构机内。如果盾尾刷损坏，导致盾尾漏浆，地表下沉严重，同时地下水流入隧道，后果将不堪设想。盾尾密封刷需要时常更换，更换尽量避免在软土地层更换，因为在软岩地层中盾构机在自重的作用下，容易发生低头，一旦发生盾构机低头就较难处理。盾尾密封刷更换需要进行焊接作业，先将旧的盾尾刷拆除，再将新的盾尾刷焊接到盾尾。施焊需要良好的作业环境，为了保证焊接的质量和方便作业，必须在无水或者少水的环境下进行作业。

(二)掘削机构

掘削机构的主要功能是利用切削工具将盾构前方的土体予以切除，并通过排土机构输向后方隧洞,最后运送至地面排出。对人工掘削式盾构而言,掘削机构即鹤嘴锄、风镐、铁锹等;对半机械式盾构而言,掘削机构即铲斗、掘削头;对机械式、封闭式(土压式、泥水式)盾构而言,掘削机构主要是掘削刀盘。

掘削刀盘通常制作成可转动或摇动的盘状掘削器,主要由具有一定开口率的稳定开挖面的面板、分布在面板上的刀具以及可转动或摇动的轴承机构等组成。刀盘设置在盾构的最前方,既能掘削地层的土体,又能对掘削面起一定支撑作用,从而保证掘削面的稳定。

刀盘的正面形状根据需要可加工成面板式和辐条式两种。面板式刀盘通常由辐条、刀具、槽口及面板组成,属封闭式结构,其特点是面板可用来直接支撑掘削面,即实现挡土功能,从而有利于开挖面的稳定;但缺点是在掘削软黏土地层时黏土易黏附在面板表面。辐条式刀盘主要由辐条及设在辐条上的刀具构成,属敞开式结构,其特点是刀盘的掘削扭矩小,排土容易;但缺点是不适用于地下水压大、易坍塌的土层,易引发喷水、喷泥事故。

刀具的作用主要是利用刀盘的旋转来切削开挖面上的岩土。刀盘上通常布置的刀具有四种,即齿形刀、屋顶形刀、镶嵌刀及盘形滚刀。齿形刀和屋顶形刀主要用于砂、粉砂和黏土等软弱地层的掘削,镶嵌刀和盘形滚刀主要用于砾石层、岩层和风化花岗岩地层的掘削。

刀盘的旋转是通过固定刀盘的主轴或轴承机构的转动来实现的,而轴承的旋转又是通过皮带减速机的油压马达或电动马达经过副齿轮驱动安装在掘削刀盘后面的齿轮或销锁机构来带动的。根据固定方式的不同,可将刀盘的支撑方式分为中心支撑式、中间支撑式和周边支撑式三种。

(三)搅拌机构

搅拌机构主要用于密封式盾构掘进,实际上是土压盾构和泥水盾构的专用机构。对于土压盾构,搅拌机构是附在刀盘背面的突起物,其作用是随着刀盘的转动将涌入土舱内的渣土与注入的添加剂搅拌均匀,提高渣土的流塑性,以防堆积黏固,从而有利于排土效率的提高。而对于泥水盾构而言,搅拌机构的作用是将掘削下来的土砂与泥水舱内的泥水混合均匀,并形成利于排泥泵排除的浓泥浆,为了防止土砂在舱底沉淀,通常将搅拌机构设在泥水舱底部。

(四)推进机构

盾构能够在土中顺利前行,主要是依靠盾构外壳内侧沿环形中梁布置的推进千斤顶,千斤顶的另一端顶在已经组装好的管片衬砌上,利用推进油缸的伸缩来推动盾构前行,如图 3-3 所示。一般情况下,盾构千斤顶应等间隔地设置在支撑环的内侧,紧靠盾构外壳的地方,并且千斤顶的伸缩方向应与隧道辅线方向平行。

推进油缸的数量较多,如果要对每个油缸都单独控制的话,控制路线将会很烦琐而且难度很大。现在大多数盾构机采用的都是分区控制的方式,即把所有的油缸分成组,对每组分别进行控制,这样不仅减少了控制路线,简化了控制方法,同时很好地保证了盾构机的正常运行和各功能的正确实现,使得实地操作更为方便。

1. 盾构千斤顶的选择和配置

盾构千斤顶的选择和配置应根据盾构的灵活性、管片的构造、拼装管片的作业条件等来确定。选定盾构千斤顶时必须注意以下事项:

(1)千斤顶要尽可能轻,且经久耐用,易于维修保养和更换。

(2)采用高液压系统,使千斤顶机构紧凑。目前,使用的液压系统压力值为 30 ~ 40 MPa。

(3)千斤顶要均匀地配置在靠近盾构外壳处,使管片受力均匀。

(4)千斤顶应与盾构轴线平行。

2. 千斤顶的数量

千斤顶的数量应根据盾构直径、千斤顶推力、管片的结构、隧道轴线的情况综合考虑。一般情况下,中小型盾构每只千斤顶的推力为 600 ~ 1 500 kN,在大型盾构中每只千斤顶的推力多为 2 000 ~ 2 500 kN。

3. 千斤顶的行程

盾构千斤顶的行程应考虑到盾尾管片拼装及曲线施工等因素,通常取管片宽度加上 100 ~ 200 mm 的余量。

另外,成环管片有一块封顶块,若采用纵向全插入封顶,则在相应的封顶块位置应布置双节千斤顶,其行程约为其他千斤顶的 1 倍,以满足拼装成环的需要。

4. 千斤顶的速度

盾构千斤顶的速度必须根据地质条件和盾构形式确定,一般取 50 mm/min 左右,且可无级调速。为了提高工作效率,千斤顶的回缩速度要求越快越好。

5. 千斤顶块

盾构千斤顶活塞的前端必须安装顶块,顶块要采用球面接头,以便将推力均匀分布在管片的环面上,还必须在顶块与管片的接触面上安装橡胶或柔性材料的垫板,对管片环面起到保护作用。

(五)排土机构

不同类型的盾构机对应的排土机构是不同的。

例如,对于机械敞开式盾构而言,其排土装置包括铲斗、滑动导槽、漏土斗、皮带输送机,即开挖下来的渣土经铲斗倒入滑动导槽,再经漏土斗至皮带输送机,最后送至地面。

对于土压式盾构,其排土机构包括螺旋出土器、排土控制器、皮带输送机、泥土运输设备等,即通过螺旋出土器将土舱中的渣土送至皮带运输机上,经过皮带传送至后方的运土车上,再经地面吊车将运土车上的渣土吊至地面后运走。其中,排土控制器安置在螺旋输送机的后方,其作用是控制螺旋输送机的排土量和排土速度,并调节螺旋输送机内土体密度,防止喷水、喷砂,同时有调节舱内土压、稳定掘削面的作用。

对于泥水盾构而言,由于其工作机制是将具有一定压力的泥浆从地面注入泥水舱中,再与掘削下来的渣土进行混合,形成具有一定浑浊液的浓泥浆,经排泥泵排除至地面。因此,就必须有 2 套系统,即泥浆送入系统和泥浆排放系统。泥浆送入系统主要包括位于地表的泥水制作设备、注浆泵、泥水输送管以及泥水舱壁上的注入口等组成,而泥浆排放系统则由泥浆泵、泥水输送管及地表泥水储存池等组成。

(六)管片拼装机构

管片拼装机构设置在盾构的尾部,由举重臂和真圆保持器组成。举重臂常以液压为动力,其作用是将管片按设计规格和要求迅速、安全地拼装成整环。它包括搬运管片的钳夹系统和上举、旋转、拼装系统。

盾构向前推进时管片就从盾尾部脱出,管片受到自重和土压的作用会产生变形,当该变形量很大时,已成环管片与拼装环在拼装时就会产生高低不平,给安装纵向螺栓带来困难。为了避免管片产生高低不平的现象,就有必要让管片保持真圆,该装置就是真圆保持器。真圆保持器支柱上装有上、下可伸缩的千斤顶和圆弧形的支架,它在动力车架挑出的梁上是可以滑动的。当一环管片拼装成环后,就将真圆保持器移到该管片环内,支柱的千斤顶使支架圆弧面密贴管片后,盾构就可进行下一环的推进。盾构推进后圆环不易产生变形而保持着真圆状态。

二、盾构机的分类

盾构的类型很多,从不同的角度来看有不同的分类。

按盾构断面形状可分为圆形(单圆、双圆等)、拱形、矩形和马蹄形四种。圆形因其抵抗地层中的土压力和水压力较好,衬砌拼装简便,可采用通用构件,易于更换,因而应用较为广泛。

按盾构前部构造分为敞胸式和闭胸式两种。

按排除地下水与稳定开挖面的方式分为泥水加压、土压平衡式的无气压盾构,局部气压盾构或全气压盾构等。

按开挖面与作业室之间隔墙构造可分为全开敞式、半开敞式和密封式,如图 3-6 所示。全开敞式是指没有隔墙和大部分开挖面呈敞露状态的盾构机。根据开挖方式的不同,全开敞式可分为手掘式、半机械式和机械式三种。这种盾构机适用于开挖面自稳性好的围岩,在开挖面不能自稳的地层中施工时,需要结合使用气压施工法等辅助施工措施,以防止开挖面坍塌。半开敞式是指挤压式盾构机,这种盾构的特点是在隔墙的某处设置可调节开口面积的排土口,在盾构推进的同时,土体从排土口排出,然后运至地面。密封式是指在机械开挖式盾构机内设置隔墙,将开挖土砂送入开挖面和隔墙之间的刀盘腔内,采用出土器或泥管输出,盾构掘进中由泥水压力或土压力提供足以使开挖面保持稳定的压力。密封式盾构又分为泥水平衡式和土压平衡式。土压平衡式盾构又细分为一般土压式和加泥土压平衡式。

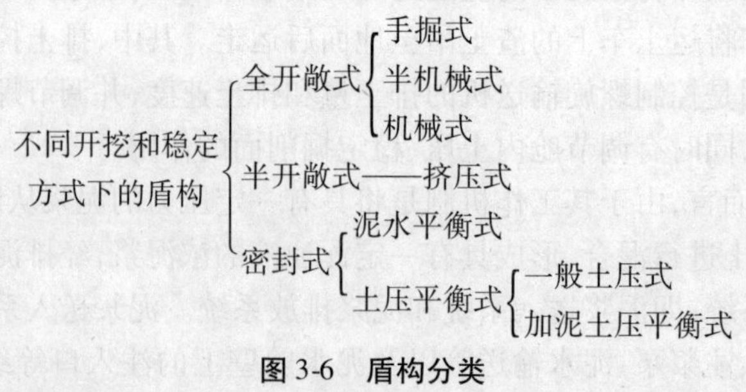

图 3-6　盾构分类

(一)手掘式盾构

手掘式盾构是结构最简单的一种盾构,如图 3-7 所示。其正面是开敞的,通常设置防止开挖顶面坍塌的活动前沿及上撑千斤顶、工作面千斤顶及防止开挖面坍塌的挡土千斤顶。开挖采用铁锹、镐、碎石机等开挖工具,人工进行。开挖面可以根据地质条件决定采用全部敞开式或用正面支撑开挖、一面开挖一面支撑。在松散的砂土地层,可以按照土的内摩擦角的大小将开挖面分为几层，此时的盾构称为棚式盾构。

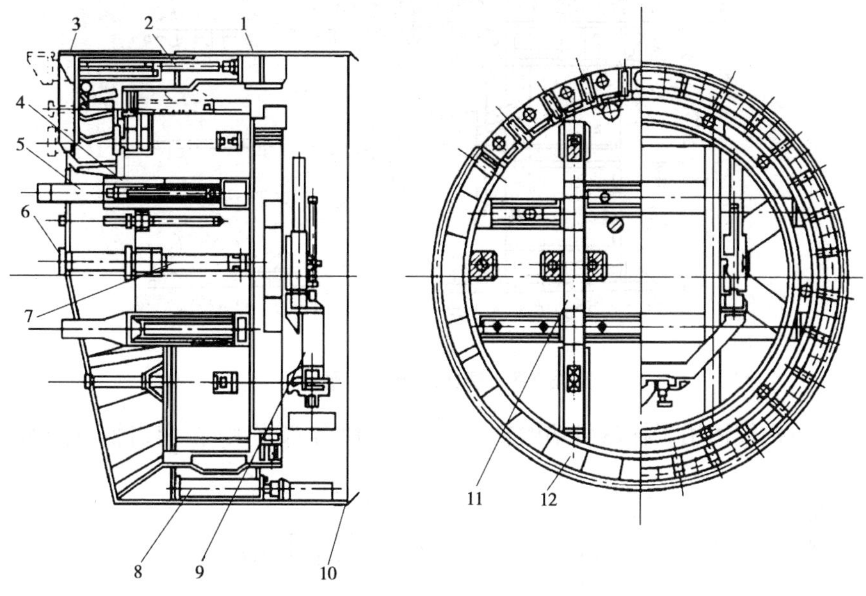

1—盾壳；2—前沿千斤顶；3—活动前沿；4—工作平台；5—活动平台；6—支护挡板；
7—支护千斤顶；8—盾构千斤顶；9—举重臂；10—盾尾密制装置；11—井字形隔梁；12—锥形切口

图 3-7　手掘式盾构示意图

手掘式盾构的主要优点是：施工人员随时可以观测地层变化情况，及时采取应对措施；当在地层中遇到桩、大石块等地下障碍物时，比较容易处理；可向需要方向超挖，容易进行盾构纠偏，也便于曲线施工；造价低，结构设备简单，易制造，加工周期短。

手掘式盾构的主要缺点是：在含水地层中，当开挖面出现渗水、流砂时，必须辅以降水、气压等地层加固措施；工作面若发生塌方，易引起危及人身和工程安全的事故；劳动强度大，效率低、进度慢，在大直径盾构中尤为突出。

手掘式盾构尽管有上述不少缺点，但由于简单易行，在地质条件良好的工程中仍广泛应用。目前，手掘式盾构一般用于开挖断面有障碍物、巨砾石等特殊场合，而且应用逐年减少。

（二）挤压式盾构

挤压式盾构（见图 3-8）的开挖面用胸板封起来，把土体挡在胸板外，对施工人员比较安全、可靠，没有塌方的危险。当盾构推进时，让土体从胸板局部开口处挤入盾构内，然后装车外运，不必用人工挖土，劳动强度小，效率也成倍提高。在特定条件下可将胸板全部封闭推进，就是全挤压推进。

挤压式盾构仅适用于松软可塑的黏性土层，适用范围较狭窄。在挤压推进时对地层土体扰动较大，地面会产生较大的隆起变形，所以在地面有建筑物的地区不能使用，只能用于空旷的地区或江河底下、海滩处等区域。

网格式盾构是一种介于半挤压和手掘式之间的盾构形式（见图 3-9）。这种盾构在开挖面装有钢制的开口格栅，称为网格。当盾构向前掘进时，土体被网格切成条状，进入盾构后运走；当盾构停止推进时，网格起支护土体的作用，从而有效地防止了开挖面的坍塌。网格式盾构对土体挤压作用比挤压式盾构小，因此引起地面的变形量也小一些。

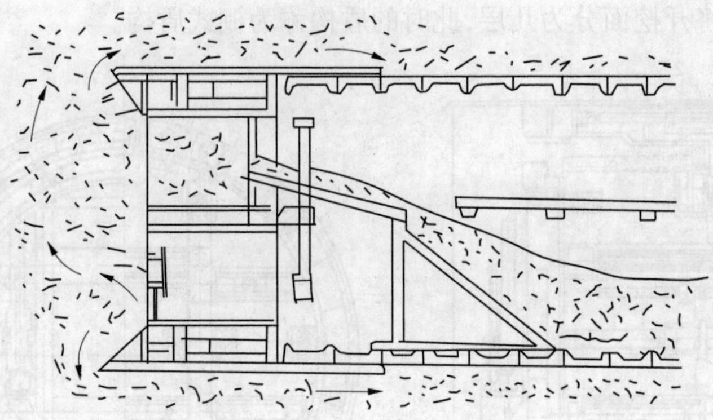

图3-8　挤压式盾构示意图

网格式盾构仅适用于松软可塑的黏土层,当土层含水率大时,尚需辅以降水、气压等措施。

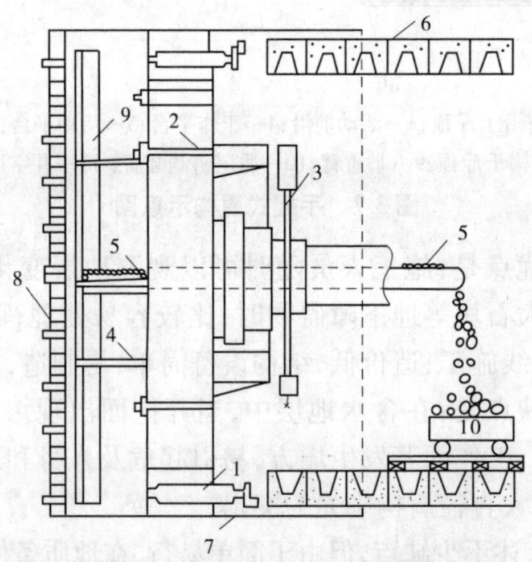

1—盾构千斤顶(推进盾构用);2—开挖面支撑千斤顶;3—举重臂(拼装装配式钢筋混凝土衬砌用);
4—堆土平台(盾构下部土块由转盘提升后落入堆土平台);5—刮板运输机(土块由堆土平台进入后输出);
6—装配式钢筋混凝土衬砌;7—盾构钢壳;8—开挖面钢网格;9—转盘;10—装土车

图3-9　网格式盾构示意图

(三)半机械式盾构

半机械式盾构是在手掘式盾构正面装上机械来代替人工开挖,根据地层条件,可以安装反铲挖土机或螺旋切削机(见图3-10)。土体较硬可安装软岩掘进机。半机械式盾构的适用范围基本上和手掘式盾构一样,其优点除可减轻工人劳动强度外,其余均与手掘式盾构相似。

(四)机械式盾构

机械式盾构是在手掘式盾构的切口部分装上一个与盾构直径一般大小的大刀盘,用来实现盾构施工的全断面切削开挖。

当地层土质好,能自立或采取辅助措施亦能自立时,则可用开胸机械式盾构;反之当

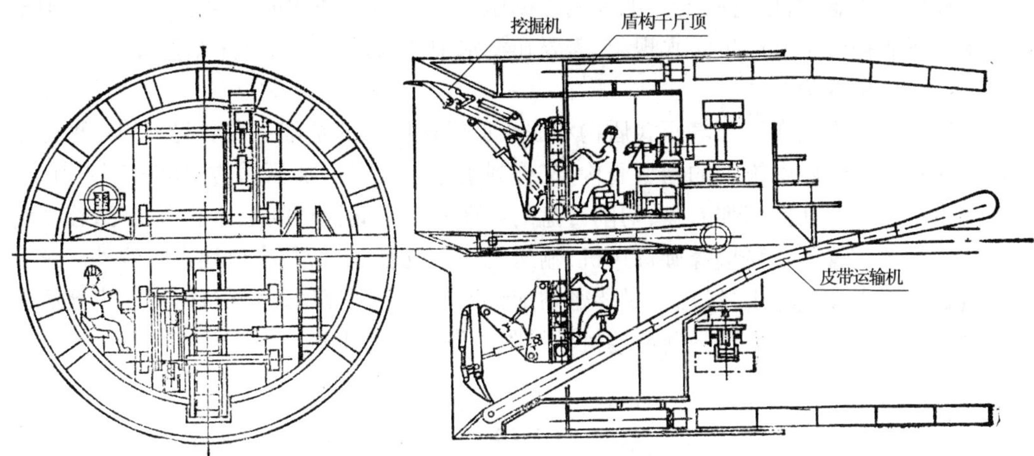

图 3-10　半机械式盾构示意图

地层土质差，又不能采用其他地层加固方法时，采用闭胸机械式盾构比较合适。

1. 泥水加压平衡盾构

泥水加压平衡盾构（见图 3-11）是一种封闭式机械盾构，亦称泥水平衡盾构。它是在机械盾构大刀盘的后方设置一道封闭隔板，隔板与大刀盘之间作为泥水仓。在开挖面和泥水仓中充满加压的泥水，利用泥水压力来支撑开挖面土体。刀盘切削下来的土在泥水中经过搅拌机搅拌，用杂质泵将泥浆通过管道输送到地面集中处理。

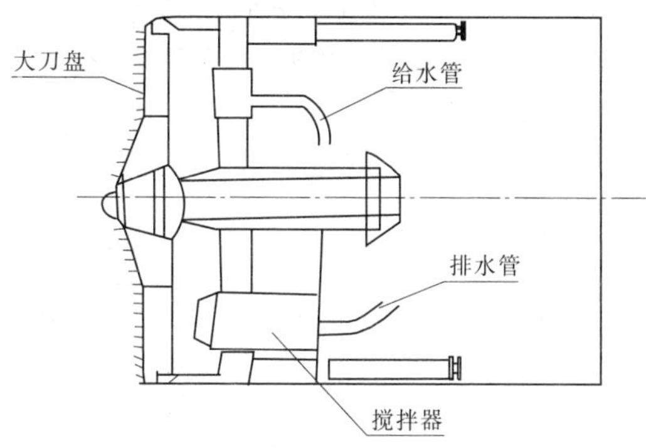

图 3-11　泥水加压平衡盾构示意图

泥水平衡盾构的辅助配套设备较多。首先要有一套自动控制泥水输送系统，其次要有一套泥水处理系统，所以泥水盾构的主要缺点是设备费用较大。但是，像泥水处理系统这样的辅助设备可重复利用，经济上还是可行的。

泥水同时具有三个作用：①泥水的压力与开挖面水土压力平衡；②泥水作用到地层上后，形成一层不透水的泥膜，使泥水产生有效的压力；③加压泥水可渗透到地层的某一区域，使得该区域的开挖面稳定。

泥水加压盾构对地层的适用范围非常广泛。软弱的淤泥质土层、松散的砂土层、砂砾层、卵石砂砾层等均能适用。早期采用泥水平衡式盾构的工程比较多，但由于难以确保地面施工场地，近年来在市区选用逐渐减少。对于透水性较高的地基、巨砾地基，工作面的稳定往往比较困难,所以有必要考虑采用辅助施工法。如松动的卵石层和坚硬土层中采用泥水加压盾构施工会产生溢水现象,需要在泥水中加入一些胶合剂来堵塞漏缝。

2. 土压平衡盾构

土压平衡盾构是在局部气压式盾构和泥水加压式盾构的基础上发展起来的一种适用于饱和含水软弱地层中施工的新型盾构,又称削土密封或泥土加压盾构,如图 3-12 所示。它前端也是一个全断面切削刀盘,切削刀盘的后面有一个储留切削土体的密封舱,在密封舱中心线下部装置了长筒形螺旋输送机,输送机一头设有入口,其出口在密封舱外。螺旋输送机靠转速来控制出土量,出土量要密切配合刀盘的切削速度,以保持密封舱内充满泥土而又不致过于饱和。土压平衡盾构机械及附属设备见表 3-1。

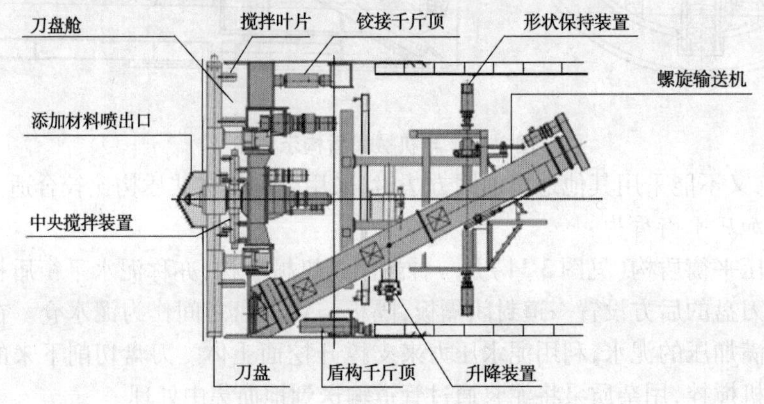

图 3-12　土压平衡盾构示意图

表 3-1　土压平衡盾构机械及附属设备

系统机械	机械要素	说明
开挖支护结构	切削刀盘	切削土体并起第一道挡土作用
	密封土舱	存储切削的土体并保持一定的压力
	盾构千斤顶	提供推力并实现盾构纠偏
	土压力计	监测土压并进行土压管理
添加剂注入装置	添加剂注入泵 添加剂注入口	
搅拌装置	切削刀盘	
	各种搅拌翼	防止共转、沉淀、黏附
排土设备	螺旋输送机	运输切削土
	闸门或旋转或漏斗等	调节出土量
管片拼装机构	拼装机	拼装管片
	千斤顶	拼装管片的主要作业工具

续表 3-1

<table>
<tr><th colspan="2">系统机械</th><th>机械要素</th><th>说明</th></tr>
<tr><td colspan="2" rowspan="2">润滑密封装置</td><td>油脂注入泵</td><td></td></tr>
<tr><td>盾尾密封舱</td><td></td></tr>
<tr><td colspan="2">扩挖装置</td><td>超挖刀</td><td>特殊情况下启用,如曲线施工</td></tr>
<tr><td rowspan="8">盾构附属设备</td><td rowspan="3">测量设备</td><td>铅锤</td><td>测俯仰、倾斜等</td></tr>
<tr><td>盾构千斤顶行程计</td><td>测偏转</td></tr>
<tr><td>激光束等</td><td>自动控制盾构姿态</td></tr>
<tr><td rowspan="3">注浆设备</td><td>注浆泵</td><td>一般安设在后方台车上</td></tr>
<tr><td>注浆管路</td><td>尽量使用活接头</td></tr>
<tr><td>密封材</td><td></td></tr>
<tr><td rowspan="2">后方台车</td><td>液压组件</td><td></td></tr>
<tr><td>电器组件</td><td></td></tr>
</table>

所谓土压平衡,就是盾构密封舱内始终充满了用刀盘切削下来的土砂,并保持一定压力平衡开挖面的土压力,以减少对土体的扰动,控制地表沉降。土压平衡盾构的基本原理可概括为:由刀盘切削土体,切削后的泥土送入土腔(工作室),土腔内的泥土与开挖面压力取得平衡的同时由土腔内的螺旋输送机出土,安装于排土口的排土装置在出土量与推进量取得平衡的状态下,进行连续出土。

由于土压平衡盾构是由挖出的泥土进入土腔内的,对于软弱的黏性土层,由刀盘切削后的泥土强度一般比原状土的强度低,因而易流动。即使是内聚力高的土层中,也由于刀盘的搅拌作业和螺旋输送机的搬运作用搅乱了土体,使土的流动性增大,因此充满在土腔内和螺旋输送机内的泥土的土压可与开挖面的土压达到相等。当然,这种充满在土腔和输送机内的泥土的土压必须与开挖面土压相等的情况下由螺旋输送机排土,挖掘量与排出量要保持平衡。但是,当地层中的含砂量超过一定限制或者在砂质土层中掘进时,由刀盘切削下来的土砂流动性变差,而且当土腔内泥土过于充满并固结时,泥土就会压密,难以挖掘和排土,推进就会被迫停止。也就是说,在砂、砂砾的砂质地层中,土的摩擦阻力大,地下水丰富,透水系数高,依靠挖掘土的土压和排土机构与开挖面的压力(土压和地下水水压)达到平衡就很困难。解决这种问题的办法是向土腔内添加膨润土、黏土等进行搅拌,或者喷入水和空气,以增加土腔内土的流动性,进而获得这种平衡。

土压平衡盾构克服了泥水加压式盾构投资较大的缺点,其适用范围较广,可用于含水饱和软弱地层、黏土、砂土、砂砾、卵石土层等。由于土压平衡盾构适用的地层范围较大,竖井用地也比较少,所以近年来得到了广泛的应用。

根据开挖面稳定机构,土压平衡盾构又分为削土加压式、加水式、高浓度泥浆式和加泥式四类。

(1)削土加压式,又称切削土加压搅拌式。在土腔内喷入水、空气或添加混合材料,来保证土腔内土砂的流动性。在螺旋输送机的排土口装有可止水的旋转式送料器(转向阀或旋转式漏斗),送料器的隔离作用能使开挖面稳定。

(2)加水式。向开挖面加入压力水,保证挖掘土的流动性,同时让压力水与地下水压相平衡。开挖面的土压由土腔内的混合土体的压力相平衡。为了确保压力水的作用,在螺旋输送机的后部装有排土调整槽,控制调整槽的开度使开挖面稳定。

(3)高浓度泥浆式。向开挖面加入高浓度泥浆,通过泥水和挖掘土的搅拌,保证开挖面土的流动性,使得开挖面土压和水压由高浓度泥水的压力来平衡。在螺旋输送机的排土口装有旋转式送料器,送料器的隔离作用使开挖面稳定。

(4)加泥式。开挖面注入黏土类材料和泥浆,由辐条形的刀盘和搅拌机混合搅拌挖掘的土,使其具有止水性和流动性。这种改良土的土压与开挖面的土压、水压达到平衡,使开挖面保持稳定。

三、盾构机的选型

与其他隧道施工方法不同,盾构机是根据每一个施工区段的地质条件、地下水条件、隧道断面大小、区间线路条件、周围建筑物环境等条件进行设计制作。所以,盾构机不是通用机械,而是针对某种条件的专用机械,也就是说,一般很难将盾构机转用到设计隧道以外的工程中加以利用。

盾构机在地下的施工是不可后退的。盾构机在地下开始掘进施工后,就很难对盾构机的结构组成进行修改。除刀头等部位可以通过特殊的设计得到更换外,盾构刀盘、压力舱、排土器、推进系统等很难在施工过程中进行修改。

所以,盾构机的设计、制作是否恰当即盾构选型从根本上决定了隧道施工的成功与否,是盾构隧道施工最关键的环节。盾构法施工自应用以来,因盾构选型欠妥或者不恰当,致使隧道施工过程出现事故的情况很多。

盾构选型应遵守以下原则:

(1)选用与工程地质条件相匹配的盾构机型,确保施工绝对安全。

(2)辅以合理的辅助工法。

(3)盾构的性能应能满足工程推进的施工长度和线形的要求。

(4)选定的盾构机的掘进能力可与后续设备、始发基地等施工设备相匹配。

(5)选择对周围环境影响小的机型。

选择时,既要考虑不同盾构的特征,又要考虑开挖面有无障碍物、开挖面能否保持稳定以及其经济性。对于软土地区城市隧道施工,一般优先选择密闭式盾构,如泥水加压盾构和土压平衡盾构。虽然这两种盾构形式是当前最先进的盾构形式,但由于其造价较高,还不能取代其他类型的盾构形式。泥水加压盾构和土压平衡盾构的特点比较见表 3-2。当某施工范围内的土体为软土,并且地质情况变化不大,地表对控制沉降要求不高时,可采用挤压盾构。当施工沿线有可能出现障碍物时,也可以采用敞开手掘式盾构。在国内,由于受工程造价及竖井用地面积和挖掘土处理的影响,大部分都选用加泥式土压平衡盾构。

表 3-2　盾构类型特点对比

项目	土压平衡盾构	泥水加压盾构
稳定开挖面	保持土舱压力,维持开挖面土体稳定	有压泥水能保持开挖面地层稳定
地质条件适应性	在砂性土等透水性地层中要有土体改良的特殊措施	无需特殊土体改良措施,有循环的泥水(浆)能适应各种地质条件
抵抗水土压力	靠泥土的不透水性在螺旋机内形成土塞效应抵抗水土压力	靠泥水在开挖面形成的泥膜抵抗水土压力,更能适应高水压地层
控制地表沉降	保持土舱压力、控制推进速度、维持切削量与出土量相平衡	控制泥浆质量、压力及推进速度,保持送排泥量的动态平衡
隧洞内的出渣	用机车牵引渣车进行运输,由门吊提升出渣,效率低	使用泥浆泵这种流体形式出渣,效率高
渣土处理	直接外运	需要进行泥水处理系统分离处理
盾构推力	土层对盾壳的阻力大,盾构推进力比泥水平衡盾构大	由于泥浆的作用,土层对盾壳的阻力小,盾构推进力比土压平衡盾构小
刀盘及刀具寿命、刀盘转矩	刀盘与开挖面的摩擦力大,土舱中土渣与添加材料搅拌阻力也大,故其刀具、刀盘的寿命比泥水平衡盾构要短,刀盘驱动转矩比泥水平衡盾构大	切削面及土舱中充满泥水,对刀具、刀盘起到润滑冷却作用,摩擦阻力与土压平衡盾构相比要小,泥浆搅拌阻力小,相对土压平衡盾构而言,其刀具、刀盘的寿命要长,刀盘驱动转矩小
推进效率	开挖土的输送随着掘进距离的增加,其施工效率也降低,辅助工作多	掘削下来的渣土转换成泥水通过管道输送,并且施工性能良好,辅助工作少,故效率比土压平衡盾构高
隧洞内环境	需矿车运送渣土,渣土有可能撒落,相对而言,环境较差	采用流体输送方式出渣,不需要矿车,隧洞内施工环境良好
施工场地	渣土呈泥状,无需进行任何处理即可运送,所以占地面积小	在施工地面需配置必要的泥水处理设备,占地面积较大
经济性	只需要出渣矿车和配套的门吊,整套设备购置费用低	需要泥水处理系统,整套设备购置费用高

盾构选型一定要综合考虑各种因素,不仅是技术方面的,而且有经济和社会方面的因素,才能最后确定盾构类型。盾构选型流程如图 3-13 所示。

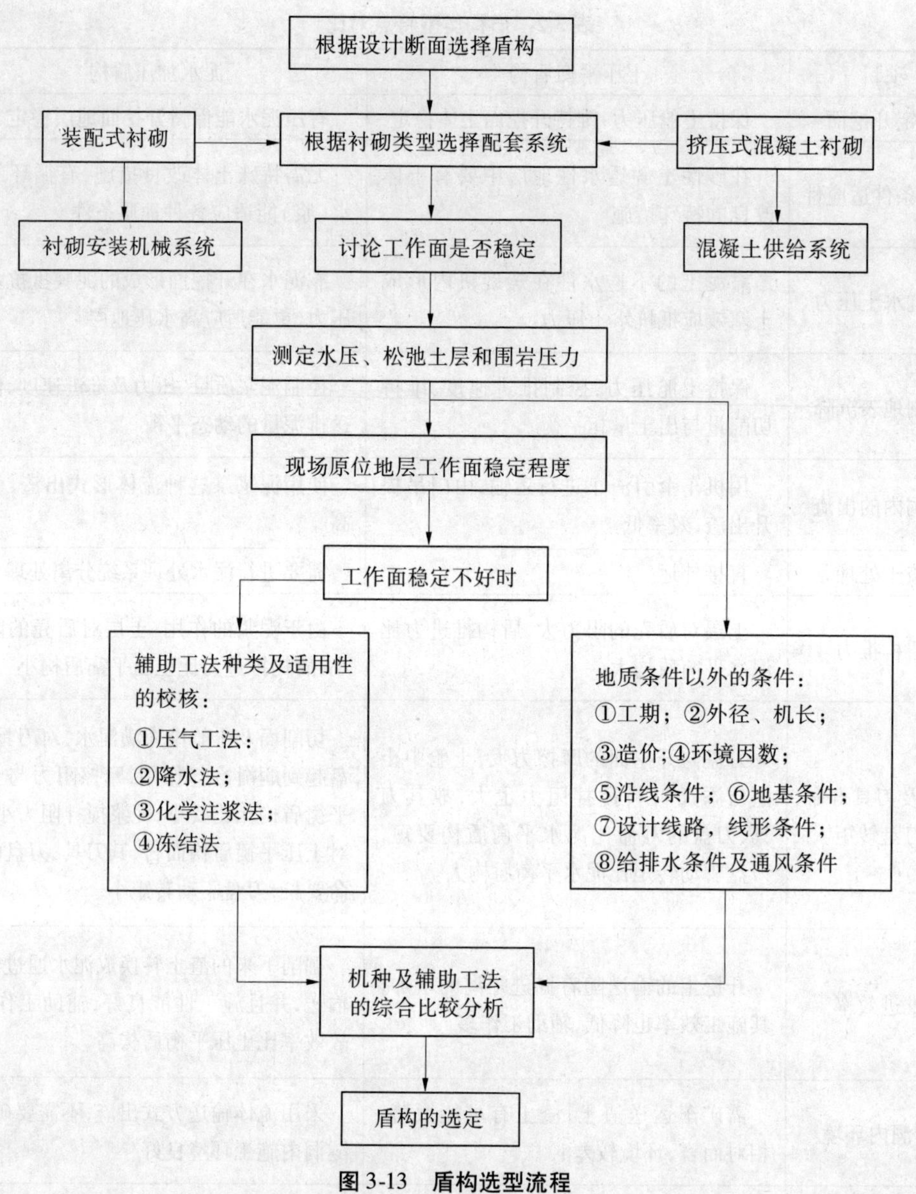

图 3-13 盾构选型流程

第三节 盾构出、进洞技术

盾构的出、进洞施工工序是盾构法建造隧道的关键工序,该工序施工技术的优劣将直接影响建成后隧道或管道轴线质量的好坏和出、进洞口处环境保护的成效及工程施工的成败。

一、施工准备

(一)施工技术准备

用盾构法施工的工程,开工以后施工方法很难变更,故在盾构掘进施工前应根据工程特点、工程目的、隧道结构、环境条件及其保护等级、施工设备的性能、工程所处地质条件编制好施工组织设计,经审批后作为指导施工的依据。

施工组织设计的主要内容包括:工程与工程所处地质概况,盾构掘进的施工方法和程序,盾构始发、接收和特殊段的施工技术措施,隧道沿线环境保护技术,工程主要质量指标及质保措施,施工安全和文明施工要求,工程材料用量与使用计划,劳动力组织和使用计划,施工进度网络计划,施工的主要辅助设备及其使用计划等。

在施工前必须详细查阅工程设计文件、图纸,对工程地质、水文地质、地下管线、暗渠、古河道以及邻近建筑物等调查清楚,并将上述内容汇总表示在工程纵剖面总体图上,然后提出有针对性的技术措施,以确保工程进展顺利和邻近范围内原建筑物的安全,特别是在建筑物密集、交通繁忙、地下管线众多而复杂的城区更应加倍注意。必须特别注意防止瓦斯爆炸、火灾、缺氧、有害气体中毒和涌水情况等,预先制订和落实发生紧急情况时的对策和措施。

根据工程特点、施工设备的技术性能及操作要领,对盾构司机及各类设备操作人员进行上岗前的技术培训并持证上岗。

(二)地面辅助设施

为了确保盾构正常施工,根据盾构的类型和具体施工方法,配备必要的地面辅助设施。

(1)做好施工场地的控制网测量,保证施工质量。

(2)做好三通一平,根据施工组织设计中的平面布置,设计施工围墙、场区道路、管片堆场,铺设水管、电缆、排水设施,布置场地照明等。

(3)要有一定数量的管片堆放场地,场内应设置行车或其他起吊和运输设备,以便进行管片防水处理,并能安全迅速地运到工作面。还可根据工程或施工条件,搭设大型工棚或移动式遮雨棚,还应设置防水材料仓库和烘箱。

(4)根据施工总图设置必要的拌浆间、配电间、充电间、空压机房、水泵房等。

①拌浆间:拌制管片壁后注浆的浆体,并配有堆放原材料的仓库。

②配电间:应由 2 个电源的变电所供盾构施工用电且 2 路电源能互相迅速切换,以免电源发生故障而造成工程的安全事故。

③充电间:负责井下电机车的蓄电池充电,要配有电瓶箱吊装的设备,充电量要满足井下运输电箱更换所需,对充电间地坪等设施应防硫酸处理。

④空压机房:若采用气压施工,应设置提供必要用气量的空气压缩机和储气筒,管路系统要安置有符合卫生要求的滤气器、油水分离器等设备,并有 2 路电源以保证工作面安全。

⑤水泵房:若采用水力机械掘进,或水力管道运土、进行井点降水措施的施工工程,应设水泵房,泵房应设于水源丰富处。

(5)地面运输系统:主要通过水平垂直运输设备,将盾构施工所需材料、设备、器具运入工作井的井底车场。还应包括供车辆运输的施工道路,整个系统的组成形式较多,如:垂直运输可采用行车、大吊车、电动葫芦等起重设备,地面水平运输有铲车、汽车、电瓶车等;根据施工现场的实际条件,结合所配备的起吊机械、运输设备组成合适的盾构施工地面运输系统较理想的形式。将工作井、管片防水制作场地、拌浆间、充电间等布置连成一线,并合理确定行车的数量,实现水平和垂直运输互为一体的系统。

(6)盾构出土的配套:出土系统设施对盾构施工是至关重要的。干出土可采用汽车运输,并配有集土坑来确保土体外运,不影响井下盾构施工。水力机械掘进运土,需要有合适排放容量的沉淀池。对泥水盾构还应考虑泥浆拌制及泥水分离等设施。

(7)其他生产设备:一般包括油库、危险品仓库、设备料具间、机械维修间等。

(8)通信设备:为了确保盾构施工安全,隧道施工特点为线长,所以各作业点之间通信是必不可少的,目前通信采用电话,井下使用的电话必须是防潮、防爆的,在气压施工闸墙内外还须有信号联系。

(9)隧道断面布置:隧道断面布置主要考虑隧道内的水平运输,水平运输包括车架的行走以及管片、土箱等的运输,隧道内通常采用轨道运输,在断面布置时要确定轨枕的高度、轨道的轨距等主要尺寸,轨道的安装必须规范,压板、夹板必须齐全,防止轨距变化引起车辆出轨。对于水力机械出土的盾构来说,隧道断面布置还必须考虑进、出水管的布置及接力泵的安装部位,布置时要考虑管路接头方便,便于搬运和固定,上述装置不得侵入轨道运输的界限。人行通道所用的走道板宽度要大于50 cm,与电机车的安全距离大于30 cm,净空高度大于1.8 m。隧道断面还要布置隧道的照明及其供电、盾构动力电缆、通风管路及接力风机、隧道内清洗及排污的管路等。

(三)作业准备

1.盾构竖井修建和进出洞段加固

为了便于盾构安装和拆卸,在盾构施工段的始端和终端,需要建造竖井或基坑。此外,长隧道中段或隧道弯道半径较小的位置还应修建检修工作井,以便于盾构的检查、维修以及盾构转向。进行盾构组装、拆卸、掉头、吊装管片和出渣土等使用的工作竖井称为盾构工作井,包括盾构始发井、接收井(或称为到达井)等。工作井一般都修建在隧道中线上,当不能在隧道中线上修建竖井时,也可在偏离隧道中线的地方建造竖井,然后用横通道或斜通道与竖井连接。盾构竖井的修建要结合隧道线路上的设施综合考虑,成为隧道线路上的通风井、设备井、排水泵房、地铁车站等永久结构,否则是不经济的。

盾构工作井结构,除承受背后水土压力和地面动荷载外,还承受盾构向隧道内推力时的后座推力。

盾构始发井应满足吊入和组装盾构、运入衬砌材料和各种机具设备以及出渣与作业人员的进出要求。盾构始发井的形状多为矩形,也有圆形。始发井的长度要能满足盾构推进时初始阶段的出渣,运入衬砌材料、其他设备和进行连续作业与盾构拼装检查所需的空间。一般情况下,始发井长度应比盾构主机长3.0 m以上,在满足初始作业要求的情况下,始发井长度越小越好;始发井的宽度应在盾构两侧各留1.5 m作为盾构安装作业的空间。

盾构中间井和到达井的结构尺寸,要求与盾构始发井基本相同,但应考虑盾构推进过程中出现的蛇形而引起盾构起始轴线与隧道中心线的偏移,故应将盾构出口尺寸做得稍大于始发井的开口尺寸,一般是将始发井开口尺寸加上蛇形偏差量作为中间井和到达井进、出口开口尺寸。通常接收井宽应比盾构直径大1.5 m以上,长度应比盾构主机长2.0 m以上。

竖井的施工方法取决于竖井的规模、地层的地质水文条件、环境条件等,目前多采用地下连续墙、钻孔灌注桩、钢板桩及沉井等形式。施工中要注意以下问题：①必须对盾构的出口区段地层、进口区段地层和竖井周围地层采取注浆加固措施，以稳定地层；②当地下水较多时，应采取降水措施，防止井内涌水、冒浆及底部隆起；③随着竖井沉入深度的增加，对井底开挖工作要特别小心，以防地下水上涌，造成淹井事故。

目前，国内外盾构进出洞段加固施工采用的方法主要有搅拌桩法、旋喷桩法、注浆法、SMW 法和冻结法等。上海地铁 10 号线五角场站南端头出洞口土体采用三重管高压旋喷桩加固。土体主要由饱和黏性土、粉性土以及砂土组成，高压旋喷桩长 19.324 m，直径 1 000 mm，搭接 300 mm，共 291 根，旋喷桩下部 12.7 m 范围内水泥掺量为 500 kg/m^3，上部 6.624 m 范围内的水泥掺量为 250 kg/m^3。其中 74 根靠近地下连续墙的旋喷桩加固深度为 21 m，全桩水泥掺量 500 kg/m^3。根据设计及规范要求，旋喷桩按 0.5% ~1% 比例钻芯取样，28 d 的无侧限抗压强度不得小于 0.8 MPa，满足盾构出洞的设计和施工要求。不同工法土体加固综合比较与分析见表 3-3。

表 3-3　盾构隧道始发洞口土体加固工法综合对比

加固工法	工法特点	工期	安全性	工程造价
搅拌桩法	①对土体扰动较小；②水泥与土充分搅拌，桩体全长无接缝，止水性好；③环境污染小，废土外运量比其他工法少，噪声小、振动小、无泥浆污染；④水泥土后期强度增长较大，会造成盾构切削土体困难；⑤适用于淤泥、黏土层和砂层，在砂层中加固效果差	较短	加固不连续，加固体强度偏低，单独使用风险较大	造价低
旋喷桩法	①浆液注入部位和范围可以控制，抗渗性能好；②注入参数可调节；③设备轻便、施工方法简单、操作容易、施工所需空间小；④适用于淤泥、粉土、黏土层，但砂砾地基和黏聚力大的黏土有时不能形成满意的改良桩；⑤施工会影响附近管线及构筑物	较短	加固土体强度高，抗渗性能较好，是一种较安全的工法	造价高
注浆法	①施工设备简单，占地面积小，噪声和振动较小；②土体加固质量可靠性不高；③适用于多种地层，尤其是较深的砂质地层、砂砾层	较短	加固质量的可靠性相对较差，单独使用风险较大	造价较低
SMW 法	①加固质量高，桩体连续，强度高，止水性好，对周围地层影响小；②环境污染小，施工噪声小、振动小、无泥浆污染；③适用于各类软土地层	较短	土体的强度高，抗渗性能较好，是一种较安全的工法	造价高
冻结法	①土体加固强度高，止水性能好；②土体的冻融对地面沉降有一定影响；③适用于含水量较高的砂性土层	长	土体强度和抗渗性能好，是一种比较安全的工法	造价最高

南水北调中线穿黄隧洞盾构始发井深 48.1 m，内径 16.4 m，竖井施工采用 1.5 m

厚地下连续墙进行外围支护。在背洞口侧设置了285根高压旋喷桩,为反力架提供足够的强度措施。在洞口侧地下连续墙外面,设置了多排共666根高压旋喷桩,旋喷桩与井壁之间设置了一道厚0.8 m的C10混凝土墙。塑性墙外侧布置排距为1.0 m、孔距为0.8 m的双排冻结孔,通过39个冻结孔,由冻结法产生有效厚度为1.5 m的冻结墙。盾构基座下设置了12 m×2 m、高0.5 m的钢筋混凝土条形基础,顶部预埋钢板。盾构基座采用钢结构形式,根据盾构姿态进行精确定位,然后与始发基础焊接,在盾构机组装时,始发基座轨道上涂润滑油,以减小盾构机向前推进时的阻力。为负环管片提供反力的盾构后座为钢筋混凝土结构,与竖井内衬同时浇筑完成,顶面预埋10 mm厚钢板,以保证反力支座端面平整。

2. *盾构基座和盾构后座(后盾)*

盾构始发井内设置盾构拼装台,用于保持盾构始发、接收等姿态的支撑装置称为盾构基座。基座由基座结构和导轨组成,主要作用为装拆和导向。盾构基座设置于工作井的底板上,一般为钢结构或钢筋混凝土结构(现浇或预制)。上面设有支撑盾构的导轨,需承受盾构自重和盾构移动时的其他荷载,且应能保证盾构向前推进时,方向准确而不发生摆动,即盾构在出洞前有正确的导向,且易于推进。导轨一般采用38 kg/m以上钢轨,两根导轨的间距取决于盾构直径的大小,两导轨的支撑夹角多选为60°~90°,如图3-14所示。导轨平面的高度一般由隧道设计和施工要求及支撑夹角的大小来决定,一般应根据隧道设计轴线及施工要求的平面、高程、坡度来进行测量定位。

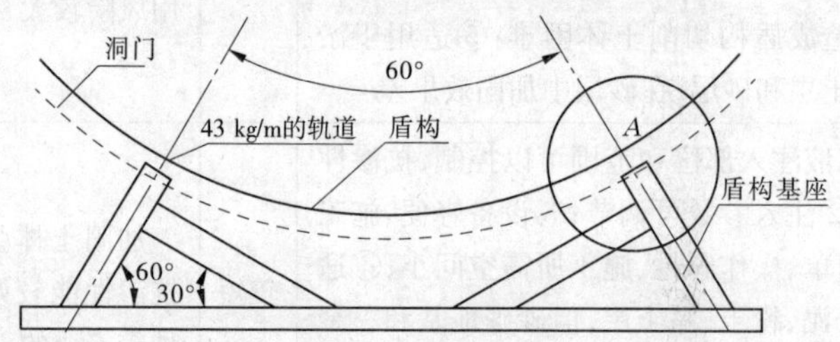

图3-14　盾构基座示意图

盾构基座除承受盾构自重外,还应考虑盾构切入土层后,进行纠偏时产生的集中荷载。盾构机基座根据采用的盾构机参数提前加工成整体,基座安装应符合下列要求:

(1)基座及其上的导轨强度与刚度,应符合盾构机安装、拆除及施工过程要求。

(2)基座应与工作竖井连接牢固。

(3)导轨顶面高程与间距应经计算确定。

(4)盾构始发基座安装时,要求整个台面处于同一平面上,高度偏差不大于30 mm,前端左右高程偏差不大于20 mm,始发基座与隧道设计轴线的偏差不大于5‰,盾构始发后在软岩地层中出现下沉而偏离隧道轴线时,始发的高度应有所调整。

在工作井中盾构向前推进,其推力要靠工作井后井壁来承担,因此在盾构与后井壁之间要有传力设施,此设施称为盾构后座,通常由隧道衬砌、专用顶块、顶撑等组成。

盾构后座设于盾构与后井壁之间。后座不仅要作推进顶力的传递,还是垂直水平运输的转折点。所以,后座不能整环,应有开口以作垂直运输通口,而开口尺寸需按盾构施工的进出设备、材料尺寸决定，通常为圆环的3/4，并支撑牢固，以使后座管片闭口环部分不产生变形。第一环闭口环在其上部要加有后盾支撑，以保证盾构顶力传至后壁。

由于工作井平面位置的施工误差，影响到隧道轴线与后井壁的垂直度，为了调整洞口第一环管片与井壁洞口的相交尺寸，后盾管片与后井壁之间产生一定间隙，此间隙采用混凝土填充，可使盾构推力均匀地传给后井壁，也为拆除后盾管片提供方便。

图3-15为上海某地铁车站利用地铁车站作为盾构后座的形式。它采用56#I型钢设置Π形支撑，并用Φ609的钢管支撑撑紧使轴向力传至井壁。这样，盾构出洞推进时千斤顶的油压及位置有较大的选择范围，以便控制盾构出洞时的轴线。

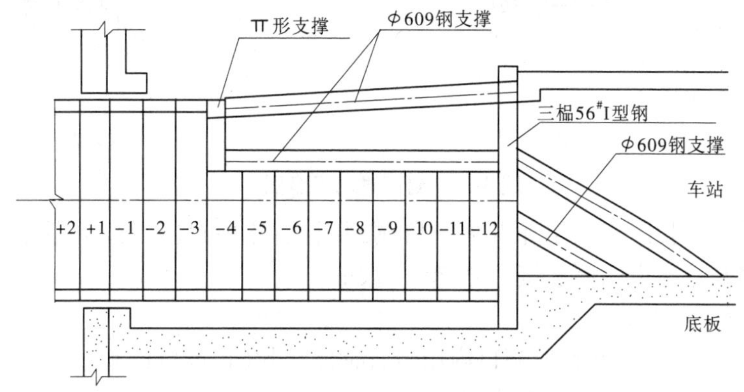

图3-15　利用地铁车站作为盾构后座的形式

3. 临时封门

当盾构在拼装台上安装完成并把准备工作完成后，盾构就可以进洞，竖井井壁上给盾构的预留进口比盾构直径大，进口事先用薄钢板与混凝土做成临时封门，临时封门既方便拆除又能满足土压力、水压力和止水要求，同时确保洞口暴露后正面土体的稳定和盾构能够准确出（进）洞。临时封门拆除后就可逐步推进盾构进（出）洞。

洞门的封闭形式与工作井构筑时的围护结构及洞口加固方法有关，还要考虑盾构出、进洞是否方便、安全和可靠。常用的临时封门按设置位置可分为内封门（设置在井壁内侧）和外封门（设置在外井壁），如图3-16所示，始发井宜采用外封门形式。临时封门按结构形式分为钢结构形式和砌体形式。

1）钢结构封门

工程上已用过的有横向钢板梁封门、竖向钢板梁封门及整块圆钢板封门等。

横向钢板梁封门由横向钢梁（板梁、型钢梁或桁架梁）与梁间钢封板组成。钢梁支撑于洞门圈板的钢牛腿上。拆门时一般由上而下进行，在土质差、洞门直径大时还应对土体作临时支撑。拆除进洞临时封门时，由于盾构已靠近洞口，土压力基本消除，可以由上而下进行。此种钢封门设于工作井井壁内侧，拆除比较方便。

竖向钢板梁封门，由型钢和钢板或全部用型钢组成。当洞口覆土较浅，并有能力起吊时，出洞口封门设于工作井井壁外侧，进洞口设于井壁内侧，这样，可使盾构先进入门洞内，再拔封门，保证施工安全。而在覆土深的工程中临时封门一般设在井壁内侧，拆封门时应先两边后中间逐根拆除。

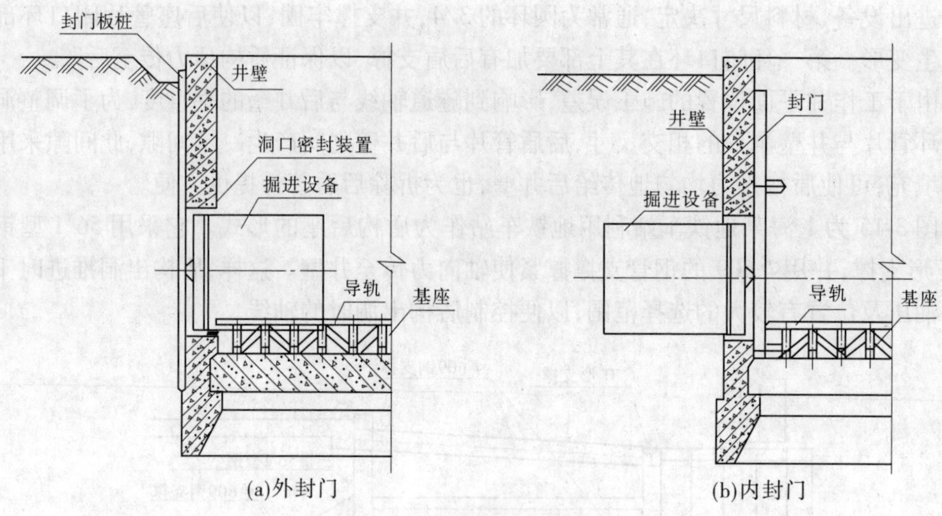

图3-16　封门进洞示意图

整块圆钢板封门,固定于工作井内预留洞圈板上,此种封门形式只适用于小直径盾构,拆除时只需割除封板四周连接部分,整块吊去。

2)砖石或混凝土封门

盾构施工时可在工作井预留洞口内用砖石砌体作封门,也可以直接在井壁(地下墙)上凿出孔洞,拆除可用凿岩及爆破的方法。

4.洞门加固

盾构出、进洞门的施工,除合理选用洞门结构形式外,在直径大、土质差、隧道埋深较深的情况下,还应考虑降水、地基加固、局部冻结等辅助措施,以稳定洞口土体和防止泥水涌入。

土体加固方法很多,常用的有深层搅拌桩法、降水法、冻结法和注浆法,可单独使用一种或多种方法,用什么方法都必须满足出洞时施工的安全、进度和经济三项要求。土体加固范围一般应为盾构推进过程中,周围土体受到扰动、易出现塑性松动变形的范围。加固范围包括径向和纵向两个方向。径向加固范围一般为2~4 m,具体视加固方法而定。如上海大连路隧道采用冻结法加固,厚度为2.5 m;化学注浆加固时为1.5~2.5 m。纵向厚度应根据水土压力设计计算,并考虑一定安全系数。一般来说,用冻结法加固时,纵向厚度为1~3 m,注浆加固则更厚些,其他方法可根据盾构长度再加长1 m左右,也可以考虑在竖井深度范围内进行全深度加固。降水和深层搅拌桩法一般为全深度加固,注浆法一般为局部加固。为保证盾构始发掘进段土体的稳定性,需对加固区域土体无侧限抗压强度、渗透系数等指标进行检测,并提供检测报告。

在盾构进洞前对井外地基加固进行验收,加固强度达到设计要求后,才能进行进洞推进施工,否则应采取补救加固措施。

二、盾构出洞和进洞

(一)盾构出、进洞方式

盾构的出(始发)、进(到达)洞方式有临时基坑法、逐步掘进法和工作井法。可根据施工条件和方法，选择相应的出、进洞方法。

1. 临时基坑法

在采用板桩或大开挖施工建成的基坑内，先将盾构安装、后座施工及垂直运输出入通道的构筑完成，然后把基坑全部回填，将盾构埋置在回填土中，仅留出垂直运输出入通道口，并拔除原基坑施工的板桩，盾构就在土中进行推进施工。该方法没有洞门拆除等问题，一般只适用于埋置较浅的盾构始发端。

2. 逐步掘进法

用盾构法进行纵坡较大的、与地面有直接连通的斜隧道（如越江隧道）施工时，后座可依靠已建敞开式引道来承担，盾构由浅入深进行掘进，直至盾构全断面进入土层。该方法实际上并没有盾构出、进洞的技术问题，关键是控制盾构在逐渐变化深度中的施工轴线控制问题。

3. 工作井法

工作井法是目前使用较多的方法。在沉井或沉箱壁上预留洞及临时封门，盾构在井内安装就位。所有掘进准备工作结束后，即可拆除临时封门，使盾构进入地层。

（二）盾构出洞

1. 盾构出洞准备工作

（1）井内的盾构后盾管片布置及后座混凝土浇筑或后支撑安装。盾构后盾由负环管片组合而成，根据施工情况确定开口环、闭口环的数量。

（2）洞口止水装置的安装。井壁洞口内径与盾构外径存在环形建筑空隙，为了防止盾构出洞时土体从间隙处流失，洞圈内安装橡胶帘布环状板、扇形板等组成的密封装置，作为施工阶段临时防泥水措施。

（3）洞门混凝土凿除。洞门混凝土凿除，先凿除洞圈内大部分钢筋混凝土，外壁留20 cm混凝土，并把它分成9块，凿出外排钢筋，在盾构与槽壁之间搭设脚手架，进行施工作业。

在始发前，井壁上通常已经按照设计要求预埋好洞门钢圈，洞门凿除的部分也就是钢圈所包围的范围。洞口井壁混凝土凿除前，必须复核洞门中心坐标及高程，保证满足盾构机出洞的要求。

实际施工时，洞口井壁混凝土可采用高压风镐凿除，凿除工作须分2层渐进，根据井壁厚度，先凿除其外层3/4的厚度，并割除钢筋预埋件。外层凿除工作先上部后下部，钢筋及预埋件割除须彻底，以保证预埋门洞直径范围内无其他障碍物。

里层井壁凿除方法是将剩余的1/4厚度分割成9大块，具体做法是在洞门中心位置上凿2条水平槽，沿洞门周围凿1条环槽，然后开2条竖槽。开槽凿除混凝土，露出井壁钢筋，同时在每一块混凝土块上凿出拴钢丝绳的位置。拆除洞口脚手架改搭临时易拆操作平台，钢筋割断与混凝土块吊离应先下部后上部，先中间后两侧，割1块吊1块。合理安排割断顺序，使用长割具，防止混凝土块倾倒。尽可能缩短混凝土块吊离工作的时间，防止土体塌方，吊离完毕后盾构机须迅速进入洞门。

2. 盾构出洞

为盾构始发传递推力的临时管片称为负环管片，为盾构始发掘进提供反力的支撑装置称为反力架。

图 3-17 为上海地铁 10 号线五角场站盾构始发的反力系统结构图。盾构出洞的后盾反力系统采用混凝土管片与组合钢门架及其后部的钢反力支撑相结合的方法,盾构反力通过混凝土管片传递到钢门架,继而通过钢反力支撑传递到车站结构处。后盾系统由方发射架、钢反力架、钢支撑及临时衬砌组成。后盾临时衬砌由 10 环组成,为 5 环开口环,5 环闭口环。负环管片的编号,从反力架向洞门编号,分别为 -10, -9,..., -1 环。

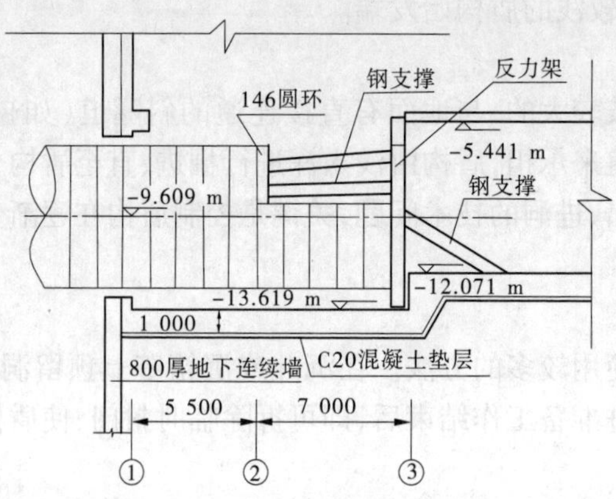

图 3-17　上海地铁 10 号线五角场站盾构始发的反力系统结构图　(单位:mm)

反力架安装时, 用经纬仪校正其垂直度,使其形成的平面与推进轴线垂直。在反力架定位正确后, 用素混凝土填满其与始发井结构间的空隙,用圆钢(或型钢)支撑至始发井底板上。

紧邻反力架的 2 个或更多的负环管片常采用钢管片,便于与反力架的固定。如南京地铁许府巷站南端头始发,钢管片对接后用螺栓与反力架连接。然后,将拼装好并推出盾尾的钢筋混凝土预制负环管片与钢管片之间用螺栓连接。

负环管片安装前, 先在反力架上测出最后一环后盾管片的投影位置及纵向螺栓位置, 做好控制线, 并预先把纵向螺栓焊接在反力架上, 以便随后与负环管片焊接固定。第一环、第二环每块管片外弧面纵缝接头的两端在管片预制时要预埋钢板,便于管片之间焊接牢固。在安装负环管片之前,为保证负环管片不破坏盾尾刷,负环管片在拼装好以后能顺利向后推进,在盾壳内安设厚度不小于盾尾间隙的方木或型钢,以使管片在盾壳内的位置得到保证。第一环管片拼装成圆后,用几组千斤顶完成管片的后移。后移过程要保证每组千斤顶同步推进,其行程差小于 10 mm。第一环管片定位时,应先保证管片横断面与隧道中线垂直,待管片完成定位后,将管片与反力架之间的空隙填充密实。

南水北调中线穿黄隧洞采用泥水平衡盾构。盾构始发,其负环管片采用钢管片,环宽 1.6 m,厚 0.4 m。其中 7 环为开环拼装,每环 5 片, 开口量 4.925 m。其他负环为整环拼装,每环 7 片。在拼装第一环临时管片前,在盾尾管片拼装区安装 10 根长 2 m 、厚 4 cm 的槽钢。在盾构机内将管片拼装好后, 利用千斤顶将整环钢管片缓慢推出。当管片推出 1.8 m 后开始拼第二环, 依次类推。对安装到位的负环及时进行支撑,避免负环管片失圆过大引起管片拼装困难。

盾构出洞技术参数控制主要有:开挖面平衡土压力值的设定、推进出土量控制、土舱土体改良、轴线控制等。开始出洞时,土压力设定初始值一般为理论土压的0.7~0.8倍,以后逐渐提高,出洞段推进结束时达到理论计算值。推进速度控制在10 mm/min以内,推进过程中密切注意土压力、推进顶力、螺旋机转速以及刀盘扭矩等参数,严禁擅自改变参数设置。每环实际出土量可控制在理论出土量的98%~100%,施工人员可根据土体称重装置显示数据以及地表沉降监测数据对超挖和欠挖做出判断。土舱土体可进行改良,如采用泡沫发泡剂改善土舱内土体的流塑性。

盾构出洞过程,主要可概括如下:

(1)出洞口加固土体达到一定强度,后盾负环管片拼装、盾构调试完成后,拉去洞圈内钢筋混凝土网片;盾构靠上加固土体;调整洞口止水装置。为防止盾构出洞时正面土体的流失,在盾构切口前端距离洞口加固土体一定距离时,利用螺旋机反转法向盾构的正面灌注黏土,使土压力达到施工要求。

(2)盾构推进前,为减小盾构的推进阻力,在盾构基座轨道面上涂抹牛油;避免刀盘上的刀头损坏洞门密封装置,在刀头和密封装置上亦涂抹油脂;盾尾钢刷填满密封油脂。

(3)盾构后盾支撑。当第一环闭口环管片脱出盾尾后,立刻进行后盾支撑的安装。支撑柱用I型钢制成,呈Π形布置,并用钢管支撑撑紧。支撑完成后,在盾构推进时,要密切观察后座的变形情况,以防止形变过大造成破坏。

(4)负环管片和反力架是盾构始发期间为盾构机掘进提供反作用力的结构,是盾构始发阶段安全施工的核心部件之一。盾构机进洞掘进一定距离后,正常管片已足够为千斤顶提供推进力,根据经验,或根据测得的负环管片的水平受力和位移情况,负环管片和反力架均可拆除。

3.盾构始发施工技术要点

(1)盾构基座、反力架与管片上部轴向支撑的制作和安装要具备足够的刚度,保证负载后变形量满足盾构掘进方向要求。

(2)安装盾构基座和反力架时,要确保盾构掘进方向符合隧道设计轴线。

(3)由于临时管片(负环管片)的真圆度直接影响盾构掘进时管片拼装精度,因此安装临时管片时,必须保证真圆度,并采取措施防止受力后旋转、径向位移与开口部位(临时管片安装时通常不形成封闭环,在上部预留运输通道)变形。

(4)拆除洞口围护结构前要确认洞口土体加固效果,必要时进行补注浆加混凝土,以确保拆除洞口围护结构时不发生土体坍塌、地层变形过大,保证盾构始发过程中开挖面稳定。

(5)由于拼装最后一环临时管片(负一环、封闭环)前,盾构上部千斤顶一般不能使用(最后一环临时管片拼装前安装的临时管片通常为开口环),因此从盾构进入土层到通过土体加固段前,要慢速掘进,以便减小千斤顶推力,使盾构方向容易控制,盾构到达洞口土体加固区间的中间部位时,逐渐提高土压仓(泥水仓)设定压力,出加固段后达到预定的压力设定值。

(6)通常盾构机盾尾进入洞口后,拼装整环临时管片(负一环),并在开口部安装上部轴向支撑,使随后盾构掘进时全部盾构千斤顶都可使用。

(7)盾构机盾尾进入洞口后,将洞口密封与封闭环管片贴紧,以防止泥水与注浆浆液从洞门泄漏。

(8)加强观测工作井周围地层变形,盾构基座、反力架、临时管片和管片上部轴向支撑的变形与位移超过预定值时,必须采取有效措施后才可继续掘进。

(三)盾构进洞

1. 盾构进洞准备工作

(1)接收井的准备。盾构接收井施工完成后,对洞门位置的中心坐标测量确认,安装盾构接收基座(参照出洞盾构基座安装形式),接收井内混凝土洞门凿除和洞门封堵材料等各项工作全部准备就绪。

(2)盾构姿态的复核测量。在盾构进洞前100 m做隧道贯通测量、进洞口中心坐标测量,该项复测要求2次。根据测量数据及时调整盾构推进姿态,确保盾构顺利进洞。

2. 盾构进洞

(1)洞门混凝土拆除。

当盾构逐渐靠近洞门时,要在洞门混凝土上开设观察孔,加强对其变形和土体的观测,并控制好推进时的土压值。在盾构切口距洞门20～50 cm时,停止盾构推进,尽可能掏空平衡仓内的泥土,使正面的土压力降到最低值,以确保混凝土封门拆除的施工安全。混凝土封门拆除的方法与出洞时基本相同。

(2)在洞门混凝土吊除后,盾构应尽快连续推进并拼装管片,尽量缩短盾构进洞时间。

(3)洞圈特殊环管片脱出盾尾后,用弧形钢板与其焊接成一个整体,并用水硬性浆液对管片和洞圈的间隙进行充填,以防止水土流失。

3. 到达掘进施工技术要点

(1)盾构暂停掘进,准确测量盾构机坐标位置与姿态,确认与隧道设计中心线的偏差值。

(2)根据测量结果制订到达掘进方案。

(3)继续掘进时,及时测量盾构机坐标位置与姿态,并依据到达掘进方案及时进行方向修正。

(4)掘进至接收井洞口加固段时,确认洞口土体加固效果,必要时进行补注浆加固。

(5)进入接收井洞口加固段后,逐渐降低土压(泥水压)设定值至零,降低掘进速度,适时停止加泥、加泡沫(土压式盾构),停止送泥与排泥(泥水式盾构),停止注浆并加强工作。

井周围地层变形观测超过预定值时,必须采取有效措施后,才可继续掘进。

(6)拆除洞口围护结构前要确认洞口土体加固效果,必要时进行注浆加固,以确保拆除洞口围护结构时不发生土体坍塌、地层变形过大。

(7)盾构接收基座的制作与安装要具备足够的刚度,且安装时要对其轴线和高程进行校核,保证盾构机顺利、安全接收。

(8)拼装完最后一环管片,千斤顶不要立即回收,及时将洞口段数环管片纵向临时拉紧成整体,拧紧所有管片连接螺栓,防止盾构机与衬砌管片脱离时衬砌纵向应力释放。

(9)盾构机落到接收基座上后,及时封堵洞口处管片外周与盾构开挖洞体之间的空隙,同时进行填充注浆,控制洞口周围土体沉降。

三、盾构过站简介

盾构过站是指盾构掘进完成一区间到达车站后,由车站的盾构接收端移动到盾构下一始发端,再次具备下一区间始发的全部施工过程。地铁站一般是早于盾构机达到之前就开始建设的,盾构机在前一个区间施工完后继续向第二个区间施工,就需要通过车站。这就是常说的"先站后隧"盾构过站。目前,在地铁盾构施工过程中,盾构过站是经常碰到的施工技术环节,是影响施工质量、安全和进度的重要环节之一。

由于施工环境和车站结构形式不同,盾构过站的形式也多种多样。按车站的施工工法可分为盾构过明挖车站和暗挖车站。根据车站结构形式和空间条件、场地条件、工期要求等因素,盾构过站一般情况下分为地下过站、转场、地下地面组合过站三种形式。地下过站是车站主体结构施工已经完成,站内净空满足盾构机过站条件,盾构机借助于所提供的反力装置过站。常说的盾构过站,一般是指地下过站。若车站结构未完成或净空不满足地下过站的条件,将盾构机拆卸吊装至地面,然后由始发井拼装后始发,称为转场。若地铁车站具备部分过站条件,将地下过站与转场相结合,即为地下地面组合过站。地下过站对地面影响小、周期较短、节约工期,是普遍应用的过站形式。地下过站的本质在于为盾构机提供一套反力装置,即"工装",使得盾构机过站后进入下一区间开始始发。

地下过站可进一步区分为分体过站和整机空载推进过站两种形式,前者应用较为普遍。

由于站内空间狭小,一般盾构机和后配套台车要进行分离,先后通过车站,在另一端再连接组装始发,称为分体过站。盾构机移动时一般需要在车站扩大段横移、纵移,在标准段纵移,然后在扩大段纵移、横移就位。后配套台车需要修筑轨道梁,铺轨、纵移后在车站另一端和盾体连接,组装调试,再次始发。

若车站空间条件许可,盾构机和后配套台车不分离整体通过车站,称为整机空载推进过站。

对于单圆盾构,盾构机过站一般需要半个多月的时间,而盾构出入井的安装与拆卸、吊运等至少需要3个月。因此,在地铁车站条件许可和盾构自身达到连续过站要求的前提下,尽量选择盾构地下过站。

以过站移动方法为标准,盾构过站可分为千斤顶顶推法、卷扬机牵引法等。具体形式上可以采用车轮法、滚筒法、滑移法以及组合法等。应用较多的是千斤顶顶推法,如北京地铁4号线学院南路站、上海地铁6号线金桥路站等。该方法在国内多数城市使用,工艺较为成熟,过站的方法与形式演变较多。其主要原理是:采用千斤顶动力系统,将千斤顶焊接在盾构基座上面,反力支撑采用钢支撑。移动前盾体要与后配拖车脱离。盾构平移初期,钢支撑杆系撑在端头井洞门圈上,利用4台盾构推进千斤顶的推力作为动力。正常推进时,利用车站底板上的预埋件制作钢支撑反力后靠,利用焊接在盾构基座上的2台顶管千斤顶提供动力。

千斤顶顶推法的特点如下:

(1)两台顶管千斤顶采用连通油管,由一台动力站驱动,可保持良好的同步性,千斤顶推进速度稳定,可确保盾构和基座平稳前进。

(2)采用钢支撑作为反力支撑，有良好的稳定性。

(3)采用千斤顶动力系统，只需将千斤顶焊接在盾构基座上面，根据钢支撑中心高度来就位，再制作托架来支撑千斤顶，安装作业简便易行。

(4)盾构与车架整体进行平移，避免了盾构与车架断开连接以及过站完成后再进行安装连接的工序。

第四节　盾构掘进作业

一、盾构开挖方法

盾构的开挖分敞开式开挖、密闭切削式开挖、挤压式开挖和网格式开挖四种方法。

(一)敞开式开挖

敞开式开挖适用于地质条件较好、掘进时能保持开挖面稳定的地层。属于这种开挖方法的盾构有人工挖掘式盾构、半机械化挖掘式盾构等。在进行敞开式开挖过程中，原则上是将盾构切口环与活动的前沿固定连接，伸缩工作平台插入开挖面内，插入深度取决于土层的自稳性和软硬程度，使开挖工作自始至终都在切口环的保护下进行。然后从上而下分部开挖，每开挖一块便立即用开挖面支护千斤顶支护，支护应能防止开挖面的松动，即使在盾构推进过程中这种支护也不能缓解与拆除，直到推进完成进行下一次开挖。进行敞开式开挖时要避免开挖面暴露时间过长，所以及时支护是敞开式开挖的关键。采用敞开式开挖，处理孤立的障碍物、纠偏、超挖均比其他方式容易。

在坚硬的土层中开挖面不需要其他措施就能自稳，可直接采用人工或机械挖掘。但在松软的含水层中采用敞开式开挖，则可采用人工井点降水盾构施工法或气压盾构施工法来稳定开挖面。

(二)密闭切削式开挖

密闭切削式开挖也属于闭胸式开挖方式之一，这类闭胸式盾构有泥水加压盾构和土压平衡式盾构。密闭切削式开挖主要靠安装在盾构前端的大刀盘的转动在隧道全断面连续切削土体，形成开挖面。大刀盘可分为刀架间无封板的和有封板的两种，分别在土质较好的和较差的条件下使用。密闭切削式开挖是在对开挖面进行全封闭状态下进行的。其刀盘在不转动切刀时正面支护开挖面而防止坍塌。密闭切削式开挖适合自稳性较差的土层。密闭切削式开挖在弯道施工或纠偏时不如敞口式便于超挖，清除障碍物也较困难；但密闭切削式开挖速度快，机械化程度高。在含水不稳定的地层中，可采用泥水加压盾构和土压平衡盾构进行开挖。

(三)挤压式开挖

挤压式开挖适用于流动性大而又极软的黏土层或淤泥层。使用挤压式盾构的开挖方式又有全挤压式和局部挤压式之分。

全挤压式开挖依靠盾构千斤顶的推力将盾构切口推入土层中，使切口环前方区域中的土渣被挤向盾构的上方和周围，而不从盾构内出渣，这种在全封闭状态下进行的开挖工作取决于盾构千斤顶的推力并依靠千斤顶推力的不同组合来调整控制盾构的开挖作业。由于掘进时不出土或部分出土，对地层有较大的扰动，使地表隆起变形，因此隧道位置应尽量避开地下管线和地面建筑物。此种盾构不适用于城市道路和街道下施工，仅能用于江河、湖底或郊外空旷地区。

局部挤压式开挖又称部分挤压式开挖。它与全挤压式开挖的不同之处在于闭胸式盾构的胸板上有开口，当盾构向前推进时，一部分土渣从这个开口进入隧道内，进入的土渣被运输机械运走。其余大部分土渣都被挤向盾构的上方和四周。开挖作业是通过调整开口率与开口位置和千斤顶推力来进行的。用局部挤压方式施工时，要根据地表变形情况，严格控制出土量，使地层的扰动和地表的变形减小到最低限度。

无论是全挤压式开挖还是部分挤压式开挖，都会造成地表隆起，但地表隆起程度随盾构埋深而异，尤其是砂质地层随着推进阻力增大，地表隆起与盾构的方向控制都较困难。

（四）网格式开挖

网格式开挖的开挖面由网格梁与隔板分成许多格子。开挖面的支撑作用是由土的黏聚力和网格厚度范围的阻力（与主动土压力相等）而产生的，当盾构推进时，克服这项阻力，土体就从格子里呈条状挤出来。要根据土的性质调节网格的开孔面积，格子过大会丧失支撑作用，过小会产生对地质的挤压扰动等不利影响。网格式开挖一般不能超前开挖，全靠调整盾构千斤顶编组进行纠偏。在饱和含水的软塑土层中，这种掘进方式具有出土效率高、劳动强度低、安全性好等优点。

二、盾构掘进施工

盾构始发后进入初始掘进阶段，又称为试掘进阶段，台车转换后进入正常掘进阶段。之所以要区分两个阶段，主要是因为盾构施工的复杂性，原先所设定的工作参数是否合适，进一步把握掘进的控制特性，修正原设计参数，为正常掘进做准备。

（一）初始掘进阶段

初始掘进阶段的特点为：

（1）一般后续设备临时设置于地面。在地铁工程中，多利用车站作为始发工作井，后续设备可在车站内设置。

（2）大部分来自后续设备的油管、电缆、配管等，随着盾构掘进延伸，部分管线必须接长。

（3）由于通常在始发工作井内拼装临时管片，故向隧道内运送施工材料的通道狭窄。

（4）由于初始掘进处于试掘进状态，且施工运输组织与正常掘进不同，因此施工速度受到制约。

初始掘进的主要任务可概括为：收集盾构掘进数据（推力、刀盘扭矩等）及地层变形量测量数据，判断土压（泥水压）、注浆量、注浆压力等设定值是否适当，并通过测量盾构与衬砌的位置，及早把握盾构掘进方向控制特性，为正常掘进控制提供依据。因此，初始掘进阶段是盾构法隧道施工的重要阶段。

初始掘进长度的确定主要考虑两个因素：一是衬砌与周围地层的摩擦阻力，二是后续台车长度。一般根据盾构的长度、现场及地层条件将初始掘进长度定为 50 ~ 100 m。

初始掘进阶段施工技术要点为:

(1)在初始掘进施工中,应根据控制地面变形的要求,沿盾构推进轴线和与轴线垂直的横断面,布设地表变形观测点。

可根据实际情况,沿轴线方向布设沉降监测点,包括深层沉降点,并加设横断面监测点;对地下管线,按要求的距离布设沉降点;对现有沿线建筑物在调查的基础上,一般轴线两侧约 15 m 范围内的建筑物一般都要布设沉降监测点。上述监测点的监测,每天不少于 2 次,并根据需要,适时加密监测频度。

(2)施工时跟踪测量地面的变形,并分析调整推力、推进速度、盾构正面土压力、推进坡度及注浆压力、数量等施工参数,使地表变形控制在允许范围内,为下阶段盾构推进取得施工参数和操作经验。

(二)正常掘进阶段

正常掘进阶段有以下特点:

(1)后续设备设置在隧道内,仅部分管路和电缆需要延长,作业效率高。

(2)始发井内的临时管片、临时支撑、后背支撑等被拆除,始发井下空间变得宽阔,施工材料与弃土运输容易。

在盾构推进过程中,控制好盾构的推进轴线,才能保证管片拼装位置的准确,使隧道竣工轴线误差控制在允许范围内。所以,盾构轴线的控制是盾构推进施工的一项关键技术,轴线方向控制主要依靠精确的测量。在实际施工中,盾构推进轴线控制不可能是理想状况,轴线控制状况不佳的主要原因为:地质不均匀引起正面阻力不均匀,施工操作技术水平不高等。

在掘进过程中,掘进速度主要受盾构设备进出土速度的限制,如果进出土速度不协调,极易出现正面土体失稳等不良现象,所以盾构掘进一般应保持连续作业。当确需停止时,应防止盾构正面与盾尾土体流入造成盾构和地面沉降,以及盾构变形或受到损坏。

在掘进过程中遇有下列不良现象之一时,应停止掘进,分析原因并采取措施:

(1)盾构前方发生坍塌或遇到障碍。

(2)盾构自转角度过大。

(3)盾构位置偏离过大。

(4)盾构推力较预计的过大。

(5)可能危及管片防水,运输及注浆遇有故障等。

产生上述不良现象的原因一般有:对地层情况了解不详,遇有桩、块石、砌体或其他构筑物;对水文地质情况掌握不全,遇有流砂、回填土、承压水等;地质情况不均匀,正面土体忽软忽硬;盾构自重不对称,推进千斤顶力大小与方向有偏移,仪表反应不正常及进出土状况有变动等;注浆部位不合理等。

正常掘进施工技术要点为:

(1)在盾构推进时操作人员应不断观察设定土压力值,盾构的推进速度、推进油压,盾构姿态,刀盘油压、转速,螺旋机的油压、转速、进土速率以及盾构的推进油缸伸出长度偏差等是否均在优化施工参数范围内,发现有异常情况应及时调整,并做好详细记录。

(2)加强轴向方向的精确测量,将盾构轴线误差控制在允许范围内。盾构操作人员必须严格执行指令,谨慎操作,对初始出现的小偏差应及时纠正,避免出现"蛇形",盾构一次纠偏量不宜过大,以减少对地层的扰动。

(3)盾构施工必须严格控制地层变形,使其变形量控制在允许范围内,在施工过程中及时进行监控量测,并进行信息反馈,按优化的施工参数控制盾构推进速度、出土量、注浆数量、注浆压力(浆液出口处压力)、注浆时间、注浆位置,并做好记录。

(4)采取防止盾构过量旋转的措施,盾构旋转量控制在 ±3°以内。这些措施包括:改变刀盘的旋转方向;改变管片拼装左、右交叉的先后次序;调整两腰推进油缸轴线,使其与盾构轴线不平行;当旋转量较大时,可在盾构支撑环或切口环内单边加压重。

(5)壁后注浆应与盾构推进同步,注浆要根据盾构的轴线与隧道轴线相对差值、隧道埋深、土质渗透性能等调整注浆数量、注浆压力,通过地面变形观测评定注浆效果,据此调整注浆数量或位置。注浆司机应做好施工记录。

(6)敞开式盾构切口环前沿刃口切入土层后,应在正面土体支撑系统支护下,自上而下分层进行土方开挖。必要时应采取降水、气压或注浆加固等措施。

(7)网格式盾构应随盾构推进同时进行土方开挖,在土体挤入网格转盘后应及时运出。当采用水力盾构时,应在采用水枪冲散土体后,用管道运至地面,经泥水处理后排出。

(8)土压平衡盾构掘进时,工作面压力应通过试推进 50 ~ 100 m 后确定,在推进中应及时调整并保持稳定。掘进中开挖出的土砂应填满土舱,并保持盾构掘进速度和出土量的平衡。

(9)泥水平衡盾构掘进时,应将刀盘切割下的土体输入泥水室,经搅拌器充分搅拌后,采用流体输送并进行水土分离。分离后的泥水应返回泥水室,并将土体排走。

(10)挤压盾构胸板开门率应根据地质条件确定,进土孔应对称设置。盾构外壳应设置防偏转稳定装置。掘进时的推力应与出土量相适应。

(三)盾构方向控制方法

1. 影响盾构掘进姿态的因素

(1)控制土压力的设定值。土压力的设定值是根据覆土厚度、土体内摩擦角、土体容重等来确定的。一般在纠偏时,土压力的设定值比较大,这样有利于土体对机头的反作用力将机头托起或横移。

(2)土质变化。盾构在黏土层中掘进时,盾构姿态较易控制;在砂土层中掘进时往往容易造成盾构机头下扎。

(3)地下水含量的变化。当地下水含量丰富时,造成土体松软,盾构往往偏向松软土体或地下水丰富的一侧。

(4)同步注浆方式和注浆质量。如果注浆位置在左侧或注浆压力左侧较大,可使该管环位置右移,换之则相反。同时同步注浆浆液不能及时凝固或注浆量不足将导致管片不能与土体紧密结合,无法产生足够的摩阻力阻止管片的盾构的旋转,将造成盾构旋转偏差较大。

(5)推进速度的大小。推进速度过大,盾构姿态不易控制。在调整姿态时,推进速度一般控制在 50 mm/min 以内。

(6)转弯管片的合理使用。盾构在曲线段施工时,一般采用转弯环来拟合隧道设计轴线,通过调整相邻管环之间的转角拟合出一条光滑曲线,尽量使其与盾构掘进半径相同,保证必要的盾尾间隙量。否则,管片与盾尾相制约,摩擦阻力增大,极不利于盾构姿态的控制。

(7)拼装管片成环后的质量。如果拼装完成后的管片椭圆度或平整度太差,会造成盾构机掘进困难,影响盾构姿态。

(8)施工连续性。施工中途停止时,一旦遇上土质比较松软,会造成盾构机下沉,因而影响盾构掘进姿态。

(9)刀盘正反转不均匀。盾构刀盘的正反转不均匀将会导致盾构主机滚动角过大,同时会带动管片旋转,影响管片拼装质量。

2. 盾构方向控制方法

纠偏主要靠以下几个方面来综合控制。

1)正确调整盾构千斤顶的工作组合

一个盾构四周均匀分布有几十个千斤顶负责盾构推进,一般应对这些千斤顶分组编号,进行工作组合。每次推进后应测量盾构的位置,再根据每次纠偏量的要求,决定下次推进时启动哪些编号千斤顶,停开哪些编号千斤顶。一般停开偏离方向相反处的千斤顶,如盾构已右偏,应向左纠偏,故停开左边千斤顶,开启右边千斤顶。停开的千斤顶要尽量少,以利提高推进速度,减少液压设备的损坏。盾构每推进一环的纠编量应有所限制,以免引起衬砌拼装困难和对地层过大的扰动。

盾构推进时的纵坡和曲线也是靠调整千斤顶的工作组合来控制的。一般要求每次推进结束时盾构纵坡应尽量接近隧道纵坡。

2)调整开挖面阻力

人为地调整开挖面阻力也能纠偏。调整方法与盾构开挖方式有关:敞胸式开挖可用超挖或欠挖来调整;挤压式开挖可用调整进土孔位置及胸板开口大小来实现;密闭切削式开挖是通过切削刀盘上的超挖刀与伸出盾构外壳的翼状阻力板来改变推进阻力的。

3)控制盾构自转

盾构在施工中由于受各种因素的影响,将产生绕盾构本身轴线的自转现象,当转动角度达到某一限值后,就会对盾构的操纵、推进、衬砌拼装、施工量测及各种设备的正常运转带来严重的影响。盾构产生旋转的主要原因有:盾构两侧土层有明显的差别;施工时对某一方位的超挖环数过多;盾构重心不通过轴线;大型旋转设备(如举重臂、切削大刀盘等)的旋转等。控制盾构自转一般采用在盾构旋转的反方向一侧增加配重的办法进行,压重的数量多少根据盾构大小及要求纠正的速度快慢确定,可以从几十吨到上百吨。此外,还可以在盾壳外安装水平阻力板和稳定器来控制盾构自转。

盾构到达终点进入到达竖井时,应注意的问题与加固地层的方法和始发井情况完全相同。须在离终点一定距离处,检查盾构的方向、平面位置、纵向位置,并慎重修正,小心推进,否则会造成盾构中心轴线与隧道中心线相差太多,出现错位的严重现象。

此外,采用挤压式盾构开挖时,会产生盾构后退现象,导致地表沉降,因此施工时务必采取有效措施,防止盾构后退。根据施工经验,每环推进结束后采取维持顶力(使盾构不进)屏压 5 ~10 min,可有效防止盾构后退。在拼管片时,要使一定数量千斤顶轴对称地轮流维持顶力,防止盾构后退。

三、掘进施工管理

2002 年深圳地铁一期工程 4 号线采用土压平衡盾构掘进时,由于压力舱土体结成硬块不得不停机开舱处理。由此引发地面沉陷以及邻近建筑物的轻微沉降等问题,对工程产生了重大影响。广州地铁一期工程施工中,由于压力舱的闭塞导致舱内的压力失控,造成地面隆起和扭矩上升,严重影响了施工进度。这些经验教训表明,盾构施工管理和技术同样重要。

以下对盾构施工管理做一简单说明。

(一)土压平衡盾构

土压平衡盾构的施工管理是通过调整排土机构的机械控制方式进行的,这种排土机构可以调整排土量,使之与挖土量保持平衡,以避免地面沉降对附近构筑物造成影响。

施工管理的方法主要有以下几种:

(1)先将盾构的推进速度设为一定值,然后根据容积计算来控制螺旋输送机的转速。该法是在松软黏土中使用较多的方法。同时,作为管理数据,还要使用切削扭矩和盾构的推力值等。

(2)先设定盾构的推进速度为一定值,再根据切削密封舱内所设置的土压计测试数值和切削扭矩数值来调整螺旋输送机的转速和螺旋式排土机的转速。

这种管理方法是将切削密封舱内的设定土压力 p_0 和切削扭矩 T_0 作为基准值,同盾构推进时发生的土压力 p_1、切削扭矩 T_1 的数值进行比较,即在 $p_0 > p_1$ 和 $T_0 > T_1$ 时,降低螺旋输送机和螺旋排土机的转速,减少排土量;反之,则提高转速,增加排土量,如图 3-18 所示。

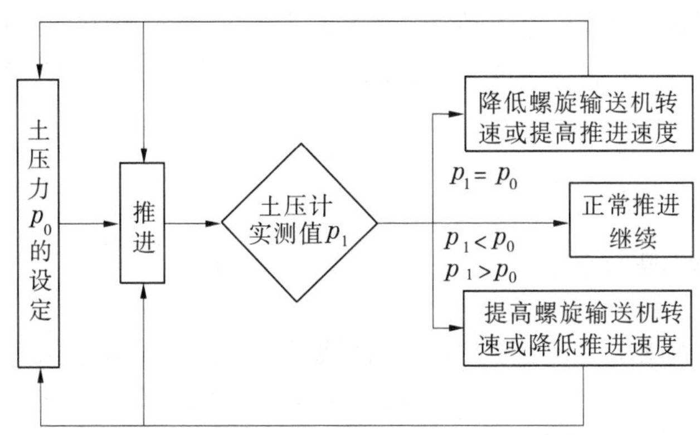

图 3-18　土压平衡盾构排土管理

上述方法为调整土压和切削扭矩值而改变了排土量。此外,还有调整盾构推进速度来改变进土量的,这种方法一般仅适用于施工土质比较均匀的情况。

(二)泥水加压平衡盾构

泥水加压平衡盾构要对开挖面泥水压力、密封舱内的土压力,以及同掘土量平衡的出土量等进行必要的检测和管理。

开挖面上泥水压力的管理,是通过设定泥水压力和控制推进时的开挖面泥水压力等环节实施的。

1. 计划泥水压力的设定

为保证开挖面的稳定所必需的泥水压力为:

计划泥水压力 = 开挖面水压力 + 开挖面土压力 + 变动压力

在一般的泥水加压平衡盾构中,作用于开挖面的变动压力换算成泥水压力,大多设定为 2 MPa 左右。如果将开挖面泥水压力设定得过大,它同地下水压力之间的压差就会增大,将会出现漏泥和地面冒浆的危险。泥水加压平衡盾构一般将计划泥水压力的上限值设定为:埋深 × 泥水重度。

因此,计划泥水压力的范围可设定为

$$p_j = p_d + 2H\gamma g$$

式中 p_j——计划泥水压力,MPa;

p_d——地下水压力,MPa;

H——隧道埋深,m;

γ——泥水重度,kN/m^3;

g——重力加速度,取 9.8 m/s^2。

2. 盾构推进时的开挖面泥水压力控制

盾构推进时的开挖面泥水压力控制流程,通过设于挡土板上的开挖面水压力检测装置测出泥水压力,并通过自动控制回路将其控制为设定泥水压力。

第五节 衬砌、壁后注浆和防水

管片是隧道预制衬砌环的基本单元。盾构法修建隧道常用的衬砌方法有:预制的管片衬砌、现浇的管片衬砌、挤压混凝土衬砌以及先安装预制管片外衬后再现浇混凝土内衬的复合衬砌。其中,以管片衬砌最为常见。

一、衬砌管片的结构与拼装

(一)管片的类型和特点

1. 管片类型

预制管片的种类很多,按预制材料分为铸铁管片、钢管片、钢筋混凝土管片、钢与钢筋混凝土组合管片。按结构形式可分为平板形管片(见图 3-19(a))、箱形管片(见图 3-19(b))等,此外,还根据具体的结构要求,开发出各种异形钢管片。管片按衬砌位置不同可分为标准管片(A 型管片)、临接管片(B 型管片)和封顶管片(K 型管片)三种,封顶管片又有半径方向插入与纵向插入之分,转弯时将增加楔形管片。

球墨铸铁管片强度高、易铸成薄壁结构、管片质量轻、搬运安装方便、管片精度高、外形准确、防水性能好,但加工设备要求高、造价大。该管片需翻砂成型后用大型金属切削机械加工。

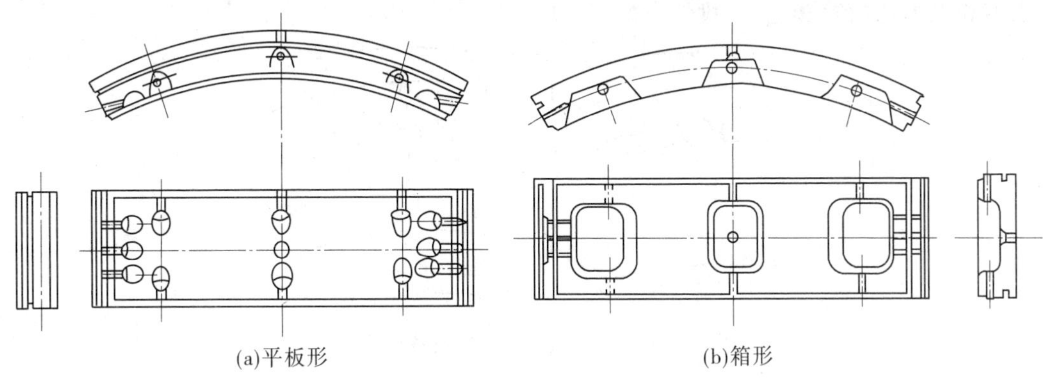

(a)平板形　(b)箱形

图 3-19　钢筋混凝土管片

钢管片主要用型钢或钢板焊接加工而成，其强度高，延性好，运输安装方便，精度稍低于球墨铸铁管片，但在施工应力作用下易变形，在地层内也易锈蚀。

钢筋混凝土管片具有一定强度，加工制作比较容易，耐腐蚀，造价低，是最常用的管片形式，但较笨重，在运输、安装施工过程中易损坏。

2. 管片的几何尺寸

影响管片结构尺寸的因素包括隧道的使用功能（如公路隧道、排水管、地铁隧道等）、结构运营寿命、运营空间要求（如净空、线路、施工精度等）、预埋件结构（如起吊件、连接预埋件等）、防水要求、规范规定的要求等。

管片环的外径尺寸取决于隧道净空和衬砌厚度（管片厚度、二次衬砌厚度等）。管片环外径尺寸是隧道设计时的最基本因素。

管片宽度 b 即为衬砌环的宽度，该值越大，拼装相等长度内衬砌环的接缝就越少，因而螺栓就越少，漏水环节也就越少，施工速度越快，衬砌环的制作费用、施工费用相应越少，经济效益明显，但由于受到盾构设备以及运输设备能力的制约，尤其是举重臂能力和盾构千斤顶的冲程，特别是盾构与隧道轴线坡度差较大的地段和曲线施工段，在曲率半径及盾尾长度一定的情况下，管片宽度 b 应由盾构千斤顶的有效冲程来决定。常用的衬砌环宽度一般为 1 000 ~ 2 000 mm，最常用的是 1 000 ~ 1 500 mm。对于特大隧道，可适当加宽。如上海长江隧道管片衬砌环宽为 2 000 mm。

对于不等宽的楔形环管片，其环面锥度可按曲率半径计算得出，但不宜太大。衬砌直径大于 6 m 者，楔形量为 30 ~ 50 mm，小直径隧道为 15 ~ 40 mm。

管片的厚度主要取决于荷载条件，但有时隧道的使用目的和管片施工条件也起支配作用，如为了防腐而加大管片厚度。目前，常采用的管片环厚度主要有 300 mm、350 mm、400 mm 等。

管片环一般由数块 A 型管片、2 块 B 型管片和 1 块可在最后封顶的 K 型管片组成。K 型管片有的使用从隧道内侧插入（半径方向插入型），有的使用从隧道轴方向插入（轴向或称为纵向插入型），如图 3-20 所示，也有两者都采用的。其中，从隧道内侧插入的（半径方向插入型）K 型管片的长度取小于 A 型、B 型管片的为好。从过去的经验及实际运用情况来看，根据管片的外径，铁路隧道等分为 6 ~ 11 块，其中分为 6 ~ 8 块的较多。上下水道和电力通信等隧道,一般分为 5 ~ 7 块。

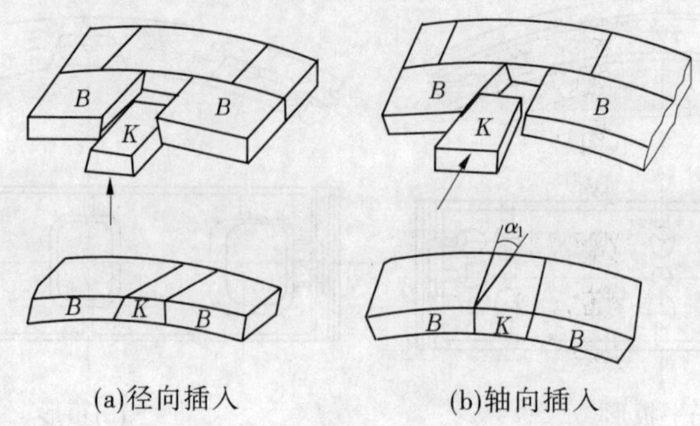

图 3-20　封顶管片的安装形式

3. 管片的连接

目前,国内盾构隧道衬砌管片主要采用各种螺栓作为连接件。螺栓作为连接件尚存在一些问题:①需要在管片上设置手孔,混凝土管片承载能力下降且在施工和使用中易发生管片局部开裂的问题,进而导致渗漏水,影响正常使用和衬砌的耐久性;②螺栓的紧固基本都是人工作业,耗费大量人力,而且施工速度慢、工期长。

目前,国内已开始采用插销的安装方式,利用自动化管片安装机械和盾构千斤顶的反推力,实现快速拼装,节约了管片安装时间,摒弃了传统的耗时耗力的人工安装螺栓的方法。

(二)管片的拼装

管片拼装是建造隧道的重要工序之一,管片拼装后形成隧道,所以拼装质量也就直接影响工程的质量。

根据盾构推进油缸的工作情况,可以分为掘进、拼装和维护三种模式。盾构的工作原理是在盾体的保护下,通过前面刀盘的旋转切削土体,同时推进油缸顶推后面的管片,使后面配套设备向前移动,盾构处于掘进模式。在开挖一环管片的距离后,推进油缸缩回,安装管片,盾构进入拼装模式。一环管片拼装完成后,拼装模式结束,盾构转换为掘进模式,开始挖土掘进。维护模式是在盾构维修保养时启动,在盾构正常工作时不使用该模式。

1. 拼装前的准备工作

管片拼装前应做好下列准备工作:

(1)盾构推进后的姿态检查:①盾构推进油缸顶块与前一环管片环面必须有足够的空间可使封顶块插入成环;②检查管片与盾尾间隙,结合上一环状态,决定本环拼装时的纠偏量及纠偏措施;③盾构纵坡和拼装机在平面、高程方向上的偏离值,决定了管片拼装位置调整的纠偏值。

(2)清除上一环环面和盾尾内的杂物,检查上一环环面防水密封条是否完好,如有损坏应及时修补;发现环面质量问题,应在下一环管片拼装时进行纠正。

(3)按有关盾构设备操作要求,全面检查拼装机的动力及液压设备是否正常,举重臂是否灵活、安全可靠。

(4)管片在地面上按拼装顺序排列堆放,粘贴好防水密封条等防水材料。准备管片连接件和配件、防水垫圈等，并随第一块管片运至工作面。

2. 拼装作业

管片拼装常用液压传动的拼装机进行作业，按整体组合可分为通缝拼装和错缝拼装。

(1)通缝拼装。即使管片的纵缝环环对齐，拼装较为方便，容易定位，纵向螺栓容易穿，拼装施工应力较小，但其缺点是环面不平整的误差容易积累，而进一步导致环向螺栓难穿，环缝压密量不够。

(2)错缝拼装。即前后环管片的纵缝错开拼接，一般错开 1/3 ~ 1/2 块管片弧长。错缝拼装的衬砌整体性好，当环面较平整时，环向螺栓也比较容易穿。但当环面不平整时，容易引起较大的施工应力，使管片产生裂缝，纵向穿螺栓困难，纵缝压密差。

针对盾构有无后退，管片拼装可分为先环后纵和先纵后环拼装工艺。

1)先环后纵

在采用敞开式或机械切削开挖的盾构中，盾构后退量较小，则可采用先环后纵的拼装工艺，即先将管片拼装成圆环，拧好所有环向螺栓，而后穿进纵向螺栓，再用千斤顶整环纵向靠拢顶紧，然后拧紧纵向螺栓，完成一环的拼装工序。

采用先环后纵的拼装工艺，成环后环面平整，圆环的椭圆度易控制，纵缝密实度好。但如果前一环环面不平，则在纵向靠拢时对新成环所产生的施工应力较大，并且先环后纵的拼装顺序，在拼装时须使千斤顶活塞杆全部缩回，极易产生盾构后退。

2)先纵后环

当采用挤压或网格盾构施工时，盾构后退量较大，为不使盾构后退，减小对地面的变形，则可用先纵后环的拼装工艺，即将管片逐块先与上一环管片拼接好，最后封顶成环。

此种方法拼装，环缝压密好，纵缝压密差，圆环椭圆度较难控制，主要可防止盾构后退，但对拼装操作带来较多的重复动作，拼装也较困难。

管片的拼装顺序，应采用先下后上拼装。从下部管片开始拼装，逐块左右交叉向上拼装，然后拼装邻接管片，最后安装楔形管片。这样拼装安全，工艺也简单，拼装所用设备较少。

管片拼装施工技术要点如下：

(1)管片拼装工艺可归纳为先下后上、左右交叉、纵向插入、封顶成环。

(2)管片拼装成环时，应逐片初步拧紧连接螺栓，脱出盾尾后再次拧紧。当后续盾构掘进至每环管片拼装之前，应对相邻已成环的 3 环范围内的连接螺栓进行全面检查并再次紧固。

(3)逐块拼装管片时，应注意确保相邻两管片接头的环面平整、内弧面平整、纵缝密贴。封顶块插入前，检查已拼管片的开口尺寸，要求略大于封顶块尺寸，拼装机把封顶块送到位，伸出相应的千斤顶将封顶块管片插入成环，做圆环校正，并全面检查所有纵向螺栓。封顶成环后，进行测量，并按测得数据做圆环校正，再次测量并做好记录。最后拧紧所有纵、环向螺栓。

(4)按各块管片位置，缩回相应位置的千斤顶，形成拼装空间使管片到位，然后伸出推进千斤顶完成管片的拼装作业。盾构司机在反复伸缩推进油缸时必须做到保持盾构不后退、不变坡、不变向，同时应与拼装操作人员密切配合。

(5)拼装过程中,遇有管片损坏,应及时使用规定材料修补。管片损坏超过标准时,应调换。在拼装过程中应保持成环管片的清洁。如后期发现损坏的管片也必须修补。

二、壁后注浆

用螺栓连接管片组成的衬砌环,接头处活动性很大,故管片衬砌属于几何可变结构。在盾构的推进过程中,为了防止隧道周围土体变形和地面沉降,应及时对管片和土体之间的建筑空隙进行填充,其有效途径就是进行衬砌壁后注浆。用浆液填充隧道衬砌环与地层之间空隙的施工工艺称为壁后注浆。壁后注浆还可以改善隧道的受力状态,使衬砌和周围土体共同变形,减小衬砌在自重及拼装荷载作用下的椭圆率。此外,在隧道周围形成一种水泥连接起来的地层壳体,能增加衬砌接缝的防水性能。衬砌壁后注浆是隧道盾构施工的一道非常重要的工序。

(一)壁后注浆的分类

根据壁后注浆与盾构掘进的关系,从时效性上可将壁后注浆分为三种方式:

(1)同步注浆。指盾尾间隙形成的同时,立即注浆,使浆液及时填充盾尾间隙的方式,即一边向前推进、一边注入的方式。

(2)及时注浆。指掘进了一环或数环后,盾尾已存在大量间隙空间,然后对盾尾间隙进行注浆的方式,简单地说就是盾构推进后立即注入。这种注浆方式由于不能迅速对盾尾间隙进行填充,增大了对土的扰动性,不利于地面沉降控制,而且由于早期管片脱出盾尾后处于悬空状态,受力状态较差,容易发生错台,因此该方式仅在地质情况良好、对地表沉降要求较低时才能使用。

(3)二次注浆。一次注浆效果不理想时,需要通过二次注浆对前期注浆进行补充。一般在隧道发生偏移、地表沉降异常时或在一些特殊地段(盾构进出站、联络通道附近)使用。

根据盾尾注浆的位置不同,可将盾构注浆方式分为以下两种形式(见图 3-21):

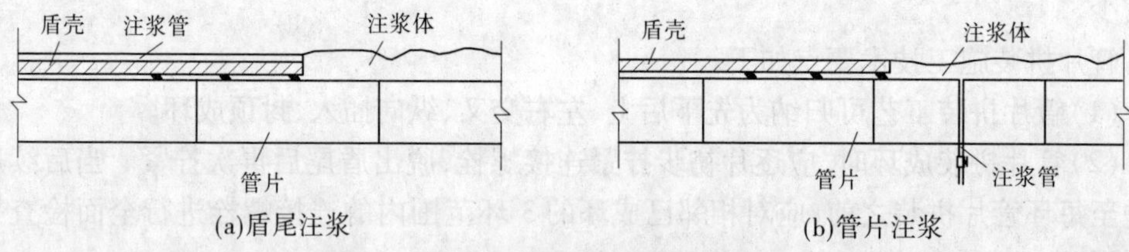

图 3-21　盾尾注浆和管片注浆示意图

(1)盾尾注浆。由盾壳外表设置的注浆管随盾构推进同步进行注浆。从盾构机设计上考虑,可采用外凸式或内凹式。若采用外凸式,凸出的注浆管减小了盾尾内部的占用空间,可一定程度上减小盾构外径,从而减小盾尾间隙,有利于减小土体扰动和控制掘进过程的地面沉降。但由于盾壳的非圆性,不利于盾构出、进洞,且在较硬土层容易磨损,一旦磨损后无法修复。内凹式注浆管则在一定程度上增大了盾构外径和盾尾间隙,相对而言,增加了盾构掘进过程对周围土体的扰动,但由于不易磨损,其地层适应性更为广泛。

(2)管片注浆。由管片上预留的注浆孔采用风动注浆机进行注浆。这种注浆方式既可进行同步注浆,也可进行及时注浆和二次注浆。

盾尾注浆和管片注浆方式的特点比较见表3-4。

表3-4　盾尾注浆和管片注浆方式的特点

注浆方式	盾尾注浆	管片注浆
优点	①自动化程度高,施工控制相对简单; ②可以通过调整不同注浆管的压力和注浆量使浆液均匀地分布于地层中; ③不易堵管	①应用广泛,适用于各种地层和地段; ②既可选用单液浆,也可选用双液浆; ③可通过二次注浆对盾构出、进洞,联络通道地段补充加固,以及对隧道偏移,地表建筑物变形等特殊情况进行处理
缺点	①浆液的可选性低,一般只适用于单液浆; ②对于裂隙丰富的岩层、断裂带、极软地层,填充效果会受到限制; ③一旦堵管,清洗较困难	①工艺相对复杂,实际施工中,若没有严格的工序控制,往往做不到真正意义上的同步注浆; ②浆液不易分布均匀; ③采用双液浆时,容易发生堵管现象,而且浆液较难充分混合

(二)注浆材料与工艺

1. 浆液的选择

对浆液的要求为:①流动性好;②注入时不离析;③具有均匀的高于地层土压的早期强度;④良好的充填性;⑤注入后体积收缩小;⑥阻水性好;⑦适当的黏性;⑧不污染环境。

壁后注浆浆液一般分为单液浆和双液浆两大类。

单液浆是由粉煤灰、砂、水泥、水、外加剂等在搅拌机中一次拌和而成的。这种浆液又可分为惰性浆液和硬性浆液:惰性浆液即浆液中没有掺加水泥等凝胶物质,早期强度和后期强度均很低的浆液;而硬性浆液即在浆液中掺加了水泥等凝胶物质,具备一定早期强度和后期强度的浆液。对于惰性浆液,浆液强度、初凝时间、泵送性能和含水率密切相关,含水率大,则强度低,泵送性好;含水率小,则反之。对于硬性浆液,浆液强度、初凝时间、泵送性能和水灰比密切相关,水灰比高,则强度低,泵送性好。

单液浆由于其施工工艺简单、易于控制、不易堵管等优点,较广泛地应用于盾尾同步注浆系统。其中惰性浆液初凝时间长,制备成本低,在上海等软弱地层为主的地区应用较为广泛,但由于其强度较低,不利于隧道衬砌的早期稳定,而硬性浆液制备成本相对较高,初凝时间一般为12~16 h。早期具有一定强度,对于隧道衬砌的稳定较为有利。广州的地铁施工中,一般采用硬性浆液。

双液浆是由水泥砂浆等搅拌成的浆液与由水玻璃等组成的浆液混合而成的。双液浆又可根据初凝时间不同分为缓凝型(初凝时间为30~60 s)和瞬凝型(初凝时间小于20 s)。胶凝时间越长,越容易发生向土舱泄漏和向土体内流失的情况,限定范围的填充越困难,而且在没有初凝前,容易被地下水稀释,产生材料分离的现象。因此,目前多采用瞬凝型浆液注浆。但胶凝时间过短,也会造成注入还没结束,浆液便失去了流动性,导致填充效果不佳。

双液浆施工工艺相对复杂,制备成本高,但浆液初凝时间短、凝固后强度较高,对隧道稳定较为有利,适用于各种地层的盾构施工,尤其是在断裂带、极软土层、需要进行特殊处理的地段,采用双液浆是最佳之选。

液浆在凝结时间上,需缓凝早强,缓凝可防止损坏盾尾密封装置,早强可使浆液不易流失。要达到以上质量标准,一般需要通过试验方法确定。

2. 工艺要求

注浆时,不仅要使浆液充满管片背后的空隙,同时要渗透至周边的地层中,所以要求注浆量比计算的空隙要大些。根据上海地铁隧道盾构法施工经验,一般注浆量为理论建筑空隙的130% ~180% 较为适宜。而实际施工应通过监测地表变形情况而定,另外可采用多次注浆或增补注浆,以有效地控制地表的变形。

注浆压力一般为0.5 ~0.6 MPa。注浆压力过大时,浆液会沿着盾壳流入土舱中,进而从螺旋输送机输出。而注浆压力一旦大于盾尾密封的承压能力,将击穿盾尾密封。如果没有及时对盾尾密封注入油脂,浆液在盾尾刷中凝固后,会使盾尾密封失效,严重影响施工安全。若在相隔30 m 左右进行一次额外的控制压浆,压力可达1 MPa,以便强迫充填衬砌背后遗留下来的空隙。在管片外部土压力大、地下水头压力大的地段,注浆压力应根据计算确定。注浆出口压力应稍大于注浆出口处的静止土压力,注浆压力一般比出口压力大0.1 ~0.2 MPa。通过计算的注浆压力不应过大,出现浆液溢出地面或造成地表隆起,也不应过小而降低注浆作用。

壁后注浆施工技术要点如下:

(1)在盾构设计时,应根据地层情况,选择不同的注浆方式。在条件允许的情况下,尽可能采用通过安装在盾尾的注浆管进行同步注浆的方式,可将通过管片注浆孔注浆作为备选注浆方案或补充应急方案。

(2)合理选择注浆液类型。必要时,浆液可根据隧道区段的变化而调整或根据地质情况的变化而调整。如在靠近洞门和联络通道前后的注浆,应提高浆液强度和抗渗性能;洞门结构和联络通道施工前,还需用双液浆等进行二次注浆补强。

(3)合理选择注浆压力、注浆量、注浆位置。正常施工阶段,以注浆压力控制注浆量。对于沉降控制要求相当高的地段,可采用注浆压力和注浆量双重控制标准。为防止盾尾被击穿,注浆压力不能大于盾尾密封所能承受的设计压力。

(4)加强管片沉浮的监测,摸清盾构机通过不同地质断面的沉浮规律,并相应调节盾构机姿态和注浆参数。为控制管片上浮,并防止因浆液流动性好而造成隧道顶部出现无浆液填充现象。在通过盾尾注浆管的同步注浆过程中,宜将位于上部的两根注浆管的注浆压力和注浆量提高。

(5)通过地面沉降监测成果指导盾尾注浆施工,当盾构机某环掘进过程中发现出土量远超出理论方量时,有可能前方地层发生坍塌,应增加盾尾注浆量。

(6)盾构掘进指令要和浆液拌制指令相配合,避免过早拌制浆液后发生堵管。盾构机停机前应用膨润土等将注浆管充满,以防浆液回流而堵塞注浆管。同时,配备专用疏通器具,制订有效的疏通措施,使注浆管堵塞时能够及时疏通。

以下是某地铁掘进过程壁后注浆的施工方案:

盾构外径:ϕ6 340 mm;管片外径:ϕ6 200 mm。

每推进一环的建筑空隙为：

$$\pi(6\,340^2-6\,200^2)/4\times1.0=1.38(m^3)$$

每环的压浆量一般为建筑空隙的200%～250%，即每推进一环同步注浆量为2.76～3.45 m^3。泵送出口处的压力应控制在0.3 MPa左右。

浆液的配比按照设计要求来调配。本工程同步注浆的浆液采用惰性浆液，压浆量和压浆点视压浆时的压力值和地层变形监测数据而定。

同步注浆浆液配比（重量比）如表3-5所示。

表3-5　同步注浆浆液配比（重量比）

黄沙	粉煤灰	膨润土	水	稠度
25%	50%	5%	20%	9～11

在管片脱出盾尾5环后，对管片的建筑空隙进行壁后二次注浆，整个区间每隔5环注浆一次，压浆量的控制根据沉降信息确定。

壁后二次补浆浆液配比（重量比）如表3-6所示。

表3-6　壁后二次补浆浆液配比（重量比）

水泥	粉煤灰	水	稠度
1	3	适量	9～11

压浆属一道重要工序，施工中指派专人负责，对压入位置、压入量、压力值均做详细记录，并根据地层变形监测信息及时调整，确保压浆工序的施工质量。

三、衬砌防水

隧道衬砌除应满足结构强度和刚度要求外，还应解决好防水问题。如果没有可靠的防水、堵漏措施，地下水就会侵入隧道，影响其内部结构与附属管线，乃至危害隧道的运营和降低隧道使用寿命。

盾构隧道衬砌渗漏水的位置一般是管片的接缝、注浆孔和螺栓孔、管片自身小裂缝等，防水施工主要解决管片本身防水和管片接缝防水问题。

（一）管片本身防水

管片本身防水施工主要是通过提高混凝土抗渗能力和管片的制作精度来实现的。

1. 加强盾构管片混凝土的抗渗性和耐久性

由于地下水压力作用，要求衬砌具有一定的抗渗能力和耐久性，防止地下水的渗入。在盾构设计时，应根据隧道埋深和地下水压力，提出经济合理的抗渗指标。同时，预制混凝土管片的生产应做到以下几个方面：

（1）对预制管片的混凝土级配应采取密实级配，设计有规定时按规定执行，设计无明确规定时一般按高密实标准施工。

（2）严格控制水灰比，一般不大于0.5，且可掺入高效减水剂来降低混凝土水灰比。

（3）严格控制生产工艺，对混凝土振捣方式、养护条件、脱模时间、防止温度应力而引起裂缝等均应提出合理的工艺条件。

(4)在管片外喷涂防水涂层。

(5)严格执行管片检查制度,减少管片堆放、运输和拼装过程的损坏率。

2. 保证管片制作精度要求

过去钢筋混凝土管片不如铸铁管片,其主要原因就是钢筋混凝土管片的制作精度不够易引起隧道漏水。

(1)在管片制作时,采用高精度钢模,减小制作误差,是确保管片接头面密贴不产生较大初始缝隙的可靠措施。

(2)制作钢模时,要采用高精度机械加工,并使钢模具有足够刚度,以保证使用过程中不变形。

(二)管片接缝防水

采用装配式预制钢筋混凝土管片时,管片之间的接缝成为隧道防水的薄弱环节,这是隧道防水的主要问题,包括密封垫防水、相邻管片间的嵌缝防水、管片螺栓孔防水等,如图3-22所示。

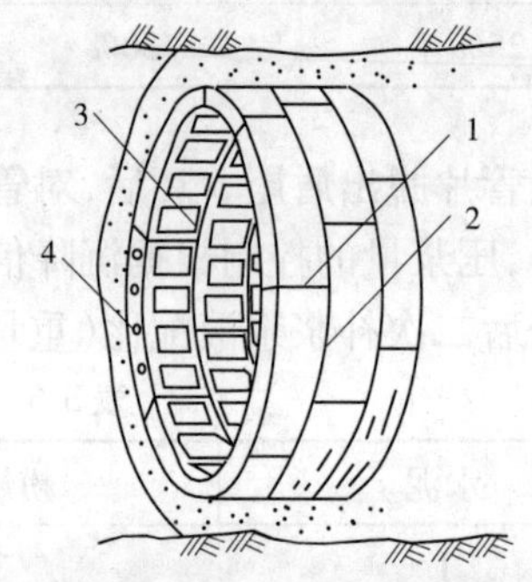

1—纵缝防水密封垫;2—环缝防水密封垫;3—嵌缝槽;4—螺栓孔

图3-22 防水部位示意图

1. 密封垫防水

管片接缝分环缝和纵缝两种,用于管片接缝处的防水密封垫又称为防水密封条。采用密封条防水是接缝防水的主要措施,是接缝防水的主要防线。如果防水效果良好,可以省去嵌缝防水工序或只进行部分嵌缝。

密封垫的功能要求为:要求密封垫能承受实际最大水压的3倍。衬砌环缝的密封垫还应在衬砌产生纵向变形及估计的错位量时,保持在规定水压力作用下不渗水。

实践证明,密封垫材料性能在很大程度上决定着接缝防水的长期效果,尤其是在防水功能的耐久性上。因此,对密封垫材料的要求为:具有防水耐久性,能长时间保持接触面应力不松弛。其耐久性包括耐水性、耐疲劳性、耐干湿反复作用、耐化学腐蚀性等。对于遇水膨胀橡胶还要求长期保持膨胀压力。

密封垫的密封性能表现为对管片拼装面的黏结力、弹性复原力、充填抗渗能力。混凝土管片使用的防水密封垫大体可分为两大类,即未定型制品和定型制品。未定型制品的主体材料包括石油沥青生橡胶粉油膏、聚氧乙烯胶泥、焦油聚氨酯弹性体(两液型)、焦油聚硫弹性体(两液型)、环氧聚硫弹性体(两液型)、环氧煤焦油砂浆。定型制品的主体材料包括焦油合成树脂体系、天然橡胶或合成橡胶、泡沫橡胶复合密封垫、异形橡胶复合密封垫。

密封垫选型的关键是材质与配合比必须恰当,构造形式必须合理。密封垫应有足够的宽度,其大小视埋深和管片环纵面的凹凸榫而定。在试件材质确定的情况下,密封垫的断面构造形式对止水起了决定性的作用。弹性密封垫通常加工成框形、环形,套裹在环片预留的凹槽内,形成线防水。

遇水膨胀橡胶与弹性橡胶复合密封垫在弹性橡胶弹性止水的基础上增加了遇水膨胀

止水功能。该材料在管片之间产生较大张开量，在依靠弹性橡胶回弹无法完全止水的情况下，膨胀橡胶遇水会产生体积膨胀，从而达到止水的目的。

2. 相邻管片间的嵌缝防水

嵌缝防水是以接缝密封垫防水作为主要技术措施的补充措施。即在管片环缝、纵缝中沿管片内侧设置嵌缝槽，用止水材料在槽内填嵌密实来达到防水目的，而不是靠弹性压密防水。

嵌缝材料应有良好的不透水性、潮湿基面黏结性、耐久性、抗老化性、适应一定的变形弹性、不流坠的抗下垂性，特别是与潮湿的混凝土结合性好。嵌缝材料宜采用乳胶水泥、环氧树脂和焦油聚氨酯材料等。

嵌缝作业区的范围，应根据隧道使用功能和防水要求进行设计。根据设计经验，嵌缝范围一般为拱底90°、拱顶45°（被称作"标准环嵌缝"），以确保拱底不漏泥沙，拱顶电气机车触网铜缆不锈蚀；在盾构进洞和出洞口，即每条区间隧道与车站连接的两端各25环，以及联络旁通道两侧各5环需要整环嵌缝，即全断面实施嵌缝。这是为了适应不均匀沉降和温度变化引起的变形，保证该区段隧道的防水效果。例如，上海地铁2号线工程的嵌缝范围通常为拱底86°、拱顶43°。

当环缝处于变形缝位置时，应采用柔性防水材料（聚氨酯密封胶）嵌填整条环缝。钢管片的情况比较特殊。两条区间隧道间通常要设联络旁通道，不过，旁通道是否设置，各区间情况各不相同，故钢管片部分的嵌缝也不一样。若需要设置旁通道，则钢管片的接缝将被焊死，而钢管片与钢筋混凝土管片的接缝则用聚氨酯密封胶嵌填；若不再设置旁通道，则用细石混凝土将钢管片肋腔填充，钢管片的接缝用聚氨酯密封胶嵌填，嵌填范围同标准环嵌缝。

嵌缝作业在环片拼装完成后过一段时间才能进行，亦即在盾构推进力对它无影响，衬砌变形相对稳定时进行。

3. 管片螺栓孔防水

螺栓孔或注浆孔之间的装配间隙也是渗漏多发处，常采取的堵漏措施一般是用塑性和弹性密封圈，在拧紧螺栓时，密封圈受挤压变形充填在螺栓和孔壁之间，达到止水效果。另一种方法是采用一种塑料螺栓孔套管，浇筑混凝土预埋在管片内，与密封圈结合起来使用，防水效果更佳。

设置防渗漏的螺栓孔密封圈应符合下列规定：

（1）螺栓孔密封圈应设置在肋腔螺栓孔口（通常制成锥形倒角），特殊需要时，也可设置在环缝面螺栓孔口。

（2）螺栓孔密封圈与衬砌螺孔密封圈沟槽匹配，它在螺帽与垫圈的作用下挤入螺栓孔内，起到压密或膨胀止水的作用。

（3）螺栓孔密封圈材料应是氯丁橡胶、遇水膨胀橡胶，也可采用橡胶制品或塑料制品，技术指标与密封垫相同。

4. 渗漏水的原因

隧道防水做得再好，也无法保证隧道绝对不漏水。一旦隧道出现了渗漏并且超出工程所允许的漏水量，必须及时、准确地进行堵漏。

引起隧道渗漏水的原因一般有下面几点：

(1)管片壁后注浆的质量差、充填不密实,不能使围岩和衬砌整体协调受力,造成受力不均,局部变形过大,首道防水层失去作用而引起渗漏水。

(2)管片在制作时养护不合理、水灰比过大,出现气孔和微裂纹。管片在运输、拼装中受挤压、碰撞、缺边掉角。

(3)遇水膨胀橡胶密封垫粘贴不牢,或过早浸水使膨胀止水效果降低。

(4)管片拼装质量差、螺栓未拧紧,造成接缝张开过大。注浆孔、螺栓孔等薄弱部位封孔质量差,螺栓孔未加防水密封垫圈等。

思考题

1. 什么是盾构机？什么是盾构法施工？
2. 盾构法的优缺点分别是什么？
3. 盾构机的构造组成是怎样的？
4. 盾构选型的过程是怎样的？
5. 衬砌结果设计时需要考虑的荷载有哪些？
6. 盾构法施工包括哪些过程？
7. 盾构衬砌防水的主要措施有哪些？

第四章　岩石隧道掘进机(TBM)施工

第一节　概　述

当隧道长度过长时,用常规钻爆法进行隧道施工将需要相当长的工期,用隧道掘进机(Tunnel Boring Machine,简称 TBM)法施工则显示出优越性。掘进机是指利用回转刀具直接切割、破碎工作面岩石,同时完成装载、转运石渣,并可调动行走和具有喷雾除尘的功能,有的还具有支护功能,以机械方式破岩的隧道掘进综合机械。

全断面岩石隧道掘进机利用圆形的刀盘破碎岩石,故又称为刀盘式掘进机。掘进机的基本功能是掘进、出渣、导向和支护,并配置有完成这些功能的机构。此外,还配备有后配套系统,如运渣运料、支护、供电、供水、排水、通风等系统设备,故总长度较长,一般为 150 ~ 300 m,外形如图 4-1 所示。

图 4-1　单支撑主梁开敞式 TBM

全断面岩石隧道掘进机的基本工艺是:掘进时,由刀盘旋转破碎岩石形成岩渣,岩渣由刀盘上的铲斗运至掘进机的上方,靠自重下落至溜渣槽,进入机头内的运渣胶带机,然后由带式输送机转载到矿车内,利用电机车拉到洞外卸载。掘进机在推力的作用下向前推进,每掘进一个行程便根据情况对围岩进行支护。

一、全断面 TBM 法施工特点

国外实践证明:当隧道长度与直径的比值大于 600 时,采用 TBM 法施工是经济的,即全断面岩石隧道掘进机适用于长隧道的施工。因此,《铁路隧道施工规范》(TB 10204—2002)中规定:掘进机开挖适用于岩石单轴饱和抗压强度为 60 ~ 250 MPa、长度大于 6 000 m、断面面积小于 60 m^2 的铁路单线隧道。在一些国家,一些部门对 3 km 以上的隧道都优先考虑采用TBM法施工。香港九龙及新界西铁工程中的一部分隧道长度为1.8 km,也采用了掘进机开挖。该隧道穿越一段坚硬岩层和一段旧填海区的软土,开挖直径为8.75 m,衬砌后直径为7.62 m,原计划采用传统的钻爆法及明挖回填方案,经过全面的技术、经济比较之后,最终采用混合式隧道掘进机方案。

全断面TBM法施工的优点:

(1)TBM法施工的最大优点是掘进速度快,其掘进速度为常规钻爆法的3~10倍。目前全断面岩石掘进机设计的最高掘进速度已达6 m/h,理论最高月进尺可达4 320 m(作业率按100%计算)。实际月进尺还取决于两个因素:一是岩石破碎的难易程度决定的实际发生的每小时进尺,二是反映管理水平的掘进机作业率。目前,我国掘进机的管理水平一般可使作业率达到50%。在花岗片麻岩中,月进尺可达500~600 m,在石灰岩、砂岩中,月进尺可达1 000 m。

(2)具有优质、安全、有利于环境保护和节省劳动力等优点。由于是刀具挤压和切割洞壁岩石,所以洞壁光滑美观;对洞壁外的围岩扰动小,影响范围一般小于50 cm,容易保持原围岩的稳定性,得到安全的边界环境。

(3)由于TBM提高了掘进速率,工期可大大缩短,因此在整体上是经济的。若只核算纯开挖成本,TBM法高于钻爆法,但掘进机成洞的综合成本与钻爆法比较有明显优势。由于采用掘进机施工,使单头掘进20 km隧道成为可能。该方法可以改变钻爆法长洞短打、直洞折打的费时费钱的施工方法,代之以聚短为长、裁弯取直,从而省时省钱。掘进机施工洞径尺寸精确,对洞壁影响小,可以不衬砌或减少衬砌,从而降低衬砌成本。掘进机的作业面少、作业人员少,人员费用少。掘进机的掘进速度快,提早成洞,可提早收益。因而促使TBM施工的综合成本降低,可与钻爆法相竞争。

全断面TBM法施工的缺点:

(1)全断面岩石隧道掘进机设备的一次性投资成本较高。据2003年统计资料,国际市场上敞开式全断面掘进机的价格是每米直径100万美元,双护盾掘进机每米直径120万美元。若国外掘进机在国内制造,结构件是国内生产,则敞开式掘进机的价格是每米直径70万美元。

(2)全断面岩石隧道掘进机的设计制造需要一定的周期,一般需要9个月。因此,从确定选用掘进机到实际能使用,一般要预留11~12个月。

(3)全断面岩石隧道掘进机要求施工人员技术水平和管理水平高,对短隧道不能发挥其优越性,一次施工只适用于同一个直径的隧道。虽然掘进机的动力推力等的配置可以使其适用于某一直径范围,但结构件的尺寸改动是需要一定时间和满足一定规范要求的。一般只在完成一个隧洞工程后,更换工程时才实施改动。

(4)全断面岩石隧道掘进机对地质比较敏感,其适应性不如常规的钻爆法灵活,主机质量大,不同的地质需要不同种类的掘进机并配置相应的设施。

二、TBM的发展与应用现状

隧道掘进机施工始于20世纪30年代,在50~60年代,随着机械工业和掘进技术水平的不断提高,掘进机施工得到了迅速发展。TBM的诞生实现了隧洞建设者们的理想,为隧洞施工走向机械化、标准化创造了条件,使施工程序大大简化,基本实现了流水线作业。据不完全统计,目前采用TBM施工的隧道已达1 000余条,总长度在4 000 km左右。在西方发达国家,由于劳动力昂贵,TBM已经成为一种非常重要的施工方法。

全长48.5 km的英吉利海峡隧道采用11台TBM,仅用50个月就实现贯通,体现了当时掘进机法施工技术的最高水平。1985年我国在天生桥水电站建设中首次引进TBM,该机是由Robbins公司生产的硬岩TBM,直径为10.8 m。后来在施工中遭遇了岩溶洞穴,出现了严重困难。

甘肃"引大入秦"工程,30A隧道全长11.65 km,由意大利CMC公司采用双护盾TBM进行施工,掘进机直径为5.53 m,刀圈直径为394 mm,刀盘上装有37把盘形滚刀,采用四合一预制管片衬砌一次成洞。该隧洞掘进历时13个月,最高日进尺65.5 m,最高月进尺超过1 300 m,是TBM一次成功的应用。

锦屏二级电站,主体引水隧洞为开挖直径为12.4 m、长16.7 km的4条长大隧洞,采用两台开敞式TBM和钻爆法联合施工。隧洞最大埋深2 525 m,已于2008年11月开始试掘进,至2010年6月,已掘进5 km左右,创造了12.4 m大直径TBM最高月进尺683 m的世界纪录。

2009年年底,重庆地铁1号线及6号线区间隧道采用2台敞开式TBM施工,其刀盘直径为6.36 m,刀盘具有36把滚刀,机身长195 m,是国内地铁工程领域首次采用岩石隧道掘进机施工。TBM精密构件是从美国、德国、瑞典进口,钢结构在国内生产。经过不懈努力,TBM渡过了设备与人员的磨合期、困难期,转而进入高产期,达平均日进尺20~25 m,最高日进尺34 m,达到了600 m/月的预期平均进度指标要求。

2010年施工的兰渝铁路西秦岭特长铁路隧道,全长28.236 km,隧道最大埋深约1 400 m。采用全断面硬岩掘进机和钻爆法相结合的施工方法,隧道出口段15.6 km采用TBM施工。该TBM是由Robbins公司设计、提供技术支持,我国南车集团成都隧道装备有限公司生产制造,是国内铁路隧道最大直径的TBM。刀盘直径为10.2 m,整机全长180余m,重1 800 t。

目前,TBM正朝着大功率、大推力、高扭矩、高掘进速度的方向发展。

第二节　TBM的类型及构造

一、TBM的类型

全断面岩石隧道掘进机按掘进机是否带有护壳分为开敞式和护盾式。开敞式TBM主要有X形和T形两种结构形式。X形为前后有两组X形支撑的双支撑开敞式TBM(见图4-2),前后共有16个弧形撑靴紧压在已形成的圆形洞壁上;T形为单支撑主梁开敞式TBM(见图4-1)。护盾式TBM根据盾壳的数量可分为单护盾TBM、双护盾TBM和三护盾TBM。单护盾TBM(见图4-3)的整个机器是由一个护盾进行保护的;双护盾TBM又称伸缩护盾式TBM,它的护盾包括前护盾、伸缩护盾和后护盾(也称撑靴护盾),主机后部一般装有衬砌管片安装器。

图 4-2　双支撑开敞式 TBM

图 4-3　单护盾 TBM

二、TBM 的构造

隧道掘进机除主机外，还必须有配套系统，称为后配套系统。通常主机和配套系统总长度达 150 ~ 300 m。后配套系统包括运渣、运料系统，支护设备，激光导向系统，供电装置，供水系统，排水系统，通风防尘系统和安全保护系统。用于水工隧洞和交通隧道的还有注浆系统等。本节主要介绍开敞式、单护盾及双护盾 TBM 的主机构造、主机主要部件的结构及后配套系统的组成。

(一)主机结构

1. 开敞式 TBM 主机结构

开敞式 TBM 又称为支撑式 TBM，是 TBM 中最早的机型，也是最基本的机型。图 4-4 为 Robbins 主梁开敞式 TBM 模型图，这种机型的支撑机构撑紧洞壁，刀盘旋转，推进；液压缸推进，盘形滚刀破碎岩石，出渣系统出渣而实现隧洞的连续循环作业。开敞式 TBM 的主机主要包括刀盘(含刀具和铲斗)、主驱动、护盾(顶护盾、侧护盾和下支撑)、主梁、推进和撑靴系统、后支撑(或称后支腿);主机上的附属设备一般包括锚杆钻机、钢拱架安装器、超前钻机、主机出渣皮带机等,有时设有钢筋网安装器和应急混凝土喷射装置。大伙房引水隧洞即采用开敞式 TBM。

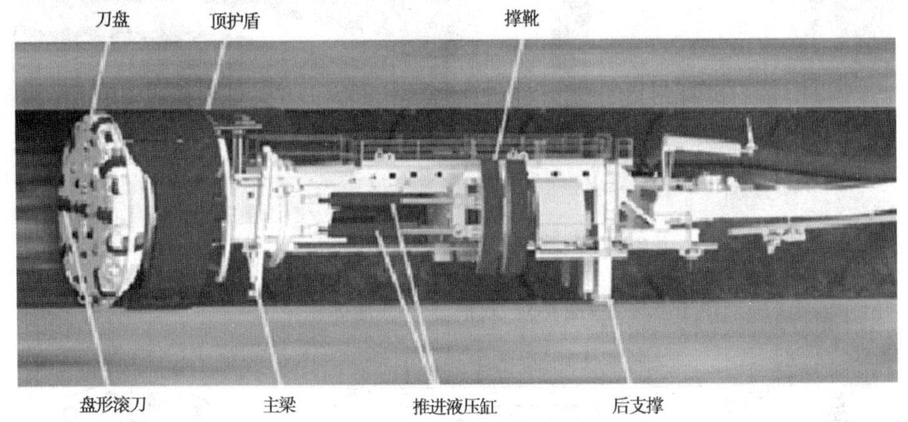

图 4-4 Robbins 主梁开敞式 TBM 模型图

TBM 刀盘位于主机的最前端,装有滚刀和铲渣斗,与主驱动内的主轴承转动环通过螺栓连接,由主驱动电机驱动减速箱、小齿轮、大齿圈,进而使刀盘旋转。主驱动机头架外围圆周为护盾,护盾通过液压缸与机头架相连。主驱动机头架的后侧与主梁用螺栓连接。后支撑钢结构与主梁螺栓连接,左右竖直钢结构箱体内置液压缸,底部销轴连接支撑靴板,通过液压缸抬起或落下。推进和撑靴系统为 TBM 提供推进力和承受支反力。

钢拱架安装器一般布置在顶护盾下方,与主梁间有纵向滑道,可纵向移动一定距离;两台锚杆钻机布置在钢拱架安装器后面,能够纵向和周向移动。

2. 双护盾 TBM 主机结构

双护盾掘进机的护盾由前护盾、伸缩护盾和后护盾组成,如图 4-5 所示。前护盾是由钢板卷压焊接而成的圆柱形壳体,外径略小于掘进机开挖直径,以便掘进时能随机内架向前移动。前护盾包裹着刀盘壳体,内侧通过耳座孔与推进油缸活塞杆相连,以获得前移动力。在前护盾顶部两侧 45°角处各装有一个稳定靴,可通过护盾上开的小窗口伸出撑在洞壁上。在前护盾的后端通过螺钉装有前伸缩节,前伸缩节内是可滑动的并与后护盾相铰连的后伸缩节。后护盾也叫支撑护盾。后护盾的前端是液压缸铰接的后伸缩节。支撑机构就布置在后护盾所在部位,可以是水平支撑机构,也可以是 X 形支撑机构。支撑板通过后护盾上开的窗口伸出撑紧洞壁。后护盾尾部有一个外伸的壳体称为尾护盾,其包裹着辅助推进油缸,辅助推进油缸只有作用在衬砌上才能发挥作用。

我国以双护盾掘进机为多。双护盾为伸缩式,以适应不同的地层,尤其适用于软岩且破碎、自稳性差或地质条件复杂的隧道。图 4-6 为德国的 TB880H/TS(ϕ8.8 m)型护盾式全断面掘进机,它由装切削盘的前盾、装支撑装置的后盾(主盾)、连接前后盾的伸缩部分以及为安装预制混凝土块的盾尾组成。该类掘进机在围岩状态良好时,掘进与预制块支护可同时进行;在松软岩层中,两者须分别进行。机器所配备的辅助设备有衬砌回填系统、探测(注浆)孔钻机、注浆设备、混凝土喷射机、粉尘控制与通风系统、数据记录系统、

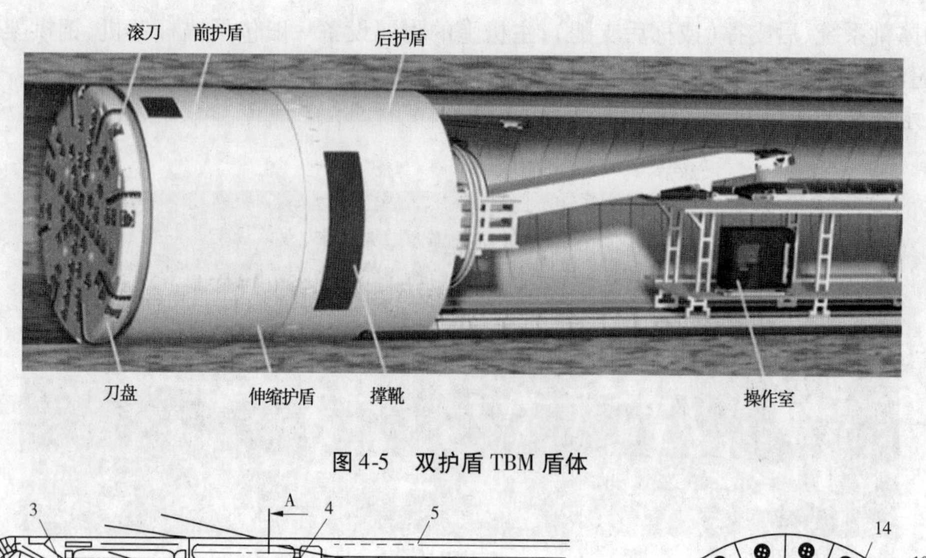

图 4-5 双护盾 TBM 盾体

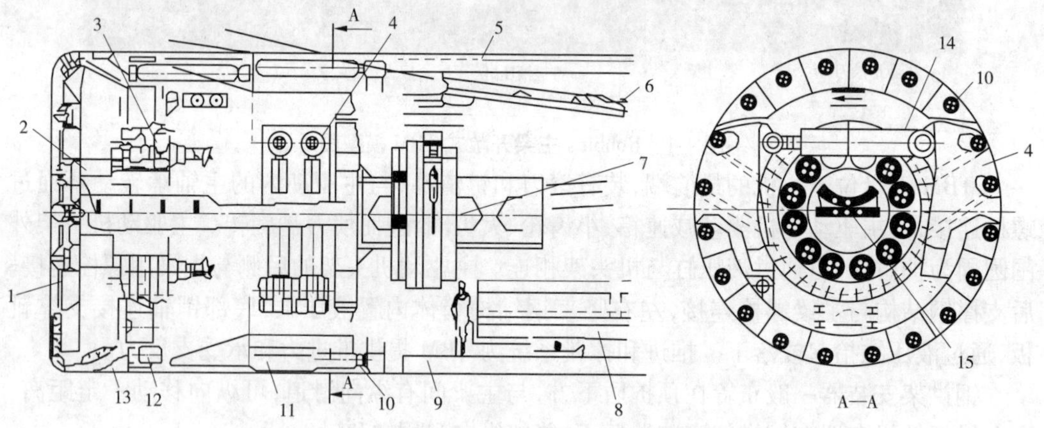

1—刀盘;2—石渣漏斗;3—刀盘驱动装置;4—支撑装置;5—盾尾密封;6—凿岩机;
7—砌块安装器;8—砌块运输车;9—盾尾面;10—辅助推进液压缸;11—后盾;
12—主推进液压缸;13—前盾;14—支撑油缸;15—带式输送机

图 4-6 TB880H/TS(Φ8.8 m)型护盾式全断面掘进机

导向系统等。双护盾 TBM 的主机结构主要由刀盘、主驱动、盾体、主推进液压缸、辅助推进液压缸、抗扭机构、稳定器、主机皮带机等构成。在辅助推进液压缸后面中心部位盾尾内布置有预制管片安装器。

由于双护盾掘进机适用于不良岩体,机后用拼装式管片支护,因此掘进机上还须配置管片安装机和相应的灌浆设备。

3. 单护盾 TBM 主机结构

双护盾 TBM 的单护盾掘进模式掘进就相当于单护盾 TBM 的掘进,即双护盾 TBM 的伸缩盾完全封闭,不需要撑靴和撑靴液压缸,不需同时具有主推进液压缸和辅助推进液压缸。图 4-7 为单护盾 TBM 结构图,主要由刀盘、主驱动、护盾、推进液压缸和主机皮带机等构成,主机后面设有管片安装器。单护盾式比双护盾式结构简单得多,护盾单一且很短,没有伸缩式护盾、撑靴护盾、撑靴及撑靴缸。单护盾 TBM 掘进时的推力是由护盾尾部的推进液压缸支撑在衬砌上产生的,因此掘进与衬砌不能同时进行。

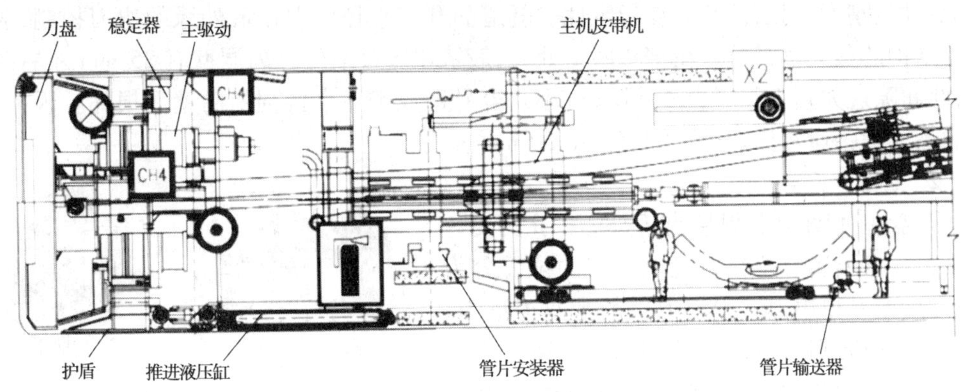

图 4-7　**单护盾 TBM 主机结构图**

(二)TBM 的刀盘及主机附属设备

本部分主要介绍 TBM 的刀盘和主机的一些附属设备,即双护盾 TBM 管片安装器、出渣皮带机,开敞式 TBM 的钢拱架安装器、锚杆钻机等。

1. TBM 的刀盘

TBM 的刀盘是安装刀具的、由钢板焊接的结构部件,是掘进机中几何尺寸最大、单件质量最大的部件,因此它是装拆掘进机时起重设备和运输设备选择的主要依据。刀盘与大轴承转动组件通过专业大直径高强螺栓相连接。刀盘由刀盘钢结构主体、滚刀、铲斗和喷水装置等组成,如图 4-8 所示。

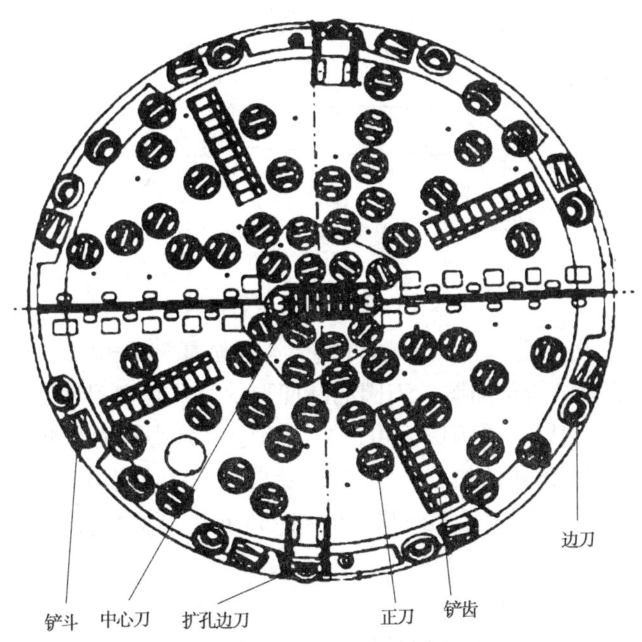

图 4-8　**刀盘结构图**

1)刀盘主体结构

刀盘主体结构由钢板焊接而成,刀盘厚度大,刀盘前后面板纵向连接隔板很多,结构复杂。刀盘厚度和焊缝尺寸要考虑动荷载的影响,焊接工艺要求高。刀盘总体结构需要考虑强度、刚度、耐磨性和振动稳定性。隧道的开挖直径由刀盘最外缘的边刀控制,通常刀盘结构的最大直径设计在铲斗唇口处,一般铲斗唇口最外缘离洞壁有 25 mm 左右的间隙,此间隙过大则不利于岩渣清除,过小则容易造成铲斗直接刮削洞壁而损坏。因此,刀盘的最大直径通常比理论开挖直径小 50 mm 左右。

2)刀座和刀具

刀盘主体结构上焊接有刀座,用于安装盘形滚刀。盘形滚刀按在刀盘上安装的位置分为中心刀、正刀和边刀。中心刀一般为双刃滚刀,而正刀和边刀则为单刃滚刀,如图 4-9 所示。

图 4-9　双刃滚刀和单刃滚刀

TBM 掘进破岩机制(见图 4-10)为:装有若干滚刀的刀盘,由刀盘驱动系统驱动刀盘旋转,并由 TBM 推进系统给刀盘提供推进力,撑靴系统支撑洞壁承受支反力,在推进力的作用下滚刀切入掌子面岩石,不同部位的滚刀在掌子面上留下不同半径的同心圆切槽轨迹,如图 4-11 所示,在滚刀的挤压下岩石产生破裂,裂纹不断扩展连通,使相邻切槽的岩石在剪切力和拉应力的作用下从岩体上剥落下来形成岩渣,岩渣则随着刀盘的旋转由刀盘上的铲渣斗自动抬起,经刀盘结构内的溜渣槽滑落到皮带机上,再连续转运到后配套系统的皮带机上,最后经矿车或皮带机出渣系统运出洞外。

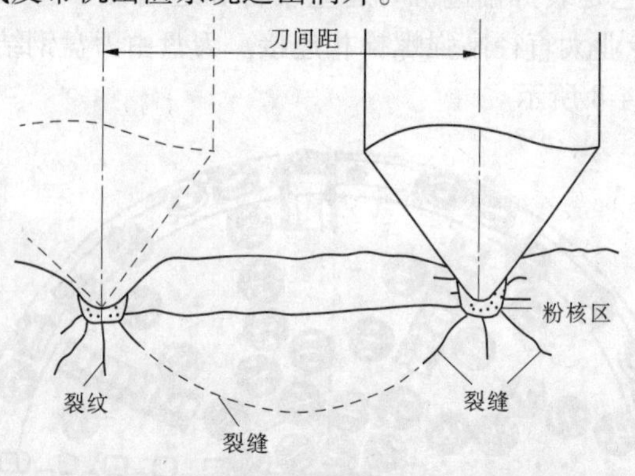

图 4-10　TBM 掘进破岩机制

TBM 的刀具主要由刀圈、刀体、刀轴、轴承、浮动金属环密封、端盖、刀圈轴向挡圈等组成,图 4-12 为正滚刀结构剖面图。刀圈的断面形状通常有楔刃和平刃。目前都已采用平刃滚刀代替楔刃滚刀,因为平刃滚刀可以减弱由于刀圈磨损而影响掘进速度这一严重问题。盘形滚刀技术是 TBM 的核心技术之一,要求刀具承载能力高,耐磨性好,并具有很好的冲击韧度。目前,常用的是直径 432 mm 和 483 mm 的盘形滚刀,更大直径的滚刀也在开发试用之中。

3)铲斗和铲齿

铲斗开口一侧装有铲齿,另一侧装有若干垂直挡板。铲斗上的铲齿用螺栓固定在铲齿座上,用于掘进时铲起石渣,磨损或损坏后可以更换。

图 4-11　TBM 滚刀在掌子面的破岩轨迹

4)扩挖设计

刀盘一般需要考虑扩挖设计,必要时能够开挖出更大的洞径,特别是对于围岩变形较大的隧道更需要考虑扩挖设计,以防止 TBM 被卡。

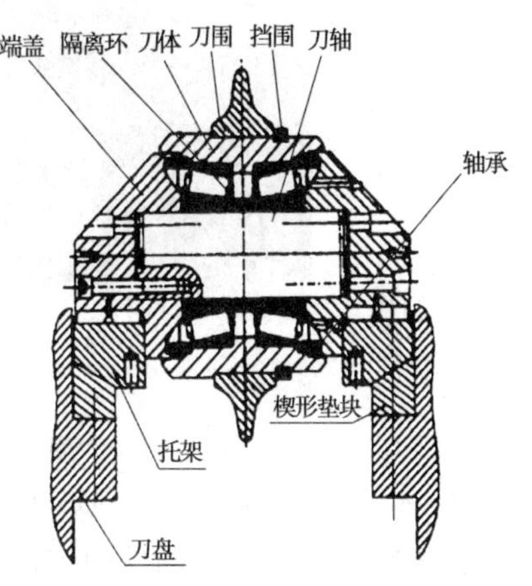

图 4-12　正滚刀结构剖面图

5)喷嘴、旋转接头、进人孔和耐磨设计

刀盘的喷水装置主要用于掌子面的降尘和刀具的冷却,由 TBM 供水系统通过水管将水供到刀盘背部中心安装的旋转接头处,再通过刀盘内部管路通到刀盘前面的若干喷水嘴。刀盘上一般还设有若干进人孔,方便作业人员必要时进入掌子面进行刀盘的检查和维护。进人孔采取封闭或半封闭结构,以防止大块岩石进入刀盘,开口能够固定或打开。为了保护刀盘主体结构和刀具,刀盘考虑了耐磨保护设计,如刀盘前面的耐磨保护板。这些耐磨结构磨损后可以更换或修复。

2. 钢拱架安装器、锚杆钻机和超前钻机

开敞式 TBM 主机上的附属设备主要有钢拱架安装器、锚杆钻机和超前钻机等。钢拱架安装器布置在主梁前部护盾下面,以便在顶护盾的保护下及时支立钢拱架。钢拱架由型钢制作的多段钢拱片拼装而成,安装器需要完成旋转拼接、顶部和侧向撑紧、底部开口张紧封闭等动作。一般在主梁左右两侧各布置一台锚杆钻机,锚杆钻机的操作台布置在钻机后面,可随锚杆钻机一起纵向移动,也可固定在后面主梁的两侧。超前钻机一般布置在主梁上方,用于超前钻孔和超前注浆作业。由于前方护盾和刀盘的存在,超前钻机必须与洞轴线倾斜一个角度进行钻孔,一般在 7°左右,周向钻孔范围在 120°以上,钻进距离可达掌子面前方 30 m 左右。

3. 后配套系统

TBM 由主机和相应的后配套设备组成,形成了一条移动式的隧道机械化施工作业线。其中,主机主要实施破岩和装渣,其余的繁杂工作都要由后配套系统来完成。因此,后配套系统是实现 TBM 快速掘进的重要组成部分,也是 TBM 实现机械化和程序化的一个整体。

1) 后配套的类型

目前正式运行的后配套系统,按照出渣运输的方式大致可分为三种基本类型:

(1) 轨行门架型。它是目前普遍采用的常规的后配套形式,与出渣列车相配合形成轨行式出渣系统。这种类型的后配套由一系列轨行门架串接而成,根据一个掘进行程的渣量,后配套设备和临时支护设施的数量、规格决定串接门架的数量。图 4-13 为轨行滚轮门架式台车。

图 4-13　轨行滚轮门架式台车

(2) 连续带式输送机型。这种输运机型结构简单、运渣快捷,目前向着长距离和大运量方向发展。图 4-14 为洞外的皮带机系统。

(3) 无轨轮胎型。这种类型的后配套出渣虽然设备单一,易于管理,但是在当今 TBM 施工中已经用得很少,主要因为: TBM 施工隧道底部为圆形,轮胎式翻斗卡车行走困难,需底部填平到一定高度加宽后才能行走;要求翻斗车采用带有废气净化装置的低污染发动机;随着废气量的增加,需要加大通风,增加了成本;TBM 施工要求掘进和出渣平行作业,翻斗车满足不了这个要求,这就需要后配套上增设大型岩渣储存仓,既占用了空间又加大了成本。

2) 后配套系统的组成

以开敞式 TBM 为例,说明后配套系统的主要组成。后配套系统一般可分为钢结构台车、供应系统和动力系统、辅助工序设备、安全设施、生活设施等。

(1) 台车。后配套系统主体由若干节钢结构台车组成,各节间用销轴连接。台车用于承载与安放所有辅助设备和设施。对于较大直径的 TBM,通常在主机和台车之间布置有钢结构连接桥,上面布置连接桥皮带机和混凝土喷射机械手,下面可作为铺轨区。连接

图 4-14　皮带机系统

桥也可以看作后配套系统的一部分。

(2)风、水、电、动力供应系统。这部分包括 TBM 的供风系统、供水系统、供气系统、供电与电气控制系统、液压动力站等。

(3)辅助作业工序设备。锚杆钻机,一般布置在主梁前部,有时也需要在连接桥或者后配套系统前部布置附加锚杆钻机,主要用于隧洞直径较大、锚杆数量较多的隧道。

此外,还有混凝土喷射系统、注浆系统、出渣作业系统、排水系统、轨道或仰拱块铺设设施、除尘作业系统、清渣作业设备、安全设施和生活设施。

三、TBM 的选型

一个开挖工程要想选中合适的施工方法和设备,要进行多方面的考察、多方面的比较,是否选用掘进机以及选取什么类型的掘进机。下面主要从掘进机与钻爆法技术经济的比较和不同类型掘进机的选型两个方面阐述设备的选型。

(一)TBM 法与钻爆法的比较

TBM 法与钻爆法施工可从掘进速度、围岩质量、经济核算、安全保障及环境维护等方面进行分析比较,表 4-1 给出了这两种施工方法特点的比较。

通常在以下情况慎用或不宜采用 TBM 法:

(1)非圆形断面隧洞,除非 TBM 带有特别可靠的开挖装置,一般不宜采用。

(2)无法筹集到购置 TBM 及后配套装备的高额资金。

(3)TBM 为非标准设备,生产厂家不可能提前制造或批量生产,签订 TBM 采购订单到设备运到工地的间隔一般约一年,对急于开工的隧洞工程,不宜采用 TBM。

(4)对 1 km 以下短洞采用 TBM 法,TBM 及后配套一次性投资昂贵,对短洞群频繁装拆转移工地也很不经济,应慎用。

(5)工程地质与水文地质条件极差(如溶洞多又大,断层多又宽),此时采用 TBM 法的风险极大,应慎用。

表4-1 TBM法与钻爆法的施工特点比较

<table>
<tr><th colspan="2">项目</th><th>钻爆法</th><th>掘进机法</th></tr>
<tr><td rowspan="7">适用范围</td><td>形状</td><td rowspan="5">一般均能适应</td><td>圆形及门洞形</td></tr>
<tr><td>直径</td><td>最大直径已达14.4 m,一般以3~6 m为佳</td></tr>
<tr><td>长度</td><td>1 km以上,一般以3~10 km为佳</td></tr>
<tr><td>坡度</td><td>≤100%</td></tr>
<tr><td>岩石单轴抗压强度</td><td>≤350 MPa,30~150 MPa为佳</td></tr>
<tr><td>地层情况</td><td>复杂地层需做预处理</td><td>复杂地层有专门的处理方法</td></tr>
<tr><td>环境要求</td><td>名胜区、城市地下、河道、水库底下不宜采用</td><td>要考虑最重件运输的交通问题</td></tr>
<tr><td rowspan="2">掘进速度</td><td>平均</td><td>150~250 m/月</td><td>500~700 m/月</td></tr>
<tr><td>最高</td><td>1 403.6 m/月</td><td>2 088.75 m/月</td></tr>
<tr><td colspan="2">一次性投资</td><td>为TBM法的40%~50%</td><td>每台掘进机
开敞式 国外产品每米直径100万美元,
国产每米直径70万美元
双护盾 国外产品每米直径120万美元
国产每米直径85万美元</td></tr>
<tr><td colspan="2">运输搬迁</td><td>较方便</td><td>较困难</td></tr>
<tr><td colspan="2">主机安装</td><td>要求较低,主要钻机进洞场地</td><td>要有2倍以上隧道洞径的出发基地</td></tr>
<tr><td colspan="2">对围岩的影响</td><td>损伤大,超挖10%左右</td><td>损伤小,超挖3%左右</td></tr>
<tr><td colspan="2">安全程度</td><td>较差、噪声大、粉尘多</td><td>好、无伤亡、粉尘小</td></tr>
</table>

(二)不同类型TBM之间的选型

当确定采用TBM法进行施工后,下一步就是确定采用什么类型的TBM。TBM分为开敞式、单护盾、双护盾和三护盾。由于三护盾TBM目前尚在试验阶段,一般是从开敞式、单护盾和双护盾中进行选取的,主要根据工程地质与水文地质条件、隧洞设计要求、支护与衬砌形式等方面进行综合考虑。

1. 开敞式TBM的适用范围

开敞式TBM是利用支撑机构撑紧洞壁以承受向前推进的反作用力及反扭矩,适用于岩石整体性较好的隧道。隧道岩石不但能自稳,而且岩石强度能承受撑靴的巨大支撑力,还能保证掘进机头部不下沉。因此,TBM只需要有顶护盾就可以进行安全施工,如遇有局部不稳定的围岩,TBM辅助设备,可打锚杆、挂钢丝网、喷设混凝土、架设钢拱架等,以保持洞壁稳固;当遭遇局部地段特软围岩及破碎带时,TBM可由所附带的超前钻机及灌浆设备,预先加固前方上部周边围岩,待围岩强度能自稳后,再进行掘进;开敞式掘进中可直接观测到洞壁岩性变更,便于地质图绘制,永久性的衬砌待全线贯通后集中进行。

2. 双护盾TBM的适用范围

双护盾TBM是在开敞式TBM的基础上发展起来的,主要适用于复杂岩层,人员及设备在护盾的保护下进行,比开敞式TBM更加安全。当岩石软硬兼有,又可能存在破碎带时,双护盾TBM可以充分发挥优势。遭遇软岩时,由于围岩强度较低不能承受撑靴的压应力,可以由辅助推进液压缸支撑在已经拼装的管片衬砌上以提供刀盘推进所需的反力。

此时,管片的安装和掘进不能同时进行,掘进速度较慢,这就是所谓的单护盾掘进模式。当遭遇硬岩时,则靠撑靴撑紧洞壁,由主推进油缸推进刀盘破岩前行。

3. 单护盾 TBM 的使用范围

单护盾 TBM 的掘进相当于双护盾的单护盾掘进模式,适用于软弱岩层。单护盾盾体较短,相对双护盾而言更能快速通过挤压地层;此外,单护盾 TBM 比双护盾 TBM 便宜,因此当隧道以软弱围岩为主时,更宜采用单护盾 TBM。

第三节　TBM 掘进施工

一、TBM 施工前期准备

TBM 是一个多环节紧密联系的作业系统,为了满足庞大的作业系统正常的连续作业,应当充分做好前期的准备工作。

(一)场地的准备

组装 TBM 需要充足的场地,整个场地要求平整、硬化,不仅满足组装需要,还要摆放 TBM 各类部件,并便于设备的起吊和运输。主要的洞外配套设施有:混凝土拌和系统,修理车间,各种配件、材料库,供水、电、风、运渣和翻渣系统,掘进机的组装场地等。

(二)预备洞、出发洞的开挖

如果采用开敞式 TBM 施工,由于一般隧道洞口处覆盖层较薄,岩石存在风化等,通常会存在一定的困难。为了确保 TBM 早日正常施工,一般采用人工开挖至围岩条件较好的洞段,这一洞段为预备洞,此时 TBM 依靠自身的步行装置进洞。

出发洞是指 TBM 步行至预备洞工作面开始掘进时,由于 TBM 本身要求应由撑靴撑紧洞壁以克服刀盘破岩的反扭矩及推进油缸的反推力而设计的,用作 TBM 最早掘进的辅助硐室,施工长度根据 TBM 自身的结构尺寸而定。

(三)供电供水及通风除尘系统

TBM 配套电力的设计与施工可分为两部分:TBM 施工专线和洞外辅助设备供电。

TBM 正常工作时,需从洞外通过输水管道提供一定数量清水,用于主机配套设备的冷却和除尘。水系统有进水和排水两个独立的系统。进水系统主要用于冷却、降尘和清洗。排水系统主要根据隧道坡度和隧道最大涌水量设置。

TBM 隧道通风是向工作面输送足够的新鲜空气,滤除开挖掌子面附近空气中的粉尘,同时通过通风,排除 TBM 运行中产生的热量,达到散热的目的。主要通风设备有通风管和风机。

在 TBM 施工中,热源主要来自于 TBM 掘进、机械运输和人员活动,另外还有围岩自身的散热,这些因素导致工作面温度增加,此外,TBM 刀盘通过旋转、摩擦、切削岩石形成的岩渣温度也高于岩石初温,随着出渣过程热量会散失到隧道沿线。TBM 制冷装置安装在机头和后配套部分。

TBM 刀具破岩过程中,必然产生大量粉尘,通常采取以下防尘措施:

(1)在刀盘上均匀布置几十个喷嘴,通过压力水喷雾降尘。

(2)头部机架紧贴洞壁处设置一圈防尘罩。

(3)在连接桥中层设吸尘机,吸尘管一直伸进防尘罩内,粉尘抽出后通过除尘机除净。

(四)TBM 组装与调试

TBM 技术复杂、结构庞大,集开挖、支护、出渣、通风、排水于一身,组装时应严格遵守装配工艺规程要求。组装完成后,进入现场调试阶段,主要调试液压系统、电气系统、PLC 控制系统,其次调试润滑系统、冷却系统、配电系统、勘探系统、豆砾石水泥回填注浆系统、管片喂送系统、通风除尘系统、皮带机系统等。

二、TBM 循环作业

(一)TBM 循环作业原理

TBM 掘进循环是由掘进作业和换步作业交替组成的。在掘进作业时掘进机刀盘进行的是沿隧道轴线做直线运动和绕轴线做单方向回转运动的复合螺旋运动,被破碎的岩石由刀盘的铲斗落入胶带机向机后输出。下面分别介绍开敞式 TBM 及双护盾 TBM 掘进循环的步骤以及 TBM 的调向、纠偏和转弯。

1. 开敞式 TBM 掘进循环步骤

开敞式 TBM 适用于洞壁围岩能够自稳并能经受巨大支撑力的情况。图 4-15 为开敞式 TBM 掘进作业循环流程。

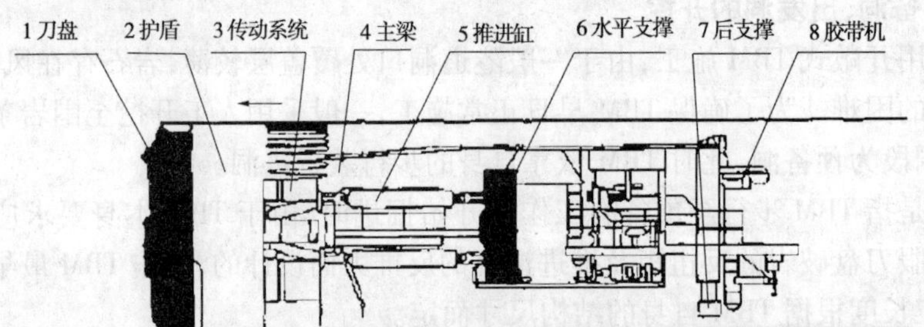

掘进工况:水平支撑 6 撑紧洞壁—收起后支撑 7—回转刀盘 1—伸出推进缸 5

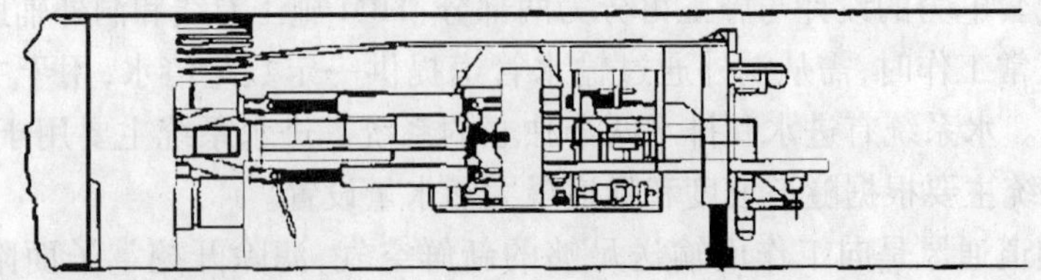

换步工况:停止回转刀盘 1—伸出后支撑 7 着地—收缩水平支撑 6—收缩推进缸 5

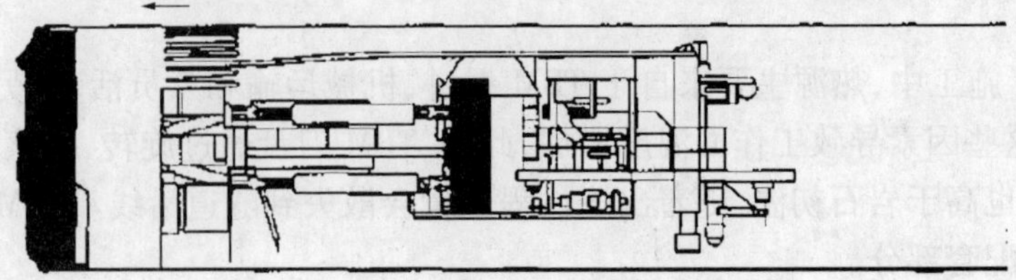

再掘进工况:再伸出水平支撑 6 撑紧洞壁—收起后支撑 7—回转刀盘 1—伸出推进缸 5

图 4-15　开敞式 TBM 掘进作业循环流程

1)掘进作业

TBM 掘进作业时,伸出支撑,撑紧洞壁,然后收起后支撑,启动胶带机,刀盘开始掘进旋转,推进缸伸出,将 TBM 机头、主梁和后支撑向前推进一个行程。

2)换步作业

刀盘停止运转,后支撑伸出,撑紧洞壁,然后撑靴收回,收缩推进缸,将撑靴前移一个行程。敞开式掘进机作业时必须确保安全,遇到不良地质条件时,可以进行超前注浆等。

3)掘进循环时间

开敞式 TBM 每一次掘进循环所需时间一般在 20 ~ 60 min,其中换步作业只需要 2 ~ 4 min。

2. 双护盾 TBM 掘进循环步骤

双护盾 TBM 是从开敞式 TBM 延伸演变而来的,它可以在能够承受支撑和不能承受支撑两种情况下的岩体中进行开挖,即双护盾 TBM 有两种掘进模式——双护盾掘进模式和单护盾掘进模式。

1)双护盾掘进模式

此种掘进模式要求岩体能够自稳且能支撑撑靴。此时掘进机的辅助推进缸全部缩回,不参与掘进。在完成一个循环作业过程中,主要可以分为以下两个工作阶段。

(1)掘进阶段。此阶段刀盘旋转,刀盘上的盘形滚刀在岩石表面施加压力,形成切槽,随着刀盘的旋转岩石破裂并被压碎。此时,后护盾通过撑靴平稳而牢固地固定在隧洞围岩之上,后配套等设施也固定在洞内。滚刀切削的岩石通过皮带机输送装入岩渣列车,同时后护盾侧安装预制的混凝土管片。

(2)后护盾和尾部设施延伸阶段。当刀盘与前护盾完成一个行程后,掘进工作暂停,此时前护盾固定在隧洞围岩上,后护盾通过液压缸的反力向前推进,后配套设施也向前推进。至此已经完成一个循环。图 4-16 为双护盾掘进模式循环作业示意图。

2)单护盾掘进模式

此种掘进模式主要适用于岩体能够自稳但不能支撑撑靴的情况。此时,V 形推进缸处于全收缩状态,并将支撑靴收缩到与护盾外圆一致,前后护盾连成一体,就如单护盾掘进机一样掘进。在掘进作业中,刀盘旋转并切割岩石,辅助推进缸支撑在管片上掘进,将整个掘进机向前推进一个行程。然后刀盘停止工作,收缩辅助推进缸,安装混凝土管片衬砌。此种掘进模式由于依靠管片衬砌提供前进的反力,因此管片安装和掘进不能同步进行,相应掘进效率较低。

采用掘进机开挖时必须加强对设备的正常维修和保养工作,使设备在掘进工作中保持良好的状态,保证掘进机的利用率平均每日不低于 40%;必须对各个工序、工艺实行标准化管理,操作必须实行标准化作业。

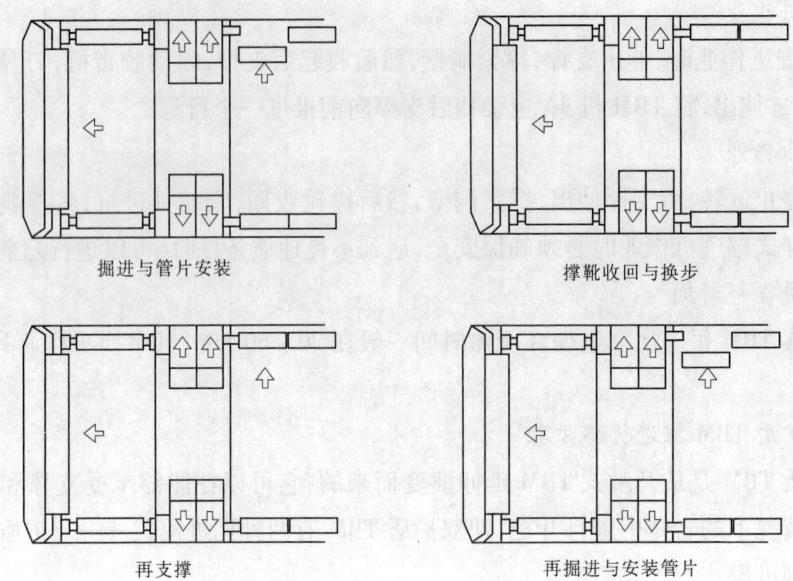

图 4-16　双护盾掘进模式循环作业示意图

(二)TBM 的调向、纠偏和转弯

1. TBM 的调向和纠偏

为了确保 TBM 在长隧道施工中能连续按设计的洞线进行施工,在掘进机系统中都配置有定位导向装置。目前较常用的有 GPS 网、陀螺导向仪和激光导向系统三种。其中,激光导向系统在我国使用的最为广泛。使用以上导向装置,洞线的偏离可控制在±50 mm以内,足以满足工程需要。

通过激光导向系统,操作人员发现掘进机的开挖洞线与设计发生偏离时就需要进行调向。掘进机在自稳岩石中掘进时,由于刀盘向一个方向旋转,会造成掘进机的偏转,过度偏转会造成胶带机漏渣、作业人员站立不稳等情况。在自稳岩石中的纠偏由纠偏油缸来完成。一般左右对称设置的垂直调向油缸可同时承担纠偏的功能。左右垂直调向油缸同时伸出时开挖倾角,同时收缩时开挖仰角,左伸右缩时顺时针纠偏,左缩右伸时逆时针纠偏。

双护盾 TBM 在软岩中的纠偏由刀盘翻转来实现。单支撑的掘进机由于机身较短,它的调向纠偏比双支撑要容易。开敞式 TBM 的调向、纠偏比护盾式要容易。

2. TBM 的转弯

隧道工程因设计的需要有时要开挖曲线隧道。掘进机是以折线代替曲线来实现的。通过控制激光靶反馈在显示屏的掘进机的水平位移量来获取所需的转弯半径。一般单支撑 TBM 的转弯半径比双支撑的小,护盾式 TBM 转弯半径比开敞式的转弯半径大。

(三)TBM 掘进模式及参数的确定

1. 掘进模式的选择

TBM 掘进有三种工作模式可供选择,即自动控制推进模式、自动控制扭矩模式和手动控制模式,选择何种工作模式,由操作人员根据岩石状况决定。

在均质硬岩条件下,应选择自动控制推进模式,设备既不会过载,又能保证有最高的掘进速度。选择此种工作模式的判断依据是:如果在掘进时,推力先达到最大值,而扭矩未达到额定值时,可判定为硬岩状态,则可选择自动控制推进模式。

在均质软岩条件下,一般推力都不会太大,刀盘扭矩变化是主要的,此时,应选择自动控制扭矩模式,判断依据是:如果在掘进时,扭矩先达到额定值,而推力未达到或同时达到额定值,则可判断为软岩状态,加之地质较均匀,则可选择自动控制扭矩模式。

如果不能肯定岩石状态,或岩石硬度变化不均匀或岩石节理发育,存在破碎带、断层或裂隙较多时,必须选择手动控制模式,靠操作者来判断岩石的属性。

2. 掘进参数的选择

不同的围岩,TBM 的推力、刀盘转速和刀盘扭矩是不同的。对于均匀性较差的围岩,通常采用人工操作模式,根据不同的地质条件及时设定和调整 TBM 的掘进参数。

(1)对于均质、完整的硬岩,岩石抗压强度较大,不易破碎,若推进速度太低,将造成刀圈的大量磨损;若推进速度太高,会造成刀具超负荷,产生漏油现象。在此情况下,贯入度一般为 9 ~ 12 mm,刀盘转速一般为 5.4 ~ 6.0 r/min,采用的推力达到额定推力的 75%,扭矩为额定值的 30% ~ 50%,撑靴支撑力一般为额定值。

(2)对于节理较发育,完整性较好的软岩,采用扭矩控制模式,推力较小,但扭矩较大,应密切观察扭矩变化。贯入度可取 10 mm 左右,扭矩值一般小于额定值的 80%。刀盘转速可取 2.0 ~ 4.0 r/min,撑靴支撑力为额定值的 90% 左右。

(3)对于硬度变化较大、节理较发育的岩石,采用手动控制模式,应注意推力和扭矩的变化,贯入度可取 6.0 mm 左右,扭矩≤额定值的 55%,且扭矩变化范围不超过 10%,密切注意并随时调整推进速度。

(4)对于节理发育或存在破碎带的围岩,应以扭矩控制模式为主,选择和调整掘进参数,同时密切观察扭矩、电流和推力的变化。

①电机选用高速时,推进速度 < 50% 的预定值,扭矩变化范围 < 10%;

②电机选用低速时,推进速度开始为 20% 的预定值,待围岩变化稳定后,推进速度可上调,但应≤45% 的预定值,扭矩变化范围 < 10%;

③当直径为 30 cm 左右的石渣块体达到 20% ~ 30% 时,应降低掘进速度,贯入度≤7 mm;

④当连续出现大量多棱体石渣时,应先停止推进,然后更换电机转速为 2.7 r/min,低速掘进,并控制贯入度不超过 10 mm;

⑤当掘进断层时,控制扭矩变化范围≤10%,推进速度≤55% 的预定值,贯入度≤7 mm,稳步渡过断层。

(四)加强超前地质预报技术

TBM 设备造价昂贵,施工受地质条件的限制较大,一旦发生事故,对整个工程的工期及造价都会产生较大的影响。采用掘进机施工必须加强地质预报工作,对开挖面前方 50 ~ 100 m 范围内的地质情况应有准确的预报,并采取相应的措施以确保 TBM 顺利渡过不良洞段。不良地质地段施工时,也可采用钻爆法配合施工。

应加强以下几个方面的隧道超前地质预报:

(1)不良地质与灾害地质的预报。预报掌子面前方一定范围内有无突水、突泥、岩爆及有害气体,并查明范围、规模、性质等。

(2)水文地质预报。预报洞内突涌水量的大小及其变化规律,并评价其对环境地质、水文地质的影响。

(3)断层及断层破碎带的预报。预报断层的位置、宽度、产状、性质、充填物等的状态,是否充水,并判断稳定程度,提出施工对策。

(4)围岩类别及其稳定性预报。预报掌子面前方的围岩类别与设计是否一致,并判断稳定性,根据实际情况随时提供修改设计、调整支护类型等建议。

(5)预测隧道内有害气体含量、成分及动态的变化等。

(五)围岩支护技术

同矿山法一样,TBM 法也采取喷射混凝土、锚杆、钢支撑等支护措施,必要时采取超前预支护措施,后期支护采用模筑混凝土衬砌,有的还采用预制管片。具体采用何种支护类型主要取决于地质条件以及采用的 TBM 类型。

1. 围岩一次支护

围岩一次支护是永久支护的一部分,主要解决施工期间硐室的稳定和安全,常用的方法有喷射混凝土、安装锚杆、支立圈梁(钢拱架)、挂钢筋网以及仰拱封底等,充分体现了新奥法支护原理。

1)喷射混凝土

在软弱围岩地段,为了及时封闭、稳固围岩,在围岩出露护盾后,立即人工喷射混凝土对围岩进行封闭。人工喷射可控性好、针对性强,弥补了 TBM 后配套上喷射混凝土设备距离掌子面较远不能及时喷射的缺陷。

2)安装锚杆

锚杆是利用主机配备的锚杆钻机安装的,由于 TBM 的主梁占据了隧道中心的位置,所以锚杆孔不在隧道断面半径方向。注浆锚杆的钻孔孔径应大于锚杆直径,采用先注浆后安装工艺时,钻头直径大于锚杆直径约 15 mm;若采用先安装后注浆工艺,钻头直径大于锚杆直径约 25 mm。锚杆间距及钻孔深度由支护参数决定。

3)安装圈梁

圈梁形状有格栅及各类型钢。圈梁安装时,必须保证圈梁紧贴岩面,圈梁连接螺栓和夹板螺栓坚固可靠;2 榀圈梁之间可用螺纹钢搭焊起来,增加它们的刚度,圈梁之间的距离由仰拱预制块预设的沟槽决定。

2. 管片衬砌

双护盾式 TBM 采用管片衬砌作为永久支护,并且 TBM 的掘进和管片拼装可以同步完成。管片的形状和连接方式因工程而异。例如,在引黄入晋工程中,每环管片由 4 块管片组成;而在秦岭隧道,每环管片则由 5 块正常管片和 1 块用于封闭的楔块组成。图 4-17 为使用六边形管片拼装完毕的隧道管片衬砌。

图 4-17　某六边形隧道管片衬砌

三、特殊地质条件下 TBM 施工技术

(一)岩爆、突泥洞段的施工技术

岩爆是在高地应力作用下,岩体内积蓄的弹性应变能在隧道开挖后突然释放,使围岩发生间歇性脆性猛烈破坏,多发生在坚硬脆性岩体中。一旦发生岩爆,不仅威胁人员和设备安全,还会影响施工进度。可以采用以下手段防治岩爆:

(1)超前应力解除。在 TBM 施工中,可以利用刀盘前面的钻机设备进行超前钻孔解除应力,主动为岩体变形提供空间,使其内部高应力得以部分释放。

(2)喷水或者钻孔注水促进围岩软化。在隧道易出现岩爆地段,施工过程中可以通过向开挖面喷水或者钻孔注水促使围岩软化。

(3)选择合适的支护方式。及时加固已开挖的隧道,尽快使隧道周边岩体从单向应力状态转为三向应力状态。

(4)在易发生岩爆的地段,应降低 TBM 的掘进速度,一旦发生岩爆,及时停机、避闪,并做好岩爆记录,为预防和治理岩爆提供依据。

在富水的松散围岩或者岩溶分布区域,TBM 开挖如遇充水溶洞、地下暗河等,在水压作用下,泥沙碎石可能会突然涌入 TBM 内部,发生突泥事故。伴随着围岩的不断坍塌,将 TBM 掩埋,并危及人身安全。

TBM 在施工中发生突泥事故,处理起来非常棘手,只能采取人工辅助开挖,先在 TBM 一侧开挖支洞,一直开挖到 TBM 前方,然后用人工开挖主洞,同时采取排水措施,开挖后再让 TBM 通过。

(二)双护盾 TBM 在挤压地层中的施工技术

双护盾 TBM 的护盾较长,在挤压地层中由于围岩在短时间内会产生较大的收敛变形,因此很容易被卡住,使 TBM 无法向前掘进。

为了防止 TBM 被卡,通常可以采取以下预防措施:

(1)大多数的 TBM 可以适当地进行超挖,把盾壳与开挖轮廓面之间的间隙从通常的 3 ~ 5 cm 调整到 5 ~ 10 cm。

(2)在外伸缩盾和支撑盾前端盾壳上半圆钻若干注脂孔,连接一套气动油脂泵和分

配阀系统,向盾壳和围岩之间注入油脂或者其他润滑材料,以降低盾壳和围岩之间的摩擦系数。

(3)在软弱围岩破碎带采用单护盾掘进模式,减小撑靴对围岩的扰动,减少盾尾的清渣量,提高管片安装速度,快速通过软弱围岩。

(4)在不良地质段,提前封堵刀盘铲斗的侧进料口,减少出渣量,确保刀盘可自由活动。

(5)由于围岩的变形和时间有很大关系,因此当掘进到快速收敛隧洞时,可调整班次,尽量减少每天的维护工作,使TBM尽快通过。

(6)对岩渣的岩性、块度、成分和变化趋势做出判断,同时采用必要的超前地质预报,作为施工中的指导,并加强施工期的观察。

对于已经被卡住的TBM,可以采取以下措施进行脱困:

(1)支撑盾和尾盾发生卡机时,可以采用超高压泵站和辅助推进油缸进行超高压换步脱困,此种方法一般适用于支撑盾和尾盾轻微被卡的情况。

(2)对于采用超高压或其他方法仍不能前进时,可以通过人工扩挖的方式掏空盾壳周围以释放围岩作用在盾壳上的压力。

(3)前盾、伸缩盾或尾盾被卡且围岩又异常破碎无法扩挖时,可采用化学灌浆的方法先固结,然后进行扩挖脱困,以保证施工人员的安全。

(三)软弱破碎段施工技术

TBM在施工中经常遇到的问题就是软弱破碎围岩。为了防止围岩塌滑、坍塌,通常可以采取以下措施:

(1)加强超前探测及超前钻探,施作管棚注浆加固。采用基于地震波反射原理超前探测隧道前方断层带和软弱破碎;将刀盘后部小皮带机孔、刀盘后部孔、人孔作为钻探通道,利用水平钻探钻机进行超前钻探;对前方的断层破碎带,充分利用掘进机自身的超前钻机施作超前管棚注浆加固围岩,确保前方围岩相对稳定,不卡住刀盘和护盾。

(2)科学支护。根据新奥法原理,对软弱破碎围岩段及时施作锚喷柔性支护,充分利用围岩自身的承载力,达到支护和围岩共同受力的目的。

(3)选择合理的掘进参数。注意监测TBM各种参数的变化,根据掘进参数的变化大致判断刀盘前部围岩的变化情况,然后及时选择和调整掘进参数。

对于已经出现的塌方通常可以采取以下措施:

(1)对于围岩局部破碎地段,利用TBM刀盘护盾上部的指形防护栅,在隧道顶部一定范围内安装砂浆锚杆,挂钢筋网,及时超前喷护稳定围岩。

(2)开挖后在刀盘护盾处出现部分崩塌或局部掉块,主要采用加密的砂浆锚杆,挂双层钢筋网,将锚杆与钢筋网焊接为一整体,再喷射混凝土,此过程不影响TBM正常掘进。

如果开挖后在刀盘或刀盘护盾处出现较大坍塌,必须停机处理。先停机处理护盾顶部危石,进行超前喷护,同时架立钢拱架,在钢拱架与护盾顶部搭焊短钢管,钢管上面焊接厚钢板封闭塌腔。

(3)撑靴处发生较大坍塌时,造成TBM外机架一侧的撑靴无法支撑,必须停机处理。施工中采用联合支护方式,先清理危石,塌腔及其周围利用超前喷头喷射一定厚度的混凝土,架立钢拱架,在钢拱架与塌腔之间用钢板封闭,用棉纱堵塞漏洞,用混凝土回填塌腔,回填密实后整个钢板外再喷射一层厚混凝土,使回填混凝土与围岩连成一体,待混凝土初凝后方可掘进。

思考题

1. TBM 与盾构有何异同? 两者各适用于什么条件?
2. 全断面 TBM 类型有哪几种? 它们的组成有何不同?
3. TBM 刀盘上布置的刀具有哪几种? 刀盘破岩的机制是什么?
4. 简述开敞式和双护盾 TBM 掘进循环的步骤。
5. 如何进行不同类型 TBM 之间的选型?
6. 在 TBM 掘进中,如何确定掘进模式?

第五章　顶管法

第一节　概　述

顶管施工是继盾构施工之后发展起来的一种土层地下管道施工方法。顶管法(Pipe Jacking Method)是一种非开挖管线安装的主要方法之一,是隧道或地下管道穿越铁路、道路、河流或建筑物等各种障碍物时采用的一种暗挖式施工方法,在市政工程的各种管线施工中得到了广泛应用。

一、顶管施工原理与特点

顶管法施工无须开挖地面。施工时,先制作顶管工作井和接收井,作为一段顶管的出发点和终点。工作井中有一面或两面井壁设有预留孔,作为顶管出口,其对面井壁是承压壁,承压壁前侧安装有顶管的千斤顶和承压垫板。将管卸入工作井后,通过传力顶铁和导向轨道,用支撑于工作井后座(钢后靠)上的液压千斤顶将工具管顶出工作井预留孔,即压入土层中,直至工具管后的第一节管节被压入,同时挖除并运走管正面的泥土。当第一节管全部顶入土层后,接着将第二节管接在后面继续顶进。只要千斤顶的顶力足以克服顶管时产生的阻力,整个顶进过程就可循环重复。顶管施工示意图如图5-1所示。

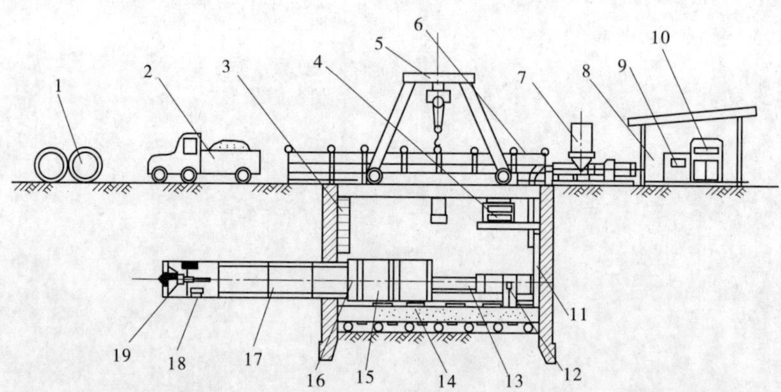

1—预制的混凝土管;2—运输车;3—扶梯;4—主顶油泵;5—行车;6—安全护栏;7—润滑注浆系统;8—操纵房;9—配电系统;10—操纵系统;11—后座;12—测量系统;13—主顶油缸;14—导轨;15—弧形顶铁;16—环形顶铁;17—已顶入的混凝土管;18—运土车;19—机头

图5-1　顶管施工示意图

为进行较长距离的顶管施工,可在管道中间设置一到几个中继间作为接力顶进,并在管道外周压注润滑泥浆。顶管施工可用于直线管道,也可用于曲线等管道。

整个顶管施工系统主要由工作基坑、顶管机(或工具管)、顶进装置、顶铁、后座墙、管节、中继站、出土系统、注浆系统以及通风、供电、测量等辅助系统组成。其中,最主要的是顶管机和顶进系统。采用顶管机施工时，其机头的掘进方式与盾构相同，但其推进的动力由放在始发井内的后顶装置提供，故其推力要大于同直径的盾构隧道。顶管管道是由整体浇筑预制的管节拼装成的，一节管节长 2 ~ 4 m，对同直径的管道工程，采用顶管法施工的成本比盾构法施工的成本要低得多。

顶管法施工最早由美国提出，于 1896 年在北太平洋铁路铺设工程中应用，现在已有 100 多年历史。在 20 世纪 60 年代，顶管法已在世界各国推广应用。1970 年，德国汉堡下水道混凝土顶管，直径为 2.6 m，首次一次最大顶进距离为 1 200 m，创造了国外顶进距离最长的纪录。在国内，1997 年上海黄浦江上游引水工程的长桥支线顶管，钢管直径 3.5 m，一次最大顶进距离为 1 743 m，创造了钢管顶管世界纪录；2001 年浙江嘉兴污水顶管，钢筋混凝土管直径 2 m，一次最大顶进距离为 2 050 m，创造了混凝土顶管世界纪录。现在，顶管法的发展趋势是：①管径向两端发展。顶管直径可大至 6 m，小至 75 mm；②长大距离顶管。普通顶管一般距离≤100 m（现在某些专家认为可能提高到 300 m），无中继环，长距离顶管 > 100 m，长大距离 > 1 000 m；③曲线顶管。S 形曲线、水平与垂直兼有曲线、小曲率半径曲线。④自动控制。自动测量、自动记录、自动纠偏。

顶管法极大地减小了对周围环境和居民生活的影响，有利于在工程中做好文明施工。与明挖法相比，顶管施工具有以下优点：①减少开挖量和土石方运输成本；②更加环保，除工作坑（井）外的大部分工程都处于地下，不会污染外部环境；③不影响交通，特别适用于城市内部的施工；④在直径大于 900 mm 的管道中可以进入施工，而顶管施工操作人员比常规的隧道施工方法的操作人员容易培训；⑤施工过程中不会受到天气情况的影响。另外，顶管法还具有其他优点，如：管段整体预制，结构强度、水密性能易保证；与盾构法相比，接缝大为减少，容易达到防水要求；管道纵向受力性能好，能适应地层的变形；地面沉降小，利于环保；不需二次衬砌，工序简单；内壁光滑，流水阻力小。

因此，顶管法广泛应用于市政管道工程和地下通道工程中，适用范围很大，遇到下列情况时均可采用：①管道穿越铁路、公路、河流或建筑物时；②街道狭窄，两侧建筑物多时；③在市区交通量大的街道施工，又不能断绝交通或严重影响交通时；④现场条件复杂，上下交叉作业，相互干扰，易发生危险时；⑤管道覆土较深，开槽土方量大，并需要支撑时；⑥河道以下施工，采用隧道方式施工不经济或技术上有困难时。

二、顶管施工方法分类

顶管施工有多种分类方法，它们分别从不同侧面强调了该方法在某一方面的特征。通常有以下几种分类方法。

（一）按顶管管径大小划分

按顶管管径大小，顶管施工可分为大口径顶管（管径在 2 000 mm 以上）、中口径顶管（管径在 1 200 ~ 1 800 mm）、小口径顶管（管径在 500 ~ 1 000 mm）和微型顶管（管径在 400 mm 以下）四种。对于小口径顶管和微型顶管，西方国家又称为微型隧道技术。

（二）按施工顶管的埋深划分

按施工顶管的埋深 H，顶管施工可分为深埋式、中埋式、浅埋式和超浅埋式地下顶管工程，即当 $H > 8$ m，或 $H > 3D$（D 为管道内径）时，为深埋式地下顶管；当 $H > 3$ m，或 $H >$

2D,且 $H<8$ m 时,为中埋式地下顶管;当 $H\leqslant 3$ m,或 $H\leqslant 2D$ 时,为浅埋式地下顶管;当 $H<3$ m,且 $H\leqslant 1.5D$ 时,为超浅埋式地下顶管。

(三)按施工顶管的管节材料划分

可用作施工顶管的管节材料有钢筋混凝土管、钢管、球墨铸铁管、玻璃钢管、陶土管、塑料管(PVC 管)和石棉水泥管等。顶管施工时,要对不同材料的管节规格及其适用性全面了解,确保施工的质量及埋置管线的耐久性。

(四)按顶进管道轨迹的曲直划分

按顶进管道轨迹的曲直,顶管施工可分为直线顶管和曲线顶管。按照工程的实际变换,曲线顶管又分为平面曲线顶管、垂直曲线顶管和 S 形曲线顶管。曲线顶管要求测量精度高,技术难度也大。

(五)按一次顶进长度划分

按顶管施工的工作井和接收井之间的距离,顶管施工可分为普通顶管和长距离顶管。对于二者之间的界限,随着顶管技术的普及和不断进步,也在不断发展变化。20 多年前,该界限为 100 m;10 多年前,该界限为 300 m;近年来,一般把一次顶进 500 m 以上的顶管才称为长距离顶管。

(六)按顶管的目的及组合形式划分

按顶管的目的及组合形式,顶管施工可分为穿越式顶管、网络式顶管和叶脉式大型顶管等。

穿越式顶管最多,一般指穿越铁路、公路、河道和堤坝等的地下顶管。网络式顶管是指同一管径的管道组成一个网络,形成一个系统,主要包括水增容和气增容的管线。叶脉式大型顶管常指大小不同管径有机组合形成一个多元系统整体,一般包括污水处理系统管网和给水排水系统管网。

(七)按顶管机的作业形式划分

顶管机的作业形式可分为手掘式、挤压式、半机械式和机械式等。

手掘式顶管是指靠人在带刃口的顶管机内挖土的作业方式。挤压式顶管是指顶进时将土挤进机头再作处理的作业方式。这两种顶管方式在顶进机内都没有掘进机械,顶进作业方式简单,顶进速度也较慢。

如果在推进管前的钢制壳体内有掘进岩土的机械,则称为半机械式顶管或机械式顶管。在该钢制壳体内没有反铲之类的机械手进行挖土的作业方式,称为半机械式顶管。为了稳定挖土面,此时往往需要采用降水、注浆和采用气压等辅助手段。如果在推进管前的钢制壳体内安装一台掘进机进行挖土作业,则称为机械式顶管。后者作业方式复杂,但顶进速度较快,又分为泥水式顶管、泥浆式顶管、土压式顶管和岩石式顶管。

第二节　顶管施工设备

顶管施工设备一般由顶管机、顶进设备、导向油缸、中继站、顶进管道、起重机械、排土设备以及泥水系统等几部分组成。顶管施工时在现场还需要设置工作坑及其他临时性设施,下面做一简要介绍。

一、顶管机

顶管机(Jacking Machine/Shield)是在一个护盾的保护下,采用手掘、机械或水力破碎的方法来完成隧道开挖的机器,又称掘进机、工具管。

(一)顶管机分类

根据施工方法的不同,顶管机可分为敞开式顶管掘进机和封闭式顶管掘进机两大类。敞开式顶管掘进机有手掘式、挤压式和网格式等;封闭式顶管掘进机有土压平衡型、泥水平衡型、混合型等。

1. 手掘式顶管机

手掘式顶管机(Manual Pipe Jacking Machine)即是非机械的开放式(或敞口式)顶管机,在施工时,采用手工的方法来破碎工作面的土层,破碎辅助工具主要有镐、锹以及冲击锤等。破碎下来的泥土或岩石可以通过传送带、手推车或轨道式的运输矿车来输送。

手掘式顶管机主要由切土刃脚、纠偏装置、承插口等组成。所用的工具管有一段式和两段式,如图 5-2 所示。一段式工具管与混凝土管之间的结合不太可靠,常会产生渗漏现象,发生偏斜时纠偏效果不好,千斤顶直接顶在其后的混凝土管上,第一节管容易损坏。目前多用两段式。两段式的前后两段之间安装有纠偏油缸,后壳体与后面的正常管节连接在一起。

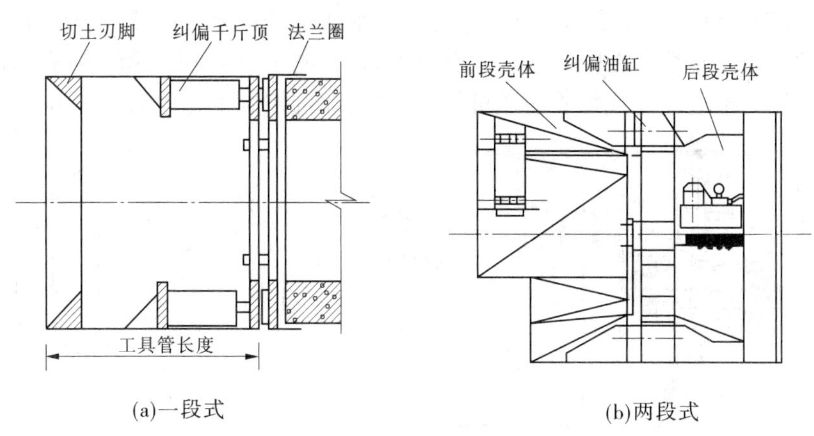

(a)一段式　　(b)两段式

图 5-2　手掘式顶管机示意图

手掘式顶管施工是最早发展起来的一种顶管施工方式。在特定的土质条件下和采取一定的辅助施工措施后具有施工操作简便、设备少、施工成本低、施工进度快等优点,至今仍被许多施工单位采用。

2. 挤压式顶管机

挤压式顶管机(Intrusion Pipe Jacking Machine/Shield)与手掘式顶管机类似,前端切口的刃脚被放大,以减小开挖面,采用挤土顶进,适用于软黏土地层中。在施工中,进入喇叭口形破碎室的泥土,在安装于掘进机下部的螺旋输送装置的作用下通过压力墙,然后通过砂石泵排至地表。

3. 网格式顶管机

网格式顶管机(Blade Balance Jacking Machine)与网格式盾构机的工作原理类似,工作面被网格分成几个部分,目的是减小土体的长度,亦即减小滑移基面的大小。根据顶管机直径的大小,网格可以作为工作人员的工作平台。工作面可以采用水力或机械的方式进行破碎,也可采用手掘破碎。

4. 斗铲式顶管机

斗铲式顶管机(Mechanical Excavation Shield)也是一种敞口式机械挖掘顶管机,内部装备有挖掘机械,可以实现工作面的分段式挖掘。破碎下来的土石可以通过传送带或者螺旋输送装置输送至后续的运输设备(如传送带、手推车或轨道式的运输矿车等)。

5. 土压平衡式顶管机

土压平衡式顶管机(Earth Pressure Balance Machine/Shield)也称为土压式顶管机或者EPB-顶管机,是一种封闭式的顶管机。土压平衡式顶管掘进机根据刀盘可分为单刀盘(DK式)和多刀盘(DT式)两大类。

图5-3即为一种DK式结构示意图,它由刀盘及驱动装置、前壳体、纠偏油缸组、刀盘驱动电机、螺旋输送机、操纵台、后壳体等组成。其没有刀盘面板,而只有几根呈辐条状的刀排等组成。在刀排的前面设有切削刀头,后面设有许多根搅拌棒。刀排的顶端、切削刀头和中心刀处设有注浆孔,且与主轴中心的注浆孔相通。通过注浆孔可向挖掘面上注水或黏土浆等,再通过搅拌棒把切削下来的土体与水或浆进行充分搅拌,使改良的土体具有良好的流动性与止水性。在隔仓板上设有土压力表,泥土仓的最下端设有螺旋输送机,通过调节顶管机的推进速度或螺旋输送机的排土量,即可控制土仓内的土压力。

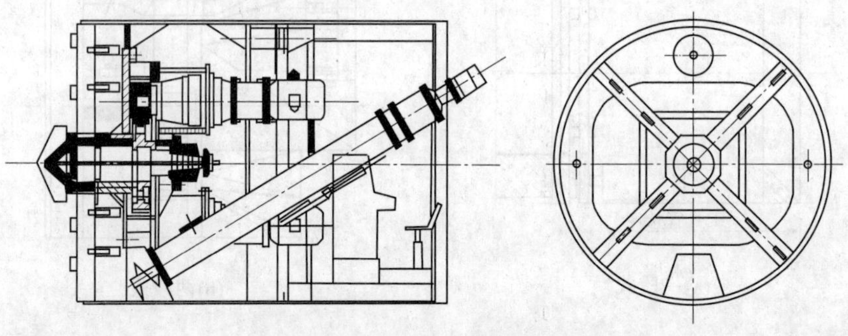

图5-3 单刀盘土压平衡式顶管机

土压平衡式顶管机的工作原理是:由工作井中的主顶进油缸推动顶管机前进,同时机头前方的大刀盘旋转切削土体,在土压机头的前方面板上装有压力感应装置,通过控制螺旋输土机的出土量及顶速来控制顶进面压力,同前方土体静止土压力保持一致,防止地面沉降和隆起,采用螺旋输土机或输送带输出。施工中,根据地层的特性,可通过在刀盘正面和土仓内加入水、黏土浆或各种配比与浓度的泥浆等添加材料,使一般难以施工的硬黏土、砂土或砂砾土增加流动性和止水性,被螺旋输送机顺利排出,且能顶住开挖面的土压力和水压力,保持刀盘面上土体的稳定性。在顶进过程中,顶管掘进机一方面与它所处土层的土压力和地下水压力处于平衡状态;另一方面排土量与掘进机切削刀盘破碎下来的土的体积处于一种平衡状态。只有同时满足这两个条件，才算是真正的土压平衡。

目前，国内对 DK 式土压平衡顶管机研制较多，已经发展成系列，最小外径为 1 440 mm，适用于 1 200 mm 口径的管道；最大外径为 3 540 mm，适用于 3 000 mm 口径的管道。DK 式具有重量轻、刀盘驱动功率小、操作简单、安全可靠、对环境的影响小等优点，可用于从淤泥到砂砾等各种土层。

DT 式与 DK 式的最大差别是四把切削搅拌刀盘对称地安装在前壳体的隔仓板上，并伸入泥土仓中。隔仓板把前壳体分为左右两仓，左仓为泥土仓，右仓为动力仓。螺旋输送机按一定的倾斜角度安装在隔仓板上，螺杆是悬臂式，前端伸入泥土仓中。DT 式是非常适合于软土地层的顶管机，具有价格低、重量轻、结构紧凑、操作维修方便等优点。但施工时，不能在顶管沿线采取降低地下水的辅助措施，否则会使顶管机无法正常使用。

6. 泥水平衡式顶管机

泥水平衡式顶管机（Slurry Pipe Jacking Machine/Shield）由顶管机、进排泥系统、泥水处理系统、主顶系统、测量系统、起吊系统、供电系统等组成。泥水平衡顶管施工与其他形式的顶管相比，增加了进排泥系统和泥水处理系统。

泥水平衡式顶管机的切削破碎功能由大刀盘及锥形破碎系统完成。大刀盘由中心刀和切削刀组成，大刀盘能对顶管机前方原状土进行全断面切削，故能弥补小刀盘切削存在死角位的不足。刀盘动力系统由液压油泵站、油压控制阀及管路等组成。从液压站增压的高压液压油使内曲线油压马达转动，通过行星减速器带动刀盘旋转，主轴采用密封圈及通过油脂泵注射的油脂进行密封，从而有效地防止泥土和水的侵入。

泥水循环系统主要由进、排泥水泵，进、排泥管路，球阀，蝶阀，油缸等组成。在顶进施工时，顶管机前方挖掘面的泥土被刀盘切削破碎后，通过格栅进入泥水仓后，由泥水循环系统输送到地面。在顶进时采用工作循环（关闭旁通阀，开启工作阀）进行排泥；在顶进间隙采用旁通循环（关闭工作阀，开启旁通阀）清理管道内的泥渣。适时进行上述两种循环的转换，能有效地防止泥水循环管的堵塞，保证顶进的连续性。

泥水平衡式顶管机的工作原理是：为使挖掘面保持稳定，在泥水仓中充满一定压力的泥水，在挖掘面上形成一层不透水的泥膜，阻止泥水向挖掘面渗透。同时，依靠泥水本身的压力平衡地下水压力和土压力，并采用水力输送弃土（见图 5-4）。

我国生产的 TPN 型具有破碎功能的顶管机，可破碎的岩石直径为 200 ~ 450 mm，管径为 600 ~ 1 350 mm，功率为 11 ~ 37 kW。可在地下水压力较高及土质变化较大的条件下使用，适用于土质光、挖掘面稳定、地面沉降量较小的地层。但弃土处理难，一般不适用于有较大石块或障碍物的地层。

7. 混合式顶管机

混合式顶管机（Mix Shield）即是通过顶管机的重新设置，可以实现气水平衡、土压平衡、气压平衡和敞口式顶管机任意两者之间的相互组合，以实现对不同地层的广谱适应性。

（二）顶管机选型

顶管施工应主要根据土质情况、地下水位、施工要求等，在保证工程质量、施工安全等的前提下，合理选用顶管机型。为合理选择顶管机型，应首先根据所提供的工程地质钻孔

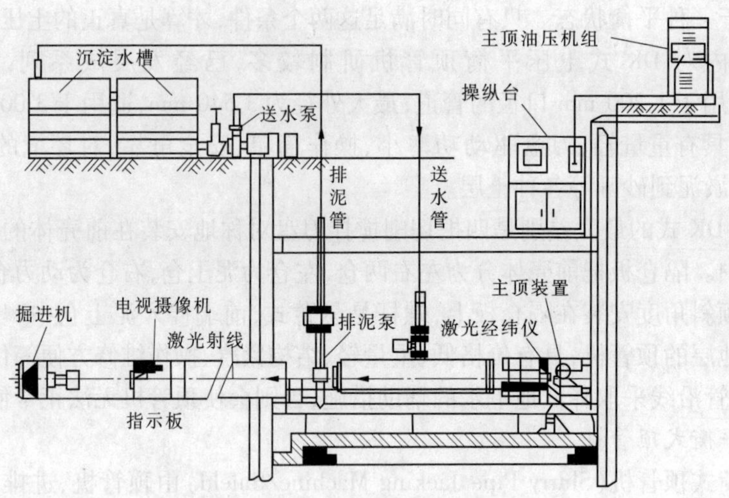

图5-4　泥水平衡式顶管施工示意图

柱状图和地质纵剖面图,了解顶管机所要穿过的有代表性的地层条件,同时研究特殊的地层条件和可能遇到的施工问题,并详细分析顶管机所要穿越的各类地层的土壤参数,然后依据下列几条进行顶管机的选型。

(1)按土颗粒组成和土的塑性指数,可确定顶管机穿越最具代表性的地层及其最基本的地质依据。

(2)根据土的有效粒径 d_{10} 和土的渗透系数 K 等,可确定是否采用人工降水的方法疏干地层。

(3)在环境保护要求很高的砂性土层中进行顶管施工,当地下水压力 >98 kPa,黏粒含量 <10%,渗透系数 >10 cm/s,并有严重流砂时,宜采用泥水平衡或开挖面加高浓度泥浆的土压平衡的顶管掘进机施工。

(4)按土的稳定系数 N_t 的计算和对地面沉降的控制要求选择顶管机的结构形式以及地面沉降控制技术措施。

$$N_t = \frac{\gamma h + q}{S_u}n \tag{5-1}$$

式中　γ——土的重度,kN/m^3;

h——地面至机头中心的高度,m;

q——地面超载,kPa;

n——折减系数,一般取1;

S_u——土的不排水抗剪强度,kPa。

当 $N_t \geqslant 6$,且地面沉降控制要求很高时,因正面土体流动性很大,需采用封闭式顶管机头;当 $4 < N_t < 6$,且地面沉降控制要求不很高时,可考虑采用挤压式或网格式顶管机;当 $N_t \leqslant 4$,且地面沉降控制要求不高时,可考虑采用手掘式顶管机。

(5)在饱和含水地层中,特别是在含水砂层、复杂地层或邻近水体中,需充分掌握水文地质资料。为防止开挖面涌水或塌方,应采取防范和应急措施。

综上所述,可参照表5-1选择顶管机和相应的施工方法。

表 5-1　顶管机和相应施工方法选择参照表

编号	顶管机形式	适用管道内径 D(mm) 管顶覆土厚度 H(m)	地层稳定措施	适用地层	适用环境
1	手掘式	D:900～4 200 H:≥3 或≥1.5D	1. 遇砂性土用降水法疏干地下水; 2. 管道外周注浆形成泥浆套	黏性或砂性土,在软塑和流塑黏土中慎用	允许管道周围地层和地面有较大变形,正常施工条件下变形量为 10～20 cm
2	挤压式	D:900～4 200 H:≥3 或≥1.5D	1. 适当调整推进速度和进土量; 2. 管道外周注浆形成泥浆套	软塑和流塑性黏土,软塑和流塑的黏性土夹薄层粉砂	允许管道周围地层和地面有较大变形,正常施工条件下变形量为 10～20 cm
3	网格式(水冲)	D:1 000～2 400 H:≥3 或≥1.5D	适当调整开口面积,调整推进速度和进土量,管道外周注浆形成泥浆套	软塑和流塑性黏土,软塑和流塑的黏性土夹薄层粉砂	允许管道周围地层和地面有较大变形,精心施工条件下地面变形量可小于 15 cm
4	斗铲式	D:1 800～2 400 H:≥3 或≥1.5D	气压平衡工作面土压力,管道周围注浆形成泥浆套	地下水位以下的砂性土和黏性土,但黏性土的渗透系数应不大于 10^{-4} cm/s	允许管道周围地层和地面有中等变形,精心施工条件下地面变形量可小于 10 cm
5	多刀盘土压平衡式	D:900～2 400 H:≥3 或≥1.5D	胸板前密封舱内土压平衡地层和地下水压力,管道周围注浆形成泥浆套	软塑和流塑性黏土,软塑和流塑的黏性土夹薄层粉砂。黏质粉土中慎用	允许管道周围地层和地面有中等变形,精心施工条件下地面变形量可小于 10 cm
6	刀盘全断面切削土压平衡式	D:900～2 400 H:≥3 或≥1.5D	胸板前密封舱内土压平衡地层和地下水压力,以土压平衡装置自动控制,管道周围注浆形成泥浆套	软塑和流塑性黏土,软塑和流塑的黏性土夹薄层粉砂。黏质粉土中慎用	允许管道周围地层和地面有较小变形,精心施工条件下地面变形量可小于 5 cm
7	加泥式机械土压平衡式	D:600～4 200 H:≥3 或≥1.5D	胸板前密封舱内混有黏土浆液的塑性土压力平衡地层和地下水压力,以土压平衡装置自动控制,管道周围注浆形成泥浆套	地下水位以下的黏性土、砂质粉土、粉砂。地下水压力＞200 kPa,渗透系数≥10^{-3} cm/s 时慎用	允许管道周围地层和地面有较小变形,精心施工条件下地面变形量可小于 5 cm

续表 5-1

编号	顶管机形式	适用管道内径 D(mm) 管顶覆土厚度 H(m)	地层稳定措施	适用地层	适用环境
8	泥水平衡式	D:250 ~ 4 200 H:≥3 或≥1.5D	胸板前密封舱内的泥浆压力平衡地层和地下水压力,以泥浆平衡装置自动控制,管道周围注浆形成泥浆套	地下水位以下的黏性土、砂性土。渗透系数 > 10^{-1}cm/s,地下水流速较大时,严防护壁泥浆被冲走	允许管道周围地层和地面有很小变形,精心施工条件下地面变形量可小于 3 cm
9	混合式顶管机	D:250 ~ 4 200 H:≥3 或≥1.5D	上述方法中两种工艺的结合	根据组合工艺而定	根据组合工艺而定
10	挤密式顶管机	D:150 ~ 400 H:≥3 或≥1.5D	将泥土挤入周围土层而成孔,无须排土	松软可挤密地层	允许管道周围地层和地面有较大变形

注:表中的 D、H 值可根据具体情况进行适当调整。

二、顶进设备

顶进设备主要由导轨、2 ~ 6 只主顶千斤顶、组合千斤顶架、液压动力泵站及管阀、顶铁等装置组成。

(一)导轨

导轨是在基础上安装的轨道,一般采用装配式。管节在顶进前先安放在导轨上。在顶进管道入土前,导轨承担导向功能,以保证管节按设计高程和方向前进。

导轨应选用钢质材料制作。安放前,应先复核管道中心的位置,并应在施工中经常检查校核。安装时,两导轨应顺直、平行、等高,其坡度应与管道设计坡度一致。当管道坡度 > 1% 时,导轨可按平坡铺设。导轨安装的允许偏差应为:轴线位置,3 mm;顶面高程,0 ~ +3 mm;两轨内距,±2 mm。安装后的导轨必须稳固,在顶进中承受各种负载时不产生位移、不沉降、不变形。

导轨安装完毕后需在预留洞口内安装副导轨,副导轨的轴线以及高程均要与主导轨保持一致,此副导轨用于防止机头进洞后低头。

(二)千斤顶

主顶千斤顶安装于顶进工作坑中,用于向土中顶进管道,其形式多为液压驱动的活塞式双作用油缸。其组合布置一般采用以下几种形式:固定式、移动式和双冲程组合式。

千斤顶安装时宜固定在支架上,并与管道中心的垂线对称,其合力的作用点应在管道中心的垂直线上。当千斤顶多于 1 台时,应取偶数,规格相同,行程同步,每台千斤顶的使用压力不应大于其额定工作压力,千斤顶伸出的最大行程应小于油缸行程 10 cm 左右。

当千斤顶规格不同时，其行程应同步，并应将同规格的千斤顶对称布置。同时，千斤顶的油路必须并联，每台千斤顶应有进油、退油的控制系统。

主顶千斤顶可固定在组合千斤顶架上做整体吊装，根据顶进力对称布置的要求，通常选用2、4、6只偶数组合，如图5-5所示。

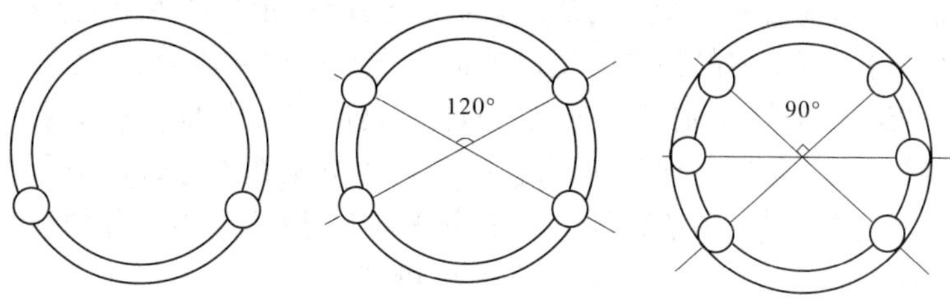

图5-5　主顶千斤顶布置示意图

（三）油泵

油泵宜设置在千斤顶附近，油管应顺直、转角少，且与千斤顶相匹配，并应有备用油泵。油泵安装完毕，应进行试运转。顶进开始时，应缓慢进行，待各接触部位密合后，再按正常顶进速度顶进。顶进中若发现油压突然增高，则应立即停止顶进，检查原因并经处理后方可继续顶进。最后，千斤顶活塞退回时，油压不得过大，速度不得过快。

（四）顶铁

顶铁又称为承压环或者均压环，它的作用主要是把主顶千斤顶的推力比较均匀地分散到顶进管道的管端面上，同时起保护管端面的作用，还可以延长短行程千斤顶的行程。顶铁可分成矩形顶铁、环形顶铁、弧形顶铁、马蹄形顶铁和U形顶铁几种。

分块拼装式顶铁的质量应符合下列规定：①顶铁应有足够的刚度；②顶铁宜采用铸钢整体浇铸或采用型钢焊接成型；当采用焊接成型时，焊缝不得高出表面，且不得脱焊；③顶铁的相邻面应互相垂直；④同种规格的顶铁尺寸应相同；⑤顶铁上应有锁定装置；⑥顶铁单块放置时应能保持稳定。

顶铁的安装和使用应符合下列规定：①安装后的顶铁轴线应与管道轴线平行、对称，顶铁与导轨和顶铁之间的接触面不得有泥土、油污。②更换顶铁时，应先使用长度大的顶铁；顶铁拼装后应锁定。③顶铁的允许连接长度，应根据顶铁的截面尺寸确定。当采用截面为20 cm×30 cm的顶铁时，单行顺向使用的长度不得大于1.5 m；双行使用的长度不得大于2.5 m，且应在中间加横向顶铁相连。④顶铁与管口之间应采用缓冲材料衬垫，当顶力接近管节材料的允许抗压强度时，管端应增加U形或环形顶铁。⑤顶进时，工作人员不得在顶铁上方及侧面停留，并应随时观察顶铁有无异常迹象。

三、导向油缸

导向油缸安装在首节管或顶管掘进机后面，用以调整高程和轴线的偏差。导向油缸的行程一般为50～100 mm，顶力为500～1 000 kN。施工中应根据管径、顶进方法、顶管掘进机长度、地质条件等因素来选择导向油缸的吨位值。

四、中继站

中继站(Intermediate Jacking Station,IJS)有时也称为中间顶推站、中继间或中继环,安装在顶进管线的某些部位,把这段顶进管道分成若干个推进区间。它主要由多个顶推油缸、特殊的钢制外壳、前后两个特殊的顶进管道和均压环、密封件等组成,顶推油缸均匀地分布于保护外壳内。当所需的顶进力超过主顶工作站的顶推能力、施工管道或者后座装置所允许承受的最大荷载时,则需要在施工的管线之间安装中继站进行辅助施工。

中继站油缸行程一般较主顶千斤顶短,吨位视中继站在顶进管道中所安装的位置而定,根据中继站的工作性能,中继站油缸要求布置均匀,以达到均匀施加顶力的目的。中继站油缸的能力一般不大于 1 000 kN,要求尽可能做到台数多而吨位小,并环向均匀布置。

当总推力达到中继站总推力的 40% ~60% 时,就应安放第一个中继站,此后,每当达到中继站总推力的 70% ~80% 时,安放一个中继站。而当主顶千斤顶达到中继站总推力的 90% 时,就必须启用中继站。

第一个中继站一般应安装于顶管机后 20 ~ 40 m,因为它不但要克服地层的摩擦力,还要克服切削刀盘向前顶进的反作用力。中继站的间距一般可设计为 100 ~ 150 m。如果施工中的摩擦阻力比预期的要小,则可以相应加大中继站的间距;反之,则应适当减小其间距。

五、其他设备

(一)起重机械

顶管施工需配备垂直吊装和运输设备。一般情况下可采用桥式起重机(即门式行车)或旋转臂架式起重机(如汽车吊、履带吊),起重能力必须满足如下各项工作要求:①顶管掘进机和顶进设备的装拆;②顶进管道的吊放和顶铁的装拆;③土方和材料的垂直运输。

(二)土方运输设备

出土运输分为管内运输和场内地面运输两种。管内运输应根据土层的性质,选用掘进机型、管内作业空间、每次顶进的出土量、顶进长度等因素。

可参考使用的输土方法有以下几种:①手掘式顶管一般可选用人力推车、轨道式土斗车、电瓶车等工具进行管内水平运输;②挤压式顶管出土是由设置在顶进工作坑的双滚筒卷扬机牵引轨道上的半圆形土斗车,将挤压口排出的泥土输送至顶进工作坑,然后进行垂直起吊;小口径泥水平衡顶管掘进机采用水力机械方式将泥浆通过与管路连接的吸泥泵排出并由排泥旁通装置直接输送至地面泥浆沉淀池;网格水冲式顶管施工则是利用高压水枪将泥土冲碎后,采用水力机械方式,将泥浆通过管路直接输送至地表。但是,水枪的转动球阀必须经常检修,以防卡死。泵送装置的入口要有清除残渣和堵塞物的装置,每班进行清理;土压平衡顶管掘进机由螺旋输送机控制出土,然后通过电瓶车、皮带输送机将弃土运输至顶进工作坑,再由垂直运输机械吊至地表;或者采用砂石泵直接从螺旋输送机将弃土泵送至地表。

场内地面运输:根据出土量、运输距离和现场堆土条件,可用人力车、机动翻斗车或自卸汽车将弃土运送至堆土场,然后用垂直吊机或铲车堆高,做到文明施工。堆土场应具有良好的排水和通行条件。

采用水力机械出土方式排泥时,应设置泥浆沉淀池。泥浆池的容积根据实际需要计算得到,输送管路接头应密封,防止渗漏。为降低排泥输送压力,输送管路系统应尽量降低。

泥浆池应尽量靠近工作坑边,可以减小排泥管路过长而产生的管路摩阻力。沉淀池的配置可沉淀块状物,防止块状物直接进入排泥泵引起排泥泵堵塞和损坏。

注浆系统应尽量使用螺杆泵以减少脉动现象,浆液应保证搅拌均匀,系统应配置减压系统。在注浆泵出口处 1 m 外以及掘进机机头注浆处各安装一只隔膜式压力表,便于准确观测注浆压力。

六、顶进管道

顶进管道(Jacking Pipe)指要顶进的各种管道,适用于顶管的管材类型通常包括混凝土管道、球墨铸铁管道、石棉水泥管道、陶土管、钢管和塑料管等。

所用管材必须满足的基本要求有:能够抵抗管道内外的侵蚀,能够承受一定的静、动荷载,能够承受管道内、外部的压力,具有良好的过流性能,较低的成本。同时,顶管施工的管材还应符合以下要求:较高的轴向承载能力;紧密的配合尺寸;端部要平整、垂直;管道长度方向上应保证平直度;防水接头应设置在管道壁内,不允许突出于管道的内、外壁;管道接头应具有传递轴向荷载的能力,同时在发生一定角度的偏斜时应仍具有防水能力。

管道长度通常以 2.0～3.0 m 为宜,有时也采用 1.0～1.25 m 较短的管节。对于大直径的管道,一般应采用较长的管节,这样可以相对减少管接头的次数、提高施工效率。在通常情况下,采用的单根管节的长度不宜超过顶管机或微型隧道掘进机的机身长度。

管道接头应该根据相关规范或具体的工程情况满足密封性要求,同时要求在一定的剪切力(剪切运动)作用下或在最大允许偏斜的情况下必须保持良好的密封性能。

下面重点介绍顶进用混凝土管道。钢筋混凝土管是顶管中使用最多的一种管材,且主要用于下水道中。有时需用钢管做外壳,里面再浇上混凝土,可用于超长距离顶管施工。钢筋混凝土管道按接口形式可分为企口式(Q)、双插口式(S)、钢承口式(G)和平口式(P)四种。

(1)企口管。这种管道(见图 5-6)既适用于开挖法埋管也适于采用顶管施工,直径范围为 1 350～2 400 mm,共有 7 种规格。成品管道的混凝土为 C50,最大覆土厚度为 5.5～6 m,最小覆土厚度为 0.7 m,内水压力可达 75～90 kPa。

企口管的橡胶止水圈安装在管接头部位的间隙内。橡胶止水圈的右边壁厚为 1.5 mm的空腔内充有少许硅油,这样在两个管子对接过程中,充有硅油的腔可以滑动到橡胶体的上方及左边,便于安装,使橡胶体不易翻转。该橡胶止水圈采用丁苯橡胶制成,像一个小写的英文字母 q 形(见图 5-7),因此又称为 q 形橡胶止水圈。

当顶管工程采用企口管时,须按图 5-8 的形状和尺寸制作垫圈,垫于管道内口处。垫圈可用多层胶合板制成,也可用木板制成。

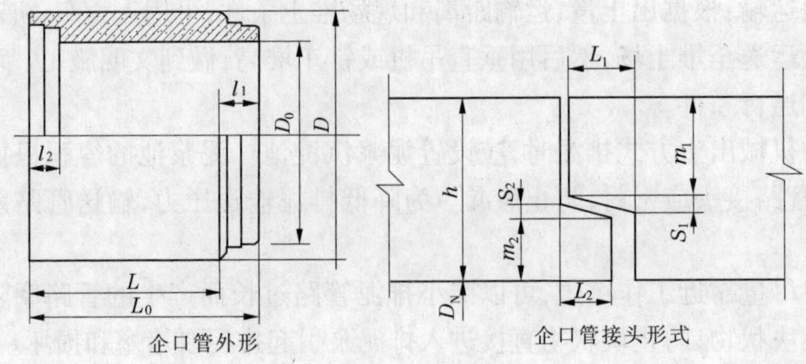

图 5-6　企口管

(2)双插口混凝土管道,也称T形套环管接口管道,它的接口形式见图5-9,即用一个T形钢套环把两只管子连接在一起。接口的止水部分由安装在混凝土管与钢套环之间的齿形橡胶圈承担,为了保护管端和尽量增加管端间的接触面积,在两个管端与钢套环的筋板两侧都安装有一个衬垫。衬垫可以用多层胶合板制成,也可用8 mm左右的木板制成。

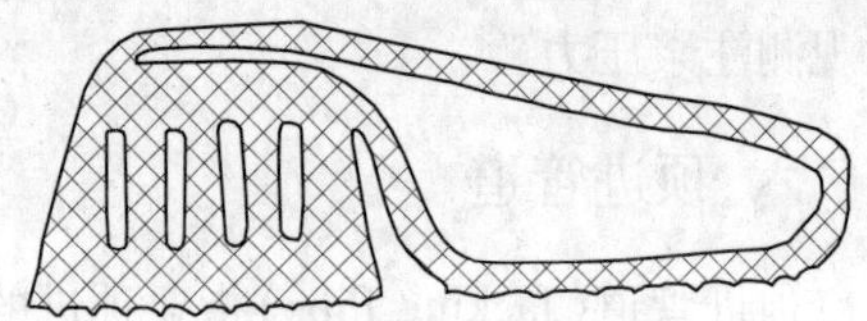

图 5-7　q形橡胶止水圈

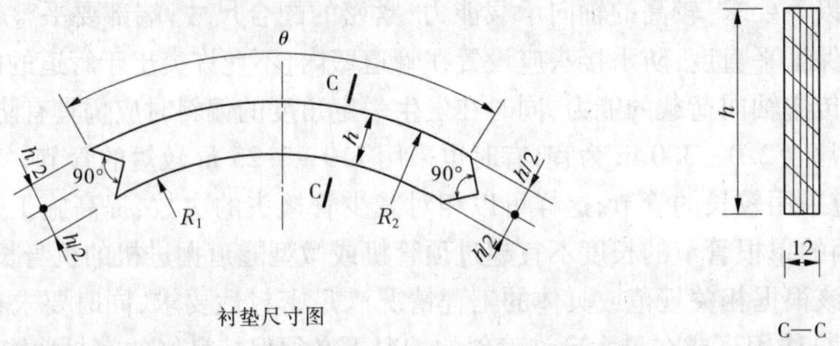

图 5-8　垫圈的形状和尺寸

T形钢套环在套入之前,必须先把齿形橡胶止水圈用黏结剂胶粘在混凝土管的槽口内,要注意的是齿形橡胶圈的方向不能安放错,T形钢套环是顺着齿形橡胶圈的斜面滑进去的,为了使安装顺利,应在齿形橡胶圈外涂抹一层润滑剂。最普通的润滑剂就是用肥皂削成碎片所泡成的肥皂水。安装时,还应注意不能让橡胶圈被挤出,否则,接口就会漏水。

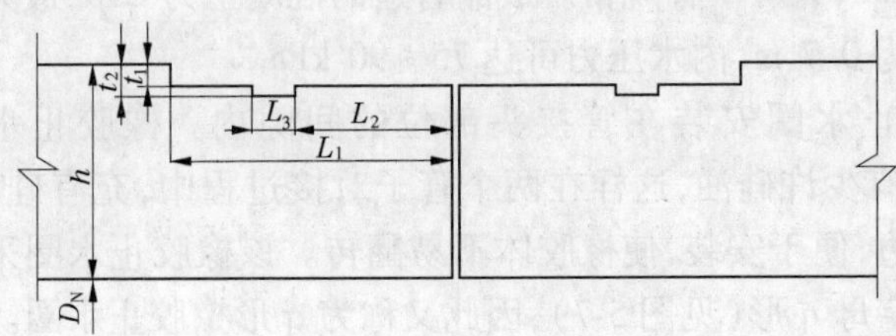

图 5-9　双插口混凝土管道接头形式

T 形套环管接口通常采用齿形橡胶圈或鹰嘴形橡胶止水圈,见图 5-10。其展开长度应为槽口实际展开长度的 85% 左右。

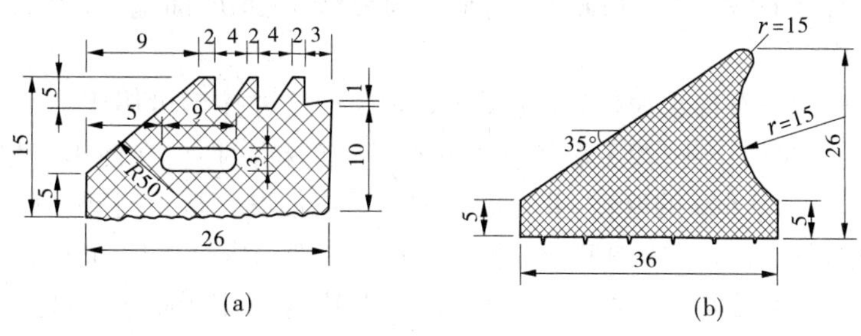

图 5-10　双插口混凝土管道橡胶圈的形式　(单位:mm)

(3)钢承口管。钢承口管接口形式(见图 5-11)是把钢套环的前面一半埋入混凝土管中,又称为 F 形管接口。为了防止钢套环与混凝土管结合面产生渗漏,在该处设了一个橡胶止水圈。该橡胶止水圈不是用普通橡胶,而是采用了遇水膨胀橡胶,该橡胶在吸收了水分以后体积会膨胀 1 ~3 倍。

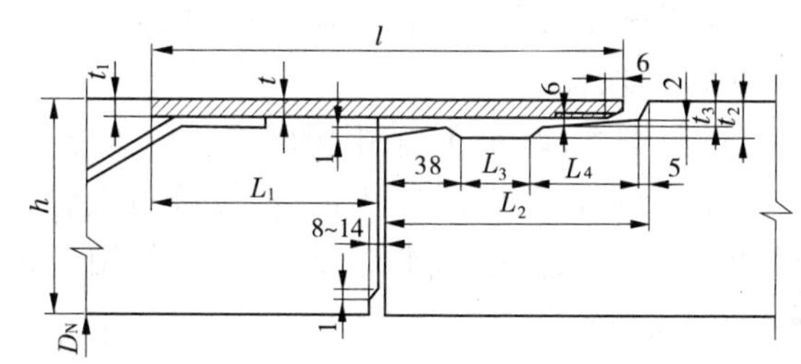

图 5-11　钢承口管接口形式

(4)钢筋混凝土管平接口。平接口是钢筋混凝土管最常用的接口形式,其接口的连接方法有 5 种,如图 5-12 所示。

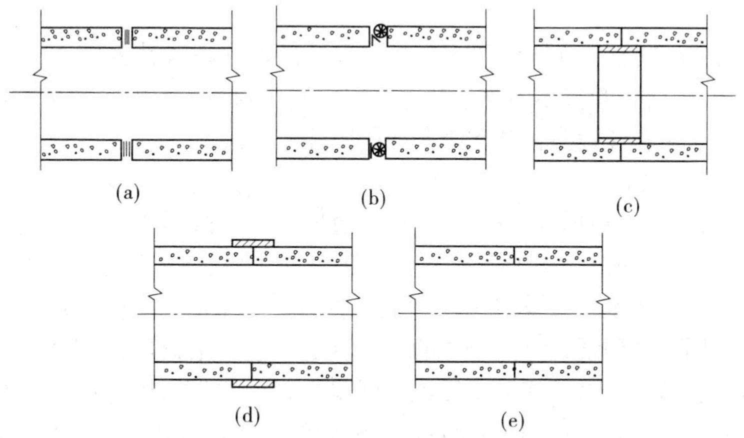

图 5-12　混凝土管平接口

第一种是油毡垫接口(见图 5-12(a)),此种接口方法简单、施工方便,主要用在无地下水的条件下。雨水管道或者穿越构筑物的套管上常采用该类型管道。油毡垫可以使顶力均匀分布于管道的端面上,在施工中管节之间要垫 3 ~ 4 层油毡垫,竣工后在管节之间用水泥砂浆嵌内缝。

第二种为麻辫—石棉水泥接口(见图 5-12(b)),这种接口可用于地下水位以下的工程,施工中有利于校正作业,竣工后的管道具有一定的抗渗性。在使用过程中,首先将青麻编成直径为 25 ~ 30 mm 的麻辫,并在沥青内浸透成油麻。接口时将油麻绕成圈垫于管口外缘,顶进过程中管口间的油麻被挤紧,竣工后在管口内缘的管间凹槽内填打石棉水泥。为了减轻填打石棉水泥口的劳动强度,可在凹槽内填抹膨胀水泥砂浆。这种接口适用于防止外渗的污水管道。

第三种为钢套环接口(见图 5-12(c)),钢套环的宽度为 20 ~ 30 cm,外径稍小于管内径。安装时先对齐管口,将钢套环装于接口间并对中,然后用木楔固定。竣工后撤去木楔并用石棉水泥将管缝填实。此种接口刚度较大、接口质量好、不易渗漏,但成本较高且耗用钢材,故只适用于地基土壤受扰动处或穿越重要建筑物时。

第四种为麻布沥青接口(见图 5-12(d))。施工方法是:先将管口对齐,在接口处涂布热沥青,边涂边裹麻布。采用三油二麻或四油三麻均可,根据施工条件及管道要求而定。这种接口形式一般用于小口径顶管。

第五种接口为黏接口(见图 5-12(e)),采用树脂型材料涂于将对口的两管节的端面上,用千斤顶推动后边管节,使管口紧贴后停止顶进,待接口处黏接剂固化后,再开始顶进。这种接口有两个不利因素,一是黏接材料价格较贵,二是用于大口径接口时对接比较困难,故一般应用于小口径管接口。

第三节　顶管工作坑及其附属设施

一、顶管工作坑

顶管施工的工作坑(井)是顶管施工时在现场设置的临时性设施。工作坑是一个竖井,顶进过程中,顶管的管节不断被吊到工作坑内安装顶进,管内土方陆续从坑下提升到地面上运走;竣工后在该地点修建检查井或阀门井。

(一)工作坑的形式

工作坑形状一般有矩形、圆形、腰圆形、多边形等几种,其中矩形工作坑最为常见。在直线顶管中或在两段交角接近 180°的折线的顶管施工中,多采用矩形工作坑,两边长之比通常为 2∶3。如果在两段交角比较小或者是在一个工作坑中需要向几个不同方向顶进时,则往往采用圆形工作坑;另外,较深的工作坑也一般采用圆形,且常采用沉井法施工。沉井材料采用钢筋混凝土,工程竣工后沉井则成为管道的附属构筑物。腰圆形工作坑的两端各为半圆形状,而其两边则为直线;这种形状的工作坑多用成品的钢板构筑,而且大多用于小口径顶管中。

按构筑方法,常用的工作坑有以下四种。

1. 沉井工作坑

在地下水位以下修建工作坑时，如缺乏钢板桩等设备，或者工作坑较深，采用钢板桩不能解决问题时，或在穿越障碍物的两端需要修建深井设施时，均可采用沉井法修建工作坑。工作井中应预留有掘进机出洞洞口，直径比掘进机大0.15～0.20 m，接收井的洞口直径比顶进井中的洞口要大0.1 m左右。

2. 连续墙式工作坑

采用地下连续墙方法施工工作坑时，先按要求做一圈槽壁组成的地下连续墙，这种坑多数为圆形，然后自上而下一边挖土一边做内衬砌，一直做到底板的基础底面，再做基础和底板。用地下连续墙方法施工的工作井的洞口不是预留的而是后来开凿成的。在开凿好进出洞口以后还要分别浇一堵前止水墙和后座墙。采用此方法施工时，即使离房屋或其他建筑物近也比较安全。

3. 钢板桩工作坑

用钢板桩以企口相接建成圆形或矩形的围堰支持坑壁的工作坑，称为钢板桩工作坑，也称为围堰式工作坑。在地下水位高和地基土为粉土或砂土的条件下采用这种工作坑时，应防止产生管涌。

4. 砌筑坑

采用混凝土砌块或砖进行砌筑，施工时一边挖土一边砌筑。土质较好、深度不大时，也可一次挖到底再进行砌筑，必要时也可进行简易的支护。采用这种方法构筑成的工作井形状大多为圆形。

（二）工作坑的选择与修筑

设计顶管工作坑时应注意以下条件：管道井室的位置；可利用坑壁土体做后座墙；便于排水、出土和运输；对地上建筑物、地下建筑物、构筑物易于采取保护和安全施工措施；距电源和水源较近，交通方便；地下水位以下顶进时，工作坑要设在管线下游，逆管道坡度方向顶进，有利于管道排水。

直线顶管工作坑最好设在管道附属构筑物处，竣工后就工作坑地点修建永久性管道附属构筑物。长距离直线管道顶进时，在检查井处做工作坑，在工作坑内可以调头顶进。在管道拐弯处或转向检查井处，应尽量双向顶进，提高工作坑的利用率。多排顶进或多向顶进时，应尽可能利用一个工作坑。工作坑的选址应尽量避开房屋、地下管线、池塘、架空电线等不利于顶管施工的场所。在一些特殊条件下，如离房屋很近，则应采用特殊方法施工工作坑。同时，尽可能减少工作坑的数量，顶进过程中要力求长距离顶进，少挖工作坑。

可以根据需要和施工条件确定工作坑的尺寸。矩形工作坑的底部尺寸应满足下列公式要求：

$$B = D_1 + S \tag{5-2}$$

$$L = L_1 + L_2 + L_3 + L_4 + L_5 \tag{5-3}$$

式中　B——矩形工作坑的底部宽度，m；

D_1——管道外径，m；

S——操作宽度，m，可取2.4～3.2 m；

L——矩形工作坑的底部长度，m；

L_1——顶管掘进机长度,当采用管道第一节管作为顶管掘进机时,对于钢筋混凝土管,不宜小于0.3 m,钢管则不宜小于0.6 m;

L_2——管节长度,m;

L_3——输土工作间长度,m;

L_4——千斤顶长度,m;

L_5——后座墙的厚度,m。

工作坑深度应符合下列公式要求(见图5-13):

$$H_1 = h_1 + h_2 + h_3 \tag{5-4}$$

$$H_2 = h_1 + h_3 + t + h_4 \tag{5-5}$$

式中 H_1——顶进坑地面至坑底的深度,m;

H_2——接收坑地面至坑底的深度,m;

h_1——地面至管道底部外缘的深度,m;

h_2——管道外缘底部至导轨底面的高度,m;

h_3——基础及其垫层的厚度(不应小于该处井室的基础及垫层厚度),m;

h_4——顶管机进入接收坑后支撑垫板厚度,m;

t——管壁厚度,m。

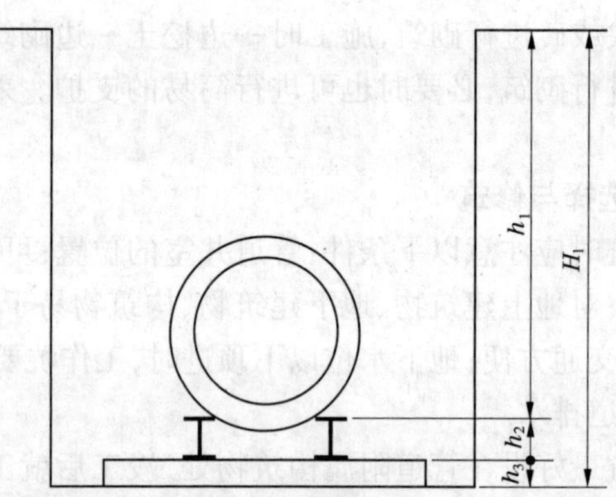

图5-13 顶进工作坑深度示意图

当采用钢筋混凝土喷锚逆作法工艺施工工作坑时,在施工前,必须采取有效的降水措施,保证干燥作业。帽梁和环梁的钢筋构件应提前加工;先进行帽梁的施工,待其混凝土具有一定强度后方可进行后续其他工序的施工;每道环梁安装应和锚杆同时进行,锚杆应和环梁钢筋焊在一起,然后进行钢网片的安装;混凝土应分层喷射,表面混凝土喷射后应由人工将表面修理平整,并使棱角清晰。因喷射混凝土用量高,喷层又薄,应特别加强对混凝土的养护工作,自喷完后4~7 d内应进行喷水养护。

在设计较深的工作坑时,除必须验算工作坑基底抗隆起稳定外,当地层中存在含水层时,还应进行管涌和地下水顶破黏土覆盖层的安全验算。

二、工作坑附属设施

工作坑附属设施包括集水井、工作台、测量基准点、后座墙、基础、洞门与洞口止水圈等。

(一)后座墙

后座墙(Reaction Wall)是顶进管道时为千斤顶提供反作用力的一种结构,有时也称为后座、后背或者后背墙等。后座墙的结构形式一般可分为整体式和装配式两类。整体式后座墙多采用现场浇筑混凝土;装配式后座墙是常用的形式,具有结构简单、安装和拆卸方便、适用性较强等优点。

对于沉井工作坑,后座墙就是工作坑的后方井壁;对于钢板桩工作坑,需要在工作坑的后方与钢板桩之间浇筑一座钢筋混凝土墙,使得后座推力的反力比较均匀地传递到后墙土体中。根据顶进力的大小,对混凝土后座墙的弯拉区应设置网格钢筋,混凝土墙的一般厚度应根据管道直径大小确定,一般为0.8~1.0 m。混凝土的强度为C20以上,在达到其强度的80%以上时才可以承受顶进力。墙的宽度与工作坑宽度相等,厚度为0.5~1.0 m,下部最好能插入工作坑底板下0.5~1.0 m。

采用装配式后座墙时,应满足下列要求:①采用方木、型钢或钢板等组装,组装后的后座墙应有足够的强度和刚度;②后座墙土体壁面应平整,并与管道顶进方向垂直,且应与后座墙贴紧,有间隙时应采用砂石料填塞密实;③装配式后座墙的底端宜在工作坑底以下(不宜小于50 cm);④组装后座墙的构件在同层内的规格应一致,各层之间的接触应紧贴,并层层固定;⑤后座墙的墙面应与管道轴线垂直,其垂直度和水平扭转度的施工允许偏差应小于0.1%。

后座墙的最低强度应保证在设计顶进力的作用下不被破坏,并留有较大的安全度。要求它本身的压缩回弹量为最小,以利于充分发挥主顶工作站的顶进效率。在设计和安装后座墙时,应满足如下要求:

(1)要有充分的强度。在顶管施工中能承受主顶工作站千斤顶的最大反作用力而不致破坏。

(2)要有足够的刚度。当受到主顶工作站的反作用力时,后座墙材料受压缩而产生变形,卸荷后要恢复原状。

(3)后座墙表面要平直。后座墙表面应平直,并垂直于顶进管道的轴线,以免产生偏心受压,使顶力损失和发生质量、安全事故。

(4)材质要均匀。后座墙材料的材质要均匀一致,以免承受较大的后座力时造成后座墙材料压缩不匀,出现倾斜现象。

(5)结构简单、装拆方便。装配式或临时性后座墙都要求采用普通材料、装拆方便。

在设计后座墙时应充分利用土抗力,而且在工程进行中应严密注意后背土的压缩变形值,并将残余变形值控制在20 mm左右。当发现变形过大时,应考虑采取辅助措施,必要时可对后背土进行加固,以提高土抗力。

利用已顶进完毕的管道做后座墙时,要注意:待顶管道的顶进力应小于已顶管道的顶进力,后座墙钢板与管口之间应衬垫缓冲材料,且应采取措施保护已顶入管道的接口不受损伤。

(二)封门与洞口止水圈

不论是始发井还是接收井,为了顺利完成顶管始发和接收工作,防止土体坍塌涌入工作井,一般应对洞口土体进行加固,即预先将洞门用砖墙及钢筋混凝土相结合的形式进行封堵,称为临时封门。如果土质不是很软,可采用门式加固法,即对所顶管道两侧和顶部一定宽度和长度范围内的土体进行加固,以提高这部分土的强度,从而使工具管或掘进机在出洞或进洞中不发生塌土现象。如果土质比较软,则必须在管子顶进的一定范围内,对整个断面进行加固。如果土质比较好,土比较硬,挖掘面上的土体又能自立,这时也可不必对土体进行加固。土体加固技术一般有高压旋喷技术、搅拌桩技术、注浆技术和冻结技术等。

洞口的封门也应根据土质条件及顶管机的形式来选定。洞口可用低强度等级混凝土砌堵砖封门,在砖封门前施工一排钢板桩,钢板桩的入土深度应在洞圈底部以下 200 mm。在掘进机到达接收坑时,可以将砖封门挤倒或切削掉。有时,也可用低强度等级的混凝土取代砖块。

采用特制的钢封门保证掘进机安全进入接收坑。具体做法是:在洞口外侧预先安装好由一块块槽钢制成的钢封门,把工作坑的洞口封住。槽钢的下部被安装在井壁上洞口以下的钢构件托住,中部被安装在井壁洞口以上的钢构件压住,槽钢的上部必须高出沉井端面。在工作坑的洞口内,仍砌上一堵砖封门。当顶管机到达时,先把砖封门拆除。这时,由于有钢封门挡住,土体不会向洞内涌进来。等到顶管机推进到距钢封门 50 ~ 100 mm时,洞口止水圈已能发挥作用了,然后依次拔除钢板桩。为减小钢板桩拔除过程中对顶管机正面土体的扰动,钢板桩全部拔除后应立即顶进,缩短停顿时间。

洞口止水圈安装在顶进井的出洞洞口和接收井的进洞洞口,具有制止地下水和泥沙流到工作坑和接收坑,并确保顶进过程中润滑泥浆不流失的功能。洞口止水圈多种多样,但其中心必须与所顶管节的中心轴线一致。止水装置一般采用帘布止水橡胶带,用环板固定,插板调节。

采用钢管做预埋顶管洞口时,钢管外宜加焊止水环,且周围应采用钢制框架,按设计位置与钢筋骨架的主筋焊接牢固;钢管内宜采用具有凝结强度的轻质胶凝材料封堵;钢筋骨架与井室结构或顶管后座墙的连接筋、螺栓、连接挡板锚筋,应位置准确、连接牢固。

第四节 顶管施工技术

一、顶管始发和接收

顶管始发(Start to Jack)是管道顶进施工的开始,即顶管机开始顶入地层;顶管接收(Reception of Pipe Jacking Machine)是顶管机到达接收坑时的准备和接收工作。同盾构一样,施工中,常把顶管始发称为出洞,顶管接收称为进洞。

(一)顶管始发段施工

1. 施工准备

顶管施工前的准备工作包括材料准备,地面风、水、电、照明等设备的安装,工作井布置、洞门封堵和止水装置安装,测量放样,后座墙组装,导轨安装,主顶架安装等。布置完毕后,进行检查,确认条件具备时方可开始顶进。

顶进施工前,应加强如下检查:

(1)全部设备经过检查并经过试运转。主要检查液压、电器、压浆、气压、水压、照明、通信、通风等操作系统是否正常工作，各种电表、压力表、换向阀、传感器、流量计等是否能正确显示其处于正常工作状态，然后进行联动调试，确认没有故障后，方可准备顶管始发。

(2)顶管掘进机在导轨上的中心线、坡度和高程应符合规定。

(3)制订了防止流动性土或地下水由洞口进入工作坑的措施。

(4)开启封门的措施完备。

拆除封门前应按施工组织设计的要求，分别检查以下技术措施是否有效：

(1)通过水位观测孔检查洞口外段的降水效果是否达到要求。

(2)洞口止水圈与机头外壳的环形间隙应保持均匀、密封良好、无泥浆流入。

(3)用注浆法加固的洞口外段应有检测结果，确保在增加洞外土体固结力的同时地面无明显隆起或沉降。

2. 顶管始发

一般将出洞后工具管顶进 5～10 m 作为始发段。始发段施工技术要点为：

(1)拆除封门。拆除封门时应符合下列规定：

①采用钢板桩支撑时，可拔起或切割钢板桩露出洞口，并采取措施防止洞口上方的钢板桩下落；必须考虑在拆除过程中将要采取的加固措施。

②采用沉井时，应先拆除内侧的临时砖墙或混凝土封门，再拆除井壁外侧的封板或其他封填措施。

③封门和封板一旦拆除，必须在确保人身安全的前提下，立即清除洞口外可能存在的金属物件(如短钢筋、钢管等)或较大的硬块等障碍物。

④在不稳定土层中顶管时，封门拆除后应马上将顶管机切入土层，避免前方土体松动和坍塌。

(2)顶进开始时应缓慢进行，待各接触部分密合后，再按正常顶进速度顶进。顶进中若发现油路压力突然增高，应停止顶进，检查原因并经处理后方可继续顶进。

(3)需要控制的施工参数主要有土压力、顶进速度和出土量。为了有效地控制轴线，初出洞时，宜将土压力值适当提高。同时加强动态管理，及时调整。顶进速度不宜过快，一般控制在 10 mm/min 左右。

(4)工具管开始顶进 5～10 m，允许偏差为：轴线位置 3 mm，高程 0～3 mm。当超过允许偏差时，应采取措施纠正。

(二)顶管接收

当顶管机接近进洞口，把封门推倒后一直往前推，使得顶管机进入预设的导轨，直到进洞口的止水圈起作用，这就完成了进洞过程。

1. 接收前的准备

在顶管机切口到达接收井前 30 m 左右时，做一次定向测量。重新测定顶管机的里程，计算出切口与洞门之间的距离。同时校核顶管机姿态，以利进洞过程中顶管机姿态的及时调整。顶管机在进洞前应先在接收井中安装好基座。根据顶管机切口靠近洞口时的实际姿态，对基座做准确定位与固定，同时将基座的导向钢轨接至顶管机切口下部的外壳处。

在顶管机进洞时，应避免引起顶管机前方土体不规则坍塌，使顶管机再次推进时方向失控和向上爬高。对于较重的顶管机或掘进机，应防止它在达到接收坑时产生“磕头”现象,可在接收坑内下部填上一些硬黏土或者用低强度等级混凝土在洞内下部浇一块托板,把掘进机托起,也可在接收坑内再预埋一副短的延伸导轨,把掘进机托起。另外,应把掘进机与第 1 节混凝土管连接在一起。

为防止顶管机进洞时,由于正面压力的突降而造成前几节管节间的松脱,宜将顶管机及第 1 节管节、第 1 ~ 5 节管节相邻两管节间连接牢固。

2. 封门拆除

封门拆除前顶管机应保持最佳的工作状态,一旦拆除立刻顶进至接收井内。为防止封门发生严重漏水、漏浆现象,在管道内应准备好堵漏材料,便于随时通过第 1 节管节的压浆孔压注。在封门拆除后,顶管应迅速连续顶进管节,尽量缩短顶管机进洞时间。

3. 洞门建筑空隙封堵

顶管机进洞后,洞圈和顶管机、管节间建筑空隙是泥水流失的主要通道。待顶管机进洞第 1 节管节伸出洞门 500 mm 左右时,应及时用厚 16 mm 的环形钢板将洞门上的预留钢板与管节上的预留钢套焊接牢固,同时在环形钢板上等分设置若干个注浆孔,利用注浆孔压注足量的浆液填充建筑空隙。

二、顶进施工

(一)顶进施工的一般要求

(1)顶进钢管采用钢丝网水泥砂浆和肋板保护层时,焊接后应补做焊口处的外防腐层。

(2)采用钢筋混凝土管时,接口处理应注意:①管节未进入土层前,接口外侧应垫麻丝、油毡或木垫板,管口内侧应留有 10 ~ 20 mm 的空隙;顶紧后两管间的孔隙宜为 10 ~ 15 mm。②管节入土后,管节相邻接口处安装内胀圈时,应使管节接口位于内胀圈的中部,并将内胀圈与管道之间的缝隙用木楔塞紧。

(3)采用 T 形钢套环橡胶圈防水接口时,要求:①混凝土管节表面应光洁、平整,无砂眼、气泡;接口尺寸符合规定。②橡胶圈的外观和断面组织应致密、均匀,无裂缝、孔隙或凹痕等缺陷;安装前应保持清洁,无油污,且不得在阳光下直晒。③钢套环接口无瑕疵点,焊接接缝平整,肋部与钢板平面垂直,且应按设计规定进行防腐处理。④木衬垫的厚度应与设计顶进力相适应。

(4)采用橡胶圈密封的企口或防水接口时,要求:①黏结木衬垫时凹凸口应对中,环向间隙应均匀。②插入前,滑动面可涂润滑剂;插入时,外力应均匀。③安装后,发现橡胶圈出现位移、扭转或露出管外,应拔出重新安装。

(5)掘进机进入土层后的管端处理应符合下列规定:①进入接收坑的顶管掘进机和管端下部应设枕垫。②管道两端露在工作坑中的长度不得小于 0.5 m,且不得有接口。③钢筋混凝土管道端部应及时浇筑混凝土基础。

(6)在管道顶进的全过程中,应控制顶管掘进机前进的方向,并应根据测量结果分析偏差产生的原因和发展趋势,确定纠偏的措施。

(7)管道顶进过程中,顶管掘进机的中心和高程测量应符合下列规定:①采用手工掘进时,顶管掘进机进入土层过程中,每顶进 300 mm,测量不应少于 1 次;管道进入土层后正常顶进时,每顶进 1 000 mm,测量不应少于 1 次,纠偏时应增加测量次数。②全段顶完后,应在每个管节接口处测量其轴线位置和高程;有错口时,应测出相对高差。③测量记录应完整、清晰。

(8)纠偏时应注意:①应在顶进中纠偏。②应采用小角度逐渐纠偏。③纠正顶管掘进机旋转时,宜采用挖土方法进行调整或改变切削刀盘的转动方向,或在管内相对于机头旋转的反向增加配重。

(9)顶管穿越铁路或公路时,除应遵守本规范外,还应符合铁路或公路有关技术安全规定。

(10)管道顶进应连续作业。如遇下列情况,应暂停顶进,并应及时处理:顶管掘进机前方遇到障碍;后背墙变形严重;顶铁发生扭曲现象;管位偏差过大且校正无效;顶力超过管端的允许顶力;油泵、油路发生异常现象;接缝中漏泥浆。

(11)顶进过程中的方向控制应满足下列要求:①有严格的放样复核制度,并做好原始记录。顶进前必须遵守严格的放样复测制度,坚持三级复测:施工组测量员→项目管理部→监理工程师,确保测量万无一失。②必须避免布设在工作井后方的后座墙在顶进时移位和变形,必须定时复测并及时调整。③顶进纠偏必须勤测量、多微调,纠偏角度应保持在 10′~20′,不得大于 0.5°,并设置偏差警戒线。④初始推进阶段,方向主要由主顶千斤顶控制,一方面要减慢主顶推进速度,另一方面要不断调整油缸编组和机头纠偏。⑤开始顶进前必须制订坡度计划,对每 1 米、每节管的位置和标高需事先计算,确保顶进时正确,以最终符合设计坡度要求和质量标准为原则。

(二)常见顶管作业施工技术要点

1. 手掘式顶管作业

开始人工挖土前,应先将顶管掘进机的刃口部分切入周边土体中。挖土程序按自上而下分层开挖,严防正面坍塌。必要时可辅以降水或注浆加固等施工措施,以保证土体的稳定。顶管掘进机迎面的超挖量应根据土质条件确定。在允许超挖的稳定土层中正常顶进时,管下部 135°范围内不得超挖,管顶以上超挖量不得大于 15 mm,管前超挖应根据具体情况确定,并制订安全保护措施。在对顶施工中,当两管端接近时,可在两端中心先掏小洞通视调整偏差量。

在顶管掘进机后接入第 1 节管道时,顶管掘进机尾部至少须有 20~30 cm 处于导轨上,并应立即进行管道和顶管掘进机的连接。当顶进管道为混凝土企口管道时,应先在顶管掘进机尾部安装承口钢环,与企口管的插口均匀吻合。企口管和钢承口管道应以插口在前、承口在后的方法排列在顶进轴线方向上。

顶管掘进机切入土体后应严格控制,水平偏差不大于 5 mm,高程应为设定标高加上抛高数,数值可根据土质情况、管径大小、顶管掘进机的自重以及顶进坡度等因素确定,以抵消机头到达接收坑后的“磕头”而引起的误差。当出现“磕头”现象时应迅速调整,必要时应拉回后重新顶进,但必须抓紧时间迅速完成,以减小对正面土体的扰动。

顶管掘进机开始顶进 5~10 m 的范围内,允许偏差应为:轴线位置 3 mm,高程 0~+3 mm。当超过允许偏差时,应采取措施纠正。在软土层中顶进混凝土管时,为防止管节漂移,可将前 3~5 节管与顶管掘进机联成一体。

在顶进过程中应采取适当措施,经常保持顶管掘进机底部无积水现象,如遇积水,应及时排除,以防止土体基底软化。当挖土时遇到地下障碍物,应在采取安全措施的条件下,先清除障碍物,然后继续顶进,如遇特殊或紧急情况,应及时采取应变技术措施,并向有关部门汇报。当顶进作业停顿时间较长时,为防止开挖面的松动或坍塌,应对挖掘面及时采取正面支撑或全部封闭措施。

手掘式顶管工艺流程如图5-14所示。

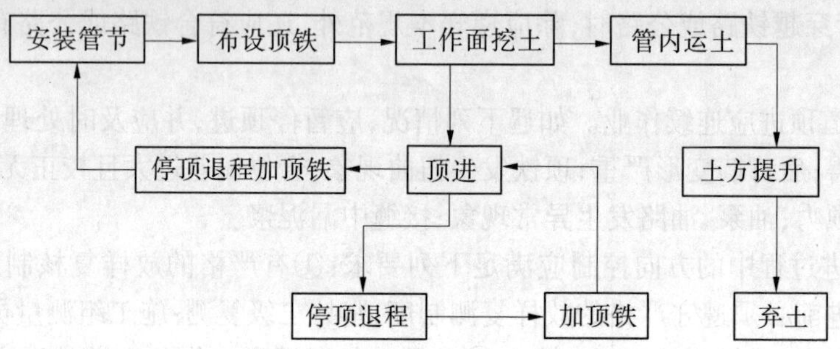

图5-14　手掘式顶管工艺流程

2. 网格水冲式顶管作业

在黏性土层中顶进时,网格必须全部切入土体后,方可采用高压水枪破碎挤入的条状土块。当遇到粉砂层时,为减小顶进的迎面阻力,可将网格内的部分土体先破碎,但应控制好破碎范围,严防发生正面土体坍塌。

高压泵应布置在工作坑附近,保证进水管路顺直、连接可靠、不渗漏。进水应采用不含泥沙和其他杂质的清水。在粉砂地层中顶进,地下水位以下的粉砂层中的进水压力宜为0.4～0.6 MPa;在黏性土层中施工,进水压力宜为0.7～0.9 MPa。

在施工中,排出泥浆的泥水比例一般可控制在1∶8左右,顶管掘进机内的泥浆应先通过筛网过滤,然后由设置在密封舱板下部的吸泥设备,通过泥浆管路压送至地面的储泥池中做分离处理。

网格水冲法作业程序如下:

(1)开启高压水泵和进水阀门,建立相应的工作水压力。

(2)按纠偏要求确定冲刷部位,开启相应位置的水枪进行冲刷作业。

(3)当泥水舱内的泥水浓度达到要求时,开动排泥泵开始排泥。

(4)注意调节进水量和排泥量,使二者达到相互协调、平衡。

(5)开动液压动力站,启动主顶千斤顶。

(6)顶进时必须对管道与土层的环状空间进行同步注浆,压浆量应根据顶进速度确定并与它保持一致。

(7)在顶进中应及时测量顶管掘进机的轴线偏差,以便及时调整水枪的破土位置和范围。

(8)为控制地表变形,应根据网格内土体的稳定性和地下水位确定必需的局部气压值和相应的进气量。

(9)停止顶进时,应先关闭高压油泵,然后同步关闭高压水泵和排泥泵。

3. 土压平衡顶管掘进作业

(1)先打开顶管机操作台上的总电源开关,保证信号指示灯和工作照明灯正常工作,电表上的指示压力值也应在允许的范围内。

(2)合上各分系统的电源开关,使切削刀盘、纠偏油缸、螺旋输送机、控制系统处于工作状态。

(3)开启注油泵,向刀盘内圈及支撑环之间的密封中注入油脂。

(4)按照操作要求,将刀盘控制开关置于"自动"或"手动"位置,然后启动刀盘使其开始旋转工作。

(5)开启土压平衡控制系统的电源开关,将经计算所得的平衡压力值(一般取 1.2 倍的静止土压力和试顶后优化的设定压力值)输入控制器,检查各压力计的实测值,并予以调整。

(6)检查激光经纬仪和倾斜仪是否正常工作,确定纠偏方向;启动液压动力站,将纠偏千斤顶进行编组作业。

(7)主顶系统进入工作状态,将出土车置于螺旋输送机的出土口位置。

(8)启动螺旋输送机,同时启动主顶千斤顶,这时,应保证切土、排土、顶进和注浆作业同步进行。

(9)调节螺旋输送机的转速,使实测的土压值稳定在设定的平衡土压值,在顶进中当压力波动不大时,可使控制器进入自动调节状态。

(10)在顶进过程中,应密切注意顶进方向的偏差情况,随时调整千斤顶进行微量纠偏,以控制机头方向。

(11)暂停顶进作业时,可按如下程序操作:停止主顶系统的推进;关闭螺旋输送机的出土阀门;关闭加泥润滑系统;停止刀盘前的注浆;停止机头内纠偏油泵。

(12)在使用土压平衡顶管机时,所要施工的地层或者作为平衡介质的"泥粥"必须具备以下性能:

①无论是在破碎室前面或者是破碎室里面的土,都要求尽可能不透水,以便与工作面上的地下水和土压力建立平衡。

②"泥粥"的内摩擦力和研磨性应尽可能小,以利于和破碎下来的土混合以及减小切削刀具的磨损和所需顶进功率。

③平衡介质应具有像触变性流体那样的黏塑性变形,以便能始终保持对工作面的平衡作用和防止"泥粥"的分解及固化。

④"泥粥"必须具有一定的可压缩性,以克服在平衡压力调节过程中,不可避免地出现压力波动。

⑤切削下来的土应具有较小的黏附性,以保证顺利地排土和防止"泥粥"在破碎室中的黏结、架桥、硬化和密实等。

⑥对于"泥粥"浓度的要求是:在螺旋钻杆中形成的泥塞应具有保持压力的作用,同时应有必要的密封作用。

4. 泥水平衡顶管掘进作业

(1)顶进工作开始前应检查和注意如下事项:检查液压动力站的液压油是否加注充

分;应确保液压管路和泥浆管路各接头连接正确、可靠;操纵台上的所有控制开关都应处于空挡或停止位置;确保供电电源符合要求;电动机的旋转方向正确无误。

(2)泥水平衡顶管掘进机的所有操作都是通过操作台上的按钮来控制的,操作人员必须严格按以下步骤进行操作:

①启动之前,所有按钮开关和选择开关都应处于"断开"或"停止"位置。

②合上电源开关,指示灯亮,接通电视监控器。

③调整测斜仪到零位。

④启动基坑旁路装置的进泥泵和排泥泵。

⑤按下液压动力装置的"启动"按钮。

⑥把泥浆送入顶管掘进机后,调整泥浆压力达到稳定值。

⑦启动切削刀盘,使它开始旋转切削土层。

⑧起始顶进时,调整电视监控屏上土压表显示的压力数值,使它保持在设定的压力值范围内。

⑨确保掘进机工作平稳,当切削刀盘位移指示器指在"零位"左右时,表明掘进机处于良好的工作状态。

⑩掘进机在正常作业过程中,操作人员还应经常通过电视监控器上仪表的显示进行适当调整,主要操纵内容包括调整土压力、控制切削刀盘位移、启闭主切削刀具、纠偏油缸行程的伸缩、操作泥浆截止阀、操纵旁通阀、泥浆流向变换、抽除掘进机内积水等。

(3)泥水平衡掘进机的停机操作应按如下程序进行:

①主顶千斤顶停止顶进作业。

②停止切削刀盘转动。

③把机内"旁通阀"开关拨到"开启"位置。

④把"泥浆截止阀"开关拨到"闭合"位置。

⑤关闭"机内液压动力机组"开关。

⑥关闭"进泥泵"和"排泥泵"开关。

⑦开启"放泄阀"开关。

⑧关闭"工作回路"开关。

⑨关闭电视监控器及主电源。

(三)注浆减阻

对于松散的无黏性或是黏性较小的土层(如砂层和砂土层),在管道壁和土层间注入具有触变性的悬浮液(如膨润土浆液)将大大减小管道和土层间的摩擦力。注入的润滑液应均匀地覆盖于整个管道表面。注浆压力和注入的浆液量应该随时进行监控,以避免对管道和邻近建筑物造成破坏。对于浆液难以到达的区域,可以在切削刀盘位置或顶管机的尾部进行注浆;对于浆液容易到达的区域,可通过管道上的注浆孔进行注浆,注浆结束后应对注浆孔进行密封。在顶管施工过程中,要求润滑浆液能在管子的外周形成一个比较完整的连续的润滑膜,达到良好的减阻效果。特别是在长距离顶管过程中必须十分小心地选择注浆材料和完善注浆工艺。

要达到注浆减阻目的,应满足如下要求:地层和管线之间的环状间隙要足够大,在松散地层中最小应为 20 mm,在岩层中环状间隙甚至要达到 30 mm,并要求在整个施工过程中和整个施工管段都要保持这样的间隙;注浆材料在任何施工阶段都要保持其流动性,不能通过孔壁漏失到地层中(对于损失的注浆材料应及时在量上给以补充)。

注浆孔的位置应尽可能均匀地分布于管道周围,其数量和间距依据管道直径及浆液在地层中的扩散性能而定。每个断面可设置 3~5 个注浆孔,均匀地分布于管道周围(见图 5-15)。要求注浆孔具有排气功能。

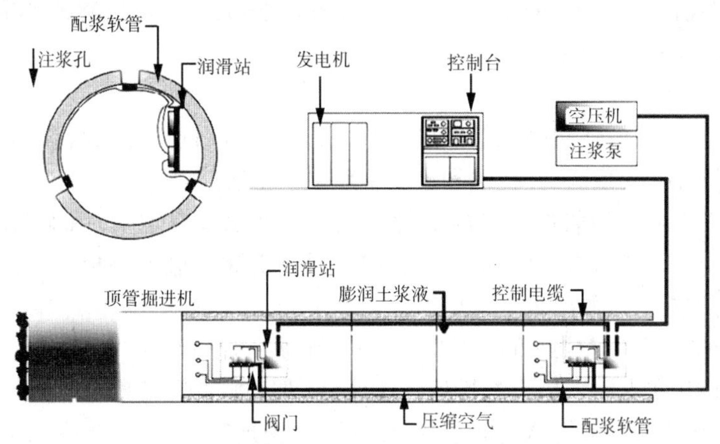

图 5-15　注浆装置和润滑系统

(四)顶管施工测量和导向

在顶管施工中,特别是在施工污水管道等重力管道时,对施工精度要求特别高。所以,顶管施工必须严格按照设定的管道中心线和工作坑位建立地面与地下的测量控制系统,控制点应布置在不宜扰动、视线清晰、方便校核的地方,并加以保护。在安装测量装置时,所用的测量仪器应与工作坑的坑底和坑壁分开,避免这些位置在施工时由于顶进力的施加产生位移,从而和起始位置不一致,则很容易产生误差。

为了满足顶管施工精度要求,在施工中必须对下面几个参数进行测量:顶进方向的垂直偏差、顶进方向的水平偏差、掘进机机身的转动、掘进机的姿态、顶进长度。

顶管始发前必须认真测定掘进机头的轴线和标高,并将测量数据及时反馈进行调整。顶进施工中的原始数据记录必须连续、真实、完整,记录表格填写清楚。每节管道顶进结束,必须进行复测,绘制管道顶进轨迹图(含管道高程、方向、顶进力曲线等),并由项目经理或监理人员检查复核。

在市区内施工时,为了不扰动其他地上或地下建筑物或构筑物,必须进行地面变形监测和建筑物的沉降观测。按建设单位的要求,在指定地段进行施工监测布置,观测在顶进过程中地面变形和土体位移情况,以便及时采取措施,保证地上或地下建筑物或构筑物的安全和正常使用。顶进结束后应绘制施工过程和竣工后的地面变形图。

(五)顶管纠偏

在采用装备先进的土压平衡或泥沙平衡掘进机施工时,可以将设备置于“自动”或“手动”位置,系统则根据测量系统显示的测量结果和偏差情况,进行自动纠偏,或采用人工控制的方法进行纠偏。

1. 挖土校正法

挖土校正法是采用在不同部位增减挖土量,以达到校正目的的方法。例如,管头误差为正值时,应在管底超挖土方(但不能过量),在管节继续顶进后借助管节本身重量而沉降。开始时管节后部已被土挤紧,而前节管的自重又不足以克服它,故管可能先出现继续爬坡现象,经过一段距离,在管自重的作用下才趋于下降。这种方法校正误差的效果较慢,适用于误差值不大于10 mm的情况。挖土校正法多用于土质较好的黏性土内,或用于地下水位以上的砂土层中。

2. 强制校正法

强制校正法是采取强制措施造成局部阻力,迫使管向校正方向转移的方法。这类方法又可分为衬垫法、支顶法、支托法和主顶千斤顶校正法。

(1)衬垫法。在首节管的外侧局部管口位置垫上钢板或木板,用加工成短节的刃板亦可,造成强制性的局部阻力后,迫使管转向。误差消除后撤出垫板,不易撤出时就被挤入土内。短节刃板可以取出重复使用。

(2)支顶法。采用支柱或50~100 kN的千斤顶在管前设支撑,斜支于管内顶端。为了扩大承压面积,在支柱下垫上木托板。这样,顶进时管节就随着被支顶起来。此种校正方法见效快。注意不要使管节调向过快,而应当缓慢地转向,否则支撑受力过大,管壁受到的局部压力也大,容易引起管体破坏。当管节接近设计高程时,可拆除支撑使管节缓慢地正常顶进。

(3)支托法。在流砂层顶进时,发现误差要立即校正。当采用支顶法无效时可采用支托法以增加支撑能力,但一般不采用。

(4)主顶千斤顶校正法。当顶距较短时(≤15 m),如发现管中心线有误差,可以利用主压千斤顶进行校正。例如,管中线向右偏时,可将管口处右侧的顶铁比左侧顶铁加长10~15 mm,当千斤顶向前推进时,右侧顶力大于左侧,从而校正右偏的误差。

3. 校正工具管纠偏

校正工具管是顶管施工的一项专用设备。根据不同管径采用不同直径的校正工具管。校正工具管主要由工具管、刃脚、校正千斤顶、后管等部分组成。校正千斤顶按环向均匀布设,一端与工具管连接,另一端与后管连接。工具管与后管之间留有10~15 mm的间隙。后管与工具管连接应牢固。顶进钢筋混凝土管时,校正千斤顶以首节钢筋混凝土管的端面为后座,调节工具管的方向。顶进过程中工具管起导向作用,既能引导后面的管节正确前进,也能成为误差产生的因素。因此,要求工具管运转灵活,长度尽可能短些,在校正完成后,管节已按设计线路前进时,为了稳定管线走向,又希望工具管长些。为了满足以上要求,工具管长度应设计恰当。长度与外径的比值称为灵敏度,可用下式计算:

$$n = \frac{L}{D} \tag{5-6}$$

式中　n——灵敏度;

L——工具管长度,m;

D——工具管外径,m。

一般情况下,当管径为 1 000 ~ 1 500 mm 时,取 $n = 1.5$ 左右;当管径大于 1 600 mm 时,取 $n = 1.0 \sim 1.2$。

后管与工具管搭接的空隙间,应在后管外周焊上一条圆钢或扁钢,使其间保留 5 mm 的空隙量。校正时以后管为支点调转方向,一般转角为 1° ~ 1.5°。此外,在刃脚外周的上半圆上加焊一条钢带作为超挖环,使管子与上部土层间留有 10 ~ 15 mm 的超挖量,以利于校正。

在普通顶管施工中,管体产生自转并不影响管的使用和施工操作。但采用机械挖掘或其他顶进方法施工时,就会影响设备的正常使用,此时应当防止管子产生自转。用机械旋转切削时,刀齿承受的是土的反力。该力方向与刀头旋转的方向相反,通过刀头传递到工具管上,使工具管沿该力方向旋转,即管子自转方向与刀头旋转方向相反。因此,旋削式机械设计时要考虑刀头能向正、反两方向旋转,以消除管子自转;或在工具管两侧各装一块翼板,克服旋转产生的反扭矩,阻止管子旋转;但由于校正时翼板阻力较大,妨碍校正操作,要求翼板能缩回。

在顶进过程中应采用"勤测量、多微调"的操作方法,做到及时发现误差,及时加以校正,相应的抵抗力矩值也小,尽量使误差值保持最小。

三、顶管施工质量控制

顶管工程开始前,承包商必须提交完整的施工组织设计,描述依照规范所必须的测量标志,包括要用到的顶管设备的类型、详细尺寸、施工原理、技术措施(包括泥浆及废弃物的处理)等。要采用的管道和管道接缝应至少符合常规的管道和接缝标准,包括制作材料、误差、最小长度等。

在管道顶进施工之前,首先要确定管道在垂直和水平方向上与设计轨迹的允许偏差,在这一最大偏差的限制下,所铺设的管道应符合管道的既定功能要求,且产生偏差的范围内不能损坏到其他的建筑和设备。一般情况下,顶管施工的允许偏差必须满足表 5-2 中列出的具体要求。

表 5-2　一般情况的顶管施工最大允许偏差

项目	允许偏差(mm)	
轴线位置	$D < 1\ 500$	<100
	$D \geq 1\ 500$	<200
管道内底高程	$D < 1\ 500$	+30 ~ −40
	$D \geq 1\ 500$	+40 ~ −50
相邻管间错口	钢管道	≤2
	钢筋混凝土管道	15%壁厚且不大于 20
对顶时两端错口	50	

注:D 为管道内径,mm。对于管道直径大于 2 400 mm 的长距离顶管施工或特殊困难地质条件下的顶管,允许偏差可以在满足管道设计的水力功能要求、使用要求和不损坏接头结构及防水性能要求等的条件下进行适当调整,但应经业主、设计单位等的确认和批准。

顶进施工结束后,顶进管道应满足如下要求:顶进管道不偏移,管节不错口,管道坡度不得有倒落水;管道接口套环应对正管缝与管端外周,管端垫板黏接牢固、不脱落;管道接头密封良好,橡胶密封圈安放位置正确。需要时应按要求进行管道密封检验;管节无裂纹、不渗水,管道内部不得有泥土、建筑垃圾等杂物。

顶管结束后,管节接口的内侧间隙应按设计规定处理;当设计无规定时,可采用石棉水泥、弹性密封膏或水泥砂浆密封,填塞物应抹平,不得突入管内。钢筋混凝土管道的接口应填料饱满、密实,且与管节接口内侧表面齐平,接口套环对正管缝、贴紧,不脱落。

顶进结束后,应对泥浆套的浆液进行置换。置换浆液一般可采用水泥砂浆掺适量的粉煤灰。待压浆体凝结后(一般在24 h以上)方可拆除注浆管路,并换上闷盖将注浆孔封堵。

在顶进施工的区域,应考虑土体和地下水条件以及顶管施工工艺,保证地层的沉降量不大于允许的沉降量。

工程竣工后,应编写竣工报告,认真完成资料的移交和存档,并安全撤离现场,恢复施工现场的本来面目,做到不留隐患,对环境没有破坏和污染。

思考题

1. 试阐述顶管法施工基本原理。顶管施工和盾构施工在基本原理上有何本质区别?
2. 手掘式顶管的施工工艺和要求是什么?
3. 简述泥水平衡顶管的施工原理。
4. 简述土压平衡顶管的类型和结构。
5. 如何选择顶管机?
6. 顶管施工中工作坑和接收坑的选取原则是什么?出、进洞的措施有哪些?
7. 顶管顶进前要做哪些准备工作?
8. 如何保证顶管顶进方向的正确性?
9. 长距离顶管存在哪些关键问题?如何解决?
10. 什么叫中继站?如何设置和使用中继站?
11. 顶管常用的管材和接口形式有哪些?
12. 顶管施工的顶力如何确定?
13. 顶管施工时发生地层变形的原因是什么?如何防止和减小地层变形?

第六章　施工辅助作业及辅助工法

在地下工程施工过程中，为配合开挖、出渣运输、初期支护及内层衬砌等基本作业而进行的其他作业，称为辅助作业。辅助作业内容主要有压缩空气供应、通风与防尘、施工供水、供电和照明等。

在正常情况下，利用正常的施工工艺可顺利完成掘进工作。但在含水、松软、破碎等不良地层中进行施工时，若不采取其他施工措施，往往很难保证挖掘和砌筑施工的安全、顺利进行，有时甚至无法进行。此时，就需要采用一些辅助施工技术，如冻结法、超前注浆法、降水法等来加固和处理这些不良地层，然后进行正常的挖掘和砌筑工作。这些方法称为辅助工法。本章主要介绍工艺技术性较强、工程中经常采用的冻结法和超前深孔帷幕注浆两种常用的辅助工法。

第一节　风、水、电供应

一、压缩空气供应

在地下工程施工中，凿岩机、装渣机、喷混凝土机、锻钎机、压浆机等风动机具均采用压缩空气为动力，所需的压缩空气由空气压缩机（简称空压机）生产，并通过高压风管输送给风动机具。由于风动机具需要供应足够的风量以及必需的工作风压，因此需要保证空压机的生产能力，尽量减少压缩空气在管路输送过程中的损失，节约能耗，降低消耗。

（一）空压机站与风量计算

空压机站主要由空压机、配电设备、用于均衡风压及排泄高压风中的油和水的储风筒（俗称风包）、送风管及其配件、用于冷却空压机的循环水池等组成。空压机按动力来源可分为电动和内燃两种。短隧道可采用移动式内燃空压机，长隧道可采用固定式大型电动空压机。

空气压缩机站设置应合理，并有防水、降温和防雷击设施。一般应靠近洞口，与铺设的高压风管路同侧布置，要求地形宽敞，通风良好，地基坚固。当有多个洞口共用一个空压机站时可选在适中位置，但也应靠近用风量较大的洞口。空压机组采用并列式布置，两台空压机之间的净距不小于 1.5 m。此外，还应考虑空压机出入、调换、加油、加水等应方便。

空压机站的生产能力取决于耗风量，应该考虑一定的备用系数。耗风量应包括隧道内同时工作的各种风动机具的生产耗风量和由储风筒到风动机具沿途的损失。空压机站的生产能力即供风能力可用下式来计算：

$$Q = (1 + K_{备})(\sum qK + q_{漏})K_{m} \tag{6-1}$$

式中 Q——空压机站的供风能力,m^3/min;

$K_{备}$——空压机的备用系数,一般取 0.75 ~ 0.9;

$\sum q$——风动机具所需风量,可查阅相关风动机具性能表,m^3/min;

$q_{漏}$——管路及附件的漏耗损失,$q_{漏} = a\sum L$,m^3/min,L 为管路总长,m,a 为每千米漏风量,平均为 1.5 ~ 2.0 m^3/min;

K——同时工作系数,见表 6-1;

K_m——空压机站所处海拔高度对空压机供风能力的影响系数,见表 6-2,矿山施工多按海拔每增高 100 m 增加 1% 计算。

表 6-1 同时工作系数 K

机具类型	凿岩机		装渣机		锻钎机	
同时工作台数(台)	1 ~ 10	11 ~ 30	1 ~ 2	3 ~ 4	1 ~ 2	3 ~ 4
K	0.85 ~ 1.00	0.75 ~ 0.85	0.75 ~ 1.00	0.50 ~ 0.70	0.75 ~ 1.00	0.50 ~ 0.65

表 6-2 海拔影响系数

海拔(m)	0	305	610	914	1 219	1 524	1 829	2 134	2 438	2 743	3 048	3 658	4 572
K_m	1.00	1.03	1.07	1.10	1.14	1.17	1.20	1.23	1.26	1.29	1.32	1.37	1.43

根据计算确定过了空压机站的生产能力后,可选择合适的空压机和适当容量的储风筒。若一台空压机的排风量不能满足需要,可选择多台空压机组成空压机组。此时最好选择同类型的空压机。为避免空压机回风空转,可选用一台较小排风量的空压机进行组合。

(二)高压风管道的设置

1. 管径选择

压风管的选择应满足工作风压不小于 0.5 MPa 的要求。空压机生产的压缩空气的压力一般为 0.7 ~ 0.8 MPa,为了保证工作风压,钢管终端的风压不得小于 0.6 MPa,通过胶皮管输送至风动机具的工作风压不小于 0.5 MPa。

压缩空气在输送过程中,由于管壁摩擦、接头、阀门等产生阻力,其压力会减小,一般称为压力损失。送风管内径的确定应保证送风管压力损失后输送到风动机具的风压满足要求。可采用达西公式计算风压损失,即

$$\Delta p = \lambda \frac{L}{d} \cdot \frac{v^2}{2g} \cdot \gamma \times 10^{-6} \tag{6-2}$$

式中 λ——摩阻系数,见表 6-3;

L——送风管长度,m,包括配件当量长度,见表 6-4;

d——送风管内径,m;

g——重力加速度,9.81 m/s^2;

v——压风管内平均压力状态下的压缩空气流速,m/s,根据风量和风管面积得到,

一般为 5～10 m/s，平均压力一般为 0.5～0.9 MPa；

γ——压缩空气重度，kN/m^3，大气压强下，温度为 0 ℃时，空气重度为 12.9 kN/m^3，温度为 t 时，其重度 $\gamma_t = 12.9 \times 278/(273+t)$(kN/m^3)，此时，压力为 p 的压缩空气的重力密度 $\gamma = \gamma_t(p+0.1)/0.1$(kN/m^3)，$p$(MPa)为空压力生产的压缩空气的压力，可由空压力性能得到。

由式(6-2)计算所得的压力损失值若过大，则需选用较大管径的风管，使得钢管末端的风压不得小于 0.6 MPa。

表 6-3　风管摩阻系数 λ 值

风管内径(mm)	50	75	100	125	150	200	250	300
λ	0.037 1	0.032 4	0.029 8	0.028 2	0.026 4	0.024 5	0.023 4	0.022 1

表 6-4　配件折合成管路长度

钢管直径(mm)	球心阀	闸门阀	丁字管	异径管	45°弯头	90°弯头	135°弯头	逆止阀
25	6.0	0.3	2.0	0.5	0.2	0.9	1.0	
50	15.0	0.7	4.0	1.0	0.4	1.8	2.8	3.2
75	25.0	1.1	7.0	1.7	0.7	3.2	4.9	
100	35.0	1.5	10.0	2.5	1.0	4.5	7.0	7.5
150	60.0	2.5	17.0	4.0	1.7	7.7	12.0	12.5
200	85.0	3.5	24.0	6.0	2.4	10.8	16.8	18.0
300		6.0	40.0	10.0	4.0	18.0	28.0	30.0

实际施工中有时也按经验选择，一般为 100～300 mm，管壁厚度一般为 4～6 mm。矿山竖井施工时，小型机械配套化，管径一般为 100～150 mm，管壁厚 4～4.5 mm；大型机械配套化时，内径多为 150～200 mm，管壁厚 4.5～6.0 mm。隧道施工一般为 130～200 mm。

2. 管道安装注意事项

(1)管道敷设要求平顺，接头密封，防止漏风，凡有裂纹、创伤、凹陷等现象的劣质管材不能使用。

(2)洞外地段，风管长度超 500 m、温度变化较大时，宜安装伸缩器；靠近空压机150 m 以内，风管的法兰盘接头宜用耐热材料制成垫片，如石棉衬垫等。

(3)压风管道在总输出管道上，必须安装总闸阀以便控制和维修管道；主管上每隔 300～500 m 应分装闸阀；按施工要求，在适当地段(一般每隔 60 m)加设 1 个三通接头备用；管道前端至开挖面距离宜保持在 30 m 左右，并用高压软管接分风器；分部开挖法通往各工作面的软管长度不宜大于 50 m，与分风器连接的胶皮软管长度不宜大于 10 m。

(4)主管长度大于 1 000 m 时，应在管道最低处设置油水分离器，定期放出管中累积的油水，以保持管内清洁与干燥。

(5)管道安装前应进行检查,钢管内不得留有残杂物和其他脏物;各种闸阀在安装前应拆开清洗,并进行水压强度试验,合格者方能使用。

(6)管道在洞内应敷设在电缆、电线的另一侧,并与运输管道有一定的距离,管道高度一般不应超过运输轨道的轨面,若管径较大而超过轨面,应适当增加距离。如与水沟同侧不应影响水沟排水。

(7)管道使用时,应有专人负责检查、养护;冬季施工时,应注意管道的保温措施。

二、供水与排水

凿岩、防尘、浇筑混凝土及养护等,以及施工人员生活都需要大量用水,所以要设置相应的供水设施。施工供水主要应考虑水质要求、水量大小、水压及供水设施等几个方面的问题。另外,施工期间地下水也需要排出洞外,需要进行施工排水工作。

(一)供水

1.用水量估算

施工用水与工程规模、机械化程度、施工进度、人员数量和气候条件等有关,因而用水量的变化幅度较大,很难估计精确。一般根据经验估计再加一定储备:凿岩机用水每台 0.2 m^3/h,喷雾洒水每台 0.03 m^3/min(每次放炮后喷雾 30 min),衬砌用水 1.5 m^3/h(含搅拌、养护、洗石),空压机用水每台 5 m^3/d。

生活用水一般可按下列参考指标估算:生产工人平均每人每天 0.1~0.15 m^3,非生产工人平均每人每天 0.08~0.12 m^3。

同时应适当考虑消防用水,满足消防设计要求。

2.供水设备与管道布置

水源应依据就地取材原则,选择山上泉水、河水或钻井取水,城市施工应与供水部门协商后采用处理后的废水或自来水。供水水泵要满足供水系统保持所需水量和水压,水泵的选择要计算扬程。

供水管一般用铸铁管或钢管。施工用水的管径一般为 75~100 mm。供水管的布置要注意以下几点:

(1)管道敷设要求平顺、短直且弯头少,干路管径尽可能一致,接头不漏水。

(2)管道沿山顺坡敷设悬空距较大时,应根据计算来设立支柱承托,支撑点与水管之间加木垫;严寒地区应采取埋置或包扎等防冻措施,以防水管冻裂。

(3)水池的输出管应设总闸阀,干路管道每隔 300~500 m 应安装 1 个闸阀,以便检修和控制管道。管道闸阀布置还应考虑一旦发生管道故障(如断管)能够及时由水池或水泵房供水的布置方案。

(4)给水管道应安设在电线路的异侧,不应妨碍运输和行人,并设专人负责检查、养护(可与压风管道共同组织一个维修、养护工班)。

(5)管道前端至开挖面,一般保持 30 m 的距离,用直径为 50 mm 高压软管接分水器,中间预留异径三通,至其他工作面供水使用软管(直径为 13 mm)连接,长度不宜超过 50 m。

(二)施工排水

施工期间的排水包括洞外排水和洞内排水两部分。

1.洞外排水

洞外排水主要是做好竖井、基坑或洞口的防洪和排水设施,防止雨季或山洪以及地面水倒流入洞。对于有地下水补给的洼地、沟缝应采用黏土回填密实,并施作截水沟截流导排。

2.洞内排水

根据掘进方向,洞内排水可分为上坡排水和下坡排水。

上坡施工可采用顺坡自然排水方式,排水沟坡度与线路坡度一致。隧道施工有平行导坑时,因平行导坑标高一般较正洞标高低,可将正洞的水通过横通道引入平行导坑排出。

下坡施工时,水向工作面汇集,需用机械排水。在隧道较短、坡度较小时,可采用分段开挖反坡水沟,分段处设集水坑,每个集水坑配备一台水泵,由水泵把水逐段排出洞外。此法工作面无积水,不需排水管,但需水泵多,且需开挖反坡水沟。在隧道较长、涌水较大时,可采用长距离开挖集水坑,工作面积水用辅助小水泵排到近处集水坑内,再用水泵将水排出洞外。此法需水泵数量少,但需安设排水管,且主水泵需随工作面的掘进而拆迁前移。

三、供电和照明

隧道施工供电,包括生产用电(含电动机机械用电和施工照明用电)及生活用电等。随着隧道施工机械化程度的提高,施工耗电量越来越大,为了保证施工质量和施工安全,对隧道施工供电的可靠性要求也越来越高,因此隧道施工供电显得非常重要。

(一)供电

在施工现场,电力供应首先要确定总用电量,以便选择合适的发电机、变压器、各类开关设备和线路导线,做到安全、可靠供电,减少投资,节约开支。地下工程施工一般都采用地方电网进行供电。供电时应注意变压器的选择及变压器的安设位置。变压器安设位置选择时,应考虑运输、运行和检修方便,同时应选择安全可靠的地方。变压器选择时一般根据估算的施工用电量,其容量应等于或略大于施工总用电量,且在施工过程中,一般使变压器的用电负荷达到额定容量的60%左右最佳。

洞内供电线路布置和安装应符合下列规定:

(1)成洞地段固定的电线路,应采用绝缘良好的胶皮线架设。施工地段的临时电线路应采用橡套电缆,竖井、斜井宜使用铠装电缆。瓦斯地段的输电线必须使用密封电缆,不得使用皮线。

(2)涌水隧道的电动排水设备,瓦斯隧道的通风设备以及斜井、竖井内的电气装置应采用双回路输电,并有可靠的切换装置和防爆措施。

(3)动力干线上的每一分支线,必须装设开关及保险装置。严禁在动力线路上加挂照明设施。

洞内变电站设置应符合下列规定:

(1)成洞地段洞内设置6~10 kV变电站时,应有保证安全的措施。

(2)洞内变电站应设置在干燥的紧急停车带或不使用的横通道内,变压器与周围及上下洞壁的最小距离不得小于300 mm,同时应按规定设置灯光、轮廓标等安全防护设施。

(3)洞内高压变电站应采用井下高压配电装置或相同电压等级的油开关柜,不应使用跌落式熔断器,应有防尘措施。

非瓦斯隧道施工供电应采用400/230 V三相四线系统。

应采用安全用电制度。通常采取绝缘、屏护遮拦、保证安全距离、保证接零和使用安全电压等技术措施和健全的规章制度防止触电事故的发生。

(二)照明

照明一般采用低压卤钨灯、高压钠灯、钪钠灯、钠铊铟灯、镝灯等,具有大幅度增加施工工作面和场地的照度,为施工人员创造一个明亮的作业环境,提高施工质量,安全性能好,节电效果明显,使用寿命长,维修方便,减少电工的劳动强度等优点。

漏水地段照明应采用防水灯头和灯罩,瓦斯地段照明应采用防爆灯头和灯罩。

第二节　通风与除尘

通风与除尘是地下工程施工的重要辅助作业,尤其当采用钻眼爆破法施工时。爆破时炸药分解产生大量余热和有害气体,机械设备也将排出大量废气和热量,隧道穿过煤层或某些地层还会放出CH_4、H_2S等气体。由于钻眼、爆破、出渣、喷射混凝土等作业均会产生大量粉尘,因此降低有害气体的浓度和除去粉尘是一项必不可少的工作环节。

一、施工作业环境

隧道施工作业环境应符合下列卫生及安全标准:

(1)空气中的氧气含量在作业过程中始终保持在19.5%以上,严禁用纯氧进行通风换气。

(2)空气中的一氧化碳、二氧化碳、二氧化氮等有害气体浓度必须符合规范规定。

(3)空气中的粉尘浓度应符合规范要求。有害气体和粉尘的测定方法应按《工作场所空气中有害物质监测的采样规范》(GBZ 159—2004)执行。

(4)隧道内气温不宜高于28 ℃。

(5)瓦斯隧道装药爆破时,爆破地点20 m内风流中瓦斯浓度必须小于1.0%;总回风道风流中瓦斯浓度必须小于0.75%。开挖面瓦斯浓度大于1.5%时,所有人员必须撤至安全地点。

(6)隧道施工通风应能提供洞内各项作业所需要的最小风量。每人应供应新鲜空气3 m^3/min,采用内燃机械作业时,供风量不宜小于4.5 m^3/(min·kW)。全断面开挖时风速不应小于0.15 m/s,导洞内不应小于0.25 m/s,但均不应大于6 m/s。

二、通风方式

在施工中,有自然通风和强制机械通风两类,自然通风是利用硐室内、外的温差或风压来实现通风的一种方式，一般仅限于短直隧道、浅埋地下空间工程。完全依赖于自然通风的硐室较少，绝大多数应采用强制式机械通风。

(一)机械通风的类型

机械通风可分为管道通风和巷道通风两大类。

1. 管道通风

管道通风又称风管通风，是在隧道内布设通风管道，由通风管道向巷道输送新鲜空气。管道通风根据空气流向不同分为压入式、抽出式和混合式三种(见图6-1)，其中以混合式通风效果最好。根据通风机的台数及设置位置、风管的连接方式，管道通风可分为集中式和串联式(见图6-2)。根据风管内的压力，可分为正压型和负压型。

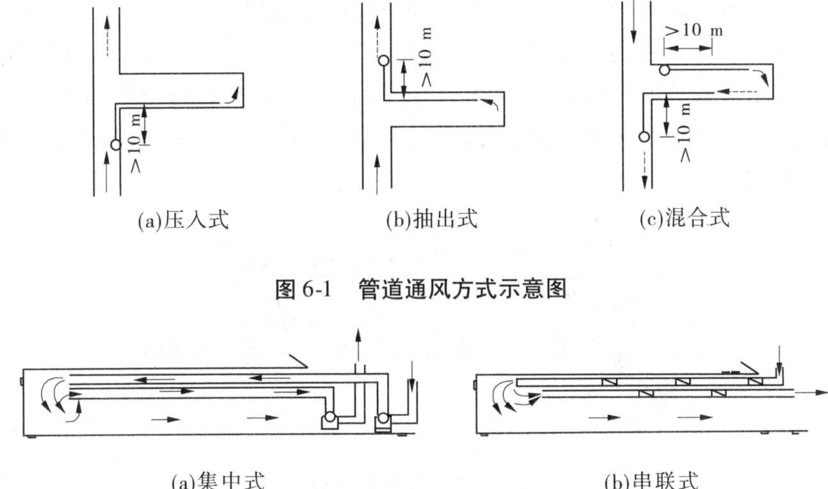

(a)压入式　(b)抽出式　(c)混合式

图6-1　管道通风方式示意图

(a)集中式　(b)串联式

图6-2　并列式混合通风

1)压入式通风

这种通风方式是由风机吸入新鲜空气，通过风管压入工作面，吹走工作面上有害气体和粉尘，使它们沿隧(巷)道排出。隧道施工时，由于洞口直通外界，扇风机可安置在洞口外一定距离。为了尽快排除工作面的炮烟，风筒口距工作面的距离一般以不大于10 m为宜，隧道施工规范为不大于15 m。

压入式通风能较快排除工作面的污浊空气，可采用柔性风筒，其重量轻，拆装简单。但污浊空气排除时流经全洞，排烟时间较长，污染整个隧(巷)道。压入式通风的单机可用于100 ~400 m内的独头巷道，多机串联可用于400 ~800 m的独头巷道。

2)抽出式通风

抽出式通风方式用通风机将工作面爆破所产生的有害气体通过风筒吸出，新鲜风流则由巷道进入工作面。风筒的排风口必须设在主要巷道风流方向的下方，距掘进巷道口10 m以上。

这种通风方式一般需用刚性风筒。其优点是不污染巷道，但新鲜空气流经全洞，到达工作面时已不太新鲜；缺点是有效吸程小，工作面排烟时间长，污浊风流通过局部通风机，安全性差。它适用于长度在400 m以内的独头巷道。

3) 混合式通风

混合式通风是压入式和抽出式的联合应用,适用于长度为 800 ~ 1 500 m 的独头巷道。抽出、压入风口的布置要错开 20 ~ 30 m,以免在洞内形成循环风流。抽出风机能力要大于压入式风机能力的 20% ~ 30%。

2. 巷道通风

1) 巷道式通风

巷道式通风方式利用巷道本身(包括成洞、导坑及扩大地段)和辅助坑道(如平行导坑)组成主风流和局部风流两个系统互相配合而达到通风目的。如平行导坑,在平行导坑的侧面开挖一个通风洞,通风洞口安装主通风机,平行导洞口设置 2 道风门,除最里面一个横通道作风流通道外,其余横通道全部设风门或砌筑堵塞。

巷道式通风的特点是通过最前面的横洞使正洞和平行巷道组成一个风流循环系统,在平行巷道口附近安装通风机,将污浊空气由平行巷道抽出,新鲜空气由正洞流入,形成循环风流,如图 6-3 所示。这种通风方式通风阻力小,可供较大风量,是解决长隧道施工通风比较有效的方法。

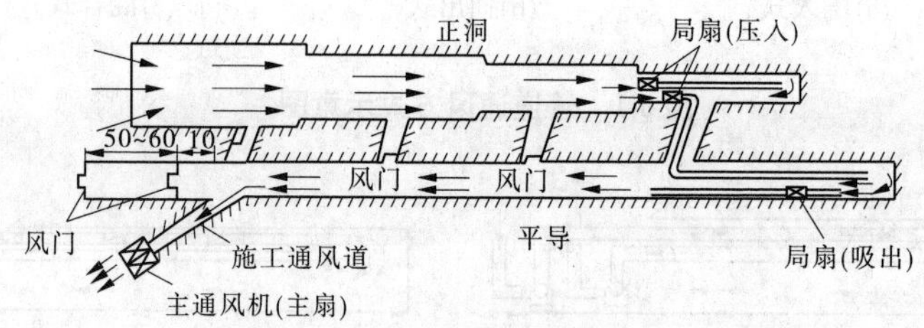

图 6-3 巷道式通风示意图

2) 风墙式通风

巷道通风尚有风墙式、通风竖井、通风斜井、横洞等多种方式。

风墙式通风利用隧道成洞部分空间,用砖砌或木板隔出一条风道,以缩短风管长度,增大通风量,如图 6-4 所示。这种通风方式适用于隧道较长,一般风管式通风难以解决,又无平行导坑可利用的隧道施工。

(二) 通风方式的选择原则

通风方式应根据隧(巷)道的长度、掘进坑道的断面、施工方法和设备条件等诸多因素综合考虑。选择时主要考虑以下几点:

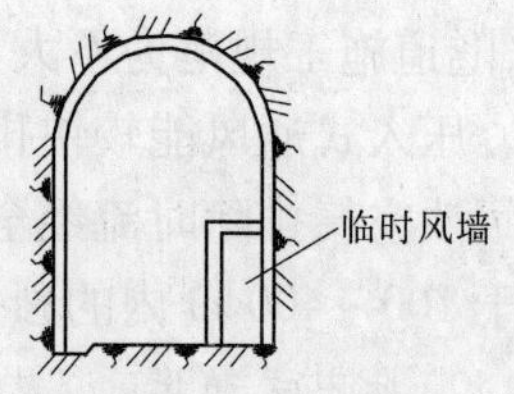

图 6-4 风墙式通风

(1) 自然通风因影响因素较多,通风效果不稳定且不易控制,除短直隧道外,应尽量避免采用。《铁路隧道施工规范》(TB 10204—2002)规定,隧道施工必须采用机械通风。

(2) 压入式通风能将新鲜空气直接输送至工作面,有利于工作面施工,但污浊空气将流经整个坑道。采用大功率风机、大管径风管,适用范围较广。

(3) 抽出式通风的风流方向与压入式通风正好相反,但排烟速度慢,且易在工作面形成炮烟停滞区,故一般很少单独使用。

(4)混合式通风集压入式和抽出式的优点于一身,但管路、风机等设施增多,在管径较小时可采用,若有大管径、大功率风机,其经济性不如压入式。隧道施工时,如果主机通风不能保证坑道掘进通风要求,则应设置局部通风系统。

(5)利用平行坑道作巷道通风,是解决长隧道施工通风的方案之一,其通风效果主要取决于通风管理的好坏。若无平行坑道、断面较大,可采用风墙式通风。

(6)选择通风方式时,一定要选用合适的设备如通风机和风管,同时要解决好风管的连接,尽量降低漏风率。

(7)搞好施工中的通风管理,对设备要定期检查、及时维修,加强环境监测,使通风效果更加经济合理。

三、通风计算

通风机应根据施工所需的风量、风压以及技术经济等因素,选用相应的风机类型及型号。

(一)风机类型

通风机按构造分为轴流式和离心式两种。轴流式又分普通轴流式和对旋式轴流式。轴流式通风机主要由叶轮、电动机、筒体、底座、集流器和扩散器主要部件组成。对旋式轴流式通风机与普通轴流式通风机的不同之处是没有静叶,仅由动叶构成,两级动轮分别由两个不同旋转方向的电机驱动。地下工程施工多为独头掘进,故多使用轴流式通风机。

(二)通风量计算

通风量一般按洞内工作面同时工作的最多人数、同时爆破的最多炸药量、洞内允许的最小风速、内燃机械作业废气排放量的需要 4 个方面计算,并以其中最大值作为计算风量。

(1)按洞内工作面同时工作的最多人数计算,通风量为

$$Q = kmq \tag{6-3}$$

式中　Q——工作面所需风量,m^3/min;

k——风量备用系数,常取 1.1 ~ 1.25;

m——洞内同时工作的最多人数;

q——洞内每人每分钟所需新鲜空气,m^3/min,公路、铁路隧道按 3 m^3/min 计算,矿山按 4 m^3/min 计算。

(2)按同时爆破的最多炸药量计算。

通风方式不同,计算方法也不相同。

①采用压入式通风,通风量为

$$Q = 7.8\sqrt[3]{\frac{AS^2L^2}{t}} \tag{6-4}$$

式中　A——同时起爆的炸药量,kg;

S——巷(隧)道净断面面积,m^2;

L——巷(隧)道长度,m;

t——爆破后的通风时间,min。

②采用抽出式通风,通风量为

$$Q = 15\sqrt{\frac{ASL_{散}}{t}} \tag{6-5}$$

式中 $L_{散}$——爆破后炮烟的扩散长度,m,非电起爆时,$L_{散} = 15 + A$,电雷管起爆时,$L_{散} = 15 + A/5$;

其余符号意义同前。

③采用混合式通风,通风量为

$$Q_{混压} = 7.8\sqrt[3]{\frac{AS^2 L_{入口}^2}{t}} \tag{6-6}$$

$$Q_{混吸} = 1.3Q_{混压} \tag{6-7}$$

式中 $Q_{混压}$——压入风量,m^3/min;

$Q_{混吸}$——抽出风量,m^3/min;

$L_{入口}$——压入风口至工作面的距离,m,一般按 25 m 计算;

其余符号意义同前。

④采用巷道式通风,通风量为

$$Q = \frac{5Ab}{t} \tag{6-8}$$

式中 b—1 kg 炸药爆炸时产生的有害气体折合成一氧化碳的体积,m^3,一般取 40 L/kg;

其余符号意义同前。

(3)按洞内允许的最小风速计算,通风量为

$$Q = 60vS \tag{6-9}$$

式中 v——洞内允许的最小风速,m/s,全断面开挖时取 0.15 m/s,导坑开挖时取 0.25 m/s,但均不应大于 6 m/s;

S——巷(隧)道开挖断面面积,m^2。

(4)按内燃机械作业废气稀释的需要计算,通风量为

$$Q = n_i A \tag{6-10}$$

式中 n_i——洞内同时使用内燃机械作业的总千瓦数;

A——洞内同时使用内燃机每千瓦所需的风量,m^3/min,一般按 3 m^3/min 计算。

按上述 4 种情况计算后,取其中最大者作为计算风量,则要求通风机提供的风量为

$$Q_{供} = pQ \tag{6-11}$$

式中 $Q_{供}$——通风机需提供的风量,m^3/min;

Q——前述风量计算结果的最大值,m^3/min;

p——管路的漏风系数,与通风形式、风管直径、总长、接头形式及安装质量、风压、风管材料等因素有关,可查相关资料得到,巷道通风时常取 1.2~1.3。

(三)风压计算

为保证将所需风量送至工作面,并在出风口仍有一定的风速,要求通风机的风压必须克服风流沿途所受阻力。气流所受到的阻力有摩擦阻力和局部阻力(包括断面变化处阻

力、分岔阻力和拐弯阻力)及正面阻力,其计算公式为

$$h_{机} \geqslant h_{总阻} \tag{6-12}$$

$$h_{总阻} = \sum h_{摩} + \sum h_{局} + \sum h_{正} \tag{6-13}$$

式中　$h_{机}$——通风机的风压,Pa;

$h_{总阻}$——风流受到的总阻力,Pa;

$h_{摩}$——气流经过各种断面的管(巷)道时产生的摩擦阻力,Pa;

$h_{局}$——气流经过断面变化、拐角、分岔等处分别产生的阻力,Pa;

$h_{正}$——巷道通风时受到运输车辆阻塞而产生的阻力,Pa。

$$h_{摩} = \alpha \frac{LUQ^2}{S^3} \tag{6-14}$$

式中　α——摩擦阻力系数,$N \cdot s^2/m^4$,$\alpha = \lambda\gamma/(8g)$,可查表得到;

Q——风管流量,m^3/s;

L——风道长度,m;

U——风道周长,m;

S——风道断面面积,m^2。

$$h_{局} = 0.612\xi\left(\frac{Q}{S}\right)^2 \tag{6-15}$$

式中　ξ——局部阻力系数,$N \cdot s^2/m^4$,可在有关手册中查得;

其余符号意义同前。

$$h_{正} = 0.612\varphi \frac{S_m Q^2}{S - S_m} \tag{6-16}$$

式中　φ——正面阻力系数,$N \cdot s^2/m^4$,当列车行走时取1.5,当列车停止时取0.5,当两列车停放间距超过1.0 m时,则逐辆相加;

S_m——阻塞物最大迎风面积,m^2;

其余符号意义同前。

(四)通风机选型

通风机选型的依据是隧(巷)道的通风阻力、要求的通风量以及其他一些条件。通风机所要达到的风量按风量储备系数1.1计算,应满足的公式为

$$Q_{机} \geqslant 1.1Q_{供} \tag{6-17}$$

$$h_{机} \geqslant p\sum h \tag{6-18}$$

$$\sum h = \sum h_{摩} + \sum h_{局} + \sum h_{正}$$

式中　1.1——风量储备系数;

p——漏风系数;

其余符号意义同前。

根据式(6-17)和式(6-18)的计算,在通风机性能表中选择风机。每种类型通风机的特性均可用它的特性曲线来描述,通风机类型不同其特性曲线也不同,其中区别较大的是合理的工况点的范围(通风量和通风压力的范围)。选择通风机型号实质上是在寻求类

型特性曲线适宜的通风机型号,使该型号通风机的工况点既能满足通风量的要求,又能使工况点落在合理的范围以内。此外,还可以根据具体情况,选择具有吸尘、防爆功能等特性的风机。

(五)风机、风管的布置与安装

通风机应安装在稳固的基础或台架上,风机进气口要安装喇叭口,以提高吸入效率。进气口附近不要放置杂物,以免被吸入造成风机损坏。

常用的风管分刚性风管和柔性风管两类。刚性风管主要有金属(铁皮、镀锌钢板或铝合金板)风管和玻璃钢风管,柔性风管有胶皮风管、塑料(聚氯乙烯)风筒和维尼龙风管。金属风管的主要优点是坚固耐用,其最大缺点是质量大,储存、搬运和安装不便,已逐步被玻璃钢风管所替代。柔性风管原则上只能用于压入式通风,但用弹簧钢做螺旋形骨架的柔性风管,同时具有刚、柔的特点,也可用于抽出式通风。刚性风管既可用于压入式通风,也可用于抽出式通风。

隧道内风管应布置在不影响施工作业的空间处,如隧道拱顶或隧道中部或靠近边墙墙角处。一般布置在拱顶中央处效果最佳。采用夹具将风管固定在锚杆或钢拱架等构件上,或设置小型膨胀螺栓并悬挂承力索,然后用吊钩将风管悬挂在承力索上。注意风管不要急剧转弯,其连接应密封以减少漏风。

四、防尘措施

目前,在地下工程施工中采取湿式凿岩、机械通风、喷雾洒水和个人防护相结合的综合性防尘措施。

湿式凿岩就是在钻眼过程中利用高压水润湿粉尘,使其成为岩浆流出炮眼,从而防止岩粉的飞扬。这种方法可降低粉尘量 80%。目前,我国生产并使用的各类风钻都有给水装置,使用方便。对于缺水、易有冻害或岩石不适于湿式钻眼的地区,可采用干式凿岩孔口除尘,其效果也较好。

机械通风是降低洞内粉尘浓度的重要手段。在爆破通风完毕,主要的钻眼、装渣等作业进行期间,仍需经常通风,以便将一些散在空气中的粉尘排出。这对消除装渣运输等作业中所产生的粉尘是非常必要的。

为避免岩粉飞扬,应在爆破后及装渣前喷雾洒水、冲刷岩壁,不仅可以消除爆破、出渣所产生的粉尘,而且可溶解少量的有害气体,并能降低坑道温度,使空气变得清新。

每个施工人员均应注意防尘、戴防尘口罩,在凿岩、喷混凝土等作业时还需要佩戴防噪声的耳塞及防护眼镜等。

第三节　轨道交通地下工程防水作业

对轨道交通地下建(构)筑物进行防水设计、防水施工和维护管理等各项防水技术工作的工程称为轨道交通地下防水工程。轨道交通地下工程渗漏水容易导致混凝土结构中的钢筋发生锈蚀,并会加快结构混凝土的碱骨料反应,从而影响到结构安全,缩短工程的使用年限,并且会降低甚至失去其使用功能。所以,轨道交通地下工程必须进行防水设计。防水应定级准确、方案可靠、施工简便、经济合理。

不同的施工方法，防水设计与施工的总体思路基本相同，但由于具有不同的施工特点，其防水方案和措施有所不同。前面几章已针对具体的施工方法，对防水施工技术有所介绍。本节以轨道交通地下工程为主，阐述地下工程防水方案与施工技术措施。

一、地下工程防水技术原则

（一）地下工程防水形式

按照设防措施的类别，防水分为构造防水和材料防水。根据地下工程所处位置、地下水存在的特点，采取不同的防水措施。目前，主要防水措施有隔水、排水和堵水，可根据情况单独使用或几种措施综合使用。

1. 隔水

利用不透水或弱透水材料，将地下水隔绝在建筑空间之外的防水方法，称为隔水法。隔水可以通过外加的防水层起作用，也可以把结构本身作为隔水层，后者称为自防水。

防水层设在结构外侧的为外防水，又称正向防水；在结构内侧的为内防水，也称反向防水。外防水可承受地下水的静水压力，并传递给结构；内防水承受水压力较差，对于毛细水和气态水能起隔绝作用，静水压力较大时不宜使用。

防水层有柔性和刚性两种。柔性的如各种卷材和喷涂料；刚性的有防水砂浆、金属薄片、结构自防水等。

2. 排水和堵水

排水是将水在渗漏进建筑物内部之前加以疏导和排除，包括地表水的排除、人工降低地下水位和将水引入建筑物后再有组织地排走等方法。

堵水是向岩土中注入防水材料，堵塞水流通路而形成一个隔水层的防水方法，又称注浆止水。当防水结构或构造受到破坏而渗漏水时，向破坏处及其附近注入防水材料，起一个修复作用，故常称为堵漏。此外，在预制构件接缝处采取密封措施，实际上也是一种堵水方法。

（二）防水设计和施工的原则

1. 防水等级划分

根据地下工程的重要性和使用中对防水的要求，所确定结构允许渗漏水量的等级标准称为防水等级。地下工程的防水等级分为 4 级，各级标准见表 6-5。

对轨道交通地下工程防水等级作如下划分：

（1）地下车站和机电设备集中区段的防水等级应为一级，不允许渗水，结构表面无湿渍。

（2）区间隧道及联络通道等附属的隧道结构防水等级应为二级，顶部不允许滴漏，结构表面可有少量湿渍，总湿渍面积不应大于总防水面积的 2/1 000；任意 100 m^2 防水面积上的湿渍不超过 3 处，单个湿渍的最大面积不大于 0.2 m^2。其中，隧道工程还要求平均渗漏水量不大于 0.05 L/(m^2·d)，任意 100 m^2 防水面积的渗漏水量不大于 0.15 L/(m^2·d)。

2. 地下工程防水方案技术要求

（1）设计最高水位：综合分析水文地质情况，根据勘察资料提供的最高水位，考虑工程防水等级和建造后地下水位变化等因素,确定设计最高水位。

表6-5 地下工程防水等级标准

防水等级	标准
一级	不允许渗水,结构表面无湿渍
二级	不允许漏水,结构表面可有少量湿渍; 工业与民用建筑:湿渍总面积不大于总防水面积的1‰,单个湿渍面积不大于0.1 m^2,任意100 m^2 防水面积不超过1处; 其他地下工程:湿渍总面积不大于总防水面积的6‰,单个湿渍面积不大于0.2 m^2,任意100 m^2 防水面积不超过4处
三级	有少量漏水点,不得有线流和漏泥沙; 单个湿渍面积不大于0.3 m^2,单个漏水点的漏水量不大于2.5 L/d,任意100 m^2 防水面积不超过7处
四级	有漏水点,不得有线流和漏泥沙; 整个工程平均漏水量不大于2 L/(m^2·d),任意100 m^2 防水面积的平均漏水量不大于4 L/(m^2·d)

(2)地下工程的防水高度取决于设计最高水位和土层的透水性。①地基土为强透水层(砂石类土),当最高地下水位在工程底面以下且土层中无上层滞水时,为防止毛细管水作用可仅做防潮层;当最高地下水位高于工程底面时,防水高度为设计最高水位加500 mm,其上做防潮层直至建筑物设计地面。②地基为弱透水层(黏土类土)时,易存在上层滞水,不论最高地下水位在工程底面的什么位置,均应将防水高度做至地面。

(3)一般情况下宜采用防水混凝土作为主要防水措施,根据施工等条件可附加其他防水措施。受振动作用的工程应附加卷材或涂料防水,长期处于高温(100 ℃)的地下构筑物宜采用金属防水层。

(4)大型地下工程宜采用防、排结合的防水方案,考虑自流或机械排水系统。

(5)地下工程防水的辅助措施:①地基必须认真处理。施工阶段,如基坑泡水,造成基底表土松软,可用碎石夯实,夯实厚度一般为100 mm。②带有地下室的建筑物,应做宽度不小于800 mm的混凝土散水坡,与墙交接处必须用嵌缝材料填实。③防水层外侧500 m宽度范围内,用黏土或灰土分层回填夯实。

3. 防水设计原则

轨道交通地下工程的防水设计应根据气候条件、工程地质和水文地质状况、结构特点、施工工艺、使用要求等因素进行;同时应充分考虑地表水、地下水、毛细管水等的作用,或人为因素引起的附近水文地质改变的影响,以及市政上下水管线渗漏对防水工程的影响。因此,应根据“防、截、排、堵相结合,因地制宜,综合治理”的原则,达到防水可靠、经济合理的目的。其防水设计内容应包括:①防水等级和设防要求;②防水混凝土的抗渗等级和提高混凝土结构耐久性的技术指标、质量保证措施;③防水层选用的材料及其技术指标、质量保证措施;④构造的防水措施,选用的材料及其技术指标、质量保证措施。

轨道交通地下工程防水设计原则为：

(1)工程防水应采取相适应的防水措施。当结构处于贫水、稳定地层，同时位于地下潜水位以上时，在确保结构和环境安全的条件下，可考虑限排。

(2)应采取以结构自防水为主，并在结构迎水面根据结构形式局部或全部设置柔性防水层。

(3)施工缝(包括后浇带)、变形缝、穿墙管、桩头等细部构造处应加强防水。

(4)新材料、新技术、新工艺在轨道交通地下防水工程中的应用，应符合相关标准的规定。

(5)防水材料应符合相关标准规定的环保要求，对地下水无污染，经济、实用、耐久，施工简便，对土建工法的适应性较好，适应当地的气候、环境条件，成品保护简单等要求。

(6)交通地下工程的防水设计，宜选用不易窜水的防水系统。

(7)地下工程的防水设防要求，应按表 6-6 ~ 表 6-8 选用。

表 6-6　明挖法地下工程防水设防

工程部位	防水措施	防水等级			
		一级	二级	三级	四级
主体	防水混凝土	应选	应选	应选	应选
	防水砂浆	应选 1 ~ 2 种	应选 1 种	宜选 1 种	—
	防水卷材				
	防水涂料				
	塑料防水板				
	金属板				
施工缝	遇水膨胀止水条	应选 2 种	应选 1 ~ 2 种	宜选 1 ~ 2 种	宜选 1 种
	中埋式止水带				
	外贴式止水条				
	外涂防水砂浆				
	外涂防水涂料				
后浇带	膨胀混凝土	应选	应选	应选	应选
	遇水膨胀止水条	应选 2 种	应选 1 ~ 2 种	宜选 1 ~ 2 种	宜选 1 种
	外贴式止水带				
	防水嵌缝材料				
变形缝、诱导缝	中埋式止水带	应选	应选	应选	应选
	外贴式止水带	应选 2 种	应选 1 ~ 2 种	宜选 1 ~ 2 种	宜选 1 种
	可卸式止水带				
	防水嵌缝材料				
	外贴防水卷材				
	外涂防水涂料				
	遇水膨胀止水条				

表 6-7　暗挖法地下工程防水设防

<table>
<tr><th rowspan="2">工程部位</th><th rowspan="2">防水措施</th><th colspan="4">防水等级</th></tr>
<tr><th>一级</th><th>二级</th><th>三级</th><th>四级</th></tr>
<tr><td rowspan="4">主体</td><td>复合式衬砌</td><td rowspan="3">应选 1 种</td><td rowspan="3">应选 1 种</td><td rowspan="2">—</td><td rowspan="2">—</td></tr>
<tr><td>离壁式衬砌、衬套</td></tr>
<tr><td>贴壁式衬砌</td><td rowspan="2">应选 1 种</td><td rowspan="2">应选 1 种</td></tr>
<tr><td>喷射混凝土</td><td>—</td><td>—</td></tr>
<tr><td rowspan="5">内衬砌施工缝</td><td>外贴式止水带</td><td rowspan="5">应选 2 种</td><td rowspan="5">应选 1 ~ 2 种</td><td rowspan="5">宜选 1 ~ 2 种</td><td rowspan="5">宜选 1 种</td></tr>
<tr><td>遇水膨胀止水条</td></tr>
<tr><td>防水嵌缝材料</td></tr>
<tr><td>中埋式止水带</td></tr>
<tr><td>外涂防水涂料</td></tr>
<tr><td rowspan="5">内衬砌变形缝、诱导缝</td><td>中埋式止水带</td><td>应选</td><td>应选</td><td>应选</td><td>应选</td></tr>
<tr><td>外贴式止水带</td><td rowspan="4">应选 2 种</td><td rowspan="4">应选 1 ~ 2 种</td><td rowspan="4">宜选 1 种</td><td rowspan="4">宜选 1 种</td></tr>
<tr><td>可卸式止水带</td></tr>
<tr><td>防水嵌缝材料</td></tr>
<tr><td>遇水膨胀止水条</td></tr>
</table>

表 6-8　盾构法修建的隧道防水措施

<table>
<tr><th rowspan="2">防水等级</th><th rowspan="2">衬砌结构自防水</th><th colspan="4">接缝防水</th></tr>
<tr><th>密封垫</th><th>嵌缝</th><th>注入密封剂</th><th>螺栓孔密封圈</th></tr>
<tr><td>二级</td><td>必选</td><td>必选</td><td>应选</td><td>可选</td><td>应选</td></tr>
</table>

4. 防水施工总要求

(1)地下防水工程施工前,施工单位应进行图纸会审,掌握工程主体及细部构造的防水技术要求,并编制防水工程的施工方案。

(2)防水施工应以批准的设计文件为施工依据,如需修改,应取得设计单位同意并履行变更手续后方可实施。

(3)地下防水工程所使用的防水材料应有产品的合格证书和性能检测报告,材料的品种、规格、性能等应符合现行国家产品标准和设计要求。对进场的防水材料应按相关规范的规定抽样复验,并提出试验报告;不合格的材料不得在工程中使用。

(4)地下防水工程施工期间,明挖法的基坑以及暗挖法的竖井、洞口,必须保持地下水位稳定在基底 0.5 m 以下,必要时应采取降水措施。明挖法和矿山法施工的车站和区间隧道,必须采取地下水控制措施,保证无水作业。

(5)柔性防水层的施工,必须在基层表面无明水的情况下进行,明挖结构的防水层,严禁在雨天、雪天和5级风以上时施工。

(6)轨道交通地下防水工程保修期为工程验收后不少于5年,并应符合合同要求。

二、防水材料及措施

(一)刚性防水

具有较高强度、无延伸能力的防水材料,如无机类防水涂料、防水砂浆、防水混凝土和金属板材等构成的防水层称为地下工程刚性防水层。其实质是通过提高建筑物主体的密实性和憎水性,并对接缝处进行防水处理,以达到不让地下水渗透进入建筑物结构内部的目的。

1. 防水混凝土

防水混凝土的质量保证,除要求有优良的配合比设计、良好的材料外,还要求有严格的质量控制。施工过程中的任一环节,如搅拌、运输、浇灌、振捣、养护处理不当,都会对混凝土的质量产生影响,因此各个施工环节必须严加控制。

施工质量控制要点如下:

(1)防水混凝土的原材料、配合比及坍落度必须符合设计要求。其检验方法为:检查出厂合格证、质量检验报告、计量措施和现场抽样试验报告。

(2)防水混凝土的抗压强度和抗渗能力必须符合设计要求。其检验方法为:检查混凝土抗压、抗渗试验报告。

(3)防水混凝土的变形缝、施工缝、后浇带、穿墙管道、埋设件等设置和构造,均须符合设计要求,严禁有渗漏。其检验方法为:观察检查和检查隐蔽工程验收记录。

(4)防水混凝土结构表面应坚实、平整,不得有露筋、蜂窝等缺陷;埋设件位置应正确。其检验方法为:观察和尺量检查。

(5)防水混凝土结构表面的裂缝宽度不应大于0.2 mm,并不得贯通。其检验方法为:用刻度放大镜检查。

(6)防水混凝土结构厚度不应小于250 mm,其允许偏差为+15 mm、-10 mm;迎水面钢筋保护层厚度不应小于50 mm,其允许偏差为±10 mm。检验方法为:尺量检查和检查隐蔽工程验收记录。

2. 水泥砂浆防水层

在采用结构自防水的地下工程中,为了避免在大面积浇筑防水混凝土的过程中留下一些缺陷,往往在防水混凝土的内外表面抹上一层砂浆(普通水泥砂浆或聚合物水泥砂浆),以弥补缺陷,提高地下结构的防水抗渗能力。应用于建筑防水层的防水砂浆是通过严格的操作技术或掺入适量的防水剂、高分子聚合物等材料,以提高砂浆的密实度,达到抗渗防水目的。

施工质量控制要点如下:

(1)水泥砂浆防水层各层之间必须结合牢固,无空鼓现象。其检验方法为:观察和用小锤轻击检查。

(2)水泥砂浆防水层表面应密实、平整,不得有裂纹、起砂、麻面等缺陷;阴阳角处应做成圆弧形。其检验方法为:观察检查。

(3)水泥砂浆防水层施工缝留槎位置应正确,接槎应按层次顺序操作,层层搭接紧密。其检验方法为:观察检查和检查隐蔽工程验收记录。

(4)水泥砂浆防水层的平均厚度应符合设计要求,最小厚度不得小于设计值的 85%。其检验方法为:观察和尺量检查。

3. 细部构造防水

细部构造包括防水混凝土的变形缝、后浇带、穿墙管、桩头等,是防水的薄弱环节,具有结构复杂、防水工艺烦琐、施工难度大等特点,应加强施工控制并采取必要的措施。

防水混凝土结构的变形缝、施工缝、后浇带等细部构造,应采用止水带、遇水膨胀橡胶腻子止水条等高分子防水材料和接缝密封材料。

1)变形缝

地下结构应设置温度变形缝,车站结构与出入口通道等附属结构的结合部位应设置变形缝。变形缝应满足密封防水、适应变形、施工方便、检修容易、堵漏维修操作简单等要求。现浇混凝土结构变形缝的宽度宜为 20 ~ 30 mm。

变形缝止水带的材质宜为橡胶类或合成树脂类,止水带表面可复合遇水膨胀止水条,也可在止水带两侧设置一体式注浆管,组成注浆止水带。外贴式止水带兼作分区止水带时,止水带应采用可与防水层牢固黏结的材料。密封胶宜采用聚硫建筑密封胶或聚氨酯密封胶,其物理力学性能应符合规范规定。

遇水膨胀止水胶是一种黏稠胶状物,挤出后粘贴在基层表面,固化成型后,具有遇水膨胀性能。

2)施工缝

施工缝部位应认真做好防水处理,使两层之间黏结密实和延长渗水线路,阻隔地下水的渗透。常用的止水密封材料有遇水膨胀止水条、中埋式止水带((钢边)橡胶类、合成树脂(塑料)类、钢板腻子类、钢板类产品)、外贴式止水带(橡胶类或合成树脂类)等。遇水膨胀止水条是指膨润土橡胶遇水膨胀止水条或遇水膨胀止水胶。

可在施工缝部位预埋全断面注浆管,优先选用超细水泥、自流平水泥等无机注浆材料进行注浆,选用有机注浆材料时可采用聚氨酯、丙烯酸盐、改性环氧树脂等注浆材料。但注浆应在结构施工完毕、停止降水后进行,所有预埋的注浆管均应进行注浆封堵。双道平行设置的注浆管之间的距离不得小于 50 mm,在注浆管附近绑扎或焊接钢筋作业时,应采取临时遮挡措施对注浆管进行保护。

3)后浇带

后浇带应采用补偿收缩混凝土浇筑,其强度不应低于两侧混凝土。后浇带部位宜采用膨润土橡胶遇水膨胀止水条、遇水膨胀止水胶、预埋注浆管、外贴式止水带等进行防水处理,遇水膨胀止水条应采取防止过早膨胀措施并粘贴牢固。

4)穿墙管(盒)

穿墙管(盒)应在浇筑混凝土前预埋。结构变形或管道伸缩量较大或有更换要求时,应采用套管式防水法,套管应加焊止水环。

穿墙管防水施工应符合下列规定:

(1)金属止水环应与主管满焊密实。采用套管式穿墙防水构造时,翼环与套管应满焊密实,并在施工前将套管内表面清理干净。

(2)相邻管与管的间距应大于300 mm。

(3)遇水膨胀止水圈应用胶黏剂满粘固定于管上,粘贴应牢固。

5)桩头

桩头选用的防水材料应具有与桩头混凝土和钢筋的良好黏结性、耐水性和湿固化性等性能。桩头刚性防水层应与底板柔性防水层连为一体,形成连续、封闭的防水体系。桩的钢筋根部可采用遇水膨胀止水胶进行密封。

(二)柔性防水

具有一定柔韧性和延伸率的防水材料,如防水卷材、有机类防水涂料构成的防水层称为柔性防水层,其防水措施主要包括卷材防水层、涂料防水层、塑料防水板防水、膨润土防水材料防水等。

1.卷材防水层

地下工程卷材防水层是地下工程常用的防水方法,是采用高聚物改性沥青防水卷材或高分子防水卷材和其配套的黏结材料(沥青胶或高分子胶粘剂)胶合而成的一种单层或多层防水层。常用的防水卷材有SBS改性沥青防水卷材、自粘橡胶沥青防水卷材、自粘聚合物改性沥青聚酯胎防水卷材、聚乙烯丙纶复合防水卷材等。

卷材防水层适用于需增强防水能力、受侵蚀性介质作用的工程。卷材防水层应为1~2层,铺设在混凝土结构的迎水面或复合式衬砌的初期支护和内衬之间。其铺贴按其保护墙施工的先后顺序及卷材设置方法可分为外防外贴法和外防内贴法两种。外防外贴法是待结构边墙施工完成后,直接把防水层贴在防水结构的外墙表面,最后砌筑保护墙的一种卷材防水层的设置方法;外防内贴法是在结构边墙施工前,先砌筑保护墙,然后将卷材防水层贴在保护墙上,最后浇筑边墙混凝土的一种卷材防水层的设置方法。

铺贴各类防水卷材施工技术要点如下:

(1)卷材的长、短边搭接宽度均不得小于100 mm。

(2)卷材搭接部位必须粘贴牢固、密实,接缝口可采用材性相容的密封材料封严。

(3)铺贴卷材时应先铺贴转角附加层,后铺大面防水层。

(4)铺贴双层卷材时,上下两层卷材应粘贴紧密,不得有空鼓部位。上下两层卷材的接缝应错开1/3~1/2幅宽,且两层卷材不得相互垂直铺贴;相邻两幅卷材的短边搭接缝间距不应小于1.0 m。

(5)热熔法铺设的卷材用槎端头应超过结构预留搭接钢筋端部不小于400 mm,其他做法不小于200 mm。

(6)底板卷材用槎部位应进行临时覆盖保护,侧墙应采取临时保护措施。

(7)卷材防水层经检验合格后,应及时做保护层。

2.涂料防水层

涂料防水层包括无机防水涂料和有机防水涂料。无机防水涂料宜选用水泥基渗透结晶型防水涂料、聚合物水泥防水涂料,有机涂料可选用反应型防水材料、水乳型防水涂料。涂料防水层所选用的涂料应具有良好的耐水性、耐久性、耐腐蚀性及耐菌性,符合环境保护要求。无机防水涂料应具有良好的湿干黏结性、耐磨性和抗刺穿性,有机防水涂料应具有较好的延伸性及较大的适应基层变形能力。

无机防水涂料可用于结构的迎水面或背水面,有机防水涂料宜用于主体结构的迎水面,施工完后应及时做保护层,保护层应符合相关规定。

3. 塑料防水板

塑料防水板防水层由缓冲层与塑料防水板组成。在地下工程中,塑料防水板置于初期支护和二次衬砌之间,多用在复合式衬砌的隧道工程防水中,可根据工程地质、水文地质条件和工程防水要求,采用全外包或半外包防水做法。

塑料防水板防水层采用无钉孔铺设,防水板应牢固地固定在基面上,固定点的间距应根据基面平整情况确定,顶板(拱)部宜为 0.5 ~ 0.8 m、侧墙(立面)宜为 0.8 ~ 1.0 m、底部(平面)宜为 1.5 ~ 2.0 m,固定点应按梅花形布置,阴阳角两侧应适当加密。局部凹凸较大时,应在凹处加密固定点。

铺设塑料防水板前应先铺缓冲层,缓冲层应与基层密贴,严禁拉得过紧。缓冲层应采用搭接法连接,搭接宽度不应小于 50 mm。缓冲层应用暗钉圈固定在基面上,钉子表面不得超过暗钉圈平面,如图 6-5 所示。

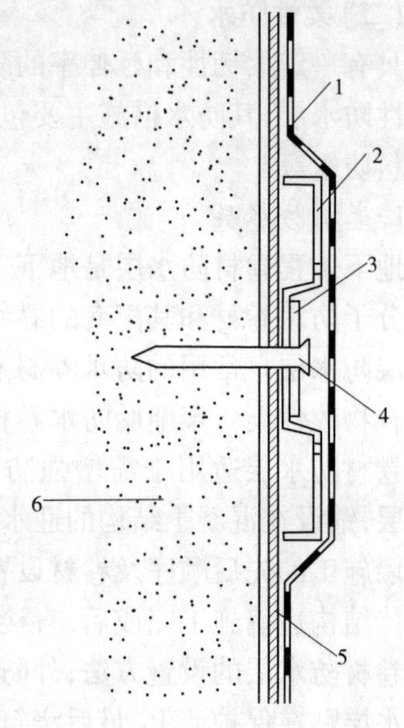

1—防水板;2—暗钉圈;3—金属垫圈;
4—水泥钉或膨胀螺栓;5—无纺布缓冲层;
6—基层

图 6-5　暗钉圈固定缓冲层示意图

塑料防水板的铺设应超前混凝土施工,其距离宜为 5 ~ 20 m。塑料防水板表面应设置注浆系统,注浆系统应尽量靠近施工缝、变形缝和穿墙管等特殊部位设置;注浆底座应与防水板同材质,与防水板焊接牢固,焊接点应对称位于底座四周,不宜超过 4 处,每处焊接面积不宜大于 20 mm × 20 mm。

4. 膨润土防水材料防水层

膨润土防水材料包括膨润土防水毯和膨润土防水板,采用单层机械固定法铺设,适用于 pH 值为 4 ~ 10的地下环境中,可铺设在矿山法隧道初期支护和内衬之间、外防内贴法施工的明挖结构迎水面。

膨润土防水材料应符合下列规定:①膨润土防水材料中的膨润土颗粒必须为天然钠基膨润土;②膨润土防水材料应具有良好的不透水性、耐久性、耐腐蚀性和耐菌性;③膨润土防水毯的非织造布面宜附加一层高密度聚乙烯膜;④膨润土防水毯的织布层和非织造布层之间应连接紧密、牢固,膨润土颗粒应分布均匀;⑤膨润土防水板的膨润土颗粒应分布均匀、粘贴牢固,基材应采用厚度为 0.6 ~ 1.0 mm 的高密度聚乙烯片材。

施工时,膨润土防水毯的织布面应与结构外表面密贴;膨润土防水板的膨润土面应与结构外表面或底板垫层密贴;膨润土防水材料应采用水泥钉和垫片固定。应采用搭接法连接,搭接宽度不小于 100 mm。

三、地铁防水工程

(一)地下车站防水工程

1. 明挖法车站防水工程

(1)车站防水工程按一级防水要求设计,主体结构应采用防水混凝土,防水混凝土的抗渗等级根据混凝土结构的强度、结构形式、地下水压、结构的最大埋深等因素确定,并不得小于 P10。

(2)敞口放坡施工的车站和采用复合墙结构的明挖顺筑、盖挖顺筑、盖挖逆筑车站结构的迎水面应设置柔性全外包防水层,柔性防水层宜选用不易窜水的防水系统,并根据不同部位设置与它相适应的保护层。

(3)车站和区间隧道所选用的不同防水材料应能相容过渡、连接牢固紧密,必须使它们形成连续整体密封的防水体系。

(4)地下连续墙作为单层墙主体结构时,应符合下列规定:

①连续墙墙体幅间接缝应采用经实践检验行之有效的防水接头。

②车站顶板迎水面应设置柔性防水层,并应处理好柔、刚连接过渡区的密封。

③墙体幅间接缝渗漏时,应采用注浆、嵌填弹性密封材料等进行堵漏。

④连续墙墙体应施作内防水层,内防水层宜采用水泥基渗透结晶型防水涂料、高渗透性改性环氧涂料或聚合物水泥防水砂浆等。

⑤墙、板连接的施工缝,应采用水泥基渗透结晶型防水涂料或高渗透性改性环氧涂料等加强密封。

⑥地下连续墙施工时宜采用高分子泥浆护壁和水下抗分散混凝土浇筑。

2. 矿山法车站防水工程

(1)迎水面主体结构应采用防水混凝土,防水混凝土的抗渗等级根据混凝土结构的强度、结构形式、地下水压、结构的最大埋深等因素确定,并不得小于 P10。

(2)结构应采用复合式衬砌外包防水做法,并应设置防水注浆系统。同时根据工程需要在变形缝等特殊部位设置防水分区系统。

(3)顶部的内衬混凝土应设置回填注浆管。

(4)矿山法车站的顶纵梁部位应根据工程情况采取防、截、堵相结合的防水措施。

(5)施工缝、变形缝等部位的防水措施,应按表 6-6 要求采取多道设防。

(二)区间隧道防水工程

1. 明挖法区间隧道防水工程

(1)结构防水措施应符合表 6-5 中二级防水要求的规定。

(2)明挖敞口放坡施工的区间隧道、采用复合墙结构的区间隧道主体结构应采用防水混凝土,防水混凝土的抗渗等级应根据混凝土结构的强度、结构形式、地下水压、结构的最大埋深确定,并不得小于 P8。同时应在结构迎水面设置柔性全外包防水层,柔性防水层宜选用不易窜水的防水系统,并根据不同部位设置与其相适应的保护层。

(3)当采用地下连续墙作为区间隧道结构的单层墙时,防水做法应符合下列规定:

①连续墙墙体幅间接缝应采用经实践检验行之有效的防水接头。

②车站顶板迎水面应设置柔性防水层,并应处理好柔、刚连接过渡区的密封。

③墙体幅间接缝渗漏时,应采用注浆、嵌填弹性密封材料等进行堵漏。

④连续墙墙体应施作内防水层,内防水层宜采用水泥基渗透结晶型防水涂料、高渗透性改性环氧涂料或聚合物水泥防水砂浆等。

⑤墙、板连接的施工缝,应采用水泥基渗透结晶型防水涂料或高渗透性改性环氧涂料等加强密封。

⑥地下连续墙施工时宜采用高分子泥浆护壁和水下抗分散混凝土浇筑。

2. 矿山法区间隧道防水工程

(1)结构应采用防水混凝土,防水混凝土的抗渗等级根据混凝土结构的强度、结构形式、地下水压、结构的最大埋深确定,并不得小于P8。

(2)结构应采用复合式衬砌全外包防水做法,并应设置防水注浆系统。同时根据工程需要在变形缝等特殊部位设置防水分区系统。

(3)顶部的内衬混凝土应设置回填注浆管。

(4)施工缝、变形缝等部位的防水措施,应按表6-6要求采取多道设防。

3. 盾构法区间隧道防水工程

(1)结构防水措施应符合表6-8的规定。

(2)混凝土管片应采用防水混凝土,其抗渗等级不得小于P10。

(3)衬砌管片的渗透系数不宜大于 5×10^{-13} m/s,氯离子的扩散系数不宜大于 8×10^{-9} cm^2/s。当隧道处于侵蚀性介质中时,应采用相应的耐侵蚀性混凝土或在衬砌结构的迎水面涂刷耐侵蚀防水涂层,混凝土的渗透系数不宜大于 8×10^{-14} m/s,氯离子的扩散系数不宜大于 2×10^{-9} cm^2/s。

(4)管片接缝必须至少设置一道密封垫沟槽。防水材料的规格、技术性能和螺栓孔、注浆管、嵌缝槽等部位的防水措施除满足设计要求外,尚应符合现行国家或行业标准的有关规定。

(5)管片接缝密封垫应满足在设计水压和接缝最大张开错位值时不渗漏的要求。

第四节 冻结法辅助施工

冻结法(Freezing Method)是松散含水岩土的临时加固方法,过去主要用于煤矿井筒开挖辅助施工。近十几年来,作为一种成熟的辅助施工方法,该工法已从矿山逐步推广到城市地铁、污水排放、深基坑、水利工程以及河底隧道等工程,尤其是在城市地铁隧道旁通道工程施工中被广泛应用。

一、冻结法的工作原理和制冷系统

(一)基本原理

冻结法是在地下工程开挖之前,首先在岩土中钻凿一定数量的冻结孔,孔内安放冻结管或冻结器;从冻结站制出的低温盐水(约30 ℃)经输送干管路到各孔内的冻结管,再由输送回路返回到冷却站的盐水箱中;低温盐水在冻结管中沿环形空间流动,吸收它周围岩层的热量，使围岩冻结，天然岩土变成冻结岩土，在地下工程周围逐渐形成一个封闭的不透水帷幕，称为冻结壁；随着盐水的循环，冻结壁的厚度逐渐扩大，直至达到设计厚度和强度，如图6-6所示。形成冻结壁是冻结法的中心环节。由于冻结壁的形成隔绝了地下水与地下工程之间的联系，改变了岩土的状态，其强度有很大提高。然后进行掘砌施工。其实质是利用人工制冷临时改变岩土性质以加固地层。

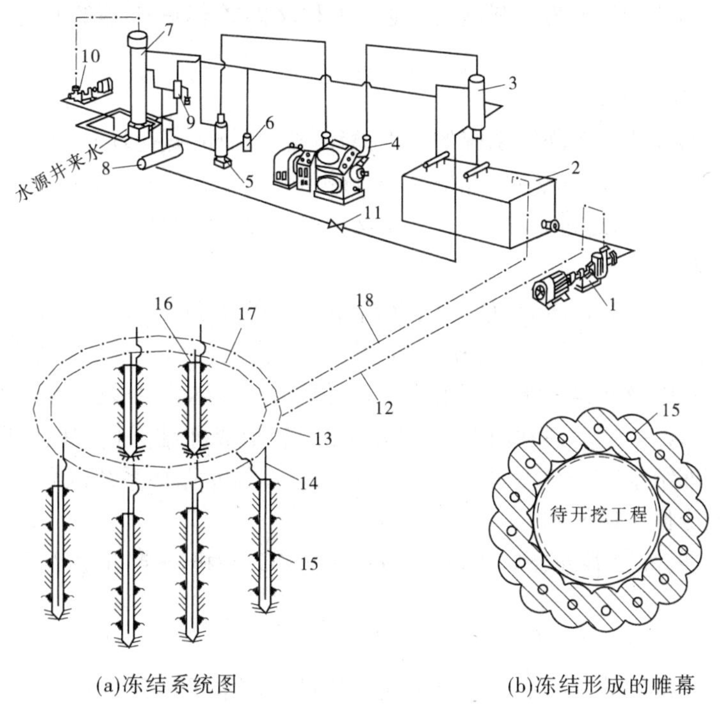

(a)冻结系统图　(b)冻结形成的帷幕

1—盐水泵；2—盐水箱(内置蒸发器)；3—氨液分离器；4—氨压缩机；5—油氨分离器；6—集油器；7—冷凝器；8—储氨器；9—空气分离器；10—水泵；11—节流阀；12—去路盐水干管；13—配液圈；14—供液管；15—冻结器；16—回液管；17—集液圈；18—回路盐水干管

图6-6　冻结法施工原理图

整个冻结法施工过程分为积极冻结期和消极冻结期两个阶段。积极冻结期是指用冻结设备的最大制冷能力工作，使地层尽快达到冻结厚度和冻结强度；消极冻结期是指工程开挖施工阶段。由于消极冻结期间只需要维护冻结壁不再扩展，因此又称为维护冻结期。

(二)冻结法的特点及适用范围

经过多年来国内外施工的实践经验总结，冻结法施工有以下特点：

(1)可有效隔绝地下水，其抗渗透性能是其他任何方法无法相比的，对于含水率大于10%的含水、松散、不稳定地层均可采用冻结法施工技术。

(2)冻土帷幕的形状和强度可视施工现场条件、地质条件灵活布置和调整，冻土强度可达5～10 MPa，能显著提高工效。

(3)冻结法是一种环保型工法，对周围环境无污染，无异物进入土壤，噪声小，冻结结束后,冻土墙融化,不影响建筑物周围地下结构。

(4)冻结施工用于桩基施工或其他工艺平行作业,能有效缩短施工工期。

(5)适应性强,安全可靠,但与其他方法相比造价偏高。

冻结法适用于各类地层,尤其适合在城市地下管线密布、施工条件困难地段的施工。以前冻结法主要用于煤矿井筒开挖施工,目前在地铁盾构隧道掘进施工、双线区间隧道旁通道和泵房井施工、顶管进出洞施工、地下工程堵漏抢修施工等方面也得到了广泛的应用。

(三)冻结制冷系统

冻结壁的形成依赖于冻结系统的三大循环:盐水循环、氨循环和冷却水循环。通过盐水循环,盐水吸收岩土层的热量,并把这部分热量传给氨;经压缩机做功后,氨又把这部分热量传给冷却水;最后通过水循环,冷却水又把热量散发到大自然中。

1. 盐水循环

工程中使用的盐水通常为氯化钙溶液,其密度为1.25~1.27 g/cm^3,浓度为26.6%~28.4%。盐水循环系统由盐水箱、盐水泵、去路盐水干管、配液圈、供液管、冻结管、回液管、集液圈及回路盐水干管组成,其中供液管、冻结管、回液管的组合称为冻结器。低温盐水在冻结器中流动,吸收它周围地层的热量,形成冻结圆柱,冻结圆柱逐渐扩大并连接成封闭的冻结壁,直至达到其设计厚度和强度。盐水循环系统以泵为动力驱动,在制冷过程中起着冷量传递作用。

积极冻结期,冻结器进、出口温差一般为3~7 ℃;消极冻结期,冻结器进、出口温差为1~3 ℃。

2. 氨循环

氨是工程上常用的制冷剂。吸收了地层热量的盐水返回到盐水箱,在盐水箱内将热量传递给蒸发器中的液氨(蒸发器中氨的蒸发温度比周围盐水温度低5~7 ℃),使液氨变为饱和氨蒸气,再被氨压缩机压缩成高温高压的过热氨蒸气,进入冷凝器等压冷却,将地热和压缩机产生的热量传递给冷却水。冷却后的高压常温液氨,经储氨器、节流阀变为低压液态氨,进入盐水箱中的蒸发器进行蒸发,吸收周围盐水的热量,又变为饱和氨蒸气。如此周而复始,构成氨循环。

3. 冷却水循环

冷却水循环在制冷过程中的作用是将压缩机排出的过热氨蒸气冷却成液态氨。冷却水循环以水泵为动力,通过冷凝器进行热交换。冷却水把氨蒸气中的热量释放给大气。冷却水温度越低,制冷系数就越高。冷却水温度一般较氨的冷凝温度低5~10 ℃。冷却水由水泵、冷却塔、冷却水池以及管路组成。

(四)制冷设备

主要制冷设备包括压缩机、冷凝器、蒸发器、中间冷却器,如图6-7所示。辅助设备有氨油分离器、储氨器、集油器、调节阀、氨液分离器和除尘器等。

氨压缩机是制冷系统中最主要的设备,按其工作原理可分为活塞式、离心式和螺杆式3种。我国冻结法施工中目前主要使用的是活塞式和螺杆式压缩机,常用的压缩机有100、125、170、250等系列。

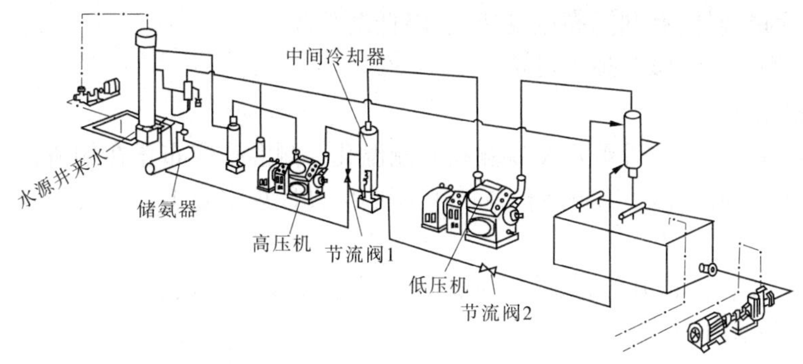

图 6-7　两级压缩制冷系统

冷凝器是用来冷却氨,将氨由气态变为液态的装置,是制冷系统中的主要热交换设备之一。冷凝器按冷却介质不同,可分为水冷式、空气冷却式、蒸发式 3 大类。

蒸发器是热交换系统中又一个不可缺少的热交换设备,液态氨在其内蒸发变为饱和氨蒸气,吸收周围盐水的热量,使盐水温度降低。蒸发器置于盐水箱中,是制冷系统输出冷量的设备。

中间冷却器用于两级压缩制冷系统,它除用来冷却低压级压缩机的排气外,还对进入蒸发器的制冷剂液体进行过冷。此外,对低压级压缩机的排气也起着油分离器的作用。

节流阀对高压制冷剂进行节流降压,保证冷凝器和蒸发器之间的压力差,以便使蒸发器中液体制冷剂在要求的低压下蒸发吸热,从而达到制冷降压的目的。

二、冻结法施工技术

(一)冻结方案

冻结法施工的首要问题是指根据地下工程的规模与性质、所穿过的工程地质和水文地质条件,确定冻结深度、冻结时期、冻结范围等技术性策略,制订冻结技术方案。

根据地下工程的规模,可选用局部冻结、分段冻结、一次全深冻结或长短管冻结方案。

(1)局部冻结。当冻结段上部或中部有较厚的黏土层,而下部或两头需要冻结时;或者上部已掘砌,下部因冻结深度不够或其他原因,出现涌水事故时;或在普通施工时局部地段突然涌水冒砂、冻结设备不足或冷却水源不够时,均可采用局部冻结方案。

(2)分段冻结。当一次冻结深度很大时,如矿山立井冻结,为了避免使用过多的制冷设备,可将全深分为数段,从上而下依次冻结,称为分段冻结或分期冻结。一般分为上下两段,先冻上段,待上段转入维护冻结时,再冻下段。上段挖掘和砌筑完毕后下段再转入维护冻结。

(3)一次全深冻结。集中在一段时间内将冻结孔全深一次冻好,然后进行地下工程施工。这种方案应用广泛,适应性强,能通过多层含水层,但要求制冷能力大。

(4)长短管冻结。亦称差异冻结,即冻结管分长、短管间隔布置,长管进入不透水层 5 ~ 10 m,短管则进入风化带或裂隙岩层 5 m 以上。下部孔距比上部大 1 倍,因而上部供冷量比下部供冷量大 1 倍。上部冻结壁形成很快,有利于早日进行上部掘砌工作。待上部掘砌完后,下部恰好冻好。因深部积极冻结和浅部掘砌工作单行,可避免深部地下工程冻实,减少冷量消耗,有利提高掘砌速度,降低凿井成本。

其他工程可参考竖井施工设定。

(二)冻结法施工

冻结法施工一般应设置水文观测孔和测温孔。测温孔应布置在偏值较大的冻结孔的界面上,每个井筒的孔数不应少于3个,孔深应按设计规定施工。水文观测孔的设置应符合下列规定:

(1)孔位不占主提升位置,孔深应进入冲积层中最下部的含水层,但不得进入基岩,亦不得偏入井壁内。

(2)水文观测孔应设底锥,在各含水层中应设滤水装置,分层观测;管箍焊接应严密,孔口应高出地下水位并加盖。

(3)井筒冻结前应测水文观测孔内的水位,冻结过程每日定时检测水位一次,检测工作应持续到水位越过地下水静水位并溢出孔口。发现异常现象,应进行处理。

冻结法施工流程如下。

1. 钻孔

(1)目前在竖井、隧道、基坑维护结构等冻结施工中,主要采用垂直冷却管孔。近几年来,在北京、上海等城市地铁施工中,采用了水平孔冻结技术。多采用地质钻机钻孔,孔径为105~200 mm。

(2)开孔间距误差控制在±20 mm内。在打钻设备就位前,用仪器精确确定开孔孔位,以提高定位精度。

(3)冻结钻孔按要求钻进并进行测斜,偏斜过大则进行纠偏。钻进3 m时,测斜一次,如果偏斜不符合设计要求,立即采取调整钻孔角度及钻进参数等措施进行纠偏,如果钻孔仍然超出设计规定,则应进行补孔。

(4)采取必要的措施,防止打冻结孔时水土流失。在钻孔施工期间加强沉降监测,发现跑泥漏砂、水土流失严重,应立即停止施工,采取必要的技术措施(如注浆),防止沉降影响周围建筑物和地下管线,待地层较稳定后再施工钻孔。

2. 冻结管和供液管的下放与安装

(1)钻孔应用泥浆冲孔,再下冻结管。下管深度不得小于设计深度0.5 m。

(2)冻结管必须采用无缝钢管。每批新钢管应抽样进行压力试验,其压力应为7 MPa,无渗漏现象为合格;当使用旧钢管时,应逐根除锈,试验压力与新钢管同。

(3)冻结管安装完毕,应进行水压试漏,初压力为0.8 MPa,经30 min的观察,降压≤0.05 MPa,再延长15 min压力不降为合格,否则就近重新钻孔下管。

3. 制冷站和供冷管道的安装

制冷站和供冷管道的安装包括安装、调试盐水循环系统管路和设备、制冷剂(氨或氟利昂)压缩循环系统管路和设备、清水循环系统管路和设备、供电和控制线路以及保温措施。

(1)为确保冻结施工顺利进行,冷冻站安装足够的备用制冷机组。冷冻站运转期间,要有2套配件,备用设备完好,确保冷冻机运转正常,提高制冷效率。

(2)管路用法兰连接,在盐水管路和冷却水循环管路上要设置伸缩接头、阀门和测温仪、压力表、流量计等测试元件。盐水管路经试漏、清洗后用聚苯乙烯泡沫塑料保温，保温厚度为 50 mm，保温层的外面用塑料薄膜包扎。

(3)集配液圈与冻结管的连接用高压胶管，每根冻结管的进出口各装阀门一个，以便控制流量。

(4)冷冻机组的蒸发器及低温管路用棉絮保温，盐水箱和盐水干管用 50 mm 厚的聚苯乙烯泡沫塑料板保温。

(5)机组充氟和冷冻机加油按照设备使用说明书的要求进行。首先进行制冷系统的检漏和氮气冲洗，在确保系统无渗漏后，再充氟加油。

(6)设备安装完毕后进行调试和试运转。在试运转时，要随时调节压力、温度等各状态参数，使机组在有关工艺规程和设备要求的技术参数条件下运行。

4. 地层冻结和维护

通过调试，整个系统达到正常运转指标，便可进入积极冻结期。该阶段按设计最大制冷量运转，加强冻结壁的观测工作，及时预报冻结壁形成情况。冻结系统运转正常后进入积极冻结期，积极冻结的时间主要由设备能力、土质、环境等决定，上海地区旁通道施工积极冻结时间基本在 35 d 左右。积极冻结阶段在冻结试运转过程中，定时检测盐水温度、盐水流量和冻土帷幕扩展情况，必要时调整冻结系统运行参数。冻结壁达到设计要求后，进入维护冻结期，即进入地下工程开挖阶段。此时适当减少供冷，控制冻结壁的发展即可。

三、施工监测

施工监测贯穿整个施工过程，是冻结法施工的一项重要内容，目的就是根据量测结果，掌握地层和隧道的变形量及变形规律，以指导施工。一般采用冻结法施工的地层岩土比较破碎或松散，具有一定的施工难度，或地质情况复杂，为防止施工时对地面周边建筑、地下管线、民用及公共设施带来不良影响，甚至严重破坏。对施工过程必须有完善的监测。

施工监测的内容主要有地表沉降监测、隧道变形监测、通道收敛变形监测、冻土压力监测。

冻结孔施工监测内容为冻结管钻进深度、冻结管偏斜率、冻结耐压度、供液管铺设长度。

冻结系统监测内容为冻结孔去回路温度、冷却循环水进出水温度、盐水泵工作压力、冷冻机吸排气温度、制冷系统冷凝压力、冷冻机吸排气压力、制冷系统汽化压力。

冻结帷幕监测内容为冻结壁温度场、冻结壁与隧道胶结、开挖后冻结壁暴露时间内冻结壁表面位移、开挖后冻结壁表面温度。

周围环境和隧道土体进行变形监测内容为地表沉降监测、隧道的沉降位移监测、隧道的水平及垂直方向的收敛变形监测、地面建筑物沉降监测。

第五节　注浆法施工技术

注浆(又称灌浆)是将具有充填、胶结性能的材料配制成浆液，用注浆设备注入地层的孔隙、裂隙或空洞中,浆液经扩散、凝固和硬化后,减小岩土的渗透性,增加其强度和稳定性,从而达到加固地层或堵水的目的。在第一章中介绍了锚杆安放过程需要压入浆液,第二章中讲述了超前小导管注浆,第三章中叙述了衬砌壁后注浆方法。本节就注浆法施工技术进行归纳及系统介绍。

一、注浆作用机制及工艺种类

(一)注浆加固的作用机制及分类

注浆加固可分为压力注浆和电动注浆两类。压力注浆是常用的方法,是在各种大小压力下使水泥浆液或化学浆液挤压充填土的孔隙或岩层缝隙。电动化学注浆是在施工中以注浆管为阳极、滤水管为阴极,通过直流电电渗作用下孔隙水由阳极流向阴极,在土中形成渗浆通道,化学浆液随之渗入孔隙而使土体结硬。大多数地层条件可采用压力注浆加固,但在软弱土中,土的渗透性很低,压力注浆法效果极差,可采用电动注浆法综合应用。但电动注浆法由于受电压梯度、电极布置等条件限制,其注浆范围较小。目前仅在公路上的少数既有结构物地基加固工程中应用。

压力注浆按注浆压力大小可以分为渗透注浆和劈裂注浆两种。

渗透注浆在有一定渗透性的地层,如破碎岩层、砂卵石层、中砂、细砂、粉砂层等地层中,采用中低压力将胶结材料压注到地层中的空穴、裂缝、孔隙里,待它凝固后,岩体的结构体或土颗粒即被胶结为整体,称为渗透注浆。

劈裂注浆在渗透性较差甚至不透水的地层,如含水率较大而颗粒较细的黏土地层、软土地层中,采用较高压力将胶结材料强行挤压入钻孔周壁,使胶结材料将黏土层劈裂成缝并充塞凝结于其中,从而对黏土地层或软土地层起到加固的作用,称为劈裂注浆。劈裂注浆加固的作用机制是:强行挤入土层或软土层中的胶结材料将黏土分隔包围,凝固后的胶结材料在软弱土层中形成高强夹层,相当于在软弱土体中加筋加骨,使软弱土层的整体性和强度大大提高。此外,由于在封闭条件下进行高压注浆,对地层也起到一定的压密作用。

由于浆液被压注到岩体裂隙中并硬化后,除胶结加固作业外,还填塞了裂隙和孔隙,阻断了地下水渗流的通道,起到了堵水作用。

按灌浆目的不同,注浆可分为帷幕灌浆、固结灌浆、接触灌浆、接缝灌浆和回填灌浆等。帷幕灌浆是用浆液灌入岩体或土层的裂隙、孔隙,形成防水幕,以减小渗流量或降低扬压力的灌浆。固结灌浆是用浆液灌入岩体裂隙或破碎带,以提高岩体的整体性和抗变形能力的灌浆。接触灌浆通过浆液灌入混凝土与基岩或混凝土与钢板之间的缝隙,以增加接触面结合能力的灌浆。接缝灌浆通过埋设管路或其他方式将浆液灌入混凝土坝体的接缝,以改善传力条件增强坝体整体性的灌浆。回填灌浆是用浆液填充混凝土与围岩或混凝土与钢板之间的空隙和孔洞,以增强围岩或结构的密实性的灌浆。

过去有人曾把注浆分为静压注浆和高压注浆,前面讲的属于静压注浆。高压注浆多指旋喷注浆,目前已很少应用,是利用钻机等设备,把安装在注浆管(单管)底部侧面的特殊喷嘴置入土层预定深度后,用高压泥浆泵等装置以 20 MPa 左右的压力,把浆液从喷嘴中喷射出去冲击破坏土体,同时借助注浆管的旋转和提升运动,使浆液与从土体上崩落下来的土搅拌混合,经过一定时间凝固,便在土中形成圆柱状的固结体。

(二)注浆加固范围

注浆主要包括堵水和加固两个方面。注浆工程应用范围较广,包括:

(1)地铁的灌浆加固。通过压力注浆用以减小施工时地面位移,限制地下水的流动和控制施工现场土体的位移等。

(2)坝基砂砾石灌浆。压力注浆可作为坝基的有效防渗措施。

(3)对钻孔灌注桩的两侧和底部进行灌浆。以提高桩与土间的表面摩阻力和桩端土体的力学强度。

(4)后拉锚杆灌浆。在深基坑开挖过程中,用压力注浆做成锚头。

(5)竖井灌浆。用以处理流砂和不稳定地层。

(6)隧洞大塌方灌浆加固。

(7)用静压注浆纠偏。回升和加固建(构)筑物地基。

(8)加固桥索支座岩石。

(三)注浆材料

凡是一种液体在一定条件下可以变成固体的物质,一般来讲都可以当作注浆材料。注浆材料类别很多,按工艺性质可分为单浆液和双浆液。按浆液材料可分为粒状浆液和化学浆液,粒状浆液包括水泥浆液和泥浆。

水泥浆液有取材容易、价格便宜、操作方便、不污染环境等优点,是常用的压力注浆材料。水泥浆液采用的水泥一般为40级以上的普通硅酸盐水泥,由于含有水泥颗粒而属粒状浆液,故对孔隙小的土层虽在压力下也难以压进,只适用粗砂、砾砂、大裂隙岩石等孔隙直径大于0.2 mm的地基加固。若获得超细水泥,则可适用于细砂等地基。

常用的化学浆液是以水玻璃($Na_2O \cdot nSiO_2$)为主剂的浆液,由于它的无毒、价廉、流动性好等优点,在化学浆材中应用最多。其他还有以丙烯酸胺(聚氨酯)为主剂和以纸浆废液木质素(木胺)为主剂的化学浆液,它们性能较好,黏滞度低,能注入细砂等土中。但有的价格较高,有的虽价廉源广,但有含毒的缺点,用于加固地基当前受到一定限制,尚待试验研究改进。

二、注浆设备与工艺

(一)钻孔灌浆用的机械设备

1. 钻孔机械

钻孔灌浆机械主要有回转式、回转冲击式和冲击式3大类。目前用得最多的是回转式钻机,其次是回转冲击式钻机,冲击式钻机用得很少。

2. 灌浆机械

灌浆机械主要有灌浆泵、浆液搅拌机及灌浆记录仪等。

1)灌浆泵

灌浆泵是灌浆用的主要设备。灌浆泵性能应与浆液类型、浓度相适应,容许工作压力应大于最大灌浆压力的1.5倍,并应有足够的排浆量和稳定的工作性能。灌注纯水泥浆液应采用多缸柱塞式灌浆泵。

2)浆液搅拌机

用于制作水泥浆的浆液搅拌机,目前用得最多的是传统双层立式慢速搅拌机和双桶平行搅拌机。国外已广泛使用涡流或旋流式高速搅拌机,其转数为 1 500 ~ 3 000 r/min。用高速搅拌机制浆,不仅速度快、效率高,而且制出的浆液分散性和稳定性高,质量好,能更好地注入岩石裂隙。

搅拌机的转速和拌和能力应分别与所搅拌浆液类型和灌浆泵的排浆量相适应,并应能保证均匀、连续地拌制浆液。

3)灌浆记录仪

用来记录每个孔段灌浆过程中每一时刻的灌浆压力、注浆率、浆液相对密度(或水灰比)等重要数据。

(二)灌浆方法

1. 灌浆方式

灌浆方式有纯压式和循环式两种。

纯压式灌浆是指浆液注入到孔段内和岩体裂隙中,不再返回的灌浆方式。这种方式设备简单,操作方便;但浆液流动速度较慢,容易沉淀,堵塞岩层缝隙和管路,多用于吸浆量大,并有大裂隙存在和孔深不超过 15 m 的情况。

循环式灌浆是指浆液通过射浆管注入孔段内,部分浆液渗入岩体裂隙中,部分浆液通过回浆管返回,保持孔段内的浆液呈循环流动状态的灌浆方式。这种方式一方面使浆液保持流动状态,可防止水泥沉淀,灌浆效果好;另一方面可以根据进浆液和回浆液相对密度的差值,判断岩层吸收水泥的情况。

2. 灌浆方法

1)灌浆方法

灌浆方法可分为全孔一次灌浆法、自上而下分段灌浆法、自下而上分段灌浆法、综合灌浆法和孔口封闭灌浆法等。

全孔一次灌浆法是将孔一次钻完,全孔段一次灌浆。这种方法施工简便,多用于孔深不大、地质条件比较良好、基岩比较完整的情况。

自下而上分段灌浆法是将灌浆孔一次钻进到底,然后从钻孔的底部往上,逐段安装灌浆塞进行灌浆,直至孔口的灌浆方法。

自上而下分段灌浆法是从上向下逐段进行钻孔,逐段安装灌浆塞进行灌浆,直至孔底的灌浆方法。

综合灌浆法是在钻孔的某些段采用自上而下分段灌浆,另一些段采用自下而上分段灌浆的方法。

孔口封闭灌浆法是在钻孔的孔口安装孔口管,自上而下分段钻孔和灌浆,各段灌浆时都在孔口安装孔口封闭器进行灌浆的方法。

灌浆孔的基岩段长小于 6 m 时,可采用全孔一次灌浆法;大于 6 m 时,可采用自上而下分段灌浆法、自下而上分段灌浆法、综合灌浆法或孔口封闭灌浆法。

2)单液与双液灌浆

(1)一种溶液一个系统灌浆的方式。将所有的材料放进同一箱子中,预先做好混合准备,再进行注浆,该法适用于凝胶时间较长的浆液。

(2)两种溶液一个系统灌浆的方式。将 A 溶液和 B 溶液预先分别装在各自准备的不同容器中,分别用泵输送,在注浆管的头部使两种溶液混合。这种在注浆管中混合进行灌注的方法,适用于凝胶时间较短的浆液。对于两种溶液,可按等量混合或按比例混合。

作为这种方式的变化,有的方法分别将准备在不同容器中的 A 溶液和 B 溶液送往泵中使之混合,再用一台泵灌注。另外,也有采用 Y 字管,而仍只用上述一个系统方式将 A 溶液和 B 溶液交替注浆的方式。

(3)两种溶液两个系统灌浆的方式。将 A 溶液和 B 溶液分别放在不同的容器中,用不同的泵输送,在注浆管(并列管、双层管)顶端流出的瞬间,两种溶液混合而注浆。这种方法适用于凝胶时间是瞬间的情况。

也有采用在灌注 A 溶液后,继续灌注 B 溶液的方法。

(三)超前深孔帷幕注浆

1. 超前深孔帷幕注浆的概念与特点

超前深孔帷幕注浆是在开挖前,先用喷射混凝土将开挖面和一定范围内的坑道周边岩面封闭,然后沿坑道周边轮廓向前方围岩内打入带孔长钢管,并通过长钢管向围岩内压注起胶结作用的浆液,待浆液硬化后,坑道周围岩体就可形成一定厚度的加固圈,在此加固圈的保护下即可安全地进行开挖等作业。

超前深孔帷幕注浆可以在洞内向掌子面前部压注,即洞内超前注浆,也可以在地面向下对欲开挖巷道断面附近围岩进行注浆,即地表超前注浆,或者在平行导坑中即超前平行导坑注浆(见图 6-8)。

超前深孔帷幕注浆可以以较高的注浆压力在隧道纵向较长范围内提前形成筒状封闭加固区和堵水区,故该注浆法不仅适用于无地下水或水量和压力较小的一般软弱破碎岩体的地层条件,尤其适用于水量和压力均较大的破碎岩体的地层条件。在含水率较大而颗粒较细的黏土地层、软土地层中,还可以采用超前深孔帷幕劈裂注浆。深孔帷幕注浆已成为隧道及地下工程中改良地层、增强软弱岩体的稳定性、封堵地下水的有效措施和常用手段。

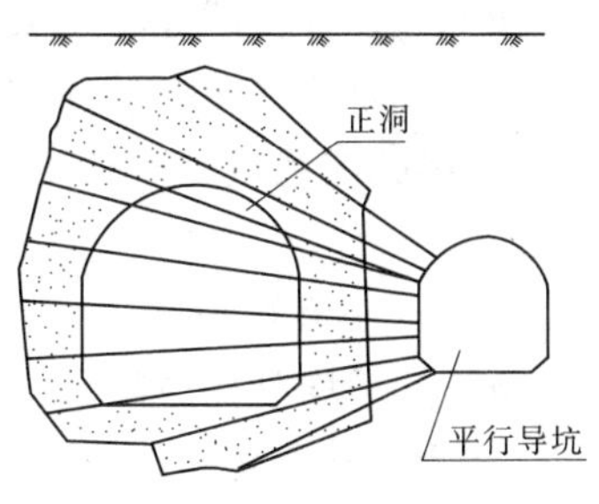

图 6-8　超前平行导坑注浆

超前深孔帷幕注浆一般可比开挖面超前 30 ~ 50 m,施工安全,便于采用大中型机械施工,加快了施工速度。由于超前深孔帷幕注浆作业可以不在洞内进行,占用较少甚至不占用洞内作业循环时间,较好地解决了钻孔和注浆作业与洞内开挖等作业之间的相互干扰问题,施工工期也相应缩短。

2. 注浆设计

1)注浆压力

注浆压力是指克服浆液流动阻力进行渗透扩散的压强,通常指注浆终了时受注点的压力或注浆泵的表压。提高注浆压力,可增加浆液的扩散距离,减少注浆孔数,从而加快注浆速度;此外,由于注浆压力的提高,细小裂隙易被浆液充填,提高了结石体的强度和密实性,改善了注浆质量。但是,压力过高,会使浆液扩散太远,造成材料浪费,也会增加冒浆次数,甚至引起岩层的变形和移动,若压力太小就难以保证注浆效果。

注浆压力的选择应同时考虑以下因素:①考虑受注介质的工程地质和水文地质条件(如受注层埋藏深度、地下水量与水压、受注层的力学性质和裂隙情况等);②考虑浆液性质、注浆方式和注浆时间,要求的浆液扩散半径和结石体强度等;③工作面预注浆还要考虑支护层的强度和止浆垫的强度等。

2)注浆管布置

超前深孔帷幕注浆管(孔)的布置灵活。超前深孔帷幕注浆管(孔)的间距、角度应根据注浆加固范围的要求和单孔注浆扩散半径的大小来确定。可采用单排管(孔)或双排管(孔)。地下水丰富的松软层,可采用双排以上的多排管(孔)。隧道断面较大,需要加固的范围较大,或注浆效果较差时,可采用双排管(孔)。

3)注浆量确定

在多数地层条件下,不可能也无须将全部孔隙充填密实,就可以达到加固和堵水的目的。充填密实程度可用充填率来表示,即注浆体积与孔隙总体积的比率。不同岩性、不同渗透条件的地层,需要达到的充填率不同,一般在30%~60%就可以达到加固要求。

加固区注浆总量Q,应根据加固区的大小和地层的孔隙率来确定,并根据加固效果予以及时调整,可采用下式计算

$$Q = naA \tag{6-19}$$

式中 Q——注浆总量,m^3;

n——加固区地层的孔隙率(%),可参考相关表格选取;

a——以往实践经验充填率(%),可参考相关表格选取;

A——加固区土层的体积,m^3。

平均单孔注浆量是控制注浆总量的重要指标,实际中可采用下式估算

$$q = Q/m \tag{6-20}$$

式中 m——钻孔数量;

q——平均单孔注浆量;

其余符号含义同前。

3. 施工技术要点

帷幕注浆施工工艺流程如图6-9所示。

施工技术要点如下:

(1)钻孔前,应对开挖面及5 m范围内的坑道周边围岩喷射5~10 cm厚的混凝土,以封闭围岩,防止漏浆。在采用高压劈裂注浆时应适当加厚止浆墙。

(2)帷幕灌浆宜采用回转式钻机钻进。钻孔直径需比钢管直径大20 mm以上,孔口位置偏差不超过5 cm,孔底偏差不超过孔深的1%。钻孔应清洗干净,并做好钻孔记录。

(3)导管由分节钢管组成,其内径可根据注浆长度和注浆量大小适当选择,一般为200~250 mm。注浆管前面做成尖锥形,以便插入孔中。每根导管插入到距孔底约0.5 m的位置,以便浆液流淌。

(4)导管安装好后,应采用泵压试水。试水目的是冲洗注浆管,并了解土的渗透性,

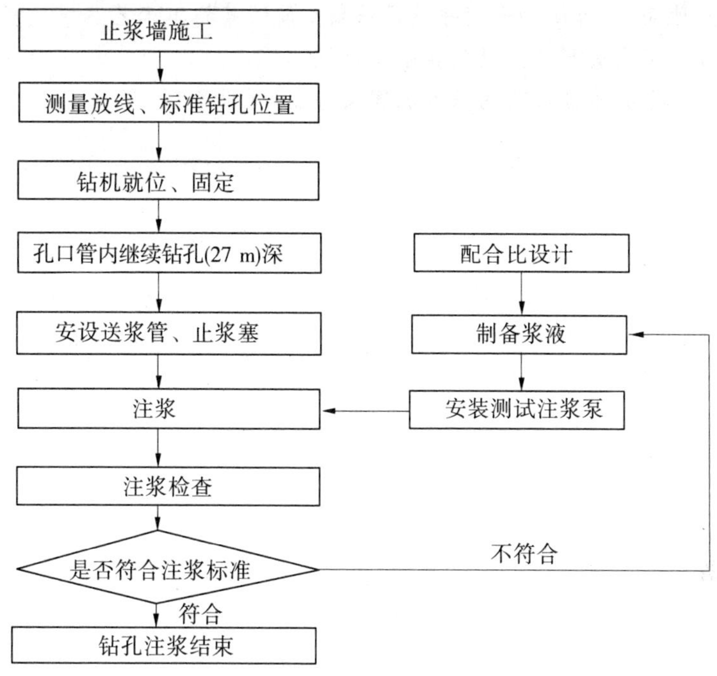

图 6-9　帷幕注浆施工工艺流程

以便调整浆液浓度、确定有效灌注半径及灌注速度等。

(5)凝胶时间的控制。通过调节注浆泵 2 个出浆口的流量及变化水泥浆与水玻璃浆的注入比例来控制。在注浆过程中,为保证凝胶时间的准确,须经常测试,每变换一次浓度或配比时,需要取样实配,测定凝胶时间;在泄浆口接浆,测定双液浆的实注凝胶时间,避免异常情况发生。

思考题

1. 地下工程基本作业和辅助作业各包括哪些方面?
2. 进行长距离隧道施工通风,应考虑采取哪几种通风方式? 其优缺点如何?
3. 怎样进行地下工程施工通风量和风压计算?
4. 如何做好地下工程的防尘工作?
5. 地下工程以压缩空气为动力的有哪些? 如何估算压缩空气站的压缩空气用量?
6. 如何进行地下工程防水等级划分? 防水设计的原则是什么?
7. 地下工程防水形式有哪些?
8. 何为刚性和柔性防水材料? 一般都包括哪些材料?
9. 明挖法和暗挖法车站防水工程的施工分别包括哪些方面?
10. 什么叫冻结法? 冻结法的三大循环是什么? 试详述热量的传递过程。
11. 冻结方案有哪些? 简述其具体内容。

12. 什么是地面、工作面和平行导坑预注浆？简述其施工工艺。

13. 常用注浆浆液有哪些？说明其基本性能。

14. 简述超前深孔帷幕注浆的基本原理及特点。

第七章 地下工程施工组织与管理

施工组织与管理是指施工单位确定施工任务后,如何组织力量,实现工程项目建设目标等业务活动的管理。施工组织和管理工作涉及施工、技术、经济活动等各个方面,贯穿于工程从准备阶段、施工阶段到竣工阶段的全过程,是工程施工业务活动的有机组成部分。施工组织和管理的核心任务就是在生产建设过程中,充分发挥科学技术的作用,千方百计地创造便利的施工条件,改善恶劣的施工环境,不断提高施工技术水平,实现合同对工程质量和工期等方面的要求。

由于地质条件的特殊性和结构形式的复杂性,地下工程施工组织与管理则是一项十分重要和复杂的工作,其组织和管理水平对于缩短建设工期、降低工程造价、提高施工质量、保证施工安全至关重要。从一定意义上说,施工组织与管理决定着地下工程建设的成败。

第一节 施工准备

地下工程施工前的准备是施工组织管理的重要内容之一,是整个工程按期开工的重要保证。施工准备工作一般是分阶段进行的,在工程中标后的准备工作主要是技术准备及施工队伍准备,开工前的准备主要是施工场地及物资准备。

施工准备工作的内容一般包括:确定施工组织机构及人员配备;对设计文件进一步了解和研究;对施工现场的补充调查和复核;施工标段的复查、复测;结合施工单位的经验和技术条件,对设计中需要变更与改进的地方向建设单位和设计单位提出建议,并通过协商进行修改;根据进一步掌握的情况和资料,对投标时所拟订的施工方案、施工计划、技术措施等重新评价和深入研究,修订或重新编写指导性的施工组织设计。同时,还要做好现场基本施工条件及物资准备工作。

一、技术准备

一般在合同签订后两周内,召开第一次设计联络会,即项目的启动会议。会议主要讨论施工方案、项目实施计划和工程进度、项目组织、双方进行设计所需的技术资料清单及详细资料等。对于安全风险高、技术难度大、环境要求严格及与设计或建设单位有分歧的项目,务必请专家进行咨询并制订专项施工方案及进行专家评审。

需要制订专项施工方案及进行专家评审的隧道工程项目有:隧道进出洞方案,隧道各级围岩开挖及支护方案,辅助坑道设置及施工方案,硬岩隧道爆破方案,浅埋、偏压隧道施工方案,对环境有较大影响的施工方案,瓦斯隧道施工及通风方案,高地应力隧道、岩爆隧道和岩溶隧道施工方案,突泥、突水施工方案,富水隧道防、排水方案,湿陷性黄土隧道施工方案,长大隧道施工通风、降尘方案,地质复杂隧道地质超前预报方案等。

技术准备最关键的是对设计文件以及设计方案的深刻理解。设计文件中所规定的目标必须达到。整个工程按使用功能可分为主体结构与施工措施两类,主体结构是施工单位不可动摇、务必实现的目标。而对于施工措施,设计单位往往是按一般原则、一般施工水平及“应该”达到的水平来设计的。所以,作为施工单位必须搞清自身的水平和能力与设计的“应该”有多大距离。如设计超前支护为“环向间距30 cm的超前小导管注浆”,这个设计是建立在注浆扩散半径大于30 cm的基础上的,如果我们的注浆工艺无法达到这一标准,那么必须有弥补措施,否则,后果不堪设想。

地下工程的特点决定了地下工程是一门施工技术的科学,在一定程度上施工经验起着决定性的作用,原先设计单位所制订的方案并非是放之四海而皆准的法宝,它是有适用条件和使用程序要求的。设计单位或外部专家只能对施工单位做出一般性的要求,对具体的中标企业的技术装备、施工水平可能无法作出准确的判断,所制订的方案就有可能与具体的施工单位的施工水平有差异。所以,对原设计施工方案有一个理解、消化和吸收的过程,这个过程因自身的专业素质和工程经验不同而具有一定的差异,只有认真研究、分析、咨询原设计方案,才能做出合理、正确的安排。

技术准备工作的内容包括:

(1)熟悉、审查图纸及有关设计资料,了解设计意图,对总平面布置、各个单位工程和分项工程,以及工程的结构形式和特点,都要认真研究;对设计图纸本身是否有错误和矛盾、图纸与说明书之间有无矛盾都应审查弄清;要熟悉地质、水文等勘察资料,以便对工程作业的难易程度做出判断;应了解业主对工期的要求。

(2)调查工程所在地区的自然条件,研究、收集资料。包括:

①自然条件调查。开工前必须对工程地质条件、水文地质条件、气象资料进行调查,以便正确选择施工方法,并对可能遇到的不良地质现象事先做好充分准备;对地形、地貌情况进行调查;对附近建筑物的情况以及地下管线的情况进行调查,分析因施工影响可能造成的严重后果。

②技术经济条件调查。了解工地附近可利用的场地、需要拆迁的建筑物、可以租用的民房等情况。调查当地可利用的材料和供应能力、当地交通运输能力,以及修建为临时运输所需的道路、桥涵、码头等的可能性;水、电及通信情况;地方工业的生产能力、质量、单价和协作的可能性,当地可能提供的劳动力的数量、来源及技术水平;生活供应、医疗卫生、文化教育、消防治安等机构能够支援的能力。

(3)获得工程控制测量的基准资料,进行复测和校对,确定该工程测量网。

(4)根据补充调查和收集的资料,确定施工方案,补充和修正施工设计,编制施工组织设计。

(5)编制施工预算。按照确定的施工方案和修改的施工图设计,根据相关定额和标准,编制工程造价的经济文件。施工预算是按照施工图预算,根据施工组织设计和施工定额进行编制的。

(6)进行技术交底。

二、人力准备

人力准备主要是指组建施工机构,成立项目部,确定施工队伍,进行人员上岗培训等。

施工中可根据工程规模、重要性等设置施工机构和配备职工。

确定机构组织的原则是:适合任务的需要,便于指挥、管理,有利于发挥职工的积极性、创造性和协助精神;机构应分工明确、权责具体、力求精简,但又能完成任务;做到指挥具体及时,事事有人负责。

对劳务队的管理要明确。开工前与施工队应签订具体的施工合同,尽量减少在施工过程中向施工队发放文件,对施工人员要贯彻"想挣钱,要规范"的思想,提高其素质,严格按施工规范进行作业。

三、施工现场准备

在施工现场范围内,必须具备的基本条件有:修通道路,接通施工用水、用电,架设通信线路,平整好施工现场,设置各种加工、维修车间及适当数量的临时库房、临时住房,如压缩空气供应系统、炸药加工房等。

物资准备包括原材料准备、构件加工设备的准备,施工机具和设备的准备等。为了使物资准备工作尽可能提前进行,当接收任务获得设计资料后,即可根据设计图中列出的工程量,套用定额或过去类似工程的统计资料,概算出材料的需要数量。据此落实材料供应渠道,以保证施工的需要。

第二节　施工组织设计

施工组织设计是组织施工的基本文件,是施工准备工作的最重要的环节。它是根据施工文件的要求、工程的性质、现场具体条件、施工的技术装备、施工力量等技术经济因素编制的。通过施工组织设计确定合理的施工方案,对整个工程施工过程做出全面的科学的规划和布置,并制订出工程所需的投资、材料、机具、设备、劳动力等的供应计划,从而使施工有条不紊地顺利进行。

施工组织设计的编制必须遵循地下工程施工的特点、针对具体工程特征、按照一定的原则编写。地下工程的特点主要有:作业环境差,地质条件多变,不确定因素多;经常受到水、火、瓦斯等灾害的影响;工作面狭小,各施工工序相互干扰大,工序循环周期强,有利于组织专业化的流水作业施工;施工受气候的影响较小,施工安排相对稳定等。

一、各阶段施工组织设计与内容

施工组织设计的编制在不同的阶段有不同的要求和用途。根据不同的编制阶段,可分为初步施工组织设计、指导性施工组织设计和实施性施工组织设计。

(一)初步施工组织设计

设计阶段编制的施工组织设计称为初步施工组织设计,由勘察设计单位编写,并纳入相应的设计文件。它规定整个工程项目的总决策,制订施工的轮廓计划,初步拟订施工方法、施工程序及施工时间,战略性地部署施工各个环节和彼此之间的协调关系。同时,为工程概算提供依据,并为工程项目招标投标提供基本的技术文件。

(1)主要内容。

①施工组织。根据工程的难易程度,提出对设计、施工、管理、建设单位的要求。

②工期安排。主要包括主题工程、附属房屋建设工程、机电设备安装工程的安排。

③主要施工方法。根据设计对不同地质地段提出施工方法,并在各类围岩段施工中根据开挖情况采取必要的辅助施工技术措施。

④施工场地及废弃场地。根据待建工程区域地形、地貌特征,选取施工场地及废弃场地。

(2)主要设计图表。

设计图表包括工程施工方案图,沿线筑路材料供应示意图,进、出口或井口施工场地布置图,施工组织计划及施工进度图。

(二)指导性施工组织设计

在工程施工准备阶段编制的施工组织设计,称为指导性施工组织设计。施工单位在参加施工投标时,根据工程招标投标文件的要求,结合本单位的具体条件,应编制施工组织文件。中标以后,在施工开始之前,施工单位还必须进一步重新审查,修订或重新编制施工组织计划,这个阶段的施工组织设计称为指导性施工组织设计。

在项目中标后,施工单位应立即着手研究设计方案和与设计相关的合同条款,并与相关设计人员取得联系,进行设计联络,对设计文件进一步研究和了解,深入调查和复核施工现场,搞清本工程设计总体意图、重点和难点项目,明确设计的目标和方向,合理进行工程预算。尽可能地在开工之前全面考虑工程的复杂性、施工中可能遇到的问题、各种辅助施工措施以及所采取的必要措施等,将其纳入工程预算,尽量减少工程结束后补充工程量以追加投资。

指导性施工组织设计的主要内容有:

(1)工程概况;

(2)隧道现场的地形、地貌、地质和水文地质勘察调查资料;

(3)编制依据及编制原则;

(4)施工准备及临时设施;

(5)任务划分、工期及劳动力组织;

(6)机械配备情况;

(7)主要施工方案与安排,特殊地段施工的措施;

(8)施工通风、排水;

(9)采用的新技术、新工艺;

(10)方针目标及技术保证措施、质量保证体系、实际经济指标。

指导性施工组织设计的主要设计图表有:

(1)工班劳动力组织;

(2)隧道分进度完成数量表;

(3)隧道劳动力及工天分年度需要量表;

(4)隧道分年度材料需要量表;

(5)隧道进、出口场地平面布置图;

(6)隧道施工组织设计进度图;

(7)隧道钻爆设计图;

(8)隧道施工通风设计图;

(9)隧道施工排水设计图;

(10)隧道施工进、出口给水管线设计图;

(11)隧道进、出口通信线路设计图;

(12)隧道进、出口电力线路设计图。

(三)实施性施工组织设计

实施性施工组织设计是施工过程中编制的施工组织设计。它是施工单位在施工过程中,根据各项分部工程,各工序及施工队或班组的人力、机具等配备情况,分期、分部、分项实施的指导性施工组织设计。对于地下工程,由于众多的不可预见的因素,常常还需要根据实际情况制订特殊地段的施工组织设计,如突然遇到大塌方等情况,就要制订特殊处理措施。

实施性施工组织设计的内容与指导性施工组织设计相似,但它更具体、更详细,一般按指导性施工组织设计所规定的施工方法、施工工期及资源供应条件等进行编制。如果客观情况与原计划有出入,不应机械地执行原计划,而应修订和调整原计划。实施施工组织动态管理,其目的是经济、安全、保质、保量、按期或提前完成施工任务。

隧道实施性施工组织设计编制原则及程序如下所述。

二、编制原则与程序

根据地下工程的技术与经济特点,在编制施工组织设计时应贯彻以下原则:

(1)严格遵守签订的工程施工承包合同或上级下达的施工期限,保证按期或提前完成施工任务,交付使用。

(2)遵守施工技术规范、操作规程和安全规程,确保工程质量及施工安全。

(3)采用新技术、新工艺、新方法,不断提高机械化施工及预制装配化施工进度,降低成本和提高劳动生产率,减轻劳动强度,统筹安排施工及尽量做到均衡生产。

(4)开源节支,精打细算,充分利用现有设施,尽量减少临时工程,降低工程造价,提高投资经济效益。

(5)就地取材,尽量利用当地现有资源。

(6)节约施工用地,少占或不占农田,注意水土保持和重视环境保护。

(7)统筹布置施工场地,要确保施工安全,方便职工的生产和生活。

编制施工组织设计时,既要遵守一定的程序,还要按照地下工程施工的客观规律,协调和处理好各个因素的关系,采用科学的方法进行编制。一般的编制程序如下:

(1)做好施工调查和技术交底。

(2)分析设计资料,拟订、研究选择施工方案和施工方法。

(3)编制工程施工进度图。

(4)计算人工、材料、机具的需要量,制订供应计划。

(5)制订临时工程、供水、供电、供热计划。

(6)进行工地运输组织。

(7)布置施工平面图。

(8)编制技术措施计划与计算技术经济指标。

(9)编制说明书。

第三节　施工方案

施工方案的选择是施工组织设计的核心。施工方案是指带有全局性的、关键的施工技术和施工措施组织的问题,其合理性将直接影响工程的施工效率、质量、工期和技术经济效果。

施工方案的选择主要应做出以下方面的选择:工区划分(即任务分配),队伍人员调配,主要机械配备,材料供应计划,主要施工方法,基本施工程序,施工技术措施,施工场地布置,弃渣处理,质量、安全保证措施,环境保护措施。施工方案的选择应正确处理开挖、支护、装运石渣、防水、原材料供应等之间的关系,在时间和空间上做出合理的安排和计划。

一、施工方案选择的原则

施工方案选择的基本原则是:保证合同规定的工程竣工期限,合理安排施工程序,提高施工的连续性和均衡性,技术先进、适用,经济合理,施工安全、快速。应根据工程所处的地理位置、工程地质和水文地质条件、开挖断面大小、衬砌类型、隧道长度、施工技术力量、施工机械设备情况、动力和原材料供应情况、工程投资与运营后的社会效益和经济效益、施工安全状况、地面沉降限制等因素综合研究,确定合理、适用的施工方案。

施工方案的选择应做到技术上可行并具有一定的先进性,经济上合理,管理科学,施工速度快,容易保证质量和安全。地下工程的特点决定了每个施工方案都适用于一定的条件,都有其局限性。同时,施工工艺和设备尚未规范,施工人员和施工管理人员的素质有别。因此,地下工程施工方案尤其是在特殊地质条件下的施工方案很难最优,往往处理起来没有绝对的全胜,选择时应注意以下几点:

(1)施工方案的选择必须是可行的。方案的制订应根据施工人员的能力和素质以及现有机械设备而量体裁衣,地下工程工程师应根据具体的工程地质和水文地质条件,选择合理的、切实可行的施工方案。

(2)施工方案应详细细致,充分考虑失效后的风险,确保人员安全,不留后患。

(3)施工方案应针对不同的地质条件、施工工况、施工队伍而定。一个标段的围岩性质一般不可能完全相同,围岩分级有所差别,尤其是断层、岩溶等不良地质地段,应选择不同的开挖与支护方法,但投资也有差别。

(4)方案应符合现行有关标准及规范,施工、管理程序应合法。对照标准或规范,不要出现该做却没做的事情。

(5)对所定方案必须有实施的顺序和要点。地下工程的支护手段有锚、喷、注浆、支撑等,合理安排、组合,正确贯彻新奥法的施工原理。

(6)结合具体条件才能分清方案的优、缺点。在确定方案时,考虑问题的因素越多,方案的适应性就越强,所选择的方案就越佳。

二、施工方案的技术研究

(一)正确、全面评价围岩的稳定性

一个施工标段的岩体特性是非常复杂的,在基岩上面又分布着第三纪、第四纪的沉积层,隧道洞口附近围岩分布更为复杂,断层、破碎带的影响范围、岩爆地段的范围以及岩溶地段的工程地质条件等对施工的影响更为突出,加大了施工的技术难度,并提高了施工成本。所以,在综合了解工程地质条件的基础上,应适当扩大断层的影响范围,提高岩爆和岩溶地段围岩的级别,合理评价岩体的稳定性,提高围岩的级别:一方面使得在工程开工之前及早列入预算,尽量避免最后追加投资,从而降低技术和经济风险;另一方面可以加强初期支护措施,降低安全风险,增加辅助施工措施的工程量,避免工程亏损。

(二)开挖方法

开挖方法直接决定施工进度和施工成本。不同的开挖方法,施工难度以及资金投入差异较大。如相对于 CD 法或 CRD 法、台阶法等,双侧壁导坑法的施工进度就较慢,预算就比较高。所以,应认真研究开挖方法,理解设计意图,以便正确进行施工组织设计。

(三)关于辅助坑道技术和辅助施工措施

一般地下工程均设计有辅助坑道,尤其是长距离隧道的开挖。辅助坑道的一个作用是运输石渣,另一个作用是主隧道、横穿道和辅助坑道形成一个循环的通风道,保证隧道的通风流畅。应搞清原设计辅助坑道的设计意图,辅助坑道所担负的任务要统筹规划,各作业面工期应尽量一致,分析有无备选方案,结合本企业技术装备及施工经验,强化或优化原设计方案。

只有充分考虑工程地质条件的复杂性,合理增设辅助施工措施、增加临时性支护措施,才能有助于加强支护,降低安全风险,避免投资不足。

(四)施工机具、机械设备的选择

施工机械的选择是施工方法选择的中心环节,直接决定着作业效率和作业成本。应根据工程特点、工程规模、开挖断面大小、岩性、施工队伍的技术水平等,选择适宜的施工机具和机械设备。为了充分发挥主体施工机械的效率,应选择开挖、支护、衬砌、出渣运输配套的设备,使其生产能力相互协调一致,保证有效地利用施工机具和机械设备。

应充分利用施工企业现有的机械设备,并在同一工地贯彻一机多用的原则,提高机械化和自动化程度,尽量减少手工操作。

(五)施工顺序的安排

确定施工方案、编制施工进度计划时,应考虑选择相对合理的施工顺序,从而保证工程进度、质量。一般来说,要对超前支护、洞身开挖、初期支护、衬砌、防水等作业做出详细的施工顺序安排。

(六)施工方案的技术经济评价

快速、优质、安全的施工方案是理想的施工方案,但往往并非是最经济的方案。如花上大笔费用购某种昂贵的施工设备,虽然能达到快速、优质、安全的要求,但却不经济,如改用现有的普通设备稍加改进并跟上其他措施也基本能满足要求,就显得经济合理。另

外,还要针对工程特点选择适当的方案,如工区交通不便,或有流动性,则应选择灵活轻便的设备。因此,先进合理的施工方法和科学的管理措施,是施工方案经济合理的根本保证。

采用不同的施工方案应进行技术经济分析。技术经济分析一般是计算出不同施工方案的工期指标、劳动生产率、工程质量指标、安全指标、降低成本率、主要工程工种机械化程度及三大材料节约指标等来进行比较。

第四节　施工场地布置和施工进度计划

一、施工场地布置

不同类型的工程,施工场地布置的要求和内容基本相同,但布置方式和原则有所差别。对于山岭隧道施工,多在山区,隧道洞口场地一般比较狭窄,多沿沟侧、山旁布置,整体呈长条形,布置比较分散,相对影响较小;对于城市地铁等工程,多在城区施工,受周围的环境影响很大,可供使用的场地有限,故布置比较紧凑和困难。对于矿山矿井施工来说,设备较多,施工单位也多,虽然场地比较宽阔,但存在临时设施与永久建筑之间的相互协调问题,布置相对比较复杂。所以,地下工程施工场地应做好规划,应使施工机械、人员、材料之间合理布置与摆放,使之相互协调,方便调用,使工地秩序井然,忙而不乱,避免相互干扰及影响施工效率,充分发挥人力、物力的最大性能,为快速施工创造条件。

(一)隧道施工场地的布置

1. 隧道施工场地布置的内容

(1)确定卸渣场的位置和范围。

(2)轨道运输时,洞外出渣线、编组线、联络线和其他作业线的布置。

(3)汽车运输道路的引入和其他运输设施的布置。

(4)确定风、水、电设施的位置。

(5)确定大型机具设备的组装和检修场地。

(6)确定混凝土拌和站(场)和预制场及砂、石等材料的布置。

(7)确定各种生产、生活等房屋的位置。

(8)场内临时排水系统的布置等。

2. 隧道施工场地布置的原则

(1)以洞口或井口为中心布置施工场地。施工场地布置应事先规划,分期安排,并注意减少与现有道路交叉和干扰。

(2)轨道运输的出渣线、编组线、联络线,应形成有效的循环系统,方便运输和减少运距。弃渣场的布置应尽量少占用农田,或尽量能变废为宝、弃渣造田。弃渣场上卸渣线应不少于2条,有前有后,以利弃渣。

(3)机械设备、附属车间、加工场应相对集中,用水用电要方便;仓库应靠近公路,并设有专用线通道。通风机房和空压机房应靠近洞口,尽量缩短管线长度,尽量避免过多转弯;搅拌机应尽量靠近洞口,靠近砂石堆,且具有一定的垂直高度,便于装车运输;炸药和雷管应单独存放，其库房要选择距离工地 300 ~ 400 m 以外的隐蔽地点，并安装避雷装置。

(4)生活服务设施应集中布置在宿舍、保健和办公室用房附近，距离洞口应保持一定距离，保证施工人员有一个安静的休息环境，但又不宜过远，注意出行方便。应特别注意防洪、防砸、防沉陷、防塌埋。

(5)运输便道、场区道路和临时排水设施等，应统一规划，做到合理布局、形成网络。路面宽度双向行车一般为 6 m，单向行车可减至 3.5 m。

(二)城市地下工程施工场地布置

对于城市地下工程来说，施工场地布置的原则如下：

(1)场地布置遵循少占用现有道路、构筑物及市政设施，布置要简单、合理、紧凑、美观实用。

(2)以主体工程为核心，布置施工所需设施，应有利于生产、方便生活且不影响主体施工。

(3)充分考虑现有的交通状况，尽量保证原有道路的通行能力。

(4)施工临时设施的布置尽量利用主体施工附近的空地，既要方便机械、材料和人员的调配，又要不阻碍施工作业。

(5)施工竖井应全围蔽施工，尽量避免或减小对周围环境的干扰和影响。

(6)符合安全生产、文明施工的要求，有利于创造一个文明施工的环境条件。

(7)生活房屋可租用民房。

(三)施工场地平面图

施工场地布置必须绘制施工场地平面图，把洞口或井口、所要施工的所有建筑物与构筑物、仓库、运输线路、供水管线、排水管线、供电线路等绘制在施工总平面图上。绘制比例一般为 1∶200 ~ 1∶500，也有的为 1∶1 000，可视工地面积大小而定。图 7-1 表示一个隧道工地施工场地布置的例子。

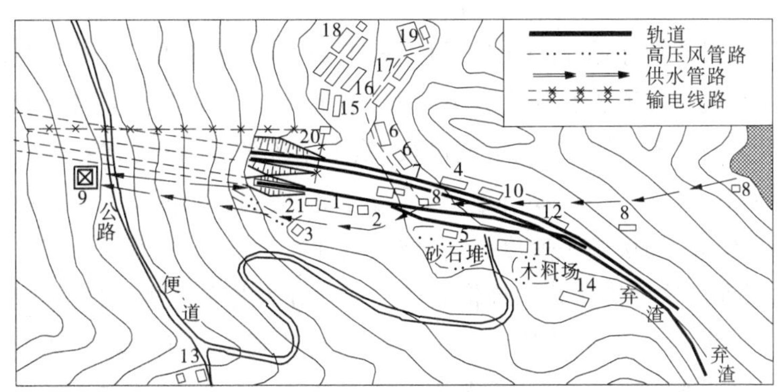

1—空压机房；2—锻钎机房；3—通风机房；4—充电房；5—搅拌机；6—修配车间；7—木工房；
8—抽水机棚；9—蓄水池；10—发电房；11—水泥库；12—材料库；13—炸药、雷管库；
14—供应站；15—卫生站；16—办公室；17—招待所；18—宿舍；19—食堂及俱乐部；
20—配电室；21—变电站

图 7-1　某隧道施工场地布置示例

二、施工进度计划

施工进度计划是控制工程施工进度和工程竣工期限等各项施工活动的依据。施工组织工作中的其他有关部门都要服从进度计划的要求。如计划部门提出的月、旬作业计划,平衡劳动力计划,材料部门调配材料、构件,设备部门安排施工机具的调度,财务部门的用款计划等,均需以施工进度计划为基础。施工进度计划反映了工程从施工准备工作开始直到工程竣工为止的全部施工过程,反映了工程各方面之间的配合关系、工程各分部及工序之间的衔接关系。地下工程施工进度应统筹兼顾开挖、支护、浇筑、灌浆、金属结构、机电安装等工作。应根据工程规模、地质条件、施工方法及施工配套情况,用关键线路法确定地下工程施工程序和各硐室、各工序间的相互衔接及合理工期。

施工进度计划主要有两个方面的内容:一方面是研究科学组织施工,合理加快施工速度的基本途径;另一方面是施工进度计划的表现形式,即通过各种图表简单明了地表示出来,以便在施工中对照执行。

(一)施工作业方式

施工进度计划是按流水作业原理编制而成的。隧道施工作业方式有:

(1)顺序作业。按工艺流程和施工程序安排作业,即按先后顺序进行组织施工。

如隧道开挖分项工程的施工程序是:放样、打眼、装药、引爆、寻帮找顶、出渣运输等。顺序作业就是按此固定程序组织施工。缺点是施工工期长,专业队施工不连续,易形成窝工;大部分施工段(工作面)空闲,工作面未充分利用。

(2)平行作业。隧道工程施工作业面的特点是很长,因此根据隧道各分项工程和施工技术的需要,分为几段或几个施工点,同时按程序施工,也就是多段同时开工,同时完成。

这种施工方式与顺序施工相比较,可缩短工期,并充分利用工作面,但消耗的施工机具和劳动强度过大。隧道工程作为线形工程,施工仅有2个工作面,特别是大长隧道,每个工作面所担负的任务很重,并且坑道过长,施工条件较差,进度很难加快。为了快速掘进,在一定情况下,设置一些辅助坑道,如平行导坑、横洞、竖井等,其目的就是增加施工作业面,便于平行作业,加快施工速度,改善施工条件。

(3)流水作业。这种作业方式是将隧道工程划分为若干个施工段或工区,某一工种的工人队(组)先在第一施工段完成第一道工序,再转移到第二施工段完成同一道工序。同样,另一工种施工队紧随其后,一次在各施工段完成下一道工序。直至完成全部工程。

流水作业以施工专业化为基础,优点是前一工序可很快为后一工序让出工作面,从而加快工程进度。各工种在各自的施工段连续均衡施工,可以合理地使用劳力、材料和机具,避免出现短期的高峰现象。模板及支撑可以在各施工段周转使用,工人连续进行同一种工作,有利于保证施工质量和提高生产效率。流水作业法是平行作业法和顺序作业法相结合的一种搭接施工方法,具有平行施工和顺序施工的优点,在工序相同的多个施工段的施工安排中,其优越性显而易见。某隧道利用掘进机施工,原计划按顺序作业施工(掘进完成后再进行衬砌施工),为了赶进度后改为利用Ⅱ线平行导坑为出渣通道(见图7-2),对开挖成型段进行衬砌施工。这样,前方继续掘进,而后方同时进行衬砌,这种方法属于流水作业。

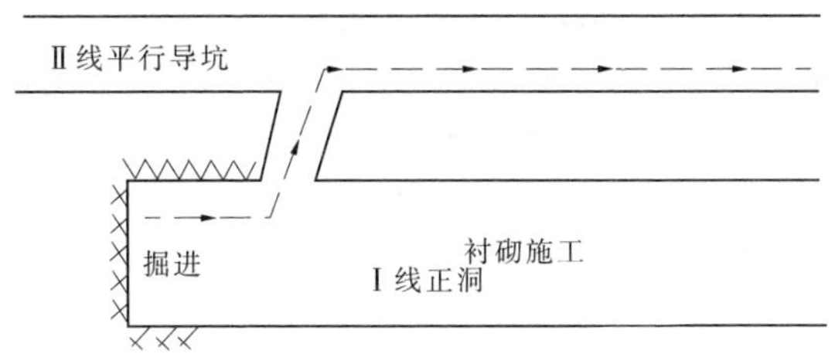

图7-2　某隧道作业方式示意图(虚线为出渣方向)

(二)施工进度图

地下工程施工进度计划一般采用施工进度图来表示,有横道图、垂直图和网络图3种形式。其月进尺指标可根据地质条件、施工方法、设备性能、工作面等情况,经分析计算或工程类比确定。

横道图能表现出各施工阶段的工期和总工期,并综合反映了各分项工程相互间的关系。采用此图可以进行资源综合平衡调整。横道图表示方法,适用于绘制集中性的工程进度图、材料供应计划图,或作为辅助性的图示,附在说明书中向隧道施工单位下达任务。

垂直图以横坐标表示隧道长度和里程,以纵坐标表示施工日期。用各种不同的线型代表各项不同的工序。每一条斜线都反映某一工序的计划进度情况:开工计划日期和完工计划日期,某一具体日期进行到哪一里程位置上以及计划的施工速度。各斜线的水平方向间隔表示各工序的拉开距离,其竖直方向间隔表示各工序的拉开时间。各工序的均衡推进表现在进度图上为各斜线互相平行。垂直图可用于隧道工程进度分析和控制,工程进度分析和施工日期一目了然。

采用网络图形式进行隧道施工工序分析,网络图既能反映施工进度,又能反映各工序和各施工项目相互关联、相互制约的生产和协作关系。可采用网络图表示隧道施工中集中性工程或线形工程的进度,还可以通过计算机对施工计划进行优化。它是一种较先进的工程进度图的表示形式,应大力推广使用,其缺点是不如垂直图直观。

关于这三种图的绘制方法,可参考相关施工管理教材。表7-1和表7-2分别给出了隧道开挖作业循环的横道图表和衬砌循环作业横道图表的实例。

在编制循环作业横道图时,需要分析各个工序的时间,表7-3给出了一个衬砌作业时间分析案例。在进行作业时间分析时,需要考察各个工序,根据工程量的大小、台班作业情况进行合理安排。

表 7-1　隧洞开挖作业循环图表

序号	项目	作业时间(h)	循环作业时间(h)						
			1	2	3	4	5	6	7
1	测量及准备	0.5							
2	钻孔	2.5							
3	装药和爆破	0.5							
4	通风排烟	0.5							
5	危石处理	0.2							
6	出渣	2.5							
7	其他	0.4							

注：每循环作业时间7 h，每天3个循环。考虑到开挖与支护平行作业，隧洞开挖月进度为180 m。

表 7-2　衬砌循环作业循环图表

序号	工序名称	作业时间(h)	循环作业时间(h)							备注
			6	12	18	24	30	36	42	
1	立模	8								养护不占循环，拆模针对上一模时间
2	混凝土浇筑	8								
3	养护	24								
4	拆模	4								

表 7-3　隧道混凝土衬砌作业循环时间分析

序号	工作项目	作业时间(h)	备注
1	浇筑仓面准备	6	1. 衬砌类型:全断面。不占用循环时间
2	钢筋架设	8	2. 浇筑段长度:12 m;钢筋不占用衬砌循环时间
3	钢模台架就位	6	3. 模板形式:拼装模架配模板进、出口各 2 套;
4	安装堵头模板	2	4. 工作面:进、出口各 2 个;
5	浇筑混凝土	8	5. 机械配备:3.0 m^3 轮式混凝土搅拌车 7 辆;
6	混凝土待凝	24	HB30 混凝土泵 2 台,然后备用 1 台
7	模板拆除	4	6. 单工作面平均月进尺:215 m/月;
8	其他	6	

注:为了缩短钢筋架设时间,同时确保钢筋施工的质量,洞内钢筋绑扎和焊接架设领先于混凝土浇筑 3 ~ 4 个浇筑段,以确保混凝土浇筑顺利进行。

（三）施工进度计划编制步骤

施工进度计划是在既定施工方案的基础上，按照流水作业原理编制的。首先将隧道工程分部项目的施工划分工序，计算各工序的工程量、劳动量和机械台班量、生产周期，然后安排各工序的施工进度，检查和调整施工进度计划，最后制订隧道施工资源需求量计划及其他图表，绘制特殊地段的施工进度图。

1. 施工工序划分

施工工序以地下工程掘进、衬砌工序为主划分，施工辅助性工序（如施工测量放线、质量检查、混凝土养护等）一般不单独列项，但在安排施工进度时需要考虑，为它们留出一定的施工时间。因为这些工作不单独占用工期，故可不列入进度计划。

2. 计算工程量

施工进度计划工序编制好后，即可根据施工图纸及有关工程数量的计算规则，按照施工顺序的排列，分别计算各个施工过程的工程数量并填入表中。工程数量的计算单位应与相应定额的计量单位相一致。

3. 计算各工序的劳动量或机械台班数量

计算劳动量时，应根据现行的相应定额（施工定额或预算定额）计算，对于人工为“工日”，对于机械则为“台班”。劳动量是施工过程的工作量与相应的时间定额的乘积，或者是劳动力数量与生产周期的乘积、机械台数与生产周期的乘积。人工操作时称为劳动量，机械操作时又叫作业量。

4. 计算生产周期

以施工单位现有的人力、机械的实际生产能力及工作面大小，来确定完成该劳动量所需的持续时间。在某些情况下，可以根据已规定的或后续工序需要的工期，来计算一班制、二班制或三班制条件下，完成劳动量所需作业队的人数或机械台数。

生产周期受施工条件或施工单位人力、设备数量的限制，因此对生产周期起控制作用的那个劳动量称为主导劳动量。一般取生产周期较长的劳动量作为主导劳动量。在人员、机械采用二班制或三班制时会缩短施工过程的生产周期。当主导劳动量生产周期过于突出时，就可以采用二班制或三班制作业来缩短生产周期。

5. 编制施工进度图

以上各项工作完成后，即可着手编制不同阶段的施工进度计划，包括横道图和垂直图。

6. 隧道施工进度计划的检查与调整

隧道施工组织设计是一个科学的有机整体，编制的正确与否直接影响工程的经济效益。隧道施工管理的目的是使施工任务能如期完成，并要在企业现有资源条件下均衡地使用人力、物力、财力，力求以最少的消耗取得最大的经济效益。因此，当隧道施工进度计划初步完成后，应按照隧道施工过程的连续性、协调性、均衡性及经济性等基本原则进行检查和调整。

第五节　施工管理

施工管理是地下工程施工的重要内容,包括技术管理、质量管理、进度管理、安全管理、经济管理以及文明施工等。地下工程施工必须有一个懂专业、施工经验丰富、高素质的管理队伍,要贯彻科学、创新、全面、细致和有效的管理思想。管理机构的设置要以责任明确、层次分明为标准,原则上一个人只能有一个上级,避免多头管理。

一、技术管理

技术管理是对施工技术进行一系列组织、指挥、调节和控制等活动的总称。技术管理的主要任务是:正确贯彻科学技术是第一生产力的方针政策,科学地组织各项施工技术工作;建立规范的施工技术秩序;充分发挥技术力量和装备的作用,不断革新原有技术和采用新技术;提高机械化施工水平;保证工程质量,提高劳动生产率;降低工程成本,保质保量地按期完成施工任务。

技术管理的主要内容包括:编制阶段性的施工组织设计,制订施工技术措施和操作规程,进行图纸会审、技术交底、设计变更、技术培训、质量检查、材料试验、技术革新和技术总结,保管工程资料,建立和健全技术责任制。技术管理的中心内容是保证工程质量,改进施工技术和操作方法及施工工艺。

实现上述各项施工技术管理工作,关键是建立并严格执行施工的各种技术管理工作规章制度,包括施工技术责任制、施工图纸会审制、施工技术交底制、施工测量复核制、工程施工试验制、工程质量检测制、施工现场监控量测制、施工日志制和工程技术档案制等。

任何施工质量问题都与技术管理不到位有关,隧道工程的质量事故在很多情况下是由于没有严格按照技术要求作业造成的。实践表明,多数隧道施工塌方事故的主要原因有两个:一是喷射混凝土不密实,导致围岩松弛变形过大;二是锚杆施工质量严重缺陷,锚杆长度不足,使得初期支护没有按预设计发挥作用。这个问题既是质量问题,又是技术问题,归根结底是对施工方案和施工技术的理解问题。所以,全体工程技术人员和施工人员了解设计、施工的意图和规定的质量标准,贯彻执行技术交底制度就显得非常重要。

监控量测是新奥法施工的精髓,施工现场监控量测制度则是保证工程顺利进行的核心。要想充分发挥监控量测的现场指导作业,则不是一件简单的事情。常见的情况是:有时量测记录没有监理签字,有时施工单位只有测量人员签字,而没有隧道工程师签字等。

二、质量管理

施工质量管理与控制是施工管理的中心内容之一。施工技术组织措施的实施与改进、施工规程的制订与贯彻、施工过程的安排与控制,都是以保证工程质量为主要前提的。地下建筑工程是大型结构工程,在施工的全过程中,应实行全面质量管理。

对于地下工程而言,质量隐患等同于安全隐患。根据工程经验,隧道工程师总结出山岭隧道施工最突出的质量隐患是“两焊一密实”施工质量问题:锚杆与钢支撑焊接、钢支撑纵向连接不牢固,喷射混凝土不密实。产生这些问题的原因,可能是设计问题,但归根结底是施工问题。喷射混凝土密实与否是非常严重的质量、安全问题，很多起坍塌事故就是因为没喷实造成的。

在施工过程中应实行三级检验和交接班质量签证制度。由各班组的质量员对上一班的工程质量进行逐步验收，合乎要求后，签字接收；不同工种之间的交接亦需要各工种质量员进行检验，如浇捣混凝土时，应对钢筋和模板进行检验，签字予以认可后，方可进行浇捣混凝土工作。各工种质量员需对本工种的每道工序检查签字，并上报项目经理，经复验合格后，报监理工程师检查；公司的质量主管部门对工程质量进行不定期的抽查，并实现质量奖罚制度。

认真做好测试工作。原材料的测试结果必须符合设计要求，凡尺寸不符、质量不符、型号不符及测试结果不合格者，严禁进场和使用。对在施工中的加工质量，如钢筋对焊、调直及弯曲、混凝土及砂浆试块等也应进行及时测试，其结果必须符合设计要求。

三、进度管理

地下工程规模大，施工周期长，应根据施工进度计划制订一系列保证进度的措施并统筹安排。

对必需的工程材料、成品及半成品早日定货并检验合格，保证及时供货，杜绝停工待料现象；对各种机械和设备经常保养，确保进场施工后发挥最大工效；设计或监理工程师交付的各类中心控制桩、坐标、水准点按实际需要做好攀线桩，并反复检查直至正确。对在工程中所必需的混凝土及砂浆配合比，应预先做好试验，待开工后即可申报监理工程师批准使用。精心施工，严格检验，杜绝返工，使工程顺利进行。合理安排机械设备和劳动力，发挥最大的施工工效。对各种机械设备做到勤保养、勤修理，防止在使用过程中发生损坏，影响工程的顺利开展。在施工例会上，应将本周所完成的工作量和下周的施工安排上报监理工程师，并使之满意。

四、安全管理

由于地下作业的特点，施工中有很多不安全的因素，如有害气体和岩尘、水害、昏暗的环境、塌方、爆破与运输事故等。这使得在地下工程行业施工伤亡事故频率远高于其他行业。事故给国家和企业带来了重大损失，也给职工及其家属带来了不幸和痛苦。但是，只要我们掌握好施工安全的规律，建立和健全必要的安全制度，事故是可以避免的。

地下工程施工安全管理，必须贯彻“安全第一”和“预防为主”的方针，强调“领导是关键、教育是前提、设施是基础、管理是保证”，提高企业的“施工技术安全、劳动卫生、生产附属辅助设施、宣传教育”综合水平，达到改善劳动条件、保护劳动者在生产中的安全和健康，从而提高劳动生产率和企业的经济效益。

严格按操作规程施工，并订立安全协议。认真执行定期和不定期检查制度与例会制度，对不安全的征兆应及时纠正，确保安全生产。电器设备及施工机械必须加强检查，非专职人员不得上岗使用和管理。工地现场实行三班制安全巡查，对各种电器设备及施工机械进行随时检查，保证安全。加强对职工的安全生产教育，使每个人员自觉遵守安全制度，确保施工安全。

隧道施工安全管理应注意以下几点:

(1)隧道塌方和火工品的管理是隧道安全管理的重点。

(2)进洞前务必确认洞内没有爆破作业。有些安全质量监管人员,尤其是业主、监理为了达到检查的突然性,来到工地不向任何人打招呼直接进洞,这是非常危险的。

(3)隧道底部积水看不清道路时,多数人会选择沿墙边行走,其实,这是最不安全的,一是边墙往往悬挂电线,二是隧道集水井往往在隧道两侧布置,安全的道路是选择机动车道,或者由施工人员带路。

(4)支护开裂,尤其突然开裂以及原裂缝在发展,有坍塌的风险。不要对裂缝熟视无睹,任何裂缝都是危险的提示,因为工况在发生变化,尤其是尚在掘进时,这会对后方的支护不断施加压力。

隧道施工应开展文明施工,文明施工"三清"标准为:

(1)现场整洁。

路平:指弃渣场至作业面道路平整,没有淤泥和积水、泥坑和高低不平,各种机械、车辆、人员能顺利到达作业面。

灯明:指洞内照明设备、器具齐全,每 10 ~ 15 m 一个灯泡,所有灯泡底端在一条直线上,架设线路沿洞身顺直,衬砌混凝土表面 1 cm^2 的斑点能看清楚,作业面亮度明显,不留死角。

管顺:指洞内外风管、水管顺直,距作业面较近的皮管下班或交接班时安放有序,迅速关(封)闭出风、出水口,风管不漏风,水管不漏水。

烟少:指隧道洞内通风设备安装规矩齐全,通风管不漏风,通风机风量足,及时通风,粉尘、有害气体少。

沟通:指排水沟不得淤积,时刻保证排水畅通。

牌砚:要求工队保护好现场各种标牌,不得损毁和污染。

(2)物料清楚。

洞内、外各种材料堆放整齐有序,如水泥、砂子、石料、木材、钢材、模板、拱架、机具、废弃材料按指定地点、指定标准堆放(要有明确的标示牌)等,重点检查水泥、钢材堆放,做到不雨淋、无浸泡,钢材不生锈。

洞内、外材料使用清楚;混凝土拌和站拌料时,堆料处配合比清楚;每拌一盘各种材料计量清楚;水泥强度等级、钢材型号清楚;领料时手续清楚。

(3)作业面清洁。

作业面"无头""无底":如无钢筋头、木材头、电线头、管子头、铁丝头;无砂底、碎石底、灰底、垃圾底,要求各作业班组收工要收底。

作业面机具停放有序:指使用过的混凝土喷射机、风枪、混凝土输送泵、输送管等要及时洗刷干净,排放整齐,风钻摆放在专门的铁架上,钻杆放在铁匣中。

衬砌台车上无水、泥等污物。

第六节　地下工程施工风险管理简介

地下工程与其他工程相比,其隐蔽性、施工复杂性、地层条件和周围环境的不确定性更为突出,加大了施工技术的难度和建设的风险。近十多年来,地下工程施工事故在国内外不胜枚举,人为或非人为因素导致的工程事故已造成了巨大的经济损失,造成了严重的社会不良影响。因此,为了确保工程建设目标的实现,项目实施过程中迫切需要引入风险管理理论。

一、风险评估和风险管理

(一)风险和风险因素

1. 风险的概念

风险(Risk)是指在一定条件下和一定时期内某项行动可能发生的各种不利结果的变动程度。在铁路隧道工程中,风险的定义是:在铁路隧道工程设计和施工期间发生人员伤亡、环境破坏、财产损失、工程经济损失、工期延误等潜在的不利事件的概率(P)和后果(C)的集合,表达式为:$R=f(P,C)$。在公路隧道工程中,风险的定义是:事故发生的可能性及其损失的组合。

不管人们是否意识到风险,只要决定风险的各种因素出现了,风险就会出现,它是不以人的意志为转移的客观实在,是人类社会实践活动中一种普遍存在的现象。我们所要做的就是充分认识风险,不断提高对风险规律性的认识,采取相应的管理措施,以尽可能降低或化解风险。虽然风险是客观存在的,但由于人们受到各种条件的限制,不可能准确预测风险的发生,即风险事件的发生及其后果都具有不确定性,即风险的存在是确定的,但其发生是不确定的。虽然风险具有不确定性,但这种不确定性并不是指对客观事物变化全然不知,人们可以根据以往发生的一系列类似事件的统计资料,经过分析处理,对风险发生的频率及造成的经济损失程度做出统计分析和主观判断,从而对可能发生的风险进行预测与衡量。

2. 风险因素

导致风险事件发生的潜在原因,促使风险事件发生概率和(或)损失幅度增加的因素称为风险因素(Hazard Factor)。工程中发生的人员伤亡、环境破坏、财产损失、工程经济损失、工期延误等偶然性事件称为风险事件,也称风险事故。

隧道和地下工程建设具有投资大、施工周期长、施工项目多、不可预见风险因素多和对社会影响大等特点,因而项目的风险因素表现出多样性且种类繁杂的特点。在工程的决策、实施和运营各个阶段都存在很大的风险,贯穿于工程项目的整个寿命周期。

地下工程在建设阶段面临着很大的风险,风险由许多方面引起,具体体现在以下几个方面。

1)工程地质和水文地质条件的复杂性

工程地质和水文地质条件主要指地层分布、岩性、岩土体的力学性质以及地下水的分布和发育情况、岩土的渗水性、水的腐蚀性等。由于地质勘探的局限性,人们只能通过个别测试点对场地的工程地质和水文地质条件进行分析,且受现场和室内试验设备条件等的限制,岩土体力学参数往往具有较大的误差。实践表明,场地的工程地质和水文地质条件具有较大的不连续性和空间变异性,这些复杂因素从定性上给隧道和地下工程带来了巨大的风险。

2)工程建设的决策管理和组织方案的复杂性

地下工程具有隐蔽性、复杂性和不确定性等突出特点,工程投资风险很大,无论是哪个阶段,都会遇到很多决策、管理和组织问题。从工程立项规划开始,如何选择合理的工程建设地址、技术方案,如何减少工程对周围环境的影响,如何评估工程建设的经济效益和社会效益,如何保持整个工程建设的"绿色"和可持续性,每一个问题的决策与执行都需要综合各种风险和效益。

3)工程施工技术和工艺水平

隧道和地下工程建设中,施工机械设备的精度以及施工队伍的业务水平等对工程建设风险都有直接的影响。隧道和地下工程施工技术方案与工艺复杂,对施工方案的理解以及工艺的把握非常重要,不同地质条件下的施工方法不同,任何操作上的不足或失误均会给工程建设带来风险。此外,工程周期长且施工条件差,施工人员的安全情况也会给工程建设带来风险。

4)施工周边环境的影响

隧道和地下工程建设中,无论采用何种方法或工艺都会不可避免地对周边环境或建筑物带来一定影响。周边环境包括地面建筑物的类型、建筑物与隧道和地下工程的距离、建筑物的文物价值、周围管线和道路状况以及周边环境和社会群体等,各种因素均会给工程建设带来风险。

(二)风险评估和风险管理

1. 风险识别、风险估计和风险评价

1)风险识别

风险识别(Risk Identification)是对存在于工程项目中的风险因素(事件)进行确认和分类。风险识别是进行风险评估的第一步,也是整个风险评估的基础。风险存在的客观性、不确定性和潜在性等,使得风险在大多数情况下存在却并非显而易见,其往往隐藏在整个承险体的各个环节,并且往往被各种假象所掩盖,因此风险识别要讲究方法和具有针对性的手段。

风险识别过程主要包括收集资料、分析不确定性、确定风险事件、编制风险识别报告等。风险识别是一项复杂的任务,需要做大量细致的工作,风险识别阶段需要考虑的问题有:①哪些风险应纳入研究范围;②这些风险产生的根源和产生的原因;③风险的后果有哪些。

风险识别应确定风险的来源并分类,建立适合的风险指标体系;应提出风险指标体系和风险清单等成果,其识别方法可采用核对表法、专家调查法、头脑风暴法和层次分析法等。

2)风险估计

风险估计(Risk Estimation)是对工程中各种风险发生的可能性及不利后果进行估算。

风险估计和评价是风险评估的重点,通过对识别的风险源进行估计,估计潜在损失发生的可能性和损失的程度或规模大小,以便于评价各种潜在损失的相对重要性,从而为风险评价提供依据。换句话说,风险估计就是对识别的风险源进行测量,给定某一风险发生的概率,用以衡量风险发生的可能性及它造成的后果,即在过去损失资料分析的基础上,运用概率论和数理统计方法对某一或某几个特定风险事故发生的概率和风险事故发生后可能造成损失的严重程度做出定量或定性分析。

对风险估计的方法有很多,有定性方面的,也有定量方面的,各有其优缺点。风险估计定性分析方法是运用风险估计者的知识、经验,理智地对工程项目风险做出主观判断的方法。常用的定性估计方法有专家意见估计法、事故树分析估计法、主要风险障碍分析估计法等。风险估计的定量分析法是根据过去实际的风险数据,如风险成本、风险损失、风险收益、风险概率、风险事件发生次数等,运用统计方法和数学模型进行计算,对工程项目的风险做出定量估算。

风险分析(Risk Analysis)是对风险进行识别和估计。

3)风险评价

风险评价(Risk Evaluation)是指在风险识别和风险估计的基础上,把风险发生的可能性、损失严重程度,结合其他因素综合起来考虑,得出项目发生风险的危害程度,再与风险的评价标准比较,确定项目的风险等级,然后根据项目的风险等级,决定是否需要采取控制措施,以及控制措施采取到什么程度。因此,风险评价是风险评估的又一重要环节。

风险评价中最关键的是风险因素概率和后果等级的取值。在进行概率和后果等级的取值时,一般有两条途径:一是通过对足够的已知数据的分析来找出风险发生的分布规律,从而预测出其发生概率和后果的大小;二是在缺少足够数据的情况下,由评估人员或专家根据隧道实际情况对风险等级进行综合判断。由于隧道风险评估刚刚起步,在缺少足够数据的情况下,可主要采用主观估计的方法(如专家调查法)。

4)风险估计和评价的基本程序

风险估计和评价应建立合理、通用、简洁和可操作的风险评价模型,并按下列基本程序进行:

(1)对初始风险进行估计,分别确定各风险因素对目标风险发生的概率和损失。当风险概率难以取得时,可采用风险频率代替。

(2)分析各风险因素对目标风险的影响程度。

(3)评价初始风险等级。

(4)根据评价结果制订相应的风险处理方案或措施。

(5)对风险进行再评价,提出残留风险。

风险估计和评价方法可采用专家调查法、风险矩阵法、层次分析法、故障树法、模糊综合评估法、蒙特卡罗法、敏感性分析法等。

2.风险评估和风险管理

1)风险评估

风险评估(Risk Assessment)是对风险进行识别、估计和评价,是辨识其不确定性及评价其影响程度的过程。隧道风险评估应主要对造成人员伤亡、环境破坏、财产损失、工程经济损失、工期延误等风险事件进行评估。应首先明确相关人员及组织机构,制订计划和策略,确定风险评估对象及目标、风险等级标准和接受准则,收集基本资料,提出风险识别和评价方法等。

2)风险处理

风险处理(Risk Treatment)是对风险因素进行处置和应对,其内容包括风险接受、风险减轻、风险转移和风险规避。风险监测(Risk Monitoring)是指风险管理过程中,对风险进行的全程动态监测。

3)风险管理

参与工程建设的各方通过风险分析、风险估计、风险评价、风险处理和风险监测,以求减少风险的影响,以较低的合理成本获得最大安全保障的管理行为称为风险管理(Risk Management)。

风险管理的目的是使建设各方了解风险现状,保证建设各方共同利益,合理地分担风险,避免重大损失。风险评估是风险管理的基础和重要工作内容,风险管理是风险评估的目的,均应随着项目建设各阶段的推进而动态地进行。隧道风险评估与管理目标为安全风险、环境风险、工期风险、投资风险及第三方风险等。

隧道工程风险评估与管理应根据不同建设阶段的任务、目的和要求,针对隧道工程技术特点,确定评估与管理对象、目标和方法。工程建设各方(包括业主、设计单位、施工单位、监理单位等)应积极进行风险管理,通过风险计划、风险识别、风险估计、风险评价、风险处理和风险监测,优化组合各种风险管理技术,对工程实施动态、有效的风险控制和跟踪处理。

风险管理应首先针对工程特点、上阶段风险评估成果、接受准则等制订风险管理计划。风险管理是动态的过程,应根据工程环境的变化、工程的推进及时进行修正、登记及监测检查,定期反馈,随时与相关单位沟通;风险管理应在合理可行的前提下,将隧道工程建设中可能存在的各类风险降到可接受的水平，在此基础上保障安全、保护环境、保证建设工期、控制投资、提高效益。

风险管理计划应包括下列内容：

(1)确定风险目标、原则和策略。

(2)规定相关报告的内容及格式。

(3)提出阶段性工作目标、范围、方法与评估标准。

(4)明确工程参与各方的职责。

(5)组织开展各方自身与相互之间的风险管理及协调工作。

二、隧道施工风险评估

隧道风险评估包括可行性研究阶段风险评估、初步设计阶段风险评估、施工图阶段风险评估、施工阶段风险评估。

(一)可行性研究阶段风险评估

可行性研究阶段应对工程的安全、工期、投资和环境有重大影响的控制性隧道工程进行风险评估，应先评估地质风险，确定初始风险等级，提出相应的勘察设计措施。可行性研究阶段风险评价的主要工作包括：

(1)初步选定隧道线路比选方案。

(2)评估初始风险(地质)，选择设计方案。

(3)根据不同的设计方案进行再评估，确定残留风险。

(4)对极高等级的残留风险应上报业主及上级主管部门，业主必须采取放弃或修改线路方案等措施。

(5)对高度等级的残留风险，设计单位应加强监测，在初步设计阶段加强地质勘探，加深线路方案及隧道技术方案的研究。

(6)对中度等级的残留风险，设计单位应予以监测。

可行性研究阶段风险因素核对见表7-4。

(二)初步设计阶段风险评估

初步设计阶段应根据可行性研究阶段评估结果，结合本阶段的勘察资料和设计原则，对采用矿山法施工的塌方、瓦斯、突水(泥、石)、岩爆、大变形等典型风险进行评估，对采用掘进机法和盾构法施工的设备、掘进、盾构进出洞等典型风险进行评估。

初步设计阶段应根据隧道地质纵断面情况分段评估，确定初始风险(典型风险)等级，提出相应的设计措施，主要工作包括：

表 7-4　可行性研究阶段风险因素核对

风险因素类别	风险因素
地质因素	区域地形、地貌、地质对隧道方案影响程度
	不良地质、特殊岩土对隧道方案影响程度
	地质勘察的不确定性程度
	其他
隧道技术因素	工法选择(矿山法、掘进机法、盾构法)
	类似工程可参考程度
	技术难度
	结构设计
	监控量测设计
	特长隧道的线路情况
	辅助坑道
	其他
其他	

(1)分段评估初始风险,选择设计措施。

(2)根据设计措施进行再评估,确定残留风险。

(3)对极高等级的残留风险应上报业主及上级主管部门,业主必须采取放弃或修改线路方案等措施。

(4)对高度等级的残留风险,设计单位应加强监测,在施工图阶段补充地质勘探。

(5)对中度等级的残留风险,设计单位应予以监测。

初步设计阶段风险因素识别可参考表 7-5 进行选取。

(三)施工图阶段风险评估

施工图阶段应根据初步设计审查意见,对设计方案需进行重大修改的隧道进行评估。其风险评估的主要工作内容与初步设计阶段基本相同。对高度等级的残留风险,设计单位应提出风险减缓措施,降低风险到中度及以下。对中度等级的残留风险,应在施工图注意事项中明确,在施工阶段予以监测。

(四)施工阶段风险评估

施工阶段应在施工图阶段的风险评估结果基础上,结合实施性施工组织设计,对所有隧道进行评估。其中采用矿山法施工的隧道侧重于安全,对突水(泥、石)、岩爆、大变形、瓦斯、塌方等典型风险进行评估;采用掘进机法和盾构法施工的隧道,对设备、掘进、盾构进、出洞等典型风险进行评估。

表 7-5　×××隧道风险清单表

<table>
<tr><td colspan="3">风险清单表</td><td>编号</td><td>CS－01</td><td>日期</td><td></td></tr>
<tr><td colspan="2">隧道名称</td><td>×××隧道</td><td>审核</td><td>×××</td><td>阶段</td><td>初步设计</td></tr>
<tr><td>序号</td><td>风险事件</td><td>风险产生的原因</td><td>险源类别</td><td>后果</td><td colspan="2">说明</td></tr>
<tr><td rowspan="2">1</td><td rowspan="2">突水
（泥、石）</td><td>1. 向斜盆地的储水构造
2. 断层破碎带
3. 地层不整合接触带、侵入岩与围岩接触地带
4. 可溶岩与非可溶岩接触带
5. 岩溶管道水，暗河，充水溶洞
6. 孤立含水体
7. 采空区巷道积水</td><td>G</td><td>人员伤亡
工期延误
投资增加</td><td colspan="2"></td></tr>
<tr><td>1. 无超前地质预报设计或设计不全面
2. 注浆位置设计错误
3. 注浆方式针对性差
4. 支护措施薄弱
5. 监控量测方法不明确
6. 施工组织中采用反坡施工或辅助坑道采用斜井</td><td>D</td><td></td><td colspan="2">设计需要检查</td></tr>
<tr><td rowspan="2">2</td><td rowspan="2">岩爆</td><td>1. 埋深
2. 岩石的单轴抗压强度
3. 岩体结构特征
4. 脆性系数
5. 地应力、主应力方向及大小</td><td>G</td><td>人员伤亡</td><td colspan="2"></td></tr>
<tr><td>1. 未预见岩体特性和表现行为
2. 对不同烈度岩爆设计方案不完善
3. 缺少应急措施</td><td>D</td><td></td><td colspan="2">设计需要检查</td></tr>
<tr><td rowspan="2">3</td><td rowspan="2">大变形</td><td>1. 埋深
2. 岩石的单轴抗压强度
3. 岩体结构特征
4. 岩性及风化程度
5. 地应力、主应力方向及大小
6. 采空区引起的地质异常</td><td>G</td><td>人员伤亡
投资增加</td><td colspan="2"></td></tr>
<tr><td>1. 预留变形量过大或过小
2. 支护结构不合理（伸缩性能）
3. 支护结构过强或过弱
4. 衬砌荷载取值错误
5. 衬砌形状不合理
6. 施工工法缺乏针对性</td><td>D</td><td></td><td colspan="2">设计需要检查</td></tr>
</table>

续表 7-5

风险清单表			编号	CS－01	日期	
隧道名称		×××隧道	审核	×××	阶段	初步设计
序号	风险事件	风险产生的原因	险源类别	后果	说明	
4	瓦斯	1. 封闭条件 2. 地下水位 3. 煤质 4. 吨煤瓦斯含量 5. 瓦斯压力 6. 瓦斯涌出量	G	人员伤亡		
		1. 瓦斯段落不准确 2. 无超前地质预报设计或设计不全面 3. 通风设计不合理或有遗漏 4. 钻孔未采用湿钻 5. 揭煤措施不当 6. 支护设计过强或过弱 7. 运输方式(有轨、无轨)设计不合理 8. 瓦斯监测设计有遗漏 9. 机电、照明等未采用防爆设备	D		设计需要检查	
5	塌方	1. 围岩级别 2. 断层破碎带 3. 岩层产状,层间结合力 4. 节理等结构面产状及结构力学性质 5. 岩溶发育带 6. 采空区位置 7. 埋深	G	人员伤亡		
		1. 施工工法选择不合理 2. 工期紧 3. 支护措施弱 4. 未充分考虑层性、构造影响 5. 设计的施工注意事项未明确 6. 监控量测方法不明确	D		设计需要检查	

续表 7-5

风险清单表			编号	CS－01	日期	
隧道名称		×××隧道	审核	×××	阶段	初步设计
序号	风险事件	风险产生的原因	险源类别	后果	说明	
6	地表失水	1. 地表水与地下水的贯通性 2. 地下水位 3. 地貌	G	第三方损失		
		1. 施工阶段防、排水措施不当 2. 主体结构防、排水措施不当 3. 缺乏设计预案 4. 缺补偿费用或处理措施 5. 辅助坑道设计不当	D		设计需要检查	
7	洞口失稳	1. 土的性质与土层厚度 2. 岩层风化程度及厚度 3. 特殊岩土 4. 不良地质	G	人员伤亡 第三方损失		
		1. 无预加固措施 2. 支护措施过弱 3. 施工方法不当 4. 未进行防、排水设计 5. 无临时防护措施 6. 未要求即时施作衬砌及施作洞门 7. 未考虑地面建筑物影响	D		设计需要检查	
8	地下水侵蚀	1. 地下水水质 2. 岩石的化学成分 3. 地下水的循环条件	G	结构耐久性差		
		1. 设计位置不准确 2. 未预计到地下水中的有害气体 3. 衬砌耐久性设计不全面 4. 防、排水设计不合理	D		设计需要检查	

注：G 为地质因素；D 为设计因素。

施工阶段风险较大，尤其是安全风险，在条件允许时应尽量进行较为全面的风险评估。由于施工阶段最主要的目标就是顺利施工和保证安全，因此评估重点应放在安全上，以按安全风险事故为主要评估目标。

施工阶段风险评估流程如图 7-3 所示。

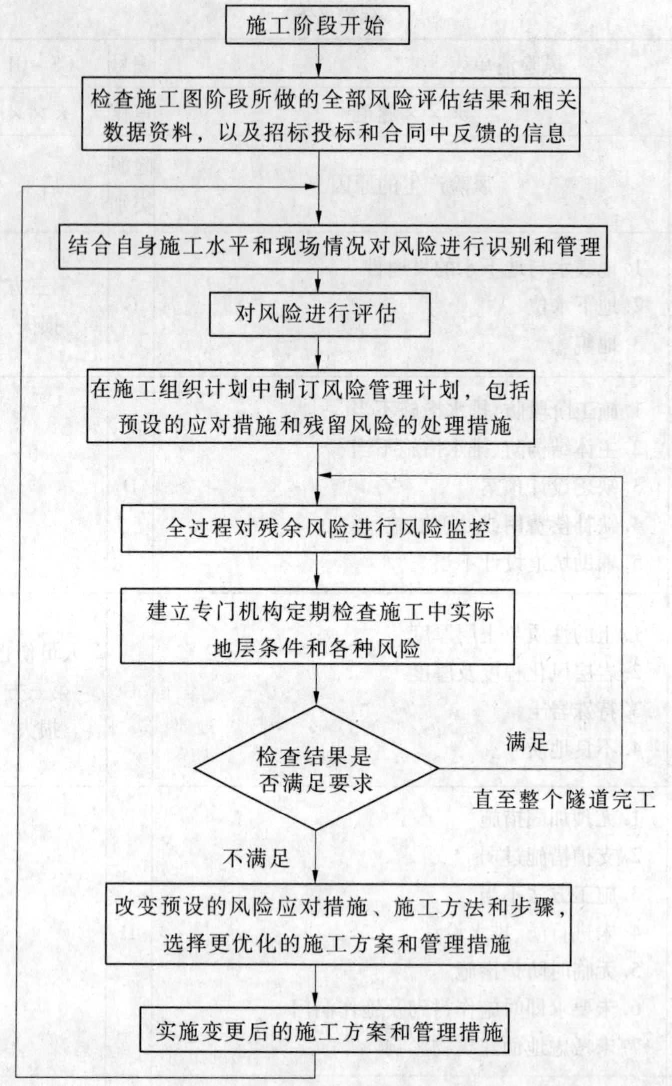

图7-3 施工阶段风险评估流程

思考题

1. 施工准备工作的内容主要包括哪些方面？如何理解技术准备？
2. 各阶段施工组织设计的内容是什么？
3. 施工方案选择的基本原则是什么？编写地下工程施工方案应重点研究哪些方面？
4. 隧道工程施工场地布置的原则是什么？
5. 施工进度计划编制的具体步骤是什么？各个步骤的具体内容有哪些？

参 考 文 献

[1] 刘国彬，王卫东. 基坑工程手册[M]. 北京:中国建筑工业出版社，2009.
[2] 关树宝. 地下工程[M]. 北京：高等教育出版社，2007.
[3] 徐辉，李向东. 地下工程[M]. 武汉:武汉理工大学出版社，2009.
[4] 周传波，陈建平，罗学东，等. 地下建筑工程施工技术[M]. 北京：人民交通出版社，2008.
[5] 萧岩，汪波，王光明. 盖挖法和盖挖法施工[J]. 市政技术，2004，22(6)：359-370.
[6] 缪仑，罗衍俭. 钢盖板临时路面体系在上海地铁 7 号线常熟路站中的应用[J]. 现代隧道技术，2008，45(3)：40-45.
[7] 姜玉松. 地下工程施工技术[M]. 武汉:武汉大学出版社,2008.
[8] 陈小雄. 现代隧道工程理论与隧道施工[M]. 成都:西南交通大学出版社,2006.
[9] 彭立敏,刘小兵. 交通隧道工程[M]. 长沙:中南大学出版社,2003.
[10] 朱永全,宋玉香. 隧道工程[M]. 北京:中国铁道出版社,2006.
[11] 刘统畏,何宁. 铁路隧道工程[M]. 北京:中国铁道出版社,1995.
[12] 陈建平,吴立. 地下建筑工程设计与施工[M]. 武汉:中国地质大学出版社,2000.
[13] 刘钊,佘高才,周振强. 地铁工程设计与施工[M]. 北京：人民交通出版社，2004.
[14] 铁道部基本建设总局. 铁路隧道新奥法指南[M]. 北京:中国铁道出版社,1988.
[15] 中铁一局集团有限公司. 铁路隧道工程施工技术指南:TZ 204—2008[S]. 北京:中国铁道出版社，2009.
[16] 俞国凤. 土木工程施工工艺[M]. 上海：同济大学出版社，2007.
[17] 本书编委会. 建筑地基基础设计规范理解与应用[M]. 2 版. 北京:中国建筑工业出版社,2012.
[18] 王娟娣. 基础工程[M]. 杭州：浙江大学出版社，2008.
[19] 金喜平，邓庆阳. 基础工程[M]. 北京：机械工业出版社，2008.
[20] 刘福臣，林世乐，黄怀峰. 地基基础处理技术与实例[M]. 北京：化学工业出版社，2009.
[21] 李克钏. 基础工程[M]. 北京：中国铁道出版社，2003.
[22] 重庆大学，同济大学，哈尔滨工业大学. 土木工程施工(下册)[M]. 北京：中国建筑工业出版社，2008.
[23] 陈有亮，杨洪杰，徐前卫. 简明土木工程系列专辑[C]//地下结构稳定性分析. 北京：中国水利水电出版社，2008.
[24] 龚维明，童小东，缪林昌，等. 地下结构工程[M]. 南京：东南大学出版社，2004.
[25] 本书编撰委员会. 岩石隧道掘进机(TBM)施工及工程实例[M]. 北京:中国铁道出版社,2004.
[26] 杜彦良,杜立杰. 全断面岩石隧道掘进机——系统原理与集成设计[M]. 武汉:华中科技大学出版社,2010.
[27] 张照煌,李福田. 全断面隧道掘进机施工技术[M]. 北京:中国水利水电出版社,2006.
[28] 张照煌. 全断面岩石掘进机及其刀具破岩理论[M]. 北京:中国铁道出版社,2003.
[29] 白云,丁志诚. 隧道掘进机施工技术[M]. 北京:中国建筑工业出版社,2008.
[30] 温森. 隧洞围岩变形研究及其对双护盾 TBM 施工影响风险分析[D]. 南京:河海大学,2009.
[31] 陈建平,吴立,闫天俊,等. 地下建筑结构[M]. 北京:人民交通出版社,2008.
[32] 韩选江. 大型地下顶管施工技术原理及应用[M]. 北京:中国建筑工业出版社,2008.
[33] 余彬全,陈传灿. 顶管施工技术[M]. 北京:人民交通出版社,1998.

[34] 陈韶章. 沉管隧道设计与施工[M]. 北京:科学出版社,2002.
[35] 何修仁,等. 注浆加固与堵水[M]. 沈阳:东北工学院出版社,1990.
[36] 彭振斌. 注浆工程设计计算与施工[M]. 武汉:中国地质大学出版社,1997.
[37] 国家质量技术监督局,中华人民共和国建设部. 地下铁道工程施工及验收规范(2003 年局部修订):GB 50299—1999[S]. 北京:中国计划出版社,2003.
[38] 中华人民共和国住房和城乡建设部. 岩土锚杆与喷射混凝土支护工程技术规范:GB 50086—2015[S]. 北京:中国计划出版社,2015.
[39] 重庆交通科研设计院. 公路隧道设计规范:JTG D70—2004[S]. 北京: 人民交通出版社, 2004.
[40] 中华人民共和国交通运输部. 公路隧道施工技术规范:JTG F60—2009[S]. 北京: 人民交通出版社, 2009.
[41] 国家铁路局. 铁路隧道设计规范:TB 10003—2016,J449—2016[S]. 北京:中国铁道出版社,2016.
[42] 中华人民共和国铁道部. 路隧道施工规范:TB 10204—2002,J163—2002[S]. 北京:中国铁道出版社,2002.
[43] 中华人民共和国住房和城乡建设部,中华人民共和国国家质量监督检验检疫总局. 地下防水工程质量验收规范:GB 50208—2011[S]. 北京:中国建筑工业出版社,2011.
[44] 中华人民共和国住房和城乡建设部,中华人民共和国国家质量监督检验检疫总局. 盾构法隧道施工及验收规范:GB 50446—2017[S]. 北京:中国建筑工业出版社,2017.
[45] 中华人民共和国住房和城乡建设部. 混凝土结构工程施工质量验收规范:GB 50204—2015[S]. 北京: 中国建筑工业出版社, 2015.
[46] 中国非开挖技术协会. 顶管施工技术及验收规范(试行)[S]. 北京:人民交通出版社,2007.